实验动物科学丛书 5

丛书总主编 秦 川

V 实验动物医学系列

实验动物疾病

Laboratory Animal Diseases

高 虹 主编

科学出版社
北 京

内 容 简 介

实验动物疾病是实验动物医学的重要组成部分，可影响实验动物健康、动物实验结果、实验室生物安全和实验动物福利。本书分为三篇，第一篇为影响实验动物健康的因素，分别阐述了环境因素、营养因素，及其他因素对动物健康的影响。第二篇为实验动物疾病，分别从实验动物易感的人兽共患病、对实验结果造成影响的传染性疾病、对动物健康造成严重危害的传染性疾病、实验动物非传染性疾病等方面进行了介绍。第三篇为实验动物疾病控制，包括实验动物质量控制、实验动物疾病防控、实验动物疾病诊断等内容。最后，附表提供了实验动物饲料相关技术参考数据；附录提供了《实验动物　从业人员要求》、《实验动物　健康监测总则》、《实验动物　动物实验生物安全通用要求》、《实验动物　安乐死指南》4 个标准。

本书可为实验动物饲养管理人员、实验动物医师、使用实验动物的科研人员及研究生提供参考。

图书在版编目(CIP)数据

实验动物疾病 / 高虹主编. —北京：科学出版社，2018. 9
（实验动物科学丛书 / 秦川总主编）
ISBN 978-7-03-058253-9

Ⅰ. ①实…　Ⅱ. ①高…　Ⅲ. ①实验动物病 - 标准 - 中国　Ⅳ. ① S858.91-65

中国版本图书馆 CIP 数据核字（2018）第 148635 号

责任编辑：罗　静　田明霞　高璐佳 / 责任校对：郑金红
责任印制：赵　博 / 封面设计：北京图阅盛世文化传媒有限公司

科学出版社 出版
北京东黄城根北街 16 号
邮政编码：100717
http://www.sciencep.com

北京华宇信诺印刷有限公司印刷
科学出版社发行　各地新华书店经销

*

2018 年 9 月第　一　版　开本：787 × 1092　1/16
2022 年 7 月第二次印刷　印张：23 3/4
字数：560 000

定价：168.00 元

（如有印装质量问题，我社负责调换）

编写人员名单

丛书总主编：秦　川

主　　　编：高　虹

编 写 人 员（以姓氏拼音为序）：

陈国灿　浙江省医学科学院

高　虹　中国医学科学院医学实验动物研究所

郭鹏举　广东省实验动物监测所

胡秀兰　武汉生物制品研究所有限责任公司

贾六军　中国医学科学院阜外医院

孔　琪　中国医学科学院医学实验动物研究所

李　垚　上海交通大学医学院

卢选成　中国疾病预防控制中心

鹿双双　中国疾病预防控制中心

孙兆增　军事医学科学院实验动物中心

肖　冲　中国医学科学院医学实验动物研究所

严　安　北京出入境检验检疫局

审　稿　人：王建飞　李　秦　庞万勇

序

实验动物科学是一门新兴交叉学科，它集生物学、兽医学、生物工程、医学、药学、生物医学工程等学科的理论和方法于一体，以实验动物和动物实验技术为研究对象，为相关学科发展提供了生物学材料和相关技术。实验动物科学不仅直接关系到人类疾病研究、新药创制、动物疫病防控、环境与食品安全监测和国家生物安全与生物反恐，而且在航天、航海和脑科学研究中也具有特殊的作用与地位。

虽然国内外都出版了一些实验动物领域的专著，但一直缺少一套能够体现学科特色系列的丛书来介绍实验动物科学各个分支学科、各领域的科学理论、技术体系和研究进展。自 2012 年起，我决定编写一套实验动物科学丛书，总结实验动物科学发展经验，形成学科体系，展示实验动物相关研究成果，以推动实验动物学科建设和行业发展。

本丛书由中国医学科学院医学实验动物研究所和中国实验动物学会共同组织专家编写。本丛书由我总体设计、规划、安排编写任务，并担任总主编，组织相关领域专家，详细整理了实验动物科学领域的新进展、新理论、新技术、新方法。本丛书是读者了解实验动物科学发展现状、理论知识和技术体系的不二选择。丛书内容以 I 实验动物管理、II 实验动物资源、III 实验动物基础科学、IV 比较医学、V 实验动物医学、VI 实验动物福利、VII 实验动物技术、VIII 实验动物科普为纲，共计 8 个系列 35 本书。

目前已经出版 4 本。该书为 V 实验动物医学系列中的《实验动物疾病》，详细介绍了影响实验动物健康的因素、实验动物疾病、实验动物疾病控制等内容。

该书在保证科学性的前提下，力求通俗易懂，图文并茂，融知识性与趣味性于一体，全面、生动地将实验动物疾病相关知识呈现给读者，是广大实验动物科学、医学、药学、生物学、兽医学等相关领域科研、教学、生产等人员和研究生了解实验动物科学知识的理想读物。

总主编　秦　川　教授

中国医学科学院医学实验动物研究所所长

北京协和医学院比较医学中心主任

中国实验动物学会理事长

2018 年 6 月

前　言

实验动物是生命科学、医学创新研究的重要组成部分和可持续发展的重要支撑，是建设创新型国家的战略资源之一，对保障人类健康、食品安全、生物安全等也具有重要的战略意义。随着现代科学尤其是生命科学与技术的迅猛发展，实验动物已被广泛用于生命健康相关的各种科学实验、产品质量检定、环境检测等工作，被称为“活的试剂”，几乎所有生命科学领域内的科研、生产、教学、检定、安全评价和成果评定都离不开实验动物。

实验动物医学(laboratory animal medicine)是专门研究和阐明实验动物疾病的诊断、治疗和预防及其在生物医学领域中应用的科学。实验动物医学包括实验动物疾病和实验动物医学管理等内容。本书为“实验动物医学系列”的第一本。

实验动物医师（ laboratory animal veterinarian ）是从事实验动物疾病预防、诊断和治疗、护理和动物福利相关工作的人员，要求具有兽医学背景，从事实验动物管理、疾病诊断防治、动物繁育等工作，且经过实验动物医学相关培训。他们的职责是确保实验动物的健康和福利，并支持高质量的动物实验研究。实验动物医师系列分为实验动物助理医师、实验动物医师和实验动物高级医师。随着我国实验动物科学和动物实验的迅速发展，对实验动物医师的需求越来越大，实验动物医师的责任也越来越大。

本书包括三篇和附录、附表，第一篇影响实验动物健康的因素，介绍环境因素、营养因素及其他因素对动物健康的影响。第二篇实验动物疾病，从实验动物易感的人兽共患病、对实验结果造成影响的传染性疾病、对动物健康造成严重危害的传染性疾病、实验动物非传染性疾病等方面进行介绍。第三篇实验动物疾病控制，包括实验动物质量控制、实验动物疾病防控、实验动物疾病诊断等内容。附录部分包括《实验动物　从业人员要求》(T/CALAS 1—2016)、《实验动物　健康监测总则》(T/CALAS 3—2017)、《实验动物　动物实验生物安全通用要求》(T/CALAS 7—2017)、《实验动物　安乐死指南》（ T/CALAS 31—2017 ）的团体标准。

本书在“实验动物科学”丛书总主编秦川教授的规划和提议下编写。在编写过程中，秦川教授先后两次对书稿内容进行了系统地修改校对，并提出了一些具体的修改意见。本书于 2017 年 6 月召开编委会，确定编写提纲和编写体例，2017 年 12 月形成初稿，经李秦、庞万勇初审后，各章节作者对编写内容进行了修改，于 2018 年 3 月送交王建飞进行终审。参加本书编写的作者有 10 余位，分别来自中国医学科学院医学实验动物研究所、中国疾病预防控制中心、上海交通大学医学院、军事医学科学院实验动物中心、广东省实验动物监测所、浙江省医学科学院、北京出入境检验检疫局、武汉生物制品研究所有限责任公司、中国医学科学院阜外医院等单位，作者均是长期从事实验动物工作的实验动物医师，有着非常丰富的实验动物疾病诊断、疾病治疗和疾病防治的经验，本书可为实验动物饲养管理人员、实验动物医师、使用实验动物的科研人员及研究生提供参考。

本书的编写得到了国家艾滋病和病毒性肝炎等重大传染病防治科技重大专项“重大及突发传染病动物模型研制及关键技术研究”（课题号：2017ZX10304402）和中国医学科学院医学与健康科技创新工程项目“人类疾病动物模型平台”（课题号：2016-I2M-2-006）的资助，一并感谢。

高　虹

2018年6月

目　录

第一篇　影响实验动物健康的因素

第二篇 实验动物疾病

第三篇　实验动物疾病控制

附　表

附　录

实验动物
从业人员要求

实验动物
健康监测总则

实验动物
动物实验生物安全通用要求

实验动物
安乐死指南

第一篇　影响实验动物健康的因素

第一章　饲养环境对动物健康的影响

实验动物标准化体系主要包括遗传学控制、微生物学控制、环境控制和营养控制等方面，其中环境控制是实现实验动物质量标准化的关键性措施之一。实验动物正常的生长发育、繁殖、育种和动物实验处理，都离不开周边的环境。实验动物的表型也受周边饲养环境的影响。不良的环境因素会使动物产生应激，影响动物正常的新陈代谢和生理机能，降低动物的繁殖性能。动物的抵抗力也会相继受到影响，对病毒、细菌的抵抗力下降。动物实验结果的准确性、可靠性受到质疑。只有严格控制实验动物环境才能消除环境因素引起的实验动物机体不良反应，才能确保实验动物的健康，促进实验动物质量的标准化，从而推动实验动物科学的发展。

第一节　实验动物饲养环境

一、实验动物饲养环境

实验动物的饲养环境泛指实验动物机体以外的、其赖以生存的所有外部条件的总和。与野生动物不同，实验动物是人工饲育，对其携带的微生物实行控制，遗传背景明确或者来源清楚的，可用于科学研究、教学、生产、检定及其他科学实验的动物。实验动物一般都长时间甚至终身被限制在一个极其有限的环境范围内生活，这个饲养环境就成为实验动物赖以生存的条件。实验动物的环境控制是实验动物质量标准化的主要内容之一。只有严格地控制实验动物生存环境，才能确保实验动物的健康及其正常生长、发育、繁殖，并进行良好的动物实验。

实验动物的性状表现受遗传因素和环境因素相互作用的影响。1959 年 Russell 和 Bruch 研究提出，动物的基因型（genotype）受发育环境的影响而决定其表型（phenotype），而表型又受饲养环境的影响呈现不同的演出型（dramatype）。发育环境（developmental environment）是指实验动物的胚胎期和哺乳期接触的各种环境。遗传因素是动物性状表现的基础，但是环境因素的改变影响着动物的演出型，有时可导致突变，改变生物的遗传物质。图 1-1 显示了实验动物基因型、表型、

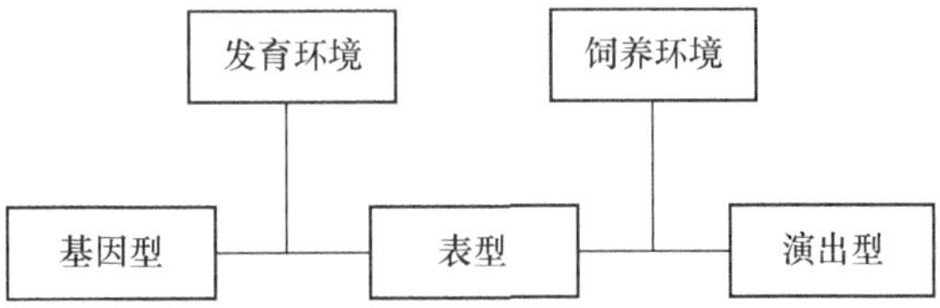

图 1-1　遗传和环境因素对动物性状的影响

演出型与环境因素的相互关系。

（一）实验动物环境分类

从广义上来讲，实验动物的饲养环境是指排除实验动物遗传因素外的所有其他因素，分为内环境和外环境。

1. 外环境

外环境是指实验动物设施或动物实验设施以外的周边环境，如气候或其他自然因素、场矿单位或邻近的民居、水电资源及交通等。外环境受季节、昼夜、经纬度等的影响。

2. 内环境

内环境是指实验动物设施或动物实验设施内部的环境，是实验动物直接的生活场所，是按照科研的要求和人们的意愿，将实验动物的生长、繁殖或者活动限定在某种特定的人工场所内。内环境又分为大环境和小环境。

1）大环境：是指间接环境，放置实验动物笼架具和其他辅助设施的饲养间或者自成一体的饲养场。

2）小环境：是指实验动物直接接触生活的物质环境条件，也称主要环境；直接影响实验动物，包括饲养间里笼盒内的微环境（包围着每个动物个体的环境状况），如温度、湿度、噪声、照度、氨气等因素。

一般而言，外环境质量的高低可直接影响到内环境，大环境和小环境是相互联系的，小环境又不完全等同于大环境，实验动物受到小环境的设计和大环境条件等诸多因素的影响。

（二）饲养环境因素分类

影响实验动物的环境因素是指与实验动物个体生长、发育、繁殖及其生理生化有关的一切外界条件。这些环境因素影响实验动物的前提必须是实验动物具备接触机会、接触方式、接触时间、接触强度或浓度等作用条件。

这些环境因素依据其来源、性质及对实验动物的影响可分为以下几种。

1）气候因素：温度、湿度、气流和风速等。

2）物理化学因素：光照、噪声、振动、粉尘、有害气体、有害化学物质和消毒剂等。

3）生物因素：动物饲养密度、微生物、与其他动物的关系、与人的关系等。

4）居住因素：房室、饲养笼器具（包括笼具、给食器和供水器等）、垫料等。

5）营养因素：饲料、水、蛋白质、矿物质和维生素等。

6）实验动物的丰富度：社会性丰富、物理性丰富和动物种类相关丰富等。

不同的环境因素对实验动物造成影响的性质和程度不同；某些环境因素对实验动物的影响不一定短时间就能表现出来，有时需要一定的积累才显示其影响，如高温对实验动物生殖性能的影响就表现出积累作用，持续高温可导致雄性动物无精子或死精，实验动物表现为不交配或交配不成功。饲养环境对动物健康的影响不是单一因素造成的，常常是多种环境因素相互作用的结果，如动物的体温调节，除了受饲养环境温度影响外，还受相对湿度、风速和气流的影响；饲养笼内有无垫料、垫料多少，以及笼具的材质、构造均会影响动物的保温效果，另外，照明也与饲养间的温度有关。

二、实验动物的健康

实验动物的健康除了依赖于自身的遗传性能外，更受其赖以生存的生活环境条件的影响。实验动物在漫长的饲养进化过程中，也逐渐形成了对相对稳定的环境要求和对环境变化的适应能力，动物机体与环境各参数之间保持着动态的平衡。环境的变化刺激着实验动物，引起动物机体适应性的调节，维持机体内的平衡。当环境的变化超过实验动物能适应、代偿的范围时，实验动物机体就失去平衡产生不适，发生疾病，影响健康状态。因此，为了保证动物的健康和质量的稳定，必须严格控制实验动物的环境条件。

第二节 气候因素

影响实验动物环境的气候因素主要有温度、湿度、气流和风速等。

一、温度

不同种类的实验动物适应的环境温度不同。目前，广泛使用的哺乳类动物大多为恒温动物（homeotherm），部分鸟类也是恒温动物。在一定环境温度范围内，动物机体可以本能地进行调节与之适应。例如，啮齿类动物最适环境温度为 18～29℃，而雏鸡为 35～37℃。若温度突然大幅增加、降低或持续高温和低温，即偏离动物适应环境温度太多，动物机体就不能适应，会相继出现不良反应，甚至死亡，这也意味着不同的温度会影响动物实验的结果。

（一）体温调节

实验动物的体温受到外界环境温度的影响，对外界环境温度分类一般有干球温度、临界温度、温度中性区等。

1）干球温度（dry-bulb temperature）：多指实验动物饲养间内的水银或者乙醇等温度计显示的室内环境空气温度。实验动物一般都生活在笼盒内，实验动物的温度与笼盒的设计及动物种类、活动状态、群体密度和空调系统运行状态等息息相关。

2）临界温度（critical temperature）：是指动物的体温失去恒定而开始下降或上升时的环境温度；亦指实验动物机体正常生长、繁殖的环境适温区温度的上限和下限，上限为临界高温，下限为临界低温。动物处在临界高温时，必须通过物理调节来保持体温恒定；动物处于临界低温时，必须提高代谢率增加热量，通过化学调节来维持体温恒定。

3）温度中性区（thermoneutral zone）：是指动物的代谢率最低或动物基础代谢最少的时期的环境温度。温度中性区的低温一端称为下限临界温度，其高温一端则称为上限临界温度。动物生长发育的临界温度既受其自身生理状态的影响，也受外界因素的影响，如相对湿度的高低会影响实验动物的临界温度。

体温调节（thermoregulation）：是指温度感受器接受体内外环境温度的刺激，通过体温调节中枢的活动，相应地引起内分泌腺、骨骼肌、皮肤血管等组织器官活动的改变，从而调整机体的产热和散热过程，使体温保持在相对恒定的水平。

环境温度每时每刻都会影响实验动物机体和环境的热量交换与平衡。恒温动物适应环境温度变化的方式，除了通过代谢量控制增加或减少产热以外，还可以通过物理过程（如对流、传导、蒸发和辐射等方式）与饲养环境进行热交换，以吸收或散发热量。

不同品种和/或同品种不同品系的实验动物的体温、舒适区温度（动物觉得舒适、放松、稳定状态下最可接受的温度区域，一旦走出这个区域就会不舒服）存在差异，表 1-1 列举了几种常见实验动物的体温、舒适区温度。一般恒温实验动物的基础代谢量，与体表面积成正相关，其代谢量大多数用单位体表面积来表示。其计算公式为 $S=kW^{2/3}$，式中，S 为体表面积，单位 m^2；k 为不同种动物的系数；W 为体重，单位 kg。

表 1-1 几种常见实验动物的体温、舒适区温度

动物种类	体温/℃	舒适区温度/℃
小鼠	37.0 ~ 39.0	21.0 ~ 25.0
大鼠	38.5 ~ 39.5	21.0 ~ 25.0
地鼠	36.2 ~ 39.0	22.0 ~ 26.0
豚鼠	38.2 ~ 38.9	18.0 ~ 22.0
兔	37.0 ~ 39.0	16.0 ~ 23.0
犬	38.0 ~ 39.0	17.0 ~ 20.0
猕猴	36.0 ~ 39.0	18.0 ~ 25.0
鸡	39.0 ~ 42.0	16.0 ~ 27.0

（二）温度对实验动物健康的影响

实验动物多有各自适应的温度范围，因而在最初建造饲养间的时候应该考虑动物的种属特性进行合理设计。环境温度过高、过低或急剧变化都会引起实验动物的应激反应，导致实验动物出现生长、形态、生殖、泌乳、机体抵抗力、新陈代谢和实验反应等方面的改变。

温度对动物健康的影响因素主要有三个方面：温度过高、温度过低和温差过大，这些对实验动物的健康都会产生危害，主要表现在以下几个方面。

1. 对实验动物行为、新陈代谢和生理机能的影响

温度变化对实验动物的行为、采食量、饮水量、呼吸、心跳和新陈代谢等产生一定

影响。低温环境下，小鼠尾巴会相对短小些，脏器的重量会相对增加；反之，脏器重量减小。环境寒冷时，许多动物通过增加新陈代谢来维持体温，动物的采食量增加。小鼠低温时采食量可增加 30%。而有些动物通过减慢新陈代谢来维持生命，如两栖类、爬行类和地鼠则进入冬眠状态。环境温度过低时，实验动物全身颤抖，蜷缩成团，被毛耸立；鸡只表现为缩成一团或聚堆互相取暖；实验兔则被毛变得稠密来御寒。环境温度过高时，实验动物饮水量明显增加；大鼠的尾巴则会长得更长；犬张口喘气和伸舌头辅助散热；地鼠睡眠时则呈现“大”字；小鼠则附吊在笼盖上并流涎；实验兔通过换毛减少被毛并找阴凉的地方趴着；鸡只站立，张翅或垂翅，同时采食量下降。

2. 对实验动物繁殖性能的影响

在热应激条件下，高温可引起实验动物体温升高，使实验动物生殖系统内环境温度升高，对生殖系统造成损伤，影响生殖器官正常机能。雌性动物表现为卵巢机能减退，性周期紊乱，母性行为异常，因为高温导致子宫内环境不利于受精卵的发育和附植，雌性动物的受孕率下降；妊娠末期死胎数量增加；仔畜初生体重降低或者孕畜流产；豚鼠对温度急剧变化最为敏感，高温时孕鼠死亡或流产明显增加。同时，泌乳期动物产乳能力下降；动物表现拒绝哺乳的行为，如超过 32℃时雌兔拒绝哺乳；幼仔体重增加缓慢，生长发育不良，存活率明显下降。高温使雄性动物的精子在附睾内的运行和成熟困难，精液品质、活的精子数量和活力下降，射精量减少。雄性动物表现为交配欲望减弱和睾丸的造精机能障碍。温度超过 30℃时，雄性动物的睾丸萎缩。持续高温会导致鸡体温升高，机体逐渐衰竭死亡，如 45℃为鸡只致死体温。

在冷应激条件下，哺乳类实验动物的性周期延迟，产仔率下降，死胎和围产期死亡增加，泌乳能力降低，导致幼仔缺奶死亡，离乳数量明显下降。当环境温度低于 18℃时，地鼠咬仔现象明显增加，13℃时幼仔冻死；饲养温度低于10℃时，会导致仔猪被冻死。有研究统计，自 21℃起，环境温度每下降 1℃，鸡只产蛋率就下降 0.5%。小鼠在 21℃的环境中年生产可达 5 胎，而在−3℃环境中仅能生产 2 胎。

3. 对实验动物抗病能力的影响

实验动物机体对外界的抵抗力直接影响着其健康状态。动物机体在适宜的温度范围内，机体能够抵御毒力不强、感染力低下的病原微生物，保持机体的稳定。当环境温度超出适应范围时，动物的抵抗力明显降低，容易导致疾病的产生。在 31℃时，大鼠体内需氧菌群增加。将 BALB/c 小鼠饲养环境温度从 22℃调至 12℃，机体 B 细胞和 T 细胞的数目发生明显的改变，体内的白细胞数也有变动。温度过低是动物冻伤、患呼吸道疾病的直接诱因；而温度过高可引起动物中暑、痉挛，动物的采食量下降，可导致动物营养不良，机体抵抗力下降。同时高温高湿的环境易滋生病原微生物和寄生虫，动物感染的概率大大增加。

4．对动物实验方面的影响

为了保证动物实验结果的准确性、可靠性、均一性和可重复性，进行动物实验时，除了对照条件，其他条件应尽可能保持一致，将动物饲养在适宜的环境条件下，减少动物的应激反应，不适宜的温度环境条件会使动物处于应激状态，导致动物对化学物质的急性毒性的改变。有研究表明，药物对小鼠的半数致死量（median lethal dose，LD_{50}）随环境温度的变化而变化，如表 1-2 所示，在 26.7℃条件下，盐酸脱氧麻黄碱、苯丙胺和麻黄碱的 LD_{50} 明显低于 15.5℃条件下的 LD_{50} 值。有研究表明，在不同温度范围内，Wistar 雌性大鼠对相同剂量戊巴比妥钠（95mg/kg）的敏感性不同，温度低于16℃时，大鼠全部死亡；温度为 32℃时，有 80%的大鼠死亡，但是此温度时，大鼠的死亡率波动比较大。温度除了对 LD_{50} 产生影响，在一些免疫实验和致突变、致癌、致畸等动物实验中，对实验结果也产生影响。为了保证动物实验结果的科学性和可靠性，大多哺乳类实验动物的环境温度宜控制在 16～29℃，在 GB 14925—2010 中要求昼夜环境温度变动不超过 4℃。

表 1-2 两种不同温度对药物 LD_{50} 的影响

药物名称	LD_{50} 值	
	15.5℃	26.7℃
苯丙胺（Amphetamine）	197.0	90.0
盐酸脱氧麻黄碱(Methedrine)	111.0	33.2
麻黄碱(Ephedrine)	477.1	56.5

综上所述，虽然温度影响动物实验结果的原因还有待探索，但低温或高温环境下饲养的动物，温度对其内分泌系统、神经系统及各种酶活性的抑制或亢进等均有影响，这一点得到了共同的认可。温度对实验动物的生长、发育、行为、形态、繁殖性能、新陈代谢、生理机能、抵抗力和实验反应性等方面的影响，也随实验动物种类、品系、性别、年龄、动物密度和实验性质等不同而呈现多样性。为此，严格控制动物饲养的环境温度，使其保持在动物适宜的温度条件范围内，设置温度阈值的报警器，预防超出适宜温度范围时，可以紧急采取相应的措施补救。在普通环境下，夏季应注意通风，冬季则需要注意保暖。屏障环境中，应注意空调净化系统机组的备用和备用电源设置，机器设备的日常维护保养，减少机组故障，确保环境温度的稳定，从而减少动物的应激和生理改变。

二、湿度（相对湿度）

湿度是指大气中的水分含量，包含绝对湿度和相对湿度两个概念。实验动物饲养环境常用指标为相对湿度，是指空气中的实际水蒸气含量与同温度下饱和水蒸气含量的百分比。湿度与动物的体热调节有密切关系。当环境温度接近体温时，动物只能通过蒸发作用来散发体内的热量，当环境湿度达到饱和时，即在高湿情况下，动物体内蒸发受到抑制，这时动物感觉闷热，极度难耐，易引起代谢紊乱和抵抗力下降，动物的发病率和死亡率会明显增加。相反，相对湿度低，动物散热量大，产热量增加，从而使摄食量和活动量增加。据报道，大鼠的摄食量在 21℃、35%湿度的环境下比 21℃、75%湿度环境下要增加 5%左右。另外，小鼠的活动量在低湿环境中要比高湿环境中有所增大。

湿度过大，微生物易于繁殖和传播，垫料、饲料也易发生霉变，影响动物的健康，进而影响动物实验结果的准确性。例如，在高湿环境下，小鼠的仙台病毒发病率增加；

大鼠、小鼠过敏性休克的死亡率随湿度增加而明显增加。Mayyase 于 1995 年报道，在温度为 21℃，而湿度分别为 25%～30%、50%、85%～90%的环境中，对喂养 3 周的小鼠检测其鼻腔内的细菌数，结果发现，湿度在 25%～30%时，细菌数量最少，85%～90%时最多。另外，动物室空气中的细菌数与氨气浓度在湿度高的情况下也会增高。这些结果证明高湿环境下容易引起细菌的增殖。

湿度过低同样易导致一些疾病的发生。例如，在 27℃、20%湿度时，大鼠几乎均可发生尾巴缺血性坏死的环尾病（ring tail disease），有时还会出现脚趾坏死。环尾病发生率有品系间的差异，Wistar 系为 78%，Sprug-Dowley 系为 82%。小鼠密封笼盒中的氨气浓度随湿度的升高而增大，从而刺激动物鼻腔和眼睛的黏膜并改变动物的生理反应。湿度过低，还易致粉尘飞扬，引起动物和人的呼吸道疾病。小鼠饲养环境湿度过高或过低，乳鼠在断奶前死亡率会大大提高。动物环境空气中变态反应原的含量随湿度的下降而上升。

与温度对动物的影响相同，湿度也有舒适区。各国实验动物室空气相对湿度基准值不尽相同。各地区根据其气候条件，制定标准略有不同。饲养环境相对湿度在 40%～70%时实验动物一般是完全可以适应的，相对湿度在 50%±5%最好。我国 GB 14925—2010《实验动物　环境及设施》规定的实验动物相对湿度技术标准为 40%～70%。但新捕获的猴，则要求较高的温度和湿度，南美洲产的猴尤其如此。猫则适于较低的湿度。

三、气流和风速

（一）气流、风速对实验动物的影响

实验动物环境气流分为半人工气流和全人工气流。半人工气流就是通常指的自然通风，即通过一定的设施，如墙、门、窗等，改变气流的方向和速度，是普通环境常用的通风方式。全人工气流是指屏障环境、隔离环境内完全靠人工送风、排风形成的气流。

通风的目的主要是为动物饲养环境提供合适的空气质量和稳定的环境指标，即提供足够的氧气，排出饲养环境中人和动物呼吸、照明和设备运转产生的热负荷，稀释饲养环境中的污染物和调节饲养环境的温度、湿度及相邻区域的定向压差。确定大环境（饲养间）的通风率往往不能保证动物直接生活的笼盒内充分换气，大环境、小环境通风率的差异在很大程度上取决于大环境和小环境的结构类型。若动物生活在开放式笼具内，大环境和小环境几乎没有差异；若动物生活在隔离密闭的笼具内，大环境和小环境的差异可能会很大，为此，日常管理中应合理地进行清洁卫生、更换笼盒、选择合适的垫料、降低笼盒内的饲养动物量、降低大环境的湿度、提高小环境中动物的散热效率等，以减少环境对动物健康的影响。

实验动物单位体重的体表面积一般均比人大，因此气流对实验动物的影响也较大。实验动物大多饲养在笼具中，且实验动物自身的排泄物也都在笼具内，若气流速度过小，空气流通不良，则室内有害气体浓度升高，动物会出现缺氧，散热困难，易造成呼吸道传染病的传播，甚至死亡。而气流速度过大，则使动物体表散热量增加，快速的空气流动会带走动物体表的热量和水分，应避免让动物直接生活在高速风流下。在

20℃环境温度下，风速达 18.3m/min 的气流可以使动物体温降低 7℃；初生的恒温动物幼仔体表一般无被毛且体温调节机制发育不健全，最忌讳贼风。部分实验动物必要的换气量见表 1-3。

表 1-3 常用实验动物必要的换气量

动物种类	体重/g	保证良好空气状态/（m^3/只）	必要的换气量/[m^3/（只・h）]
小鼠	21	0.085	0.85
大鼠	200	0.113	1.27
金黄地鼠	400	0.226	2.54
豚鼠	400	0.170	1.70
兔	2600	0.283	3.20

风速的大小还会影响动物的摄食量。在（22±1）℃环境温度、风速为 0.67m/s 时，饲养在有垫料的塑料笼盒中的无毛小鼠摄食量比无风状态下增加 26%，而饲养在金属网笼组增加了 36%。此试验表明，动物通过对流、辐射或体表蒸发进行体热扩散时，风速增大，食量也有所增加。正常情况下，实验动物室内风速一般控制在 0.13～0.18m/s，GB 14925—2010《实验动物　环境及设施》要求笼盒处气流风速小于 0.2m/s，笼具的位置应避开进风口。

气流的方向和风速的大小与动物体表热量的扩散有很大关系。若湿度均设为 40%，在温度分别为 15℃、25℃及 35℃的环境下，给予小鼠不同风速（0.2m/s、1m/s 及 2m/s），其体温的变化特别是在低温环境下随风速的增加而明显下降。

当然，气流、风速、温度、湿度对动物产生影响，并不是各自单一的影响，而是相互关联状态下的影响。例如，在温度、湿度偏高时动物会感到不适，但若此时空气流动性较好，有利于动物体温的调节，也可减轻温度与湿度给动物带来的不适。另外，在低温高湿的情况下，动物会感到阴冷潮湿，此时气流不但不能减轻动物的寒冷，反而会使动物感到更加寒冷。

动物饲养环境的通风状况受送入动物饲养室内的空气体积、设施设备的特性和扩散方式等因素的影响，这些因素也决定了小环境的质量。送风机、排风机的数量和布局与动物饲养室的数量、布局及类型的相互关系也会影响饲养区的换气程度。动物设施内各区域的正压、负压、静压状况决定了空气流动方向。在双走廊屏障设施中，空气流动方向为洁净走廊→饲育观察室→污物走廊→出口缓冲间→设施外，室内处于正压，确保病原微生物不至于侵入动物室内。而在污染或放射性实验的动物房，为了防止微生物和放射性物质扩散，室内必须处于负压。国际上一般规定实验动物设施内相邻区域的压力梯度不低于 10Pa。

实验动物饲养室和动物实验室应注意通风换气，保持空气新鲜，根据 GB 14925—2010《实验动物　环境及设施》的规定，普通环境的最小换气次数不少于 8 次/h，屏障环境最小换气次数不少于 15 次/h，隔离环境的最小换气次数不少于 20 次/h。因送风口和出风口处风速较大，附近不宜摆放动物笼架。合理组织气流方向和风速既能调节动物环境的温度和湿度，又可降低动物环境内的粉尘和有害气体污染，甚至可以控制传染病的流行，因而有利于实验动物和工作人员的健康。同时，各机构应对暖通空调机组定期进行检查、预防性维护和保养，保证其正常运行，并建立供气量、排气量、温度调节、湿度调节、换气次数、氨气浓度、静压差和设施设备运行参数等测试指标。

（二）环境气流速度测定

环境气流速度在实验动物设施运转接近设计负荷，连续运行 48h 以上进行测定。测量仪器为精密度为0.01 以上的热球风速计或智能化数字显示风速计，校准仪器后进行检测。

检测在洁净实验区或动物饲育区内，于地面高度 1.0m 处进行。乱流洁净室按洁净面积 50m^2 至少布置 5 个测点，每增加 20～50m^3 增加 3～5 个测点。每个测点的数据在测试仪器稳定运行条件下测定，数字显示稳定 10s 后读数。乱流洁净室内取各测点平均值，并根据各测点各次测定值判定室内气流速度变动范围及稳定状态。

（三）环境换气次数测定

环境换气次数在实验动物设施运转接近设计负荷，连续运行 48h 以上进行测定。测量仪器为精密度为 0.01 以上的热球风速计或智能化数字显示风速计。校准仪器后进行检测。通过测定送风口风量或出风口风量及室内容积来计算换气次数。

按式（1-1）求得换气量：

$$Q=3600Sv \tag{1-1}$$

式中，Q 为所求换气量，m^3/h；S 为有效横截面积，m^2；v 为平均风速，m/s。

换气量再乘以换气系数即可得到标准状态下的换气量。校正系数进风口为 1.0，出风口为 0.8，以 20℃为标准状态，按式（1-2）进行换算：

$$Q_0=3600\times[(273+20)/(273+t)]Sv \tag{1-2}$$

式中，Q_0 为标准状态时的换气量，m^3/h；t 为送风温度，℃；v 为平均风速，m/s。

换气次数则由式（1-3）求得：

$$n=Q/V \tag{1-3}$$

式中，n 为换气次数，次/h；Q 为换气量，m^3/h；V 为室内容积，m^3。

第三节　物理化学因素

影响实验动物的物理化学因素主要有光照、噪声、粉尘、有害气体和消毒剂等。

一、光照

实验动物的光照包括动物生活和工作人员操作所需要的照明。光照对实验动物的影响主要来自三个方面，即光波的波长（wave length）、照度（illuminance）和光照时间（lighting time）。可见光是波长为 350 ~ 750nm 的电磁波，分为红、橙、黄、绿、青、靛、紫 7 个波段。小于 350nm 的紫外线，波长较短，对动物的体表和周边的环境具有杀菌的功效。动物表层内储存的麦角固醇在紫外线的照射下可以转化成钙化醇（维生素 D_2），促进钙质的代谢和吸收，可防止佝偻病的发生。

可见光对动物的影响是机体神经和体液双重调节的结果。动物的视觉感受器接收可见光的刺激后，造成神经冲动，传递给下丘脑，下丘脑作用于垂体，释放各类激素，通过调节各种组织细胞的代谢活动来影响动物的生理活动，使得动物按照自然界的昼夜和四季的节律性周期而变化。这些变化因动物品种和品系的不同而有一定的差异。例如，啮齿类动物视杆细胞的数量比视锥细胞多，因而能够适应黑暗的场所，属于夜行性的动物。但是这类动物容易受到强光的损害，辨别色彩的能力也差，特别是红色，感觉与黑色相同。鸟类具有夜盲症，它的视锥细胞多，对颜色感觉更加敏感。绵羊、猪和犬也与啮齿类一样对颜色无辨别能力。人、猴和猫的视锥细胞与视杆细胞的比率较小，在辨别颜色和区别明暗方面均优于其他动物。

光波的波长在动物饲养中也很重要，它会影响动物的生殖机能。Kittel 和 Ziemann（1979）证明了不同颜色的荧光灯对动物的发情周期有影响，小鼠在红色光波下比绿色、黄色和蓝色光波下发情周期更长，并且随着波长的增加发情期会相应增长。Saltarelli 和 Coppola 1979 年曾报道将 ICR 小鼠放在不同的荧光灯（粉红色、蓝色、紫黑色、冷白色、全波长）下饲养 30 天，雄鼠的垂体、肾上腺、肾脏和前列腺，雌鼠的肾上腺、甲状腺、松果体等的重量存在显著差异。Chignell 等（1981）研究表明，与在模拟日光的荧光灯条件下饲养的小鼠相比，在冷白色或粉红色荧光灯下的小鼠第一胎会延迟。啮齿类对红灯的感受性，形同黑暗。

光照强度是指单位面积上的辐射通量，即单位时间内通过或者到达某物体面积上的总辐射量，单位是勒克斯（lx）。光照强度过大或者时间过长，都会损害动物的视网膜，动物呈现烦躁不安的状态，发病率也会相应增加。Robison 和 Kuwabara（1976）研究发现，807 ~ 1345lx 的光照强度会损害动物的视网膜，甚至导致小鼠眼球白化。连续用 20 000lx 的光照射几小时，大鼠可出现视网膜障碍；若连续（13 周）照射，再将照度调低至 60lx，大鼠的视网膜出现退行性改变。一般上层笼盒内的小鼠接收到光照的强度会大些，Greenman 等（1982）曾报道，笼架上两层小鼠的视网膜相对其他位置小鼠的萎缩更严重。照度不够也会导致实验动物生长发育受阻，抵抗力下降。

此外，光照周期也影响动物的繁殖性能，其主要影响动物的性周期，对动物的繁殖行为起到关键性的调节作用。GB 14925—2010《实验动物　环境及设施》要求 12h/12h 或 10h/14h 昼夜明暗交替。Campbell 等（1976）及 Ziemann 和 Kittel 于 1980 年研究发现，持续的光照会延长动物的性周期。光照时间延长使小鼠出现阴道角化，多数卵泡达到排卵前期，但是不形成黄体。持续的黑暗条件又可以抑制大鼠的生殖过程，使卵巢减轻。

由此可见，光照可影响动物的生理、形态和行为。应从照度、光波波长、光照时间，以及动物的光照经历、体表颜色、体温、激素水平、性别和品种品系考虑动物对光照的需求。光源发出的光照强度与该光源的距离的平方成反比。那么，每个笼盒内的光照强度因笼盒在笼架位置不同而不同，从上至下差距可达 80 倍。即使是同一笼盒内其不同位置的光照强度也不尽相同。可通过提供足量的垫料或筑巢玩具等行为方式减少不适宜光照对动物的刺激。

动物设施运行期间应确保供电系统安全，并能提供适当的照明，应有备用和应急电力源。照明设备、定时器、开关等性能稳定。实验动物饲养环境光照大多采用灯光照明，应当使用定时照明系统，确保动物饲养环境统一的节律性和明暗周期。定期预防性维护定时器的系统性能，确保其正常运行。长时间使用灯光会导致亮度不够，需要定期检查和维护，发现问题及时更换，以保证有效的光照强度和时间。

一般在距地面 0.9m、离开墙面 1m 处进行光照强度的检测，工作照明在 200 ~ 300lx 较适宜，小鼠、大鼠、豚鼠和地鼠等啮齿类动物照明一般为 15 ~ 20lx，实验兔、猫科类、犬、小型猪和非人灵长类等动物需要 100 ~ 200lx。

二、噪声

声音是以空气作为介质而传播的机械振动，以声波的方式传播，能够被动物的听觉器官接收。动物所接收的机械振动主要来自动物的活动、工作人员的操作和行动，以及空调机组等设备的运转，这些是动物设施操作过程中固有的问题。声音可以通过频率和强度来测量，频率是指每秒的振荡次数，单位是赫兹（Hz）。强度是指声压，一般声波在传播的时候，周围空气的压强会改变形成声压，单位是帕（Pa），对于声音小的计量，一般采用压差的对数量，就是压差级（Lp）来表示，单位是分贝（dB），声压越大，声音越强。人和动物对于声音强度的增加更为敏感，而不是频率的改变。人能听到 1000 ~ 2000Hz 频率的声音，小鼠能听到 1000 ~ 5000Hz 的声音，有记录最高可达 110kHz（Brown and Pye，1975）。

噪声是指音高和音强变化混乱、听起来不和谐的声音，即任何不被需要或者不受欢迎的声音。高噪声的声压、响度和持续性超过了人和动物能够接受的范围，会引起各种病理效应。噪声对动物健康的影响主要表现在以下几个方面。

（一）听源性痉挛

动物长时间处于噪声的环境中，会产生听力疲劳，严重的会耳聋而听力受损。在用纯音刺激动物引起听源性痉挛（audiogenic seizure）的实验中发现，小鼠受到噪声刺激时，立即呈紧张状态，耳朵下垂，前肢出现洗脸样动作，随后小鼠躁动不安、连续跳跃、头部轻度痉挛。随着纯音响度变强后，小鼠表现狂躁不安、来回狂奔、四处撞击、横滚、全身痉挛。在感受性强的小鼠中，如 DBA/2 系雌雄性别均显示出很强的感受性，35 日龄其听源性痉挛发作率为 100%。用 10kHz、110dB 纯音刺激，2min 几乎所有的动物都死亡。与此相反，BALB/c、C3H/HeN 和 KK 品系的小鼠对声音的感受性差，仅出现轻度反应，几乎没有出现痉挛现象。

（二）对生理和行为功能的影响

噪声对动物产生的非听觉性的损害要比单纯的听觉器官的损害严重。首先，它会破坏中枢神经系统,引起条件反射的异常,从而影响机体的生理功能。对于消化系统，可能会造成功能紊乱，使动物消化不良、食欲减退等；对于内分泌系统，造成新陈代谢的紊乱；对于心血管系统，可能导致心跳加快、心律不齐、血压升高等。噪声对动物生理的影响主要是通过垂体释放激素作用于肾上腺,影响皮质类固醇和肾上腺素的释放而产生作用的（Anthony and Ackerman，1955）。在 85dB 以上的噪声中，可产生听觉和非听觉的双重作用。短暂的噪声刺激，嗜酸性粒细胞减少，但是很快会恢复。例如，把大鼠放在 107 ~ 112dB 环境下 1.5h，持续 5 天，发现大鼠肾上腺增大明显，嗜酸性粒细胞相对减少。豚鼠对噪声很敏感，特别害怕噪声，噪声会导致其不安和骚动；对于孕鼠，可能会发生流产或母鼠放弃哺育幼仔等；高频强烈噪声还可直接导致豚鼠的死亡。

（三）对动物繁殖性能的影响

长时间的噪声刺激，或者噪声过强都会使动物的神经内分泌功能发生紊乱，导致动物的性周期不规律，交配率下降，妨碍受精卵的着床。即使有些动物受孕了，也容易发生流产，不哺乳，甚至吃仔。有研究表明，小鼠配种检验阴道栓，明确其受孕后，将其饲养在不同的噪声环境下，仔鼠出生率会降低，母鼠吃仔率也会增加，噪声对动物的繁殖存在较大的影响。

除了噪声，饲养环境内还有由空调制冷机组运行、报警器报警、人员突然的走动、饲养间内的电话通话和实验设备运行等产生的振动，这些过度的振动均会引起动物生理生化和繁殖性能的改变，也会成为动物实验研究中不可控的变因。在药理学领域中，振荡应激应用于疲劳的病态模型研究。振荡应激负荷可引起小鼠的消化吸收障碍。研究表明，大鼠在 13.5cm 的振动幅度，往返 150 次/min，每天 3h，共 2 周的振荡应激负荷下，结果发现在最终负荷后 18h 内肾上腺重量增加，胸腺重量减少，白细胞数、血糖值及 K^+ 浓度有所减少，非酯化的脂肪酸(NEFA)浓度及 Na^+浓度有所增加，去甲肾上腺素的反应也有所增大。

由上可知，噪声或者振动都会对动物的健康造成威胁，但是噪声也是不能避免的，应尽可能控制噪声的来源和噪声的大小。在设计和建设动物设施时，应选择隔音效果好的材质或采用防振动的材质和措施，公共通信系统、环境检测系统和火警系统、独立通风笼（independent ventilated cage，IVC）系统和隔离器等的选择与安装位置，尽可能减少噪声和振动，从而减少对动物健康的影响。吵闹的动物如犬、灵长类、猪等应与喜安静的动物如啮齿类、兔等隔离开。工作人员操作时动作要轻、轻声交流、尽量选择噪声小的仪器设备并定期保养；定期检测饲养环境的噪声，及时更换初、中、高效过滤器，使噪声尽量控制在国标规定的 60dB 以下。

三、粉尘

动物设施的空气洁净度一般指动物饲养环境空气中飘浮的颗粒物、微生物和有害气体，主要包括饲料和垫料的碎屑，动物的被毛、皮屑和排泄物，消毒剂、工作服和工作人员的携带物。本部分主要讨论颗粒物对动物的影响。

粉尘是指悬浮在空气中的固体微粒。习惯上对粉尘有许多称呼，如粉尘、尘埃、烟尘、雾、烟等。空气中 5μm 以上的微粒大都携带有空气中生存的微生物，如细菌、病毒和立克次氏体等。

动物饲养环境空气中粉尘的主要来源：一是外环境中未经过过滤的空气直接带入；二是动物的皮屑、被毛，垫料、饲料等的碎屑，以及动物和人员活动产生的。

颗粒物作为变应原，可引起实验动物和工作人员呼吸系统与皮肤疾病，对动物和工作人员的健康有很大影响。粉尘对动物健康的影响主要表现在：一是粉尘的直接刺激；二是粉尘作为微生物和病毒的载体间接刺激。直接作用表现在颗粒作为过敏原刺激动物机体产生过敏反应，如动物的被毛、皮屑、尿液、血清等。研究表明，小鼠、大鼠、豚鼠、家兔的血清、被毛、皮屑及尿液均具有抗原性。对来源于小鼠的过敏原有反应的人，大多对仓鼠、豚鼠、大鼠等的过敏原呈阳性，含有低分子量的 α_2-球蛋白的大鼠尿液或者含前白蛋白（prealbumin）的小鼠尿液可导致人气喘反应。直径在 5μm 以下的粉尘，还可以直接经过呼吸到达支气管和肺泡，引起动物支气管炎、气喘、尘肺等相关的呼吸道疾病。

粉尘的间接作用是作为微生物的载体，把节肢动物和各种细菌、病毒、真菌孢子等带入饲养环境，对动物造成极大的威胁。

粉尘的状态和数量因饲养环境的动物数量和饲养管理状况不同而有一定差异。若环境温度在 22℃时，湿度由 54%提高到 77%，则悬浮粒子减少到 1/10～1/2；若湿度控制在 54%时，将换气次数由 14.7 次/h 降低至 7.7 次/h 时，则悬浮粒子可增加到 2～15 倍。

悬浮粒子不仅对动物健康存在威胁，作为过敏原还会引起人消化系统疾病和过敏性皮炎等，所以要严格按饲养环境等级要求控制悬浮粒子的浓度。对于进入屏障环境的空气经过初、中、高效过滤器过滤，控制空气中的悬浮粒子量。人员严格按进出流程操作，工作时要动作轻柔，避免扬起粉尘，定期更换饲养笼器具，更换频次视动物大小、密度、生物学习性、是否在围产期等特殊时期、粪尿排出量和垫料的污染程度而定。但是，一旦发现垫料被打湿，必须立即更换笼盒和垫料。定期对饲养环境进行清洗消毒。严格控制饲养间的温湿度和换气次数，减少粉尘的产生。

四、有害气体

有害气体主要是指可以使人和动物产生不舒服的气味及可能破坏生活环境的恶臭味，主要来自实验动物的代谢产物，如动物的粪便和尿液，以及垫料和饲料不及时消除更换而发酵产生的气味。1971 年日本发布的《恶臭防止法》中列出了 5 种分解后有强烈臭味的气体，1976 年又增补 3 种，分别为氨气、甲基硫醇、硫化氢、硫化甲基、三甲胺、苯乙烯、乙醛和二硫化甲基。我国于 1993 年 8 月也颁布了 GB 14554—1993《恶臭污染物排放标准》。

不同种类动物饲养环境中有害气体的种类和含量不尽相同。研究表明，甲基硫醇（臭葱味）及硫化氢（臭鸡蛋味）在小鼠、大鼠、家兔饲养环境中微量存在，但在狗、猴、猫饲养环境中臭气浓度居 2 ~ 3 位。硫化甲基在各种动物饲养环境中均存在一定量，而乙醛及二硫化甲基几乎无检出。氨气是各种动物饲养环境中浓度含量最高的。

一般以氨气的浓度检测指标来判断实验动物的环境空气质量。美国、日本等国家提出实验动物的饲养环境氨气的浓度应该控制在 $14mg/m^3$ 以下，我国也规定了在实验动物饲养和实验时，普通环境、屏障环境和隔离环境内氨气的浓度均不得超过 $14mg/m^3$。

氨气是公认的动物室内最有害的气体之一。氨的水溶液呈碱性，对黏膜有刺激性，可引起眼睛流泪、灼痛，角膜和结膜发炎，最严重的引起视觉障碍。氨气进入呼吸道可引起咳嗽、气管炎和支气管炎、肺水肿、出血、呼吸困难、窒息等症状，造成呼吸机能紊乱，甚至坏死。此外，氨溶解到呼吸道黏膜的黏液中，使黏液向碱性转化，纤毛丧失活动功能，增加由空气传播疾病的易感性。氨气浓度过高，直接刺激机体的组织，严重时可发生碱性灼伤、坏死后溶解、中毒性肝炎和心肌损伤等。实验证明，大鼠饲养于氨气含量为15 ~ 1157ppm① 的各种环境中，其血液中氨的含量随环境中氨气含量升高而升高。长期生活在高浓度的氨气环境中，动物的上呼吸道黏膜出现慢性炎症，抵抗力下降，容易感染微生物。

动物饲养间有害气体的浓度受很多因素的影响。在饲养间内的温度和湿度升高、动物的密度增加、通风条件不好、饲料的营养成分不合理或者垫料没有及时清理、饲养环境清洁卫生不及时等情况下，动物饲养间的氨气浓度都会不同程度地增加。

定期检测动物设施环境中氨气浓度，及时调整饲养环境的换气次数，保证设施的正常运行状态。同时严格控制饲养动物密度、笼器具和垫料更换频次，及时做好环境清洁卫生和消毒，保证设施环境的换气次数符合要求，定期更换初、中、高效过滤器，保证环境设施有效的压差梯度，才能确保环境设施的空气质量。

五、消毒剂

消毒剂由于易于配置、见效快、所需要的容器简单、消毒效率比较高等特点，常用于实验动物饲养环境内（空气、笼架、地板、墙面等）及其周边环境的消毒。为控制饲养环境，通常需在工作前后使用消毒剂对环境进行清洁消毒处理。

（一）消毒的概念

消毒是指杀灭或消除传播媒介（如笼架、墙壁、地面、天花板等物体表面，环境空气等）上的病原微生物，达到无害化的处理。消毒剂是用于杀灭和消除传播媒介上的微生物达到消毒或灭菌要求的制剂，其通常是化学药物，又称化学消毒剂。

---

① $1ppm=1\times10^{-6}$

（二）消毒剂的分类

1. 按物理性状分类

依据消毒剂物理性状的不同可分为固体、液体、气体消毒剂。固体消毒剂包括漂白粉、二氯氰尿酸钠、石灰粉等。液体消毒剂包括过氧乙酸、次氯酸钠、84 消毒液、过氧化氢等。气体消毒剂包括臭氧、甲醛、环氧乙烷等。

2. 按消毒效果分类

根据消毒剂消毒的效果可分为低效消毒剂、中效消毒剂和高效消毒剂。低效消毒剂是指仅可杀灭细菌繁殖体和亲脂性病毒，达到消毒要求的化学制剂，如苯扎溴铵等。中效消毒剂是指仅可杀灭分枝杆菌、真菌、细菌繁殖体及病毒等微生物，达到消毒要求的制剂，如醇类、碘类等消毒剂。高效消毒剂是指可杀灭一切病毒、细菌繁殖体、真菌及其孢子等，对细菌芽孢也有一定杀灭作用，达到高水平消毒效果的制剂，如过氧乙酸、环氧乙烷、戊二醛和含氯消毒剂等。

3. 按化学性质分类

根据化学性质将消毒剂分为过氧化物类消毒剂、含氯消毒剂、醛类消毒剂、杂环类气体消毒剂、醇类消毒剂和季铵类消毒剂等。这些消毒剂由于化学性质不同，使用方式也不同，大致分为以下几种使用方式。

1）熏蒸消毒：如甲醛、过氧乙酸等消毒剂，主要用于动物饲养环境启动前或停止运行再次使用前环境的消毒处理。

2）消毒液浸泡、喷洒或喷雾、擦拭，是动物日常饲养管理中最常用的方式。

3）直接用粉剂处理，主要为含氯粉剂，如漂白粉，常用于动物饲养设施周围外环境的消毒处理。

（三）影响消毒剂消毒效果的因素

对动物饲养环境设施进行消毒时，人们不仅要合理使用化学消毒剂，考虑影响化学消毒剂消毒效果的各种因素，达到预期的消毒效果，还要关注消毒剂对动物和工作人员健康的影响。

1）消毒剂的剂量：消毒剂作用效果一般用消毒剂的浓度与其作用时间的乘积表示。通常消毒剂浓度越高，作用时间越长，消毒效果越好。所以必须根据各种消毒剂的特性选用适当的浓度和足够的作用时间，才能保证消毒剂的消毒效果。

2）环境中微生物种类和数量：不同微生物对同一种消毒剂的敏感性不同。通常消毒难度随污染程度严重增大而加大，主要是由于污染的有机物可消耗消毒剂、阻挡热穿透，若要确保消毒效果，则需要更长的作用时间。

3）环境的温度：温度越高消毒效果越好。通常温度每增加10 ~ 12℃，消毒效果可增加 1 倍，杀菌时间可缩短 50% ~ 60%。

4）环境的相对湿度：饲养环境的相对湿度影响气体熏蒸消毒剂和紫外线消毒的作用。例如，甲醛熏蒸时受温度和相对湿度的影响很大，熏蒸的温度越高消毒效果越好，温度一般控制在 25℃左右，相对湿度控制在 60% ~ 70%，效果最好。

5）消毒剂间的相互拮抗：化学消毒剂均有其独特的化学性质，其活性必然受性质相反物质的物理或化学配伍禁忌的影响。

6）其他因素：消毒液的解离度、表面张力、pH、消毒药的剂型等都能不同程度地影响消毒作用。

（四）消毒剂对动物健康的危害

饲养环境中消毒常用的消毒剂多是液体消毒剂，但是大部分的消毒剂对人体和动物都有着不同程度的危害。消毒剂对人体和动物最直接的危害是对机体黏膜的刺激作用，皮肤直接接触，会引起皮肤过敏或者灼伤，出现瘙痒、红肿等，严重的会引起皮炎。一些消毒剂有挥发的特性，刺激机体的眼睛、鼻、呼吸道等，造成眼炎、鼻炎、上呼吸道炎症等。不合理地使用消毒剂，微生物菌群会产生抗性或者变异，降低消毒剂的灭菌功效。过量使用也会影响机体的健康。一些消毒剂在使用后会产生一些致癌、致畸、致基因突变的物质，如含氯的消毒剂，对动物健康存在潜在的影响。

（五）预防措施

消毒剂在一定程度上威胁着人和动物的健康，在实际使用过程中一定要合理地选择、配制和正确使用。在配制消毒剂时，人员要做好防护措施，如戴适宜的口罩和手套操作，并按要求配制合适的浓度。正确合理使用消毒剂，保证消毒剂在有效期内使用。不滥用消毒剂，定期消毒，为防止耐药性的产生，定期更换消毒剂品种。具体的预防措施如下。

1）选择理想的消毒剂：通常要求选用的消毒剂杀菌谱广，效果可靠，作用快速，性能稳定，便于储藏和运输，无毒无味，无刺激，无致畸、致癌、致突变作用，易溶于水，不着色，易去除且不污染环境，不易燃易爆，使用安全，受有机物、酸碱和环境因素影响小，使用浓度低和使用方便。

2）正确配制有效浓度：正确掌握化学消毒剂使用浓度和配制方法。

3）有效期内使用：严格按消毒剂的有效期限使用，不得过期使用。根据消毒剂的特性配制，一般遵循现用现配的原则。

4）进行预试验：首次使用某种消毒剂时均应进行预试验，验证其消毒效果、有效剂量和安全剂量。

总之，在确保消毒剂消毒效果的同时，还应考虑消毒剂在饲养环境、动物机体表面的残留和对动物的刺激。

第四节 生 物 因 素

实验动物生存不仅要适应以上的非生物环境因子，还必须适应其生物环境，即适应同种的和异种的其他个体。影响实验动物健康的生物因素主要包括两个方面：一是同种生物之间的社会地位、势力范围和饲养密度等；二是异种生物之间的影响，如微生物的影响、不同种类动物之间的影响、人对动物的影响（详见第三章）等。

一、社会地位和势力范围

动物的社会行为是指群居性动物间相互影响、相互作用的一系列复杂行为。它具有三个明显特征：一是形成一定的组织，二是组织内有明确分工，三是有明显的等级划分。不同种类动物生活方式存在差异，目前广泛使用的实验动物大多是群居性的，如小鼠、地鼠、豚鼠和猕猴等。群居性的动物能够更好地分配食物、空间和配偶资源，具有群居性动物的三个明显特征，存在一定的等级制度。不同种属的动物，其社会性是不完全相同的。动物的社会地位大致可分为直线型（如兔、犬、鸡和猪等）和专制型（如小鼠、大鼠）。非人灵长类动物是等级制度上表现最为明显的。例如，猕猴是群居性很强的动物，不同年龄、性别的猕猴生活在一个社会群体内，群体内最凶猛的是猴王。猴王是领袖，具有攻击性，不接纳其他种群的单身，对自己地位存在威胁的猕猴也会被逐出猴群。小鼠也是高度群居性动物，雄性占优势，不同窝的雄鼠间相互争斗、撕咬，处于优势的胡须保留，弱势的则掉毛、胡须被拔光等。高度群居的豚鼠休息时，紧挨躺卧，采食、活动的时候也呈集体行为，豚鼠为专制型社会的行为，1～2 个雄鼠处于统治地位，一雄多雌的群体构成明显的群居稳定性，只在发情时雄鼠为争夺配偶而发生争斗，平时较少发生攻击性行为。

实验动物的社会地位也受年龄、性别和群内居住时间长短的影响，一般情况下雄性动物的个体会比同龄的雌性动物体型大、力量大、攻击性强，处于优势地位。但是一些品种的雌性攻击性更强，如金黄地鼠。金黄地鼠雌鼠的个体比雄性个体大，其攻击性也比雄鼠强，雌鼠处于优势地位，若雄鼠长期与雌鼠生活在一起，则会出现雄鼠被咬伤或咬死的现象。当然，出于自我势力范围的保护，即使面对再强的个体，动物也会表现出自我防卫的习性。动物的社会性也表现出先入为主的现象，即不管地位如何，先占有某处场所的动物总是比后来的有优势。

动物势力范围的等级制度对维持群体的稳定性有很大的作用。但是，动物的争斗和社会地位也会影响动物内分泌系统的功能。例如，在大鼠和小鼠群体饲养中，发现有处于劣势或易受伤个体的肾上腺大于处于优势地位个体的肾上腺。其原因可能是，越是处于劣势地位的个体越是受到强烈物理性及生理性应激。另外，日常饲养管理中经常发现成年的雄性个体易发生争斗，这从去势的雄性失去争斗性和投予雄性激素的个体产生亢进可以说明，雄性个体好斗与其雄性激素含量有关。在日常饲养管理中，若发现笼盒中动物争斗严重，可以挑出强势的动物，以减少对其他个体的威胁。

二、动物的饲养密度

动物的饲养密度是指单位面积内饲养的动物数量，不同动物种类对饲养密度要求不同。不同机构饲养动物的笼具大小不同，每笼或每盒的饲养数量要求也不尽相同。饲养密度过大或者过小对动物的健康均会产生影响。例如，在正常情况下，20g 以下小鼠单笼饲养最小面积需要 0.0067m^2，20g 以上小鼠单笼饲养最小面积需要 0.01m^2，而母仔同窝的需要 0.042m^2，笼盒的最小高度为 0.13m；150g 以下大鼠单笼饲养最小面积需要

$0.04m^2$，150g 以上的需要 $0.06m^2$，母仔同窝则需要 $0.09m^2$，笼盒的最小高度为 0.18m；20kg 以下小型猪单笼饲养最小面积需要 $0.96m^2$，20kg 以上小型猪需要 $1.2m^2$，笼盒的最小高度为 0.8m。

饲养密度过大可能会影响动物的采食和活动，也会增大传染病发生的概率。饲养过密，动物的活动受限，直接导致动物之间争斗，并且排泄物相应增多，有害气体增加，笼盒内的温度和湿度升高，有害气体不易散去。研究表明，饲养密度过大的大鼠个体体重增大被抑制，饲料的利用率低下，并且肠道内的某些菌群，如葡萄球菌、链球菌、肠杆菌和厌氧细菌等一种或两种菌群有所增加。豚鼠在过度拥挤的情况下，会发生拔毛、脱毛、皮肤创伤和皮炎。

饲养密度过小或者长期单独饲养，也会影响动物的生长发育，并使其生理行为发生改变。与大多数灵长类动物一样，猕猴属群居性动物，具有高度的社会性。个体之间能够进行信息交流、追逐嬉戏、梳理毛发、相互协作及相互帮助等，而这种社会性的活动对于单个个体的生活、心理健康、发育成长是非常有利的。长期单笼饲养对猕猴的影响非常明显，其表现为体重下降、消瘦、被毛蓬乱、灰暗无光，部分猕猴出现异常行为。

由此可见，不同的饲养密度会引起不同的反应，从而影响动物的健康。但是，也不能盲目地认为群体饲养好或是单个饲养好。要根据不同动物的生物学习性对群体密度进行评估。选择适宜的群体环境时，往往要考虑动物的属性是群居性还是占地性，是需要单独饲养、配对饲养还是成群饲养。为利用同种动物之间适宜的相互作用促进动物的正常发育，首先必须了解各种动物的生物学特性，即了解其正常的群体结构、密度、亲密程度和社会地位。不合群的动物应进行适当隔离，以确保其自身或其他个体均不受到损伤。

三、微生物的影响

空气中微生物包括致病性和非致病性的微生物，致病性的微生物有病原性的细菌、病毒、真菌、立克次氏体等，这些病原微生物威胁着动物的健康。它们主要以空气中粉尘颗粒为载体，随气流而扩散。在适宜的温度、湿度和营养条件下，病原性微生物大量增殖。细菌增殖污染动物饲养环境后，会造成动物发病甚至死亡；有些动物或呈现隐性感染，处于长期带毒、排毒状态下，从而影响动物繁殖种群的质量和动物实验结果的稳定性、可重复性。

饲养环境中病原微生物的产生和增殖受很多因素的影响，各种级别的动物饲养环境中除隔离系统外，都存在大量的细菌、病毒和立克次氏体等微生物。饲养环境中，反映饲养环境的清洁度或微生物污染程度主要通过空气中沉降菌或浮游菌的检测来衡量。国标要求屏障系统静态下沉降菌的数量≤3 个（CFU/0.5h，Φ90mm 平皿），隔离环境内血平皿不长菌，普通环境没有强制性要求。

实验动物机构在日常管理过程中，应严格控制动物的进出，外购动物必须在检疫间经过一定的检疫周期检疫合格后，方能转入饲养间。应建立工作人员健康档案，直接接触动物的工作人员至少每年体检一次，及时调整不适宜从事动物饲养管理的工作人员。同时，工作人员应严格执行机构的操作规程。送入饲养环境的空气严格按 GB 14925—

2010《实验动物　环境及设施》要求进行过滤、防昆虫、防蚊蝇等方面的处理，并保证动物的笼器具，饲料、垫料的进出和使用，饲养间的温湿度、风速和换气次数等符合国标的要求。动物用的垫料、笼器具、饲料、饮水等都需要经过不同途径的消毒灭菌并确认合格后才能进入饲养间，即从各种源头上控制病原微生物侵入饲养设施内。

四、物种间的相互影响

不同种类的动物生活方式、气味、对环境的要求和对微生物及寄生虫的敏感性存在一定差异，如果强行把不同品种的动物集中在一起饲养，则对动物的健康和社会行为会产生威胁和影响。例如，豚鼠对噪声和振动很敏感，一旦将犬放在其环境周围饲养，会导致豚鼠生长受到影响、孕鼠流产、母鼠哺乳期吃仔等现象发生。若将猫和小鼠放入一个环境中饲养，由于长期处于紧张状态下，小鼠的性周期会出现紊乱。

由于实验动物存在种间共患传染病,因此,应该避免异种动物饲养在同一个环境中，从而控制品种间共患微生物疾病。

物种间的相互影响可通过饲养间的布局来预防，如同品种间的动物可以在某一处分不同饲养间饲养，不同品种的动物饲养区域应间隔一定的距离，或者采取相应的预防措施。像犬、猴等大型动物饲养区域间隔距离要求更大，并设置隔音措施。另外，不同品种的动物环境指标控制要求也不一样，如兔较小鼠、大鼠需要的温度偏低，而金黄地鼠为冬眠动物，对温度的变化比其他品种的动物敏感。不同动物饲养间的布局应事先考虑可能涉及的品种品系，分区分室饲养最好。另外，饲养技术员也尽可能少变动，以减少陌生人变动对动物的影响。

第五节　居住因素

影响实验动物的居住因素主要包括饲养动物的房室、笼器具和垫料等硬件方面。

一、房室

实验动物房室是与实验动物饲养、保种、育种、繁殖、科学研究等有关的房屋设施。其按功能可分为动物实验设施和繁殖生产设施；按环境和微生物的净化控制程度可分为普通环境、屏障环境和隔离环境，见表1-4。不同环境下实验动物的生活环境控制不同，受到的威胁也不同。

普通环境主要用于饲养普通级动物和实验动物。普通环境下的房屋相对于屏障系统属于开放式的设施，对微生物没有严格的限制，房屋内的温度和湿度易随天气、气候的变化而变化。目前，比较好的机构设施内配备有空调或舒适性中央系统以改善动物饲养区的环境温度和湿度。一般普通设施均设有防止野鼠、昆虫、苍蝇等进入的防鼠板、纱窗、纱门等基础设施，减少由野鼠、昆虫、蚊蝇和蛇等带入病原菌的影响。

表 1-4 实验动物的环境分类

环境分类		功能	适用动物等级
普通环境	—	实验动物生产、动物实验、检疫	普通动物
屏障环境	正压	实验动物生产、动物实验、检疫	清洁动物、SPF 动物
	负压	动物实验、检疫	清洁动物、SPF 动物
隔离环境	正压	实验动物生产、动物实验、检疫	SPF 动物、悉生动物、无菌动物
	负压	动物实验、检疫	SPF 动物、悉生动物、无菌动物

注：SPF，无特定病原体

屏障环境主要用于饲养 SPF 动物、清洁动物，是相对封闭式的设施。设施洁净区内的空气经过初、中、高效三级过滤，严格控制环境内的微生物和洁净度。洁净区内的温度和湿度通过空调系统控制，温度和湿度恒定在标准的范围内，严格控制昼夜变化幅度。进入洁净区内的饲料、垫料、水、笼器具、工作服等经过相应的灭菌程序，常用的消毒灭菌方式有辐照灭菌、脉动蒸汽高压灭菌、消毒剂浸泡和熏蒸等；其他物品均需要通过不同的方式消毒灭菌后才能进入屏障系统内，人员则需要淋浴或风淋、更衣等程序进行无菌操作才能进入洁净区域。屏障系统内的环境应适应动物的生产、繁殖和实验要求。进行对人或动物危害大的感染性等动物实验时，外排的空气也需经过高效过滤，污物、废弃动物等需经过严格的消毒灭菌方能传出屏障系统。

隔离环境主要用于饲养无菌动物、悉生动物、SPF 动物等，由隔离器及其相关装置组成。隔离器因材质的不同分为不锈钢隔离器和塑料隔离器，隔离环境通过隔离器完全与外界隔绝，进入的空气经过初、中、高效三级过滤，人员通过橡胶手套进行各项饲养、实验操作，不与动物直接接触。

二、笼具

笼具是实验动物生活的直接场所，房舍内的环境因素通过笼具对动物产生影响，笼具内的环境是影响动物的直接因素，笼具的大小、材质、做工等也直接影响实验动物的健康。常用的实验动物笼具有不锈钢材质和塑料材质两种类型。这两类笼具均需要选择坚固、耐用、无毒、耐腐蚀、耐高温、易清洗、能耐受动物的反复啃咬和人工搬运的磨损等材质，并能阻止动物逃跑和外来动物的进入。

笼具根据样式可以分为 4 种。一是适合小型啮齿类动物，如小鼠、地鼠、大鼠等生活的盒式笼具（笼盒），笼盒由塑料制成，笼盖由金属隔栅制成，这种笼盒的通风性不是很好，需要及时清理垫料，更换笼盒，减少有害气体的堆积。如果清理间隔时间过长，盒内的氨气浓度会增加，盒内湿度也会相应升高，从而危害动物的健康。动物的排泄物都堆积在笼盒的垫料上，不及时清理易引起交叉感染。金属笼盖的卡扣坚固，不易打开。二是适合兔、豚鼠等饲养的悬挂式金属网笼架，此类金属笼架通风透气，温度和湿度也与房舍的基本一致。金属笼架的做工需要严格要求，如果金属不平，有刺突，动物容易划伤四肢皮肤，伤口容易感染，特别是孕期动物，其体重加重，划伤感染的可能更大。三是适合犬、猫、灵长类动物等饲养的前开口式笼具，材质有不锈钢、普通钢、玻璃钢等，此类笼具相对比较大，饲养的动物智力发育也相对较高，所以笼具开口处应配备门锁。前两类需要配置适合的笼架，笼架必须稳定、牢固、便于挪动和清洗。四是独立通风笼（individually ventilated cage，IVC），以饲养架为单位的实验动物饲养设备，空气经过高效过滤器处理后分别送入各独立饲养笼盒内，具有避免环境污染动物或动物污染环境的双保护作用。该设备用于饲养清洁级、SPF或感染性的动物。

动物饮水装置有饮水瓶、饮水盒和自动饮水装置。一般常用的是饮水瓶，笼盒饲养动物的饮水大都使用饮水瓶，饮水瓶简单、不会交叉污染、易清洗、价格低。但是饮水瓶的盖子如果盖得不严，可能造成漏水，打湿垫料和动物，漏水后动物会缺水，威胁动物的健康，如小鼠缺水会出现休克，严重时导致小鼠死亡。中型动物一般用饮水盒，如犬、猫等，饮水盒需要固定，不固定的话容易被打翻，从而引起动物缺水。自动饮水装置适用于动物大量饲养，可以节省劳力，但是容易漏水和堵塞，清洗不方便，也存在交叉污染的危险，动物在饮水时，会带入食物碎渣和唾液，一旦动物感染传染性疾病，病原可以通过自动饮水装置传染给其他正常动物。屏障系统和隔离系统环境内的饮水盒和饮用水需要高压灭菌。

三、垫料

垫料是动物用来满足保温、做窝、玩耍等行为习性的物品，也作为铺垫物来吸附动物的排泄物和臭气，为动物提供松软、舒适的生活环境。由于垫料与实验动物直接接触，因此，需要垫料无异味、无毒、无刺激、吸湿性能好，能有效地吸附臭气，保温性能好，大小合适不易被动物食用，易于消毒和清除。目前常用的垫料材质有木刨花、木屑（细的和粗的）、吸水纸、玉米芯颗粒等，可加工成不同的形状，依据不同的种属和用途选择。刨花质地松软，吸水性好，不容易被污染和发霉，在实验动物生产中用得较多。木屑的吸水性最强，不易被动物吃，舒适性较好，但是易产生尘埃粒子、杂物多、遇水成团。脱脂棉也是比较好的垫料，吸水性好，不产生尘埃粒子，适用于高级的啮齿类动物。玉米芯可以粉碎成不同的颗粒用，但是玉米芯含糖，容易被实验动物吃掉，影响动物的血糖，影响实验结果，玉米芯也易发霉，所以使用存在局限性。

垫料作为动物饲养环境中尘埃粒子的主要来源，对空气的洁净度有很重要的影响，如果吸附在动物体表会堵塞毛孔，被动物吸入呼吸道会造成机械损伤。有报道称用垫料饲养的动物其肺和肝脏溃疡结节的发生率高于不用垫料饲养的动物。垫料吸水性强，如果保管不好，容易污染，滋生虫蝇，感染寄生虫和节肢动物，被化学物质污染，实验动物感染疾病的可能性大大增加。垫料吸附排泄物后应及时清理，避免有害气体氨气、硫化氢、甲基硫醇等堆积，威胁动物的健康。在使用木屑和刨花时需分拣和筛选，除去粉尘、大的木屑、异物，以免动物误食损伤肠胃。垫料内的农药残留、重金属、香味等也威胁着动物的健康，如松、杉等针叶林木中所含的芳香类挥发性化学物对啮齿类动物肝脏微粒体酶有影响，甚至还会诱发癌症，故不宜用作垫料的原料。由此可见，垫料的质量、灭菌效果、更换频次等均直接影响实验动物的舒适度、生活质量和身体健康。

垫料是实验动物生活过程中不可或缺的条件。它可吸附实验动物的排泄物，吸收笼盒中的臭气，维持笼盒内适宜的温度，改善实验动物的生活环境，确保实验动物和笼盒的清洁卫生。干燥、松软、吸湿性强、无异味、无害、无毒的垫料和适宜的更换频次可以让实验动物舒适和身心愉悦，生活质量大大提高。因此，垫料对实验动物健康、生活环境影响重大，全方位控制垫料质量对于实验动物福利非常重要。

第六节 动物环境丰富化

环境丰富化（environmental enrichment，EE）最早于20世纪40年代被提出，最初应用于神经学的研究中。自20世纪60年代开始一系列的实验，以环境丰富化为变量研究了其对大脑发育及认知功能的影响。到20世纪80年代，随着动物福利逐渐被认知，以改善实验动物福利为目的的环境丰富化相关研究才逐渐兴起。环境丰富化是指增加刺激、提供选择满足动物物种特定需要以改善动物的机体和心理福利的所有环境改善措施，也称为环境丰容和环境优化。在应用环境丰富化的同时，也应注意饲养环境的标准化。也就是说，同一个设施内同种动物的环境丰富化标准应该是统一的。环境丰富化的措施大致可分为社会性丰富化、物理性丰富化和动物种类相关的丰富化。

一、社会性丰富化

不同种属的实验动物饲养方式不同，根据实验动物是否为群体饲养将社会性丰富化又分为非接触性丰富化和接触性丰富化两种。

（一）非接触性丰富化

非接触性丰富化是指动物不能群体饲养，但需要通过视觉、听觉或嗅觉实现同种动物之间的联络。对于灵长类还可增加一些自娱自乐的措施，如给猴子设置镜子。

（二）接触性丰富化

接触性丰富化是指动物需要群体饲养来稳定其社会关系。社会性动物需要成对或群体饲养，形成稳定的社会关系。例如，啮齿类动物大鼠、小鼠、豚鼠，一般都是群居性动物，需要群体饲养的方式，满足它们之间的相互交流。如果分笼饲养，动物可能会出现刻板的行为，影响动物的正常心理。群居是最容易实施的环境丰富化措施，满足了社会性动物相互间交流的需求，能有效避免动物刻板行为的出现。

二、物理性丰富化

物理性丰富化是指在现有的动物饲养环境下，为其提供玩具、木块、纸屋、水果和音乐等，使饲养笼盒更加复杂化，刺激动物的感觉器官，提高实验动物的生活水平。物理性丰富化主要包括饲养笼盒的复杂化、感官刺激及营养刺激。适宜的饲养笼盒对于动物也非常重要，合适的底面积为动物提供一定的活动空间，满足动物自主活动。笼盒内容物的多样化可满足动物的特殊行为需要。啮齿类动物有喜欢遮躲、打洞、磨牙和做窝的自然习性，可在笼盒内放置一些筑巢垫料、软纸、管子、盒子和用于磨牙的硬饲料以满足动物习性。兔和豚鼠喜欢筑巢和玩耍，可在笼内放些干草、玩具等；孕期的兔会拔毛筑巢，可以提供巢箱，以保证幼兔的保温。猪喜欢拱地和啃咬，需要能够拱或啃的物体，如塑料轮胎、玩具球等。非人灵长类动物需要水果、攀爬和栖息用的横杆等，有的还需要镜子和音乐。另外，雄性动物群居饲养时，相互攻击的行为会增多，在笼盒内通过设置视觉障碍物或藏身处、添加软纸和玩具等措施，可减少其相互攻击。因为视觉障碍物或藏身处为动物藏匿和探索行为提供了占领、分隔、安全的感觉，并减少应激。玩具有利于提高动物视觉活动和主动探索活动，可经常更换玩具或使用风车类的活动玩具以保持动物对玩具持久的关注度。

动物之间除通过视觉、听觉、嗅觉和触觉进行直接或间接联络以促进社会刺激外，还可以采用不同的措施作用于上述感官以增强感官刺激。不同强度的光线，甚至不同光色对动物具有不同的作用，可以根据动物特点选取相应的措施增强视觉刺激。持续性背景声音可减小突发噪声刺激对动物的影响，并有益于保持动物的安静状态，一般来说，轻音乐较好。

动物对于气味十分敏感，更换垫料后，由于气味的缺失，有时会出现撕咬行为。例如，地鼠在哺乳期尽可能少换窝，以保证乳鼠的成活率。饲养技术人员与动物之间的接触，对动物的爱抚也有利于动物福利和动物实验结果。此外，饲料适口性的改变、饲料的形状、给料时间、给料频次的变化均可以用来丰富动物的环境。针对不同动物的采食习性，设置便于动物表达物种特异采食行为的不同措施也是对动物福利的一种改善。

针对不同的动物生活习性和生理需求，有不同的丰富化途径，具体见表 1-5。

表 1-5　实验动物丰富化的选择

动物品种	生理需求	丰富化的途径
小鼠	钻洞、避难、磨牙、筑巢	通道、纸屋、木块、饲料、垫料、纸屑
大鼠	钻洞、避难、磨牙、筑巢	通道、纸屋、木块、饲料、垫料、纸屑
地鼠	钻洞、避难、磨牙、筑巢	通道、纸屋、木块、饲料、垫料、纸屑
豚鼠	饮食、避难、筑巢、玩耍	草料、栖息板、木块、玩具
兔	饮食、避难、筑巢、玩耍	草料、栖息板、木块、玩具
犬	活动、社交、饮食、休息	活动场地、骨头、休息板、玩具
猪	拱地、啃食、挖掘、社交	橡胶轮胎、玩具球、公共场地
猴	饮食、跳跃、悬挂、色彩	水果、吊杆、镜子、彩绘、音乐

三、动物种类相关的丰富化

动物种类相关的丰富化是指基于动物的物种特性、针对动物的需求而对其环境进行丰富化。实施环境丰富化的第一原则是尽量满足动物表达自然天性的需求。环境丰富化要利于发挥动物的物种特异性行为。例如，适合兔类动物的丰富化措施有为其提供粗饲料、咀嚼棒或干草、隐蔽处或平台及繁殖产箱、产箱垫料等。啮齿类动物筑巢材料有助于它们建立适当的微环境。小鼠依据其需要或怀孕、哺乳期等情况，放入纸屋、纸屑等用于隐蔽及筑巢的材质，可满足其寻找隐蔽处及筑巢的本能行为。临产期怀孕大鼠表现出明显的筑巢行为，此时添加筑巢材料可满足其自然天性。豚鼠在自然环境中借助其他动物的洞穴居住，因此豚鼠的环境丰富化最好提供巢箱或其他庇护所供其隐藏。对于大多数非人灵长类动物，人们提供的社会性丰富化措施需简便易行，恒河猴在野外群居，因此在实验室中可以成对饲养，和谐的成对饲养有助于增加积极的社会性行为，如拥抱、梳理、分享食物等。如果不能成对饲养，也可对非人灵长类动物的饲养环境进行丰富化，使它们能够表达正常的行为习惯，表现典型的物种特异行为。另外，它们喜欢跳跃、悬挂，为增加其运动能力，可以在笼内放树枝、栖木、悬挂用的横杆等，使动物显示广泛的运动能力。非人灵长类动物的笼子应有足够的垂直尺寸使它们能够充分利用；在食物的提供和获得上进行改善也是帮助灵长类动物表现天性行为的措施；在地板上放置橡胶碗，并为动物提供新奇的、混合的食物，或是在栖木上挂上可旋转的储食罐，增加动物获取食物的难度。上述措施可减少动物的刻板行为和攻击行为，增加探索性行为和游戏行为。增加动物操作性或者互动性的玩具也是显著又简便的环境丰富化措施。

当然，环境丰富化措施很多，如在笼具或活动场所内放置尼龙球、塑胶环、能够反射影像的不锈钢托盘、绳索、软管和硬纸箱等。如有条件的话，让动物观看视频和利用游戏操纵杆操作视频也很有益。猪是群居动物，应该购买已经形成群体、相互之间熟悉的动物，并提供合适的垫料，包括秸秆、干草、木材、木屑、蘑菇渣和泥炭等。犬应该成组或成对饲养，零食、玩具和适当的活动会改善犬的福利，放置咀嚼棒也是很好的丰富措施。此外，饲养人员与动物的互动玩耍和陪伴也是犬类所需要的，日常互动和训练能够帮助动物消除对实验操作的恐惧程度，能够配合进行常规实验操作，如体重测量、采血和注射器声音的刺激训练等。

不论采取何种丰富化措施，都必须是可预测、可控制的，不影响实验结果和动物身心健康。但是，某些环境丰富化措施，特别是神经学研究中应用的超级环境丰富不仅使动物行为学及生理指标上发生改变，而且可能给动物本身带来伤害。实施环境丰富化应评估其会不会影响实验结果，并不是所有实验动物都可进行环境丰富化的，如行为学实验。另外，还有些实验只是不适于某些类型的环境丰富化，如营养学实验就不适宜食物营养方面的环境丰富化。只有在不影响实验结果和动物身心健康的前提下，实施环境丰富化改善动物福利才是合理的。还要考虑实验操作程序中环境丰富化措施的必要性，如果影响实验操作程序，环境丰富化也是不适宜的。

动物本身都有控制自己“领域”的行为，过度增加新奇事物或复杂构建，也有可能增强动物的心理压力和攻击性，这对动物实验、饲养管理和动物健康本身都是不利的。

当然，适宜的饲养环境丰富化，可有效提高动物的生活质量和福利。但是这些物品应该耐用、无毒、无害、容易清洗，而且价廉物美、对动物的健康没有影响，环境的丰富化能改善动物福利，有利于动物的健康。

参 考 文 献

孔琪, 赵永坤. 2015. 中国实验动物环境丰富化发展现状. 中国比较医学杂志, 25(8): 79-81.

孙俊. 2003. 消毒剂技术与应用. 北京: 化学工业出版社: 10-17.

《实验动物饲养管理和使用指南》修订委员会, 美国实验动物研究所, 美国国家学术研究委员会，等. 2016. 实验动物饲养管理和使用指南. 8 版. 王建飞, 周艳, 刘吉宏, 等译. 上海: 上海科学技术出版社: 51-106.

汤宏斌. 2014. 实验动物福利. 武汉: 湖北科学技术出版社: 31-83.

汤宏斌. 2016. 实验动物学. 武汉: 湖北人民出版社: 110-125.

王俊霞, 刘健敏. 2014. 实验动物质量监控. 石家庄: 河北科学技术出版社: 133-136.

Anthony A, Ackerman E. 1955. Effect of noise on the blood eosinophil levels and adrenals of mice. J Acoust Soc Am, 27: 1144-1149.

Brown AM, Pye JD. 1975. Auditory sensitivity at high frequencies in mammals. Adv Comp Physiol Biochem, 6: 2-73.

Campbell MS, Ryan KD, Schwart. NB. 1976. Estrous cycles in the mouse: relative influence of continuous light and the presence of a male. Biol Reprod, 14: 292-299.

Chignell CF, Sik RH, Feldman DB. 1981. The effect of different types of fluorescent lighting on reproduction and development in the C3H mouse. Photochem Photobiol, 34: 617-621.

Greenman DL, Bryant P, Kodell RL, et al. 1982. Influence of cage shelf level on retinal atrophy in mice. Lab Anim Sci, 32: 353-356.

Hrapkiewicz K, Colby L, Denison P. 2013. Clinical Laboratory Animal Medicine. 3rd ed. Hoboken: Blackwell Publishing Professional.

Hua J, Schapiro SJ. 2011. Handbook of Laboratory Animal Science. 3rd ed. London: CRC Press Taylor and Francis Group: 535-554.

Kittel R, Ziemann C. 1979. Der Einfuss von Licht unterschiedlicher Wellenlange auf den Sexualzyklus der Albinomaus. Z Versuchstierkd, 21: 226-233.

Robison WGJr, Kuwabara T. 1976. Light-induced alterations of retinal pigment epithelium in black, albino, and beige mice. Exp Eye Res, 22: 549-557

Russell WMS, Bruch RL. 1959. The Principles of Humane Experimental Technique. London: Methuen & Co.

Ltd.: 238.

Saltarelli CG, Coppola CP. 1979. Influence of visible light on organ weights of mice. Lab Anim Sci, 29(3): 319-322.

Ziemann C, Kittel R. 1979. Der Einfuss von Licht unterschiedlicher Wellenlange auf den Sexualzyklus der Albinomaus. II. Kontinuierliche Beleuchtung. Z Versuchstierkd, 22: 43-49.

第二章　营养因素对动物健康的影响

为了确保实验动物能维持正常的生长和繁殖，必须提供种类丰富的营养物质。到目前为止，已知动物机体所需的营养物质多达 50 余种，其中最主要的可划分为六大类，即水、蛋白质、脂类、碳水化合物、矿物质和维生素。实验动物对生存条件的变化极为敏感，其中，营养摄入对动物健康的影响更为显著。动物的生长、发育、繁殖和抗御疾病以及其他生命活动都与营养物质的摄入息息相关。动物的某些系统和器官，特别是消化系统的功能和形态会随着营养成分的变化而发生改变。根据实验动物的种类、性别、年龄、体重和生理阶段等特点，结合能量与其他各种营养物质代谢实验和饲养实验结果，科学地规定每只动物每天应给予的能量和各种营养物质数量，即实验动物饲料的营养成分标准。营养成分标准的数值是营养素的供给量，是在实验动物最低需要量基础上增加一定的安全系数而确定的。营养成分标准是设计实验动物饲料配方的科学依据，有利于实验动物的标准化。实验动物品种不同，其生长、发育和生理状况都有区别，因而对营养物质种类和数量的要求也不一致。保证实验动物合理的营养成分和数量是维持动物健康和确保动物实验结果的重要因素。

第一节　营养的功能及其对实验动物健康的影响

一、营养因素及其功能

（一）水及其营养功能

水约占实验动物体重的 60%，是动物体内各种器官、组织和体液的重要组成部分。体内物质的输送、组织器官形态的维持、渗透压调节和体温调节等活动的进行，都有赖于水的参与。水直接参加生化反应，促进各种生理活动，对维持血液循环、呼吸、消化、吸收、分泌和排泄等生理活动及新陈代谢的正常进行具有重要意义。

（二）蛋白质及其营养功能

动物可摄入的蛋白质主要来源于饲料，包括纯蛋白质和氨化物两部分，也称为粗蛋白。蛋白质的基本构成单位是氨基酸，已知的氨基酸有 20 多种，以不同的组合形式，形成不同的蛋白质。饲料中的蛋白质只有被消化分解为简单的氨基酸才能够被动物吸收利用。因此，蛋白质营养的实质是氨基酸营养。

蛋白质是组成生命体的物质基础，是动物机体生长发育的重要组成部分。蛋白质通过血液向细胞输送氧和各种物质，调节水平衡；为免疫系统合成抗体提供原料；参与形成各种酶类，以维持消化系统的正常运转。从生理角度来看，构成机体蛋白质的 20 多种氨基酸对动物来说都是必不可少的。但从营养角度来看，则并不都是必需的，因为某些氨基酸可在动物体内合成。在营养学上将氨基酸分为必需氨基酸和非必需氨基酸两大类。

1. 必需氨基酸和非必需氨基酸

必需氨基酸是指在动物体内不能合成或合成的速度及数量不能满足动物正常生长需要，必须由饲料来供给的氨基酸，包括苯丙氨酸、赖氨酸、异亮氨酸、亮氨酸、甲硫氨酸、缬氨酸、苏氨酸和色氨酸；非必需氨基酸是指动物体内能够合成，不依赖饲料供给的氨基酸，包括丙氨酸、丝氨酸、天冬氨酸、谷氨酸、酪氨酸、半胱氨酸和甘氨酸等。

必需氨基酸中，赖氨酸、甲硫氨酸和色氨酸的含量会影响其他氨基酸的利用。在饲料学中，赖氨酸被称为第一限制性氨基酸，甲硫氨酸被称为第二限制性氨基酸。

2. 氨基酸平衡与氨基酸失衡

要使蛋白质得到充分、合理的利用，就必须使日粮中所含氨基酸的种类和数量符合动物机体的需要，同时要注意各种必需氨基酸之间的平衡。所谓氨基酸平衡，是指日粮氨基酸组分之间的相对含量与动物机体氨基酸需要量之间比值较为一致的比例关系。与氨基酸平衡对应的是氨基酸失衡，即一种或几种必需氨基酸过多或过少，相互间比例与动物的需要不一致，从而造成动物饲料利用率降低、生长迟缓、繁殖力下降等。

3. 蛋白质的互补作用

蛋白质营养价值的高低，主要取决于其氨基酸组成是否平衡。在饲养实践中，常用多种饲料搭配或添加部分必需氨基酸的方法，以提高饲料蛋白质的营养价值，这种作用即为蛋白质的互补作用。例如，苜蓿蛋白质中赖氨酸含量较多，为 5.4%，而甲硫氨酸含量较少，为 1.1%；玉米蛋白质中赖氨酸的含量较少，为 2.0%，甲硫氨酸含量较多，为 2.5%。把这两种原料按一定比例进行搭配，则两种限制性氨基酸的含量都有所提高，利用率也相应得到提高。因此，所谓蛋白质的互补作用实际上是必需氨基酸的相互补充。实验证明，在饲料中添加一定比例的赖氨酸、甲硫氨酸可显著提高饲料的利用率。

（三）脂类及其营养功能

脂类是脂肪和类脂及其衍生物的总称。脂肪由三分子脂肪酸与一分子甘油结合而成；类脂由脂肪酸、甘油及其他含氮物质等结合而成。常规饲料分析时，用乙醚浸提样品中的脂肪，还含有其他溶于乙醚的有机物质，如叶绿素、胡萝卜素、有机酸等，故称为粗脂肪或乙醚浸出物。

脂肪是动物热能的主要来源，在体内是化学能储备的最好形式。饲料中脂肪含量越高，所含能值也越高。脂肪也是构成动物组织的重要组成部分，各种器官和组织，如神经、肌肉及血液等均含有脂肪。作为饲料中脂溶性维生素的溶剂，维生素 A、维生素 D、维生素 E 和维生素 K 可溶解在脂肪中，以保证动物对脂溶性维生素的消化、吸收和利用。

脂肪酸可分为两大类，即不饱和脂肪酸（脂肪酸碳链中部分碳原子互相以双键相连）

和饱和脂肪酸（脂肪酸碳链中碳原子以单键相连）。根据双键个数的不同，不饱和脂肪酸可分为单不饱和脂肪酸（油酸）和多不饱和脂肪酸（亚油酸、亚麻酸和花生四烯酸等）。不饱和脂肪酸对幼龄动物的生长和发育是必需的，且在动物体内不能合成，必须由饲料供给，因此又称为必需脂肪酸。必需脂肪酸是构成组织的组成成分，对维持细胞膜及亚细胞膜的功能和完整性很重要。必需脂肪酸参与脂类代谢，在调节胆固醇的代谢，特别是输送、分解和排泄方面具有重要意义。

（四）碳水化合物及其营养功能

碳水化合物由碳、氢、氧三种元素构成，其所含氢、氧比例为 2∶1，和水一样，故称为碳水化合物。饲料中的碳水化合物包括单糖、双糖、低聚糖和多糖等，通常把碳水化合物分为粗纤维和无氮浸出物两大类。

粗纤维由纤维素、半纤维素、多缩戊糖及镶嵌物质（木质素、角质等）组成，是植物细胞壁的主要组成部分，也是饲料中最难消化的物质。一般动物难以利用粗纤维，但对于草食性动物尤其是复胃动物，粗纤维却是必不可少的。

无氮浸出物是一类易溶解的物质，包括淀粉、单糖、双糖、糊精和有机酸等，可为单胃动物提供营养，又称为有效碳水化合物，是动物机体能量物质的主要来源。无氮浸出物的主要功能是供给动物所需的热能，多余部分可转化为体脂和糖原储存在机体中，以备必需时利用。

（五）矿物质及其营养功能

饲料经充分燃烧后所余物质称为矿物质，或称为灰分，是实验动物进行正常生长发育和繁殖等生命活动不可缺少的一些金属元素和非金属元素，包括钙、磷、钾、钠、氯、镁、硫等常量元素，以及铁、铜、硒等微量元素。

矿物质营养功能的特征有：在体内不能产热，但与产生能量的碳水化合物、脂肪及蛋白质的代谢密切相关；既不能在动物体内合成也不能在代谢中消失，只能排泄于体外；含量很少，但对动物的生命活动很重要。

1. 常量元素的营养

（1）钙和磷

钙和磷是动物体内含量最多的矿质元素，占动物机体矿物质总量的 70%以上，这两种元素是构成骨骼和牙齿的重要成分。钙主要参与对血液和组织液的调节，并与维持神经、肌肉的适当兴奋性，以及血液凝固机制等生理过程有关。磷是某些酶的重要组成部分，与蛋白质结合参与能量代谢过程及脂类代谢和运输。磷还参与形成腺苷三磷酸（ATP）、DNA 和 RNA 的形成，并有助于维持体液酸碱平衡等。

（2）钾、钠和氯

钾、钠和氯都是以离子形式存在的电解质，协同参与维持血浆和体液的渗透压、pH，以及水、盐代谢平衡，维持神经系统生理功能等。

钾离子能促进细胞对中性氨基酸的吸收及蛋白质的合成，维持心脏、肾脏和肌肉正常的生理活动。此外，还参与丙酮酸激酶的活化、肌酸磷酸化作用，影响细胞对葡萄糖的吸收。

钠离子大量存在于肌肉中，使肌肉兴奋性加强，对心肌活动起调节作用。氯离子是胃液中主要的阴离子，形成盐酸使胃蛋白酶活化，并保持胃内酸性，有杀菌作用。

（3）镁和硫

镁元素是构成骨骼和牙齿的成分，其余分布于软组织细胞中，是焦磷酸酶、胆碱酯酶等多种酶和 ATP 的活化剂，在糖与蛋白质代谢中起重要作用。

硫元素分布于全身每个细胞中，主要以有机硫的形式存在于甲硫氨酸、胱氨酸、半胱氨酸和生物素中，参与体蛋白和乳蛋白的合成、脂肪代谢和碳水化合物代谢以及参与酸碱平衡和解毒过程。

2. 微量元素的营养

（1）铁

铁大部分存在于血红蛋白和肌红蛋白中，部分与蛋白质结合形成铁蛋白存在于肝脏、脾脏和骨髓之中，少量存在于色素和多种氧化酶中，对保证机体组织内氧的输送具有重要作用，并与细胞内生物氧化过程密切相关。

（2）铜

铜主要分布于肝脏、肾脏、心脏、大脑及毛发之中，是多种酶的成分和激活剂。其主要功能是参与生成红细胞、构成骨骼及在被毛色素的沉着过程中发挥作用。

（3）硒

硒分布于全身所有细胞中，以肝脏、肾脏、肌肉中含量最高。硒是谷胱甘肽过氧化物酶的主要成分，对保护细胞膜的完整性起着重要作用，并能保护胰腺细胞的正常功能，有助于维生素 E 的吸收和存留。

（六）维生素及其营养功能

维生素在体内主要作为代谢过程的激活剂，调节、控制机体的代谢活动，属于小分子有机化合物，以辅酶或酶前体的形式参与酶系统工作。虽然动物对维生素的需要量很少，但维生素对维护机体健康、促进生长发育、调节生理功能具有很大作用。除个别维生素外，大多数在动物体内不能合成，必须由饲料或肠道寄生菌合成后提供。现在已知的维生素有 20 多种，可分为脂溶性维生素和水溶性维生素两大类。

1. 脂溶性维生素

脂溶性维生素包括维生素 A、维生素 D、维生素 E、维生素 K，可溶于脂肪和脂肪溶剂中，不溶于水。由于吸收后可在体内储存，短期供给不足不会对生长发育和健康产生不良影响。

维生素 A 是一般细胞和亚细胞结构必不可少的重要成分，有促进生长发育，维护骨骼的正常生长、修补，维护上皮组织的完整性，促进结缔组织中黏多糖的合成，增强对疾病的抵抗力，维护细胞膜和细胞器膜结构的完整，维持正常视觉等作用。此外，维生素 A 还与动物的正常繁殖和免疫机能有关。

维生素 D 是类固醇衍生物，具有维生素 D 活性的化合物有十余种，但对动物起重要作用的只有维生素 D_2 和维生素 D_3。维生素 D 的主要作用在于调节钙和磷的代谢，维持骨骼、牙齿的正常发育。此外，还参与柠檬酸代谢，维持血液中的氨基酸含量。

维生素 E 的基本功能是保持细胞和细胞内部结构的完整，防止某些酶和细胞内部成分遭到破坏。维生素 E 具有很强的抗氧化作用，可抵制组织膜内多价不饱和脂肪酸的氧化，稳定细胞脂类，保证红细胞的完整。维生素 E 也是细胞呼吸的必需因子，参与体内 DNA、维生素 C 和辅酶 Q 的合成，与动物的生殖机能、免疫机能密切相关。

维生素 K 能促进肝脏合成凝血酶原，具有促进血液凝固的作用。还能增强胃肠道蠕动和分泌机能，参与体内的氧化还原过程。

2. 水溶性维生素

水溶性维生素主要有 B 族维生素（B_1、B_2、B_3、B_5、B_6、B_7、B_{11}、B_{12}）和维生素 C。由于很少或几乎不在体内储存，水溶性维生素短时间缺乏或不足均会引起体内某些酶活性的改变，阻抑相应的代谢过程，从而影响动物生长发育和抗病力，但在临床上不一定表现出来，只在较长时间后才出现缺乏症。

维生素 B_1（硫胺素）的主要功能是参与碳水化合物代谢，在能量代谢和葡萄糖转变成脂肪的过程中作为一种辅酶，对维持神经组织及心肌的正常功能、维持正常的肠蠕动及脂肪在消化道的吸收均起一定的作用；维生素 B_2（核黄素）参与能量代谢，是生物氧化过程中不可缺少的重要物质，能促进生长、维护皮肤和黏膜的完整性，对眼睛的感光过程具有重要作用，可保证视网膜和角膜的正常代谢；维生素 B_3（泛酸）是体内能量代谢中不可缺少的成分，参与碳水化合物、脂肪和蛋白质代谢，特别是对脂肪的合成与代谢起十分重要的作用，还是形成乙酰胆碱所必需的物质；维生素 B_5（烟酸）在生物氧化过程中起重要作用，对维护神经系统、消化系统和皮肤的正常功能，扩张末梢血管和降低血清胆固醇水平也有作用；维生素 B_6（吡哆醇）在蛋白质、碳水化合物和脂肪代谢中起重要作用，也是能量产生、中枢神经系统活动、血红蛋白合成及糖原代谢所必需的；维生素 B_7（生物素）的主要作用是帮助机体细胞将碳水化合物、脂肪和蛋白质转换成可利用的能量，维持上皮组织结构的完整，增强机体免疫反应和抵抗力，维持正常的生长发育及生成视网膜内的感光物质；维生素 B_{11} 能帮助机体形成一碳化合物，并参与合成核酸、形成细胞；维生素 B_{12} 能维持造血器官和神经系统的正常功能，参与碳水化合物、脂肪和蛋白质代谢。

维生素 C 有 L 型和 D 型两种异构体，但只有 L 型对动物有生理作用。维生素 C 存在于一切生命组织，但实验动物中的灵长类和豚鼠不能合成。维生素 C 对于骨骼组织细胞间质中骨胶原的形成，以及这些组织正常功能的维持都是必需的，对于机体的防御机能也有促进作用，还可促进肠道内铁的吸收，参与叶酸、酪氨酸、色氨酸代谢，调节脂肪、类脂及胆固醇代谢，具有较强的解毒作用及抗氧化作用。

二、营养对健康的影响

（一）水对健康的影响

水对于动物生存的重要性仅次于氧气，没有水的存在，任何生命活动都无法进行。

根据饮用水中某些成分的不同，可将其分为不同的种类，主要包括纯净水、矿物质水、磁化水、蒸馏水和酸化水等。不同种类的饮用水会对实验动物的健康产生影响，使其生理机能发生变化，如实验动物饮用酸化水可有效防止微生物的感染，但同时繁殖性能、肠道微生态及肠道免疫功能也会受到影响；矿物质水对动物体内的微量元素无实质性的影响，但对机体具有抗诱变和抗肿瘤的作用。

（二）蛋白质对健康的影响

饲料中的蛋白质含量不足、某些必需氨基酸缺乏或比例不当时，动物会出现生长发育缓慢甚至体重减轻的情况，并出现贫血、低蛋白血症等现象。长期缺乏蛋白质可导致水肿，并影响生殖健康。此外，蛋白质缺乏会降低机体的抗感染能力和影响淋巴器官发育，降低细胞免疫、体液免疫功能及巨噬细胞的数量与活性。例如，日粮中缺乏甲硫氨酸将会抑制体液免疫功能，引起胸腺退化，并降低脾脏淋巴细胞对促细胞分裂素的反应。

长期给动物饲喂蛋白质含量过高的饲料，则会引起代谢紊乱，严重者甚至出现酸中毒。蛋白质过剩还会增加机体的代谢负荷，影响免疫功能的发挥。正常情况下，当抗原进入机体后，可刺激机体产生不同水平的免疫反应，各种免疫细胞的生成及抗体的合成过程都需要蛋白质和氨基酸作为原料参与其中。因此，蛋白质水平和蛋白质的组成在动物免疫功能的调节中起重要作用。

（三）脂类对健康的影响

饲料中缺乏必需脂肪酸，可引起严重的消化系统和中枢神经系统功能障碍，如可使动物患皮肤病、脱毛、尾坏死、生长发育停止、生殖能力下降、泌乳减少，甚至死亡。饲料中脂肪过多则会使动物血清总胆固醇、甘油三酯、低密度脂蛋白水平明显升高，总胆固醇与高密度脂蛋白比值明显提高，同时，会造成幼龄动物血清中锌、铁、铜的含量明显减少。进一步的研究还发现，母代动物的高脂肪摄入会造成子一代和子二代动物肝体比、脂体比升高，导致子代动物出现能量代谢障碍。

随着脂肪酸摄入模式的改变和免疫性疾病的不断增加，脂肪酸与免疫系统的关系日益受到重视。脂肪酸作为免疫细胞细胞膜的重要组成成分，其含量及组成的多样性会导致免疫细胞功能的差异。此外，多不饱和脂肪酸还能通过影响炎性介质及调控 B 淋巴细胞和 T 淋巴细胞的功能来实现对炎性反应的调节。一般认为，饱和脂肪酸能抑制机体的免疫功能，而不饱和脂肪酸需在提供适宜的添加量的前提下才能充分发挥免疫调节功能，否则，免疫功能会有所下降。

（四）碳水化合物对健康的影响

碳水化合物缺乏会引起机体代谢紊乱。低碳水化合物日粮会导致机体内生糖物质缺乏，脂肪酸动员增加，在肝脏内转化为酮体，引起血中脂肪酸和酮体的显著增加，促使心脏转而利用这些物质作为能量来源，减少了对葡萄糖的摄取。对于复胃动物，碳水化合物摄入不足会造成酮病或妊娠毒血症；对于某些草食性动物，如家兔、豚鼠等，其饲料中粗纤维含量不足，可造成消化机能紊乱，引起消化道疾病等。

作为能量储备，饲料中的碳水化合物可转变为糖原和脂肪，多余的能量可转变为肝糖原和肌糖原。当肝脏和肌肉中的糖原已储满，血糖量超过 0.1%时，碳水化合物可转变为体脂肪。长期饲喂高碳水化合物日粮会使动物体内脂肪贮积过多，引起肥胖和繁殖能力下降等异常情况。

（五）矿物质对健康的影响

矿物质对实验动物机体的生理机能及生长发育、繁殖起着重要的作用，且对实验动物质量所造成的不良后果往往是隐性的，短时间内并不会出现明显的症状，给实验结果所带来的影响经常被忽视。日粮中矿物质供给不足时，动物会出现一系列的缺乏症。例如，钙、磷缺乏，会使生长期动物发生软骨病，成年动物则骨性过度重吸收，骨质疏松，此外，还会导致血钙过低，引起痉挛、异食癖等现象；饲料中缺乏氯和钠时，会引起实验动物对蛋白质和碳水化合物的利用减少，发育迟缓，繁殖力下降；缺乏镁时，会出现神经过敏、肌肉痉挛、惊厥等症状，但镁摄入过多会引起动物腹泻；饲料中缺乏微量元素时，会引起生长发育不良、营养性贫血、甲状腺肿、黏液性水肿、性周期紊乱和形态变异等症状。

矿物质供给过量时，动物会出现中毒症。例如，日粮中钙、磷过多会引起骨硬化症、软组织钙化并影响其他矿质元素的吸收；铁含量过高会造成动物体重增重逐渐减少及中毒，还可能会引起心脏病、肝脏疾病、糖尿病等，导致机体氧化和抗氧化系统失衡。

（六）维生素对健康的影响

在正常情况下，水溶性维生素和维生素 K 不会缺乏，但如果供给的是经过高温灭菌的饲料，则应当予以补充。维生素 A 缺乏会导致机体不能合成视紫红质，产生夜盲症，上皮组织增生、角质化、易被细菌感染，影响幼龄动物生长和骨骼的正常生长发育；维生素 D 缺乏会严重影响钙、磷代谢，影响骨骼发育，幼龄动物会出现佝偻病，成年动物会出现骨质疏松，影响肌肉和神经系统的正常功能；维生素 E 缺乏可使动物发生肌营养不良，长期缺乏还会使红细胞膜溶解，出现溶血性贫血，同时，严重影响动物的繁殖机能。

维生素的过量摄入也会引起机体多方面生理功能的紊乱，导致多器官损伤。维生素过量引起的急性中毒主要表现为厌食、呕吐、颅内压增高、高钙血症和外周神经炎等；慢性中毒则表现为触痛、颅骨软化、肝大、贫血、共济失调、体重下降等。此外，过量的维生素会危害生殖系统，造成动物子宫内膜角化过度，影响性激素分泌；增强卵巢氧化应激，使卵巢抗氧化能力下降，导致卵巢细胞凋亡。

三、营养控制与疾病预防

（一）因水引起疾病的营养控制

动物体内的水分可分为外源水和内源水两大类。外源水是指动物直接摄入的饮水和饲料中含有的水分，内源水是指动物体内通过生理代谢过程产生的水分。动物机体缺水会严重危害健康，甚至导致死亡。例如，当实验动物体内水分减少8%时，就会出现严重干渴、食欲丧失、黏膜干燥、抗病力下降、蛋白质和脂肪分解加强等现象；水分减少 10%时，会引起代谢紊乱；水分减少 20%时，将导致动物死亡。因此，及时获得足够的清洁饮水是动物进行正常代谢、生长、发育和维持健康必不可少的条件之一。

微生物质量等级不同的动物应供应与其级别相适应的饮用水，实验动物饮用水应由新鲜、纯净的水源直接提供。对于清洁级及其以上级别的实验动物来说，其饮用水必须经过高温高压灭菌处理。普通级实验动物的饮用水应符合卫生部门颁发的人饮用水的质量和卫生指标。

（二）因蛋白质引起疾病的营养控制

蛋白质是由氨基酸组成的，不同的氨基酸缺乏可引起不同的损害。例如，色氨酸缺乏可引起脱毛、白内障、角膜形成血管；赖氨酸缺乏易引起脂肪肝；精氨酸缺乏会使尿液中尿素、柠檬酸盐和乳清酸盐排出障碍。所以饲料中添加蛋白质时应注意蛋白质的品质，尽量使用氨基酸平衡的蛋白质饲料原料。

对于实验动物的蛋白质需要，在国际上以美国国家科学研究委员会（NRC）的饲养标准最具有权威性，在国内多以国家标准《实验动物 配合饲料营养成分》（GB 14924.3—2010）为依据。对实验动物的蛋白质使用种类及剂量应参照权威饲养标准，并结合当地情况，如气候、原料来源等加以调整。

（三）因脂类引起疾病的营养控制

脂肪被机体消化吸收后，可通过代谢产生热量供动物利用。多余的能量可转变为脂肪，并在皮下形成脂肪层。脂肪组织除了储备能量外，还有保温及缓冲外力的作用。饲料中脂肪的含量应严格根据动物种类、年龄等因素进行控制，过多或过少的脂肪含量都不利于动物的健康甚至会危及生命。例如，犬的肥胖综合征是实验用犬较常见的一种脂肪过多性营养疾病，是机体的总能摄入超过消耗，使脂肪过度蓄积而引起的。当体重超过正常体重 15%以上时就可以判定患有该病。临诊症状为皮下脂肪过多，尤其是腹下和体两侧，体态丰满，用手摸不到肋骨；食欲亢进，不耐热，易疲劳，运动时喘息；易发生骨折、关节炎，易患心脏病、糖尿病，影响生殖功能，血浆胆固醇含量升高。而当日粮中缺乏亚油酸、花生四烯酸等必需脂肪酸时，会引起严重的消化障碍，以及中枢神经系统的机能障碍，出现倦怠无力，被毛粗乱，缺乏性欲或母犬发情异常等现象。

为防止因脂肪蓄积而造成的实验动物机体异常，其日粮中的脂肪含量应严格控制在标准范围之内，并实行定时、定量饲喂。实验动物日粮脂肪含量可参考国家标准《实验动物 配合饲料营养成分》（GB 14924.3—2010），如根据实验要求饲喂特殊配方日粮时，还需考虑脂肪含量与其他营养成分的比例，避免因营养成分失衡而造成代谢异常。

（四）因碳水化合引起疾病的营养控制

碳水化合物是实验动物的主要能量来源。饲料中的糖类被动物采食后，在酶的作用下分解为葡萄糖等单糖而被吸收。在体内，大部分葡萄糖氧化分解产生热能，供机体利用；小部分葡萄糖在肝脏形成肝糖原储存，还可转化为脂肪。

在所有的实验动物中，碳水化合物对于复胃动物的作用尤为重要。碳水化合物在复胃动物的瘤胃中被瘤胃微生物降解成乙酸、丙酸和丁酸等挥发性脂肪酸，为动物自身和瘤胃微生物繁殖提供能量。但过度摄入碳水化合物会造成过食性酸中毒，又被称为急性瘤胃酸中毒，是瘤胃积食的一种特殊类型，表现为不反刍、脱水、眼球凹陷，严重者发生全身性酸中毒，瘤胃液、血液、大小便均呈酸性，最终会导致动物死亡。

饲料中的碳水化合物包括结构碳水化合物（SC）和非结构碳水化合物（NSC），其比例会直接影响干物质、有机物和纤维组分的消化率，同时会影响氮的表观消化与代谢。因此，为了保证实验动物的健康，除了要控制日粮中的总碳水化合物以外，还要考虑 SC 与 NSC 的比例。研究结果表明，SC 与 NSC 在总碳水化合物中的最佳比例分别为 23.3%～26.6%和 26.9%～30.2%，SC/NSC 为 1.57 时，日粮中碳水化合物的结构为最好。

（五）因矿物质引起疾病的营养控制

日粮中的矿质元素是保证动物健康、促进生长发育的必需物质。矿物质的缺乏会引起多种疾病。例如，钙、磷摄入量不足会引起软骨病（佝偻病），表现为幼龄动物生长停滞，骨质疏松、软化及肠炎，并伴有消化紊乱，出现异食癖。铁摄入不足时会引起动物贫血和组织吸收不良，表现为被毛粗乱，骨骼发育不良，关节肿大发炎，易发生腹泻。

《实验动物　配合饲料营养成分》（GB 14924.3—2010）对于实验动物配合饲料中常量矿物质和微量矿物质的添加作了明确规定，在实际的饲养实验中可以作为标准进行参考。矿物质和微量元素对动物的影响并非单一不变，在需要用到特殊日粮配方的实验中，除了要考虑矿物质及微量元素的含量外，还需要考虑这些元素之间的协同和拮抗作用，避免非实验因素引起的异常结果。

（六）因维生素引起疾病的营养控制

维生素在饲料中的含量虽然很少，但对于实验动物的健康和生长发育起着不可替代的作用。例如，维生素 A 或其前体胡萝卜素缺乏或不足时会引起维生素 A 缺乏症，表现为生长缓慢、上皮角化、夜盲症、繁殖机能障碍及机体免疫力低下等；维生素 K 缺乏或不足则会引起一种以出血性素质为特征的营养缺乏病，表现为感觉过敏、贫血、厌食、凝血时间显著延长等症状。

我国生产的实验动物饲料中维生素的种类及添加量基本上全部符合《实验动物　配合饲料营养成分》（GB 14924.3—2010）的规定，完全能够满足普通的动物实验需要。在制作特殊配方日粮时，要严格控制维生素的种类和剂量；同时，还要注意不同营养元素之间的相互作用，避免营养成分失衡；饲料的配制工艺和储存条件等对维生素都具有重大影响。因此，在实际操作中必须考虑这些限制性因素。

（七）其他：重金属、农药残留、黄曲霉毒素等控制

在一定条件下，一定数量的某种物质（固体、液体、气体）以一定的途径进入动物

机体，通过物理及化学作用，干扰和破坏机体正常生理功能，对动物机体产生毒害，而造成机体组织器官功能障碍、器官病变，乃至危害生命，这些物质统称为毒物。一般情况下，实验动物都处于标准化养殖环境，有可能接触到的毒物主要来自于食物，包括重金属、农药残留和黄曲霉毒素等化学物质，定期对饲料进行质量检测是确保实验动物健康的重要保证。我国《实验动物　配合饲料卫生标准》（GB 14924.2—2001）规定了实验动物配合饲料中化学污染物指标，见表 2-1。

表 2-1　配合饲料化学污染物指标(GB 14924.2—2001)

项目	指标
砷/（mg/kg）	≤0.7
铅/（mg/kg）	≤1.0
镉/（mg/kg）	≤0.2
汞/（mg/kg）	≤0.02
六六六/（mg/kg）	≤0.3
滴滴涕/（mg/kg）	≤0.2
黄曲霉毒素 B_1/（μg/kg）	≤20.0

实验动物重金属中毒主要包括砷[①]、汞、镉等物质的摄入，砷中毒是以消化功能紊乱、实质性脏器和神经系统损害为特征的一种中毒病；汞中毒会刺激局部组织，阻碍细胞的正常代谢，从而引起以消化、泌尿、呼吸和神经系统症状为主的中毒性疾病；镉中毒则是主要引起以生长发育缓慢、肝脏和肾脏损害、贫血，以及骨骼变化为主要特征的一种中毒病。

农药残留是指农药使用后，其母体、衍生物、代谢物、降解物等在农作物、土壤、水体中的残留。对于实验动物而言，卫生学意义最大的是农药在饲料中的残留。农药残留毒性可表现为急性毒性、慢性毒性、诱变、致畸、致癌作用和对繁殖的影响等。例如，有机磷杀虫剂主要的毒性作用是容易与体内的胆碱酯酶结合，形成不易水解的磷酰化胆碱酯酶，使胆碱酯酶活性受到抑制，降低或丧失其分解乙酰胆碱的能力，造成乙酰胆碱在体内大量蓄积，导致胆碱能神经功能紊乱，或者引起中枢神经系统机能障碍和心血管系统机能障碍。

黄曲霉毒素中毒会引起全身出血、消化功能紊乱、腹腔积液及神经症状。黄曲霉毒素是一类肝毒物质，动物中毒后以肝脏损害为主，同时还伴有血管通透性破坏和中枢神经损伤等，临诊特征表现为黄疸、出血、水肿和神经症状。

① 砷的化合物有金属性质，因此将其视为重金属

第二节　实验动物的营养需要与饲养标准

一、实验动物的营养需要

营养需要是指每只动物每天对碳水化合物、蛋白质、矿物质和维生素等营养素的基本需要量。饲养标准是动物所需的一种或多种营养素在数量上的规定或说明。在实际应用中，饲养标准是设计饲料配方、制作配合饲料和饲料营养性添加剂及规定动物采食量等的重要依据，而营养需要量又是制定饲养标准的依据。影响实验动物营养需要量的因素很多，不仅包括遗传因素，还包括明显的种间差异，以及性别、年龄、季节、生理状况及生产性能。实验动物营养需要由三部分组成，即维持需要、生长需要和繁殖需要。

（一）动物维持的营养需要

维持是指健康动物体重不发生变化、不进行生产、体内各种营养物质处于平衡的状态。维持需要量是指动物处于维持状态下对碳水化合物、蛋白质等营养素的需要。

从生理角度看，维持状态动物体内的养分处于合成代谢与分解代谢速度相等的“平衡”状态。维持需要就是用来满足这个动态平衡的需要，动物只有在维持需要得到满足之后，多余的营养物质才能用于生产。

（二）动物生长的营养需要

生长是指动物通过机体的同化作用进行物质积累、细胞数量增多和组织器官体积增大，从而使动物的整体体积及重量增加的过程。从生物化学角度看，生长是体内物质的合成代谢超过分解代谢的结果。

在不同生长阶段，不同组织和器官（或部位）的生长强度和占总体生长的比重都不同。在生长早期，骨组织及头和腿的生长较快；生长中期，体长和肌肉的生长幅度较大；到后期，身体的增长和脂肪的贮积则为生长重点。因此，从组织和解剖学角度看，即使同一动物在不同生长阶段对营养的需要也不同。

（三）动物繁殖的营养需要

动物的繁殖过程包括两性动物的性成熟、性欲与性功能的形成，维持精子与卵子的形成、受精过程、妊娠（胚胎发育）及雌性动物产前准备、哺养后代等许多环节，任何一个环节都可受到营养不适的影响。很多繁殖障碍，诸如性成熟延迟、雄性动物配种能力差、精液数量少或质量低、雌性动物发情不正常、排卵少、受胎率低，以及流产、胚胎发育受阻和泌乳能力下降等都可由营养问题引起。所以，不同的繁殖过程有不同的营养需要，提供适宜的营养条件是保证和提高动物繁殖能力的基础。

二、各种常用实验动物营养需要的特点

遗传和环境等因素都会影响实验动物的营养需要。实验动物因食性、消化道的功能和构造、消化能力等的不同，其营养需要量和种类亦不同，不考虑这些因素，就不能满足动物的全价营养需求。有许多文献证明了小鼠各品系间的营养需要有明显差异。在隔离或屏障环境中培育的动物，其营养需要和同品系在开放环境中饲养的动物的营养需要差别更为明显。由于实验动物品种、品系繁多，饲养环境各异，对其营养需要量自然不能一概而论，但也不能对每一品种、品系逐一论述。本部分仅就常用实验动物的营养特点和正常环境下同种动物最低营养需要量作一简要叙述。

（一）小鼠

不同品种及在不同生理阶段的小鼠对营养的需要不同。生产过程中应根据不同品系的特点提供相应的日粮，以维持其生物学特性，保证实验正常进行。母鼠繁殖和仔鼠生长发育是小鼠生命过程中的两个重要阶段，在这两个生理阶段，小鼠饲料中含有 16%左右的蛋白质即可满足需要，也有文献指出，只要蛋白质消化率高，饲料中有 12%的蛋白质小鼠就不会发生蛋白质缺乏。多数研究表明，日粮中添加 0.47%含硫氨基酸可提高小鼠的生长发育和繁殖能力。另外，小鼠对维生素 A 和维生素 D 的需要量较高，应注意补充。饲料中维生素 A 的含量应不低于 14 000IU/kg，维生素 D 不低于 1500IU/kg，维生素 E 不低于 120IU/kg，以保障小鼠的繁殖性能和仔鼠的生长发育。但小鼠对于维生素 A 的过量很敏感，特别是妊娠期小鼠，过量的维生素 A 会造成繁殖紊乱和胚胎畸形。微量元素如铁、铜、锰、锌的缺乏或过量可导致小鼠生长发育受阻、被毛粗乱、贫血、繁殖率及免疫机能下降。小鼠喜食含糖量高的饲料，糖的比重可适当增加；有关小鼠对必需脂肪酸的需要量的研究较少，但泌乳期小鼠喜食含脂类高的饲料，特别是含亚油酸丰富的日粮。我国《实验动物　配合饲料营养成分》（GB 14924.3—2010）规定了小鼠配合饲料中各种营养成分指标，详见附表。

（二）大鼠

大鼠是杂食动物，食性广泛，对营养缺乏非常敏感，特别是维生素供应不足时可发生典型的缺乏症。维生素 A 长期缺乏可导致大鼠胚胎生长发育不良、骨骼发育不全甚至影响内脏发育，特别是生殖器官发育，进而影响大鼠的生育能力。维生素 B_2 缺乏时，大鼠会出现皮炎、脱毛和生长缓慢等症状，同时肝、脾储铁水平降低，并且血红蛋白水平受到影响。维生素 E 缺乏时可导致大鼠生殖能力降低甚至丧失生育能力，每千克饲料中添加 60IU 的维生素 E 能提高大鼠的繁殖率。大鼠饲料中含 15%～20%的蛋白质即可满足其需要。在生长期以后，其蛋白质需要量锐减，可适当减少饲料中蛋白质的含量，以延长其寿命。生长期的大鼠易发生脂肪酸缺乏，饲料中必需脂肪酸的含量应占热能物质的 1.3%，其中亚油酸在饲料中的含量不能低于 0.3%。大鼠对钙、磷缺乏有较大的耐受力，但对镁的需要量较高，尤其是妊娠期、哺乳期应注意补充，无菌大鼠还应注意补充维生素 B_{12}。我国《实验动物　配合饲料营养成分》（GB 14924.3—2010）规定了大鼠配

合饲料中各种营养成分指标，详见附表。

（三）豚鼠

豚鼠是严格的草食动物，对粗纤维的消化能力强，饲料中应保证一定比例的粗纤维，应达到 20%以上。若粗纤维含量不足，豚鼠会出现排粪障碍和严重脱毛现象，影响豚鼠的健康。饲料中蛋白质和碳水化合物水平与豚鼠的生长关系较大，豚鼠对某些必需氨基酸的需要量很高，其中最重要的是精氨酸。17%～20%的蛋白质含量能满足豚鼠不同生理阶段的营养需要。用单一蛋白质饲料而不补充其他氨基酸，则饲料中蛋白质含量需高达 35%豚鼠才能生长最快。豚鼠不能自身合成维生素 C，对维生素 C 的缺乏特别敏感，缺乏时可发生坏血病、生殖机能下降、生长不良、抗病力降低，最后死亡，必须在饲料或饮水中进行补充。豚鼠对维生素 C 的需要量一般为每 100g 体重每天 1mg，快速生长期以及妊娠期、哺乳期的豚鼠每 100g 体重每天需要 15～25mg。我国《实验动物　配合饲料营养成分》（GB 14924.3—2010）规定了豚鼠配合饲料中各种营养成分指标，详见附表。

（四）地鼠

在各类营养物质中，蛋白质对于地鼠的健康尤为重要。地鼠饲料中，粗蛋白的含量要求达到 21%～24%，特别是饲料中的动物性蛋白应有一定的比例。蛋白质的含量及质量会直接影响地鼠的生长繁殖，如果蛋白质不能满足其营养需要，成年地鼠将会出现性机能减退，幼鼠则生长发育迟缓。地鼠可以和复胃动物一样有效利用非蛋白氮，日粮中 71%的尿素氮可以被沉积。此外，地鼠饲料中应添加适量的维生素 E。我国《实验动物　配合饲料营养成分》（GB 14924.3—2010）规定了地鼠配合饲料中各种营养成分指标，详见附表。

（五）家兔

在美国 NRC 饲养标准中，育成兔饲料粗蛋白的含量为16%，维持量为 12%，妊娠兔和哺乳兔的维持量应分别达到 15%和 17%。家兔是草食性动物，饲料中的粗纤维含量与其黏液性肠炎密切相关。从家兔的健康角度出发，饲料中粗纤维含量需要 18%左右。若从饲料效率角度考虑，只需要 12%左右，但无菌兔除外。在饲养中还应考虑家兔的氨基酸平衡，尤其是赖氨酸和含硫氨基酸（甲硫氨酸+胱氨酸），含量应分别为 0.65%和 0.6%。苏氨酸、赖氨酸、异亮氨酸和苯丙氨酸是家兔的必需氨基酸，精氨酸对于家兔特别重要，是第一限制性氨基酸。普通家兔饲料的脂肪含量为 3%，若添加 6%的油脂，则能改善饲料的适口性和提高饲料的利用率。家兔可以耐受高水平的钙，在初生时有很大的铁储备，因而不易贫血。家兔肠道微生物可以合成维生素 K 和大部分 B 族维生素，并通过食粪行为而被其自身利用，但繁殖期仍需补充维生素 K。我国《实验动物　配合饲料营养成分》（GB 14924.3—2010）规定了实验用兔配合饲料中各种营养成分指标，详见附表。

（六）犬

犬饲料中必须含有足够量的脂肪和蛋白质，动物性蛋白应占全部蛋白质食物的 1/3。犬能耐受高脂肪日粮，要求日粮中含有一定量的不饱和脂肪酸。犬体内可以合成大部分脂肪酸，但有一部分脂肪酸不能在体内合成或合成量不足，必须从饲料中补充，如亚油酸、花生四烯酸等。幼犬每日需要的脂肪量约为每千克体重 1.19g，成年犬每日需要脂肪量按饲料干物质计算，以含 12%～14%为宜。对于犬来说，供给脂肪、蛋白质除考虑满足能量之外，还应考虑改善饲料的适口性。犬的维生素 A 需要量较大，尽管其肠道内微生物可合成 B 族维生素，但仍需要进行补充，尤其是需要补充维生素 B_{12}。我国《实验动物 配合饲料营养成分》（GB 14924.3—2010）规定了实验用犬配合饲料中各种营养成分指标，详见附表。

（七）非人灵长类

作为世界上非人灵长类实验动物的产出大国，我国一直非常重视非人灵长类饲料的营养配比，但目前世界范围内针对其营养学的研究还比较少，仅涉及不到 10 个种类的营养需求和不到 20 个种类的能量需求，基本上是以个别物种代表整个亚科或科的营养需求。NRC（2003）建议根据灵长类的发育阶段调整能量的供给，成年猴为 418.7kJ/(kg·d)，怀孕期为 523.4kJ/(kg·d)，哺乳期为 628kJ/(kg·d)，成长期为 837.4kJ/(kg·d)。怀孕期和哺乳期是动物最消耗能量的阶段之一，怀孕期的雌猴需要其他雌猴 130%以上的能量才可能维持自身的能量补给和胎儿生长的能量需求。非人灵长类对蛋白质需求一般为 7%～21%的饲料净重，NRC（2003）推荐的蛋白质剂量为 15%～22%。猕猴幼仔一般无法自主合成牛磺酸，长期给予人类婴儿的食品会导致其牛磺酸缺乏，出现发育迟缓、急性失明和视网膜损伤等临床症状，因此，需要为不足一岁的婴幼个体补充牛磺酸。非人灵长类饲料中纤维的推荐添加剂量为 10%～30%的中性洗涤纤维和 5%～15%的酸性洗涤纤维。碳水化合物是非人灵长类的主要能量来源，饲料中谷类淀粉、蔗糖、乳糖、果糖和葡萄糖等可溶性糖类都是其较好的碳水化合物来源，但有些则不易被消化，如半纤维素只有在酸性环境下才可能部分水解，非淀粉多糖类和纤维素则基本无法被直接消化。此外，非人灵长类动物体内不能合成维生素 C，必须由日粮提供，或供给富含维生素 C 的新鲜水果和蔬菜。同时，需注意日粮的适口性。我国《实验动物 配合饲料营养成分》（GB 14924.3—2010）规定了实验用猴配合饲料中各种营养成分指标，详见附表。

（八）SPF 鸡

到目前为止，我国还没有统一的 SPF 鸡的科学饲喂标准，但有研究表明，SPF 鸡的能量需要比普通鸡稍低。由于 SPF 鸡生长和生产性能与普通环境下的商品鸡相似，而且环境稳定，应激小，其蛋白质和氨基酸需要量略低于或等同于 NRC 标准即可。但考虑到 SPF 鸡饲料在灭菌过程中蛋白质和氨基酸会有一定的损失，应针对不同灭菌方式中营养成分的损失比例，在饲料中适当提高粗蛋白水平和补充赖氨酸、胱氨酸和精氨酸的含量，特别是作为必需氨基酸的赖氨酸。SPF 鸡维生素需要量标准应参照或略高于育种企业提供的种鸡标准，但要考虑灭菌过程中的损失问题。不同种类维生素的损失量差异很大，其中以维生素 A、维生素 D、维生素 E 及 B 族维生素的损失较大，在实际生产中应注意补充。由于 SPF 鸡群主要的利用对象是 SPF 种蛋，因此，凡是影响种鸡受精、鸡胚发育、产蛋等相关的元素，如锌、硒等的含量，都应适当提高。高压、辐照等灭菌方法对矿物质影响较小，故只需在日粮中满足矿物质需要即可。

（九）小型猪

虽然小型猪用于生命科学研究已经有很长时间了，但是关于小型猪的营养需要量还没有可靠的科学标准。有些人认为小型猪作为一种物种，首先属于“猪”种范围，与普通家猪的营养需要量相似或可以用其替代。在此假设基础上，可以利用NRC（1998）标准预测模型计算各阶段小型猪的消化能、赖氨酸及蛋白质需要量及其维持需要量。另外一种观点认为，普通家猪的营养需要量并不适合小型猪。小型猪蛋白质需要量比普通家猪低，而且小型猪在长期粗饲的条件下生长，对粗饲料已经有很好的适应能力，对粗纤维的含量要求和消化能力也远比普通家猪高。

目前，开展小型猪营养需要的研究还较少，蛋白质和矿物质的需要量仍处于探索性阶段。维生素需要量方面的数据仍然比较缺乏。营养需要量的测定方法主要以饲养实验为主，而我国各地实际饲养情况差异很大，对基础的代谢问题研究不够，因而具有许多不确定性。北京市质量技术监督局发布的《实验动物　配合饲料　第1部分：实验用猪》（DB 11/T1463.1—2017）规定了实验用猪配合饲料中各类常规营养成分指标，见表2-2和表2-3。

表2-2　实验用猪配合饲料各类营养成分指标（DB 11/T1463.1—2017）

指标	含量			
	开食料	生长料	哺乳料	维持料
水分/%	≤12.0	≤12.0	≤12.0	≤12.0
消化能/（MJ/kg）	13.0 ~ 14.0	12.0 ~ 13.0	13.0 ~ 14.0	11.0 ~ 12.0
粗蛋白/%	19.0 ~ 21.0	13.0 ~ 16.0	16.0 ~ 18.0	12.0 ~ 14.0
粗脂肪/%	4.0 ~ 7.5	2.0 ~ 3.5	2.5 ~ 3.5	2.0 ~ 3.0
粗纤维/%	3.0 ~ 6.0	5.0 ~ 8.0	5.0 ~ 8.0	6.0 ~ 9.0
粗灰分/%	6.0 ~ 9.0	6.0 ~ 9.0	6.0 ~ 9.0	5.0 ~ 9.0
钙/%	0.8 ~ 1.0	0.7 ~ 1.0	0.8 ~ 1.0	0.6 ~ 0.8
磷/%	0.6 ~ 0.8	0.5 ~ 0.8	0.6 ~ 0.8	0.4 ~ 0.6
赖氨酸/%	1.2 ~ 1.4	0.6 ~ 0.9	0.8 ~ 1.0	0.5 ~ 0.8
甲硫氨酸/%	0.3 ~ 0.5	0.2 ~ 0.5	0.3 ~ 0.5	0.2 ~ 0.3
甲硫氨酸+胱氨酸/%	0.7 ~ 0.9	0.5 ~ 0.8	0.6 ~ 0.8	0.4 ~ 0.6
精氨酸/%	0.9 ~ 1.3	0.6 ~ 1.0	0.9 ~ 1.2	0.6 ~ 0.8
组氨酸/%	0.4 ~ 0.6	0.3 ~ 0.5	0.3 ~ 0.5	0.2 ~ 0.4
色氨酸/%	0.2 ~ 0.3	0.2 ~ 0.3	0.2 ~ 0.3	0.1 ~ 0.2
苯丙氨酸/%	0.7 ~ 0.9	0.4 ~ 0.8	0.6 ~ 0.9	0.4 ~ 0.7
苯丙氨酸+酪氨酸/%	1.0 ~ 1.6	0.7 ~ 1.4	1.0 ~ 1.4	0.7 ~ 1.2
苏氨酸/%	0.7 ~ 0.9	0.5 ~ 0.7	0.5 ~ 0.7	0.5 ~ 0.8
亮氨酸/%	1.2 ~ 1.6	0.8 ~ 1.4	1.0 ~ 1.5	0.8 ~ 1.2

续表

指标	含量			
	开食料	生长料	哺乳料	维持料
异亮氨酸/%	0.6 ~ 0.9	0.4 ~ 0.7	0.6 ~ 0.9	0.4 ~ 0.7
缬氨酸/%	0.8 ~ 1.0	0.5 ~ 0.9	0.7 ~ 1.0	0.4 ~ 0.7
维生素 A/（IU/kg）	4 000 ~ 16 000	4 000 ~ 6 500	4 000 ~ 7 000	2 000 ~ 6 500
维生素 D/（IU/kg）	1 500 ~ 2 000	1 000 ~ 1 500	1 000 ~ 1 500	1 000 ~ 1 500
维生素 E/（IU/kg）	60 ~ 120	30 ~ 60	50 ~ 110	20 ~ 40
维生素 K/（mg/kg）	3 ~ 5	3 ~ 5	3 ~ 5	3 ~ 5
维生素 B_1/（mg/kg）	5 ~ 10	5 ~ 10	5 ~ 10	5 ~ 10
维生素 B_2/（mg/kg）	8 ~ 16	8 ~ 16	8 ~ 16	8 ~ 16
维生素 B_6/（mg/kg）	3 ~ 6	3 ~ 6	3 ~ 6	3 ~ 6
维生素 B_{12}/（μg/kg）	30 ~ 60	18 ~ 60	30 ~ 60	18 ~ 60
烟酸/（mg/kg）	40 ~ 80	30 ~ 60	40 ~ 80	30 ~ 60
泛酸/（mg/kg）	15 ~ 30	15 ~ 30	15 ~ 30	15 ~ 30
叶酸/（mg/kg）	1 ~ 4	0.5 ~ 4	0.5 ~ 4	0.5 ~ 4
生物素/（μg/kg）	300 ~ 500	200 ~ 400	200 ~ 400	200 ~ 400
胆碱/（mg/kg）	1 300 ~ 2 000	1 000 ~ 1 500	1 000 ~ 1 500	1 000 ~ 1 500
亚油酸/%	1.6 ~ 2.0	1.6 ~ 2.0	1.6 ~ 2.0	1.4 ~ 2.0
镁/%	0.2 ~ 0.3	0.2 ~ 0.3	0.2 ~ 0.3	0.2 ~ 0.3
钾/%	0.6 ~ 0.9	0.6 ~ 0.9	0.6 ~ 0.9	0.6 ~ 0.9
钠/%	0.2 ~ 0.3	0.2 ~ 0.3	0.2 ~ 0.3	0.2 ~ 0.3
铁/（mg/kg）	150 ~ 300	60 ~ 200	100 ~ 300	40 ~ 200
锰/（mg/kg）	20 ~ 150	20 ~ 100	20 ~ 140	20 ~ 100
铜/（mg/kg）	20 ~ 200	15 ~ 35	15 ~ 35	15 ~ 35
锌/（mg/kg）	80 ~ 150	40 ~ 150	60 ~ 150	40 ~ 150
碘/（mg/kg）	0.6 ~ 2.0	0.6 ~ 2.0	0.6 ~ 2.0	0.6 ~ 2.0
硒/（mg/kg）	0.3 ~ 0.5	0.2 ~ 0.5	0.2 ~ 0.5	0.2 ~ 0.5

（十）羊

与以上几种实验动物相比，在世界范围内羊作为实验动物的使用量很少。与之相应的关于羊的营养需要量的研究迄今为止也很少，应用于羊的营养需要量的大部分数据仅来源于牛和绵羊的营养参数，因此还没有可靠的科学标准。羊是唯一适应性强、采食范围广泛的实验动物，其一次性进食量很大，并且食糜在消化道的通过速率低，因此可以采食并消化吸收较多的有机物质。在各种营养物质中，能量是羊生产性能的限制性因素，只有能量得到满足后，蛋白质、矿物质和维生素等营养物质才能发挥其应有的营养作用。

羊对矿物质的需要种类约为 23 种，常量元素 7 种，微量元素 16 种。缺乏其中任何一种都会引起代谢性疾病，但通过饲料补充缺失的元素后，可使缺失症消失，恢复其生理功能和生产性能。羊的维生素需要量因体重、年龄和健康状况而不同，但羊体内可自身合成维生素 C，瘤胃微生物可合成 B 族维生素和维生素 K，因此，在正常饲喂情况下通常不需要特别添加，但羔羊在瘤胃发育成熟前应补充维生素 B_1（3 ~ 8mg/kg 日粮）和维生素 B_{12}（0.02 ~ 0.05μg/kg 日粮）。北京市质量技术监督局发布的《实验动物 配合饲料 第 3 部分：实验用羊》（DB 11/T1463.3—2017）规定了实验用羊配合饲料中各类常规营养成分指标，见表 2-3 和表 2-4。

表 2-3 实验用羊配合饲料常规营养成分指标（DB 11/T1463.3—2017）

指标	含量	
	生长料	维持料
水分/%	≤12.0	≤12.0
粗蛋白/%	13.0 ~ 18.0	9.0 ~ 12.0
粗脂肪/%	≥2.5	≥1.5
中性洗涤纤维★/%	25.0 ~ 40.0	30.0 ~ 45.0
粗灰分/%	6.0 ~ 11.0	6.0 ~ 11.0
钙/%	0.6 ~ 1.2	0.5 ~ 1.0
磷/%	0.3 ~ 0.7	0.3 ~ 0.6

★其中源自干草或秸秆的中性洗涤纤维要求大于 22%

表 2-4 实验用羊配合饲料维生素、常量和微量矿质元素指标（DB 11/T1463.3—2017）

指标	含量
维生素 A/（IU/kg）	10 000 ~ 20 000
维生素 D/（IU/kg）	1 300 ~ 3 000
维生素 E/（IU/kg）	40 ~ 100
镁/%	0.2 ~ 0.4
钾/%	1.2 ~ 1.5
钠/%	0.1 ~ 0.4
氯/%	0.2 ~ 0.6
硫/%	0.2 ~ 0.4
铁/（mg/kg）	50 ~ 400
锰/（mg/kg）	20 ~ 150
铜/（mg/kg）	10 ~ 30
锌/（mg/kg）	30 ~ 150
碘/（mg/kg）	0.25 ~ 5.0
硒/（mg/kg）	0.2 ~ 0.5
钴/（mg/kg）	0.2 ~ 2.0

三、不同实验目的采用的特殊饲料

（一）特殊饲料的配制

饲料所提供的营养素的质量直接影响实验动物的质量，只有全面、合理的营养供给才能使实验动物保持良好的健康状态，进而确保动物实验顺利进行以及结果的准确、可靠。在实验动物的饲养过程中，一般使用全价营养颗粒饲料，该饲料能提供动物生长所需的全部营养素，但在一些与摄入营养有关的代谢性疾病和营养缺陷动物实验研究中，常常需要根据实验目的配制特殊配方饲料，人为地增加或减少某些营养素的比例，以制作代谢性疾病和某种营养缺陷的动物模型。在制定特殊饲料配方过程中，研究人员注重目的营养成分的比例而忽视各种营养成分的合理配比，通常存在两大误区：忽略过量添加成分对总蛋白含量的稀释；忽略有的营养成分的实际粗蛋白含量。最常见的问题是饲料蛋白质含量不足、某些必需氨基酸缺乏或比例不当，导致饲喂特殊配方饲料的动物生长缓慢、抵抗力下降，影响实验结果。

由于所含营养物质种类的限制，单一的饲料原料无法全面满足动物的营养需求，这就需要选取不同的饲料原料，按各种动物的营养要求及每种原料的营养物质含量互相搭配，使其所提供的各种营养素均符合饲养标准所规定的数量。在制定特殊饲料的配方时，应从以下几个方面进行考虑：①根据文献资料、专业知识和实验目的，确定饲料配方中应增加或减少哪个营养成分及增加或减少的比例；②应考虑增加的营养成分是否稀释了粗蛋白含量；③统筹平衡配方中各营养素成分的比例，特别是调整蛋白质饲料原料的比例，用高蛋白饲料原料代替低蛋白饲料原料，以保证动物生长发育所必需的蛋白质摄入量。

（二）特殊饲料的营养平衡

各种营养物质在代谢过程中存在着各种各样的复杂关系，一种营养物质在机体内的吸收利用，往往与其他营养物质密切相关。饲料中蛋白质和能量物质的比例（也称为蛋能比）应适当。比例不当会影响营养素的利用率，造成浪费甚至营养障碍。动物生长发育的不同阶段对蛋白质和能量的要求是不同的。不同动物之间差别也很大，要按需供给。蛋白质的供给也不是越多越好，过多地供给蛋白质会增加肾脏负担，并使机体将多余的蛋白质转化为能量，从而造成了蛋白质的浪费，同时又使饲料成本增加。

纤维与其他营养素的利用一般呈负相关关系，即纤维含量高，其他营养素的消化利用率就会降低。但对于草食动物来说，纤维素又是必需的一种营养物质，如家兔饲料中纤维素含量过低会造成家兔消化障碍甚至死亡。

蛋白质的供给量对某些维生素，如维生素 A、维生素 D、维生素 B_2 等的吸收也有明显的影响。例如，蛋白质不足，饲料中维生素 A 的利用率就会降低。脂类含量也与维生素尤其是脂溶性维生素的吸收有明显的关系。高脂饲料会影响钙的吸收，高蛋白质饲料则能提高机体对钙、磷的吸收。

（三）特殊饲料的种类

1. 按饲料营养成分分类

（1）全价配合饲料

全价配合饲料又称为全日粮配合饲料，具有营养物质和能量均衡的特点，不用添加任何其他成分即可满足动物的各种营养需要。目前，大鼠、小鼠、犬、家兔和豚鼠等动物均采用全价配合饲料。

（2）混合饲料

混合饲料又称为基础饲料，含有一定比例的能量饲料和蛋白质饲料等，可基本满足动物需要，但营养成分不全面，需另外添加一定量的青饲料和粗饲料。

（3）代乳饲料

代乳饲料又称为人工乳，是可代替自然乳的全价配合饲料，专为各种哺乳期的动物幼仔配制，如一些剖宫产动物可用代乳饲料代替保姆动物。

（4）浓缩饲料

浓缩饲料又称为平衡饲料，其主要成分是蛋白质、矿物质及添加剂。使用时需按其使用说明添加能量饲料和粗饲料，配制成全价配合饲料后才能饲喂动物。

（5）添加剂预混料

添加剂预混料由营养物质添加剂（矿质元素、维生素、氨基酸等）、非营养物质添加剂（生长促进剂、黏合剂、流散剂和防霉剂等）和必要的载体混合而成。各种添加剂分别包装，使用时按配方需要分别加入制成全价配合饲料。

2. 按饲料组分的精细程度分类

（1）天然原料日粮

天然原料日粮是由谷物、牧草等原料经过适当的机械加工，并添加适当的添加剂配制而成。一般情况下，繁育、生产实验动物都采用这种饲料。

（2）提纯日粮

提纯日粮是原料经精炼后配制的饲料。例如，用植物或动物油作脂肪来源，酪蛋白作蛋白质来源，纤维素作粗纤维来源，糖或淀粉作碳水化合物来源，加上化学纯的无机盐和维生素配制而成的日粮，这类饲料只用于某种特定的动物实验。

（3）化学纯合日粮

化学纯合日粮是指采用化学上的高纯度化合物，如氨基酸、必需脂肪酸、糖、维生素和无机盐等配制而成的日粮，这类饲料只能用于有特殊营养限定的动物实验。

3. 按饲料的物理性状分类

（1）粉状饲料

粉状饲料是指将所有原料粉碎成要求的大小均匀的颗粒，再按比例混合而成的一种饲料。其优点是加工简单、成本低，便于按实验要求加入供试品；缺点是容易引起动物挑食，造成浪费，而且在运输过程中容易产生分级或分离现象。

（2）颗粒饲料

颗粒饲料是指以粉状饲料为基础，经过蒸汽加压处理而成的块状饲料。其密度大、体积小，适口性好，能增加动物的采食量，避免动物挑食。同时，在压制过程中能破坏部分有毒成分，有一定的杀虫灭菌作用，但会破坏一部分维生素和酶的活性，且成本较高。

（3）碎粒饲料

加工好的颗粒饲料经破碎成一种小颗粒饲料即为碎粒饲料，适用于饲喂鱼类或雏鸡。

（4）膨化饲料

膨化饲料在高温、高压条件下强迫湿粉通过模孔而成，这种饲料对于非人灵长类、犬和猫等动物的适口性很好，但不适宜其他动物。

（5）烘烤饲料

烘烤饲料是固体类型的饲料经烘烤而成，其成本较高，但具有杀灭某些微生物的作用。

（6）半湿或胶状饲料

半湿或胶状饲料是在粉状饲料中加入水、明胶、琼脂或其他凝胶剂而成。当实验中需要加入有毒化合物或粉尘时，可采用这类饲料，其适口性比干饲料好，且易于测量动物的采食量。缺点是易受微生物生长的影响，必须冷藏。

（7）液体饲料

为适应实验动物特定需要，将营养成分按比例溶于特殊溶剂加工而成。一般适用于剖宫产幼仔及非人灵长类新生动物等。

（8）罐装饲料

罐装饲料营养一般是全价调配，或者是营养并不完全而仅作为调味的“补充剂”。这类饲料含水量较高，通常为72%～78%，一般用于犬、猫等实验动物。

第三节 影响营养需求的因素

一、遗传因素

同种但不同品系的动物，因遗传基因的表达程度不同而影响营养的需求。例如，近交系小鼠比封闭群小鼠对蛋白质饲料的需求更高。非人灵长类动物、豚鼠及一些突变系动物（如 ODS 大鼠）体内缺乏 L-谷氨酸氧化酶，使其无法合成维生素 C，在日粮中必须进行补充。

二、环境因素

环境因素会改变动物的营养需求。就恒温动物而言，若暴露在较低的温度下，动物必须产生较多的热能以维持体温的恒定。反之，在高温环境中，动物采食欲望会降低，此时应提供高营养水平的饲料，使动物获得足够的养分。又如，动物可通过镀锌的笼具表面接触到锌元素，而饲养在平板底网上的动物有更多摄取到粪便中额外养分的机会。

三、生理状况

动物在不同的生理状况，如生长、怀孕、创伤或泌乳时，对营养的需求会有所不同，个体需从饲料中获取额外的营养，以满足胎儿的生长发育，组织的合成或修补，吸取制作乳、蛋、毛发的原料。产后发情配种的小鼠，如果哺乳多而营养供给又不足，母鼠则会发出信号，使受精卵停留于输卵管而不在子宫着床，这样就会使小鼠的怀孕期大大延长；而营养充足哺乳少的母鼠，则会在 19 ~ 20 天内，按正常的怀孕期产仔。

四、微生物状态

在正常饲养条件下，动物肠道中存在大量的微生物，这些微生物在肠道中栖生、繁殖、代谢，产生许多营养物质，如水溶性维生素 B_1、维生素 K 及氨基酸等，这些物质通常通过食粪行为被动物再吸收和利用。这些物质被利用的情形，会因动物种类、饲料成分、饲养条件不同而有差异。无菌动物因肠道内微生物状态与一般动物不同，所以在配制饲料时必须调整饲料成分及配制方法，以满足动物的需求。

五、研究条件

实验操作，如外科手术或在饲料中添加测试药物时，会造成动物紧张或改变饲料的适口性，使动物食欲减退，进而影响饲料的采食。此时就必须给予适口性较好的饲料或提供高营养成分的饲料。

六、营养成分的相互作用

在配制饲料时要注意营养成分间的相互作用，因为某种养分的摄取量增加时往往会影响到其他营养成分的吸收和利用。此外，不同的矿物质饲料会竞争同一吸收门户或同一运送系统，从而影响彼此被吸收的效率。因此，在调配饲料时，若存在不寻常的养分浓度，则应考虑它对其他养分的影响，并相应调整其他营养成分的含量。

第四节　营养因素对动物实验结果的影响

早期的实验动物营养学研究的主要目的在于保证动物正常的生长和繁殖，即营养因素对实验动物自身的影响。但近年来，人们越来越认识到动物的营养状况与其生化指标、免疫反应等息息相关。营养因素对动物实验结果的影响主要表现在以下几个方面。

一、对采食量的影响

饲料中所含能量的高低必然会影响动物的采食量，进而对某些实验的结果产生影响。例如，当饲料的营养素成分配比属于高能量时，动物的采食量就会减少。饲料中蛋白质含量和氨基酸平衡会影响动物的自由采食量。有研究发现，色氨酸与大中型氨基酸的比例会影响猪的采食量，低色氨酸的基础日粮（占日粮的 0.09%）可使体重 30kg 的猪自由采食量由 2.4kg 降到 1.6kg；相反，如果在日粮中添加非必需氨基酸，则对其采食量无影响。

某些药物实验的药物是掺在饲料中给予的，采食量的变化会影响动物所摄入药量的多少，最终影响实验结果。因此，给药时要考虑到饲料的情况和动物的采食量，以保证动物能够摄入所需的药量，达到实验目的。

二、对生长发育的影响

动物的生长情况与饲料中所含营养成分是否全面、是否充足与平衡，以及有毒有害物质的多少、适口性如何，甚至与饲料的软硬程度等均有直接的关系。动物的生长情况，包括体重增长情况、体型和组织器官的发育等，能够很直观地反映出饲料质量的好坏。例如，日粮中缺锌会抑制 SD 大鼠的生长，导致食欲下降、饲料利用率降低、生长激素合成、分泌减少等。有研究表明，锌与唾液蛋白形成味觉素有关，并且对口腔黏膜上皮细胞的结构、功能及代谢有重要作用。缺锌会使味蕾受损，致使味觉敏感性降低。此外，缺锌还会造成唾液中碱性磷酸酶减少，以及胰腺羧基肽酶 A 活性降低等，这些均可影响动物食欲。

三、对生理生化指标的影响

饲料中的营养成分经过动物的消化、吸收，对动物的生理状态会产生影响。当饲料中的某种营养成分发生改变时，必然导致动物血液、某些脏器及组织中该种营养成分含量的改变，并对与之相关的生理生化指标造成影响。例如，低蛋白日粮会导致大鼠血红蛋白、红细胞压积，血清总蛋白、血清白蛋白水平均降低。同时，降低血清中甲状腺激素、胰岛素和皮质类固醇激素的水平。若蛋白质水平过高，则会引起肝脏谷草转氨酶（GOT）的活性增强，而且这种变化往往是不可逆转的。目前，采用生化指标作为衡量动物是否健康的标志越来越多，不仅营养成分的不足或过量会影响生化指标，而且营养成分间的平衡与否也会对其产生影响。

四、对免疫功能的影响

动物营养状况的好坏会影响动物的健康状况，也必然会对其免疫系统和机能产生影响。例如，饲料中缺乏蛋白质会使小鼠体重下降，胸腺组织逐渐萎缩，胸腺细胞表面花生凝集素（PNA）阳性细胞数减少，荧光反应强度减弱。由蛋白质和能量不足导致的营养不良会降低皮肤的迟发型超敏反应，使 T 细胞减少，尤其是辅助性 T 细胞数量减少，淋巴液活性下降进而影响到IgA的抗体反应，降低抗体的稳定性，抗体的质量浓度和活性下降，吞噬细胞出现功能性障碍。

饲料中维生素A、维生素E和微量元素（锌、锰、硒等）的含量对动物的免疫系统和机能也会产生显著的影响。饲料中维生素A不足时，动物的免疫功能会明显下降，而对动物的生长发育、生化指标不产生影响。另外，饮用酸化水会导致小鼠的网状内皮清除率及脾重均明显降低，对免疫机能也有一定的影响。研究表明，最佳免疫反应的营养需要稍微高于生长发育的标准。因此，在进行与免疫反应相关的研究时，应重视营养因素对动物免疫功能的影响。

五、对疾病发生、发展和转归的影响

某些营养因素与癌症、心血管病等非传染性疾病关系密切，营养对其研究结果有直接影响。例如，在家兔骨折实验中，采食全价营养颗粒饲料的动物骨骼愈合较快，而饲喂青饲料的动物骨骼愈合较慢。用树鼩进行乙型肝炎病毒感染动物实验时发现，饲料营养配比不当，树鼩会出现消瘦、被毛蓬乱和死亡率较高的现象，而采用营养均衡的饲料则可提高感染模型的成活率。

六、对麻醉反应的影响

在麻醉过程中，长期采食营养均衡日粮的动物，其所需麻醉剂量大，对麻醉剂的耐受力好，麻醉经过平稳；而长期采食营养成分失衡日粮的动物则相反，其所需麻醉剂量小，接受麻醉存在一定的危险，麻醉前应尽可能做好充分的准备，对麻醉中和麻醉后可能发生的并发症要采取有效的措施，积极预防。例如，采食全价营养颗粒饲料的家兔，注射麻醉药约10min后，绝大部分神经反射虽然遭到不同程度的抑制，但眼球活动、瞳孔大小与麻醉前并无显著变化，且手术后复苏很快；营养失衡的实验兔在注射麻醉药约10min后，大部分的神经反射都处于深度的抑制状态，术后复苏过程长。

参考文献

北京市质量技术监督局. 2018a. DB 11/T 1463.1—2017 实验动物　配合饲料　第1部分:实验用猪. 北京: 北京市科学技术委员会.

北京市质量技术监督局. 2018b. DB 11/T 1463.3—2017 实验动物　配合饲料　第3部分：实验用羊. 北京: 北京市科学技术委员会.

崔淑芳. 2013. 实验动物学. 上海: 第二军医大学出版社: 102-115.

何诚. 2013. 实验动物学. 2版. 北京: 中国农业大学出版社: 117-125.

蒋健敏, 陈民利. 2009. 实用医学实验动物学. 杭州: 浙江人民出版社: 32-33.

寇红岩，闫立新，苗玉涛，等. 2014. 实验动物饲料营养与家畜饲料营养的比较. 饲料工业，35(12): 35-37.

卢德勋. 2016. 新版系统动物营养学导论. 北京: 中国农业出版社: 127-479.

秦川, 魏泓. 2015. 实验动物学. 2 版. 北京: 人民卫生出版社: 93-96.
孙德明, 李根平, 陈振文, 等. 2011. 实验动物从业人员上岗培训教材. 北京: 中国农业大学出版社: 130-140.
孙靖. 2005. 实验动物学基础. 北京: 北京科学技术出版社: 48-68.
杨凤. 2010. 动物营养学. 2 版. 北京: 中国农业出版社: 57-226.
张锦红, 曾昭智, 江涛. 2011. 特殊配方饲料应用中存在的问题及对策. 实验动物与比较医学, 31(6): 470-472.
张鹏, 渡边邦夫. 2010. 饲养条件下非人灵长类的营养需求. 兽类学报, 30(1): 87-98.
中华人民共和国国家质量监督检验检疫总局. 2002. GB 14924.2—2001 实验动物 配合饲料卫生标准. 北京: 中国标准出版社.
中华人民共和国国家质量监督检验检疫总局. 2011. GB 14924.3—2010 实验动物 配合饲料营养成分. 北京: 中国标准出版社.
周明. 2012. 动物营养学教程. 北京: 化学工业出版社: 33-175.
NRC (National Research Council). 1998. Nutrient Requirements of Domestic Animals. Washington DC: National Academy Press.
NRC (National Research Council). 2003. Nutrient Requirements for Laboratory Animals. Washington DC: National Academy Press.

第三章　其他因素对动物健康的影响

当前实验动物的生产、使用是一个高度科学化、规范化的过程，对使用、生产环境，以及饲养管理人员的素质要求也日渐提高，实验动物饲养环境恒定舒适，动物极少受到外界刺激，对外界的刺激反应敏感，应对不利环境条件的能力也大大降低，因此一旦外界条件发生改变，会对动物造成很大的刺激，使动物处于应激状态，对动物的健康造成影响。此外，实验动物的运输、饲养和实验操作均与相关实验动物饲养人员密不可分，在日常的接触和实验操作过程中，相关人员的操作技术水平高低，对待工作、对待动物是否认真负责，甚至个人生活习惯都会对动物的健康水平产生相当大的影响。

实验动物品种的选育，往往会着重于挑选或者优化其有利于实验研究的生理特征，甚至采用基因工程修饰等方法，人为地对动物的基因组进行改造，以期获得携带相关疾病基因的动物，这样的筛选条件经常会造成动物包括抗病能力、繁殖能力等其他性能的下降，甚至会对动物健康造成巨大的影响。

本章着重从动物一般疾病及传染性疾病之外的角度，包括人员因素、动物自身因素、应激因素及自然灾害和实验设备等因素来阐述对动物健康影响的不利条件，以及应对措施。

第一节　人 员 因 素

一、　实验人员培训水平对实验动物健康的影响

实验动物从业人员主要包括管理人员、饲养人员、实验技术人员、检测人员和实验动物医师，从业人员在进行动物实验时必须进行动物实验相关实验技能及动物福利、动物自身习性特点等相关培训，掌握从事相关动物实验所具备的实验技能和技巧，了解相关动物福利和背景知识，做到熟练地进行相关实验操作，减少因人员技能培训不足而造成的对动物健康的影响。

（一）实验动物从业人员技术水平对动物健康的影响

实验动物从业人员掌握与实验相关的操作技术是其可以从事实验动物工作的基本素质要求，如果实验技术不熟练，不仅会影响实验结果，还会对实验动物的健康造成影响。

1. 动物抓取保定技术

动物抓取保定技术是进行动物实验操作的必备基本技术，是从业人员进行实验前必须进行的一项基本技术培训，抓取保定技术不熟练、不合理会引起动物不适，造成动物抗拒挣扎而增加实验难度,如果一味蛮干还会对动物身体造成外力伤害,造成动物创伤、骨折甚至导致动物死亡，从而严重影响动物健康。抓取保定是实验动物从业人员必须掌握的基本技能。人员在进行动物实验操作之前，必须依据不同动物的身体结构、生活习性特点认真学习培训相关动物的保定操作技术，勤加练习，必须在熟练掌握抓取保定技术之后，方可进行实验上岗操作。

2. 实验手术操作对动物健康的影响

实验动物手术，目前已经成为实验动物模型制备、开展活体组织样本采集、医疗器械评价等相关实验的常用实验技术，在各类动物实验中被广泛采用。实验动物手术操作来源于兽医外科学的基本操作内容，同时也融入了诸如啮齿类动物外科等大量实验动物学科的自身特有内容。手术操作技术本身就会对动物的身体健康造成一定影响，其严重程度与术者的熟练程度，手术部位及手术创伤的大小有直接关系，实验动物手术一般应由经验丰富、技术熟练的人员进行操作，在动物进行手术后必须进行必要适当的护理，以减少对动物的伤害，加快动物的身体恢复。在手术中、术后都要对动物采取适当的保暖措施，以避免因麻醉造成体温降低而使动物受到伤害甚至死亡。在麻醉前禁食以免动物麻醉状态中食糜反流引起窒息，在手术过程中严格执行无菌操作，避免动物在手术过程中发生感染。根据动物失血程度对动物进行补液或输血处理，防止体液大量流失对动物造成伤害。动物在手术结束后应该加强护理，在动物意识未完全恢复之前不得饮食、饮水。如有必要还要对动物进行适当保定以防止其抓舔伤口。此外，在动物术后给予适当的抗生素处理也有助于动物术后健康的恢复。如果进行消化系统的手术，还要根据手术的要求在术前和术后禁食禁水或给予流食。

3. 动物实验样本采集对动物健康的影响

实验样本的采集主要包括血液采集、脑脊液采集、骨髓采集、尿液采集，是开展动物实验的基本实验操作技术之一。样本采集的部位包括静脉窦、动静脉血管、心脏、骨组织及其他组织器官，如果操作不当，则会造成诸如血肿、失明、骨折甚至是死亡等影响。进行此项操作之前技术人员必须经过严格的技术培训，熟练掌握相关的操作技巧，在操作过程中严格遵守操作流程，保持无菌操作意识，避免对动物造成伤害及细菌感染。在实验操作过程中如果需要对实验动物实施麻醉，都应按手术操作过程进行护理，在操作结束后也应对动物进行细致的观察护理，防止实验操作对动物健康造成不良影响。

（二）实验操作人员对动物自身特点及福利措施的掌握程度对动物健康造成的影响

实验动物种类繁多，小到果蝇、斑马鱼，大到猪、非人灵长类、羊等，生物学特性差异巨大,因此实验操作人员在进行动物实验之前必须对动物的饮食习惯、温湿度要求、生活习性等一系列自身特点进行了解，如啮齿类动物天生胆小，在饲养过程中应在笼具内添加躲避硐、纸筒等躲避设施。大鼠是小鼠的自然天敌，在进行实验时应避免共同饲养在一间动物房内。一些犬类动物对伊维菌素过敏，在对动物进行驱虫时应避免使用此类药物。因此在进行实验前，实验实验人员应详细了解动物的自身习性，科学制定实验计划，合理安排实验方案，以确保实验动物健康福利及实验的顺利进行。

二、饲养人员饲养水平、责任心及个人生活习惯对实验动物的影响

从事实验动物饲养的技术人员必须具备较强的责任心，观察动物认真仔细，详尽记录动物在实验过程中出现的异常情况，对患病动物耐心护理，及时向相关人员通报动物状态，以便采取相关应对措施。实验动物饲养人员及实验人员由于其工作的特殊性，必须培养良好的个人生活习惯。多数实验动物具备很强的感知外界环境变化的能力，嗅觉、听觉十分灵敏，对外界环境中的振动、光照变化等因素也有敏锐的感知，对此类外界的刺激有时会产生剧烈的反应，因此相关技术饲养人员必须培养良好的工作生活习惯，走路时步伐稳健轻快，不拖沓，开关门时动作轻稳，拿取物品和进行操作时要轻拿轻放避免产生刺激动物的异响。此外，还不应过度使用味道浓烈的化妆品、护肤品，平时不抽烟、不酗酒，家里不饲养宠物，为避免穿脱手套不便，以及划伤动物或相关实验设施，工作时尽量不佩戴戒指，不染、不留指甲。此外，患有包括皮肤真菌性感染在内的相关传染性疾病及狐臭等疾病的人员，在未治愈前也应避免从事此类工作，防止因密切接触动物而对动物造成感染，或者严重的体味引起动物警觉恐慌及不适。

动物进行实验时一般都会进行随机分组分笼，或者进行单笼饲养隔离检疫及实验操作，实验动物在运输过程中经常受到隔离外界因素的刺激而处于应激状态，从而极容易被病原微生物感染，而一些来源背景不清晰，没有按照实验动物生产标准获得的实验动物，可能自身就携带各种病原微生物，因此这些动物在到达实验设施后，都应该进行微生物学、寄生虫学、甚至是病理学的严格检疫，在适应观察期间，实验动物医师必须认真负责地对动物进行检疫观察，防止动物暴发传染性疾病或者隐性的感染，危害动物的健康。目前实验犬、小型猪等实验动物，按标准应该进行免疫注射，使动物产生特异性免疫力，增强动物对疾病的抵抗能力，这是一种有效的防病措施，在对动物进行免疫时，实验动物医师应该根据抗体检测结果科学地制定免疫程序，确定最佳免疫时机，以期获得最佳的免疫效果。疫苗的采购、运输和保存都应当采取正规的渠道，不采购来源、渠道不明的假冒伪劣药品，疫苗在运输和保存过程中都应当按照说明书严格控制温度，不能脱离冷链，以免高温导致疫苗失活，部分疫苗也不能冷冻，以免破坏疫苗剂型。在注射疫苗时，相关人员应该认真仔细，确保疫苗足量地通过正确的方式接种到动物体内相应的部位，使动物获得最佳的免疫保护，此外，用完剩下的疫苗应该按照说明保存或销毁，以免影响免疫效果或者造成污染。

随着新型疾病动物模型的建立，实验动物的品种也日渐丰富，一些特种实验动物也被越来越多地应用到科学研究当中。在利用这些动物进行实验之前，要求相关人员认真负责地对动物进行筛选，剔除不合格动物。例如，在用雪貂进行流感实验研究之前，相关的研究人员应该认真核实雪貂的年龄，并对雪貂体内特异性的流感中和抗体进行筛查，

挑选出合格动物后方可进行实验。如果研究人员马虎大意，不认真负责，将年龄过大或动物体内存在特异性中和抗体的动物应用到实验中，将会对实验结果造成重大的影响，甚至导致实验失败。

实验动物适应观察期间，日常观察和照料要求饲养人员和实验动物医师具备高度的责任感。每日应观察设施内相应的参数变化，并一一记录，如果发现设施异常，应该及时通知相关设施负责人员进行检修，在条件异常设施内的动物其健康势必会受到不良的影响。此外，动物的笼舍还应保持干燥卫生，防止过度潮湿，饲养人员应按时清理动物的笼舍，清除积粪积尿，并定期进行消毒工作，以降低动物感染疫病的概率。

饲养人员还应该每日定期对动物进行观察，记录动物的精神状态、饮食饮水情况、粪便及其他排泄物的性状是否正常，实验动物医师则要对动物的日常健康状况，如动物的体态、运动能力、饮食饮水状况、体表状况（包括表皮和被毛情况）、天然孔分泌物情况，以及动物的呼吸指标、粪尿排泄物情况进行观察记录，发现动物出现异常情况时，立即对动物隔离观察。对动物的人道终点进行判定，避免动物遭受额外的痛苦。实验动物医师还应该对实验动物的繁殖饲养动作进行日常督导，为动物进行全面健康保健工作。如果以上人员在日常工作中责任心不强，工作马虎大意，观察不认真仔细，都会对动物健康造成隐患，甚至导致动物死亡。

第二节 动物自身因素对实验动物健康的影响

动物体本身因种属、品系、性别、年龄的差异，其健康水平有差别，此外，基因修饰技术也会对实验动物健康水平产生极大的影响，人们在进行动物实验或实验动物繁育时，一方面要加强对动物的观察护理，另一方面可对这一现象加以利用，建立大量可运用于科学研究的实验动物疾病模型，推动相关研究的发展。

一、动物的年龄对动物健康的影响

动物的年龄可以影响动物的繁殖与健康，随着动物的衰老，动物的免疫力会大大降低，出现免疫功能异常，听力下降甚至丧失，进行性骨质稀少及骨质疏松，学习记忆功能呈增龄性加速衰退。老龄动物有很大的概率发生各种肿瘤，肿瘤的发生影响动物的健康，但作为肿瘤疾病动物模型对肿瘤的研究和治疗有积极的促进作用。实验动物多发的肿瘤包括：腺瘤、性腺肿瘤、肝脏肿瘤、白血病、淋巴瘤、乳腺癌、前列腺肿瘤、皮肤癌等，肿瘤在发生后对原发位置的组织器官产生严重损伤，同时肿瘤的转移扩散加剧了机体的消耗和病理的发展，在不采取干预治疗措施的情况下，最后导致动物死亡。

二、动物的性别对动物健康及繁殖的影响

生物体的不同性别之间存在很大差异，从寿命、个体大小，到各项生理指标、行为

能力都有所不同。一般来说，动物繁殖能力及生殖周期雄性要大于雌性，如大多数小鼠品系一年以上的公鼠还具有繁殖能力，有的甚至到 18 个月还能使母鼠怀孕，而母鼠如果没有交配过，一般 4 月龄左右就很难怀孕，即使是经产母鼠最长的生殖寿命平均也仅为 8 个月左右。另外，在许多疾病的发生率上两种性别之间也存在差异，不论是肿瘤的发病率还是糖尿病的发病率，都与动物的性别有很大的关系。还有部分疾病的发生导致单一性别发生死亡，寿命较短，这也影响了动物的繁殖。例如，NOD 小鼠 3 周龄雌鼠，白细胞开始在胰岛内或周围积累，12 周胰岛素水平迅速下降，出现明显的高血糖。雌鼠胰岛明显萎缩伴随胰腺的白细胞浸润，造成胰岛炎。30 周龄的 NOD 雌鼠发病率为 90% ~ 100%，NOD 雄鼠 30 ~ 40 周龄 1 型糖尿病发病率为 40% ~ 60%。大多数 NOD 种群糖尿病的发病率都具有性别相关性。雌鼠的症状比雄鼠发生的较早且发病率高。此外，如 BN 大鼠上皮肿瘤发病率雄性为 28%，雌性为 2%；输尿管肿瘤，雄性为 6%，雌性为 20%。F344 大鼠乳腺癌雄鼠自发率为 1%，雌鼠为 23%；脑下垂体腺瘤雄鼠为 35%，雌鼠为 24%。由此可见，一些疾病在动物体内的发生发展与动物性别有着内在的关联。

三、基因修饰对动物健康的影响

随着基因工程技术的建立，人们采用转入基因、基因敲除、条件性敲除、CAS9 等技术对生物体的遗传物质进行人为改变，这一技术使得人们在了解生物基因组的基础上，可以对任何一个基因进行改造，由于生物体遗传物质的多样性，每个基因组包含的基因成千上万，而每个基因在生命活动中都具有多样性的功能，因此人们也可创造出许多不同于正常动物的品种品系。这些动物基因组的改变对动物的健康产生了一定的影响，这种影响程度因基因的不同而有很大的差异。目的基因的插入或缺失及对基因组的改变对动物健康有巨大的影响。基因修饰的方法造成了动物基因组的改变，从而对动物健康造成影响。

在正常个体内转入一个外源基因，那么这个个体就会表达这个外源基因的功能，同时也会表达动物自身相同基因的功能。如果转入基因来源于不同动物种属，那么转入基因也会表达相对应的来源种属基因的功能。例如，在小鼠体内转入人的基因、转入小鼠鼠源的基因及转入大鼠鼠源的基因，转基因小鼠表达会有所不同。当然转基因动物会有相应表达功能出现。例如，APP 转基因小鼠，1995 年 Games 成功建立了首批转基因小鼠 PDGF- APP 转基因小鼠，这些小鼠在血小板来源生长因子（PDGF）启动子调控下能够高表达伦敦突变的人 APP。这些 PDAPP 小鼠在 6 ~ 8 月龄就表现出阿尔茨海默病病理学特征，包括胞外老年斑沉积、星形胶质细胞病变和神经元萎缩，而且水迷宫试验发现小鼠表现出明显的行为学异常。

作为转入基因的受体，敲除，或使本身的基因沉默，然后再转入外源基因，这个转基因小鼠则只表达转入外源基因，没有内外源基因的共同作用。例如，B6;129-*Psen1*^{tm1Mpm} Tg(APPSwe,tauP301L)1Lfa/Mmjax 小鼠，尽管未见表型异常，但转入基因的过度表达可能限制了中枢神经系统，尤其是阿尔茨海默病的相关区域包括海马和大脑皮质。可观察到 β 淀粉样蛋白沉积递增。早在 3 ~ 4 月龄小鼠的部分脑部区域就可检测到细胞内的免疫反应性。6 月龄的小鼠突触传导和长时程的增强作用受到损伤，在 12 ~ 15 月龄小鼠的海马检测到超磷酸化微管蛋白 TAU 及聚合体构象的改变。

敲除基因本身的功能会对动物的繁殖及生物学特性产生影响，在一个动物体内用不同的方法敲掉某一功能基因，可导致某些组织和器官的表型异常，从而影响动物的生物学特性。若同时敲掉两个或两个以上的多功能基因，则使动物表达的表型症状更加明显。例如，*p53* 基因敲除小鼠，*p53* 的缺失或突变是造成许多肿瘤发生的原因之一。存在 *p53* 突变的肿瘤包括乳腺癌、胃癌、结肠癌、膀胱癌、肺癌、前列腺癌等。

p53 缺失的小鼠在非常小的月龄就发生肿瘤，6 月龄时 75%的 $p53^{-/-}$小鼠发生各种类型肿瘤，至 10 月龄时所有小鼠均死于肿瘤。

胸腺 T 细胞淋巴瘤在 $p53^{-/-}$纯合性缺失小鼠中的发生频率最高，但也有 B 细胞淋巴瘤、软组织肉瘤、骨肉瘤、睾丸畸胎瘤及其他类型肿瘤的发生。$p53^{+/-}$杂合小鼠也对肿瘤易感，但与 $p53^{-/-}$小鼠相比，肿瘤的发生较晚，9 月龄时还很少发生肿瘤，18 月龄时大约有 50%的小鼠发生肿瘤，24 月龄时超过 95%的动物带瘤或死亡。$p53^{+/-}$小鼠与 $p53^{-/-}$小鼠发生的肿瘤类型也不尽相同，$p53^{+/-}$小鼠更易发生骨肉瘤和软组织肉瘤而非淋巴瘤。

四、动物先天性遗传疾病或自发疾病对动物健康的影响

动物先天性遗传疾病或自发疾病的发生和动物品系直接相关，人们利用动物此类自身特征建立了一系列疾病动物模型。例如，BPL 小鼠易发心血管疾病，其中 BPL/1 为低血压，BPH/2 为高血压，BPN/3 为对照品系。高血压小鼠 BPH/2 在 5 周龄收缩压开始升高，到 150 天与 BPL/1 相比差 60mmHg①，表现为心率高，心脏及肾脏较大，血细胞比容高于 BPL/1 小鼠，肾素水平低，醛固酮及血管紧张素 I 水平低于 BPL/1 小鼠及 BPN/3 小鼠。

SHR 大鼠有发生脑血管损伤、脑卒中及自发性高血压的趋势。10 周龄以后动脉收缩压雄鼠为 200 ~ 350mmHg，雌鼠为 180 ~ 200mmHg。心血管疾病发病率高，但是肾和肾上腺未见器官损伤，在年轻大鼠中，血浆去甲肾上腺素和多巴胺 β-羟化酶水平增加，并超过 WKY 品系对照大鼠，但总儿茶酚胺无很大不同，肾上腺儿茶酚胺含量高于对照品系。

NOD 小鼠自身免疫性胰岛炎最早发生于 4 周龄，因而可能影响受孕率，导致早期发病小鼠不孕，发病较晚的小鼠受孕后平均初产天数、平均产仔数、平均离乳数、平均离乳率及平均胎间隔都未受影响。NOD 小鼠发病后，充分呈现该品系小鼠糖尿病的生理生化特征，即尿频、多饮、高血糖的症状。在几周的时间内，血糖迅速升高，饮水量剧增，大量地排尿，体重迅速下降，在这个过程中，患鼠血糖先迅速上升，后逐步下降，但仍维持高于正常值的状态，体重直线下降，最后昏迷而死亡。

综上所述，动物自身的各种先天特性及人类对动物的后天改造，都会对动物的健康状况造成各种各样的影响，一方面作为饲养者应该加强对动物的观察，动物出现病变及

---

① $1mmHg=1.333\ 22\times10^2Pa$

时对其进行护理治疗；另一方面人们可以对此加以利用，制备建立各种疾病动物模型，为相关疾病发病机制的研究，以及治疗方式方法建立创造条件。

第三节　运输应激对动物健康的影响

一、引起动物运输应激的常见因素

随着国内实验动物饲养繁殖集约化水平的不断提高和实验动物应用范围的日益加大，实验动物运输已经变得越来越普遍。实验动物在运输过程中会受到限制饮食、极端环境变化、颠簸等各种不利条件的影响，这些不利因素会引起动物惊恐、抗病能力下降、免疫水平下降及血液理化指标改变。实验动物在饲养和运输过程中，尤其是在动物搬运和运输过程中，均会受到外界刺激因素的影响，这些刺激因素包括：①动物的装卸搬运、动物天生具有敏锐的感官，以及对异常情况的警觉能力，动物在装卸的过程中磕碰和噪声难以避免，这些因素均会对动物产生刺激，有资料显示，装卸比格犬后，其心率会大幅增高，而非人灵长类动物，在被装卸运输后，其行为的异常可以持续一个月；②动物的包装密度，包装密度越大，动物越拥挤，资料显示，成年动物对拥挤的反应比幼年动物更为强烈，装卸密度过大对动物的心率和血液乳酸浓度都会造成影响，使其异常增高；③限制饮食，出于方便运输的目的，在实验动物运输过程中，一般都会对其饮食、饮水进行限制，甚至禁食、禁水，这些因素都会大大加剧动物的紧张情绪和应激反应水平；④长时间运输，对动物影响十分显著，有研究证明，比格犬皮质醇激素和血钠浓度都会随着运输时间的增加而显著提高，心率和血液中乳酸浓度则会降低；⑤温度，在运输过程中温度过高或者过低均会对动物的健康状况产生影响，当动物长时间处于寒冷状态时，动物的抗病能力会大大降低，极易受到外界致病微生物的感染，还会导致对体内条件性致病微生物的抵抗能力下降而发病，而动物持续处于高温状态下，机体热应激蛋白(HSP)就会异常表达，引起动物出现中暑、脱水等急性症状，以及胃肠道等组织器官慢性损伤。运输过程中的刺激因素还包括化学性刺激因素（如药物、毒物等）、生物性刺激因素（如微生物、寄生虫等）和社会性刺激因素（如不同来源、繁殖群合笼等）。当动物受到频率比较大、持续时间长或时间虽短但变化剧烈的刺激时会产生机体反应，这种反应会引起动物内环境稳定性、正常生理活动和行为等发生改变。

二、应激对动物健康造成影响的机制

在应激反应中，动物作为一个有机的整体，通过神经-内分泌途径几乎动员了所有的组织和器官对付应激原的刺激，其中，中枢神经系统特别是大脑皮层起整合作用，而交感-肾上腺髓质系统、下丘脑-垂体-肾上腺皮质轴、下丘脑-垂体-甲状腺轴和下丘脑-垂体-性腺轴等起执行作用。其中，与免疫之间的关系主要依靠下丘脑-垂体-肾上腺皮质轴的作用。糖皮质激素（GC）分泌增多对细胞免疫产生影响，GC 对免疫功能的影

响极为广泛，主要包括：抑制胸腺内淋巴细胞的有丝分裂，影响小淋巴细胞向 T 细胞转化；促进淋巴细胞解体；阻止致敏的 T 细胞释放淋巴激活素。糖皮质激素（GC）对体液免疫的影响是直接抑制 B 细胞合成或抑制 T 细胞的辅助作用而减少抗体的生成。GC 分泌过多一般会使机体出现抑郁，胃和十二指肠溃疡、穿孔，淋巴细胞减少，免疫力低下，易继发感染等。GC 抑制胚胎期免疫系统的发育、淋巴细胞的生成和骨髓造血机能，导致肥大细胞脱颗粒反应，减少组织胺的释放，减少嗜酸性粒细胞数目，抑制其趋化反应，降低粒细胞的渗出和吞噬活动，并能对抗某些细胞因子维持嗜酸性粒细胞的存活作用；在风湿性关节炎患者中可抑制白细胞介素-1（IL-1）引起的 IL-6 基因表达；减弱脂多糖（LPS）诱导的肿瘤坏死因子-α（TNF-α）的产生，增加 IL-1α、IL-1β 及 IL-6 mRNA 的不稳定性，减少 IL-2 的分泌，与粒细胞-巨噬细胞集落刺激因子（GM-CSF）联合应用可提高中性粒细胞对 IL-1 的结合，与造血生长因子协同诱导骨髓细胞表达 IL-1 受体；GC 通过阻抑 IL-2R 的信号传递，降低免疫细胞对 IL-2 的反应性；GC 受体拮抗剂 RV38486 能模拟 IL-1 作用而加强 TNT-α 的致死及诱生 IL-6 效应；GC 还可对抗 IL-1β 对胰岛素分泌的抑制效应。这些变化将重新调整内环境的平衡状态以应对应激原的不良影响，但是这种变动了的内环境常常以增加器官功能的负荷或自身防御机能的消耗为代价。其主要特征有：垂体前叶和肾上腺变大，血浆皮质酮水平升高；胸腺、脾脏和淋巴系统萎缩，血中嗜酸性粒细胞和淋巴细胞减少，中性粒细胞增多，体重减轻；胃和十二指肠溃疡出血。

热环境包括直接与畜禽的体热调节有关的生态环境因素，包含温度、湿度、气流和辐射等。它通过改变机体的各种生理、生化反应及免疫功能，来影响动物的健康、繁殖性能及产品品质等，给养殖业带来严重的经济损失。研究发现，热应激环境条件下，猪的生长发育受阻；母猪表现为卵巢机能减退，受胎率下降，妊娠末期死胎数增加，窝重减少，甚至流产，公猪交配欲减弱，精液品质降低；仔鸡和雏鸡主要表现为采食量减少、体重减轻、生长缓慢、抵抗力下降；蛋鸡和种鸡主要表现为采食量降低、产蛋率下降、产劣质蛋（破壳蛋、软壳蛋和薄壳蛋）；公鸡则表现为精液品质差、精液量减少、受精率降低。热应激环境条件下，动物抵抗力和免疫力下降，可诱发各种疫病，严重时动物中枢神经系统失调，心血管系统负担过重，心力衰竭而死。

应激不仅影响动物的生产性能、繁殖性能等，而且对畜禽的免疫功能及所用疫苗发挥正常的免疫作用产生影响，这将会成为多种疾病的诱因。有报道指出，鸡在遭受急性热应激时，细胞免疫能力受到抑制。热应激时鸡体易激发呼吸道疾病、溃疡性肠炎等，并易遭受葡萄球菌、大肠杆菌、绿脓杆菌的侵袭，对新城疫、传染性喉气管炎等易感性增加。啮齿类动物在应激条件下，动物的细胞因子表达水平及各类其他生理指标均与正常状态时有很大的差异。

三、降低动物运输应激的措施

为了避免在运输过程中出现对动物不利的刺激因素，一定要采取符合相关标准的笼具（盒）进行运输，防止动物密度过大、保证动物通风，如有特殊要求还应进行相关的微生物防护，不同种属动物不能共同运输等，家兔要保证有充足的活动空间，犬和非人灵长类要求单笼运输，并且要有足够的空间使动物身体可以自然舒展。在运输过程中要采用安装有空调的专门动物运输车辆，保证温度和通风，不在极端气候条件下运输动物，美国相关机构推荐了在运输实验动物过程中，外界自然温度的范围，其中小鼠、豚鼠和兔建议在 4～34℃，大鼠为 6～33℃，犬为 10～28℃，恒河猴为 6～35℃。运输过程中应保证合理的动物密度，轻拿轻放，合理规划线路，减少各种延迟及意外。长途运输还要保证动物有充足的饮食、饮水，啮齿类可以给予果冻，灵长类可以添加水果饲喂。此外，在运输过程中给动物补充适量的抗氧化剂维生素 C、维生素 E、也有助于抵抗应激因素对动物的影响。经过长途运输后一定要给予动物相应的恢复时间，以保证动物健康，如啮齿类在运输过后一般要进行 1～7 天的适应性饲养，而犬及灵长类则需要恢复适应 10～14 天。

第四节 自然、人为灾害及实验仪器设备和操作对动物健康的影响

一、自然、人为灾害对动物健康的影响

现代实验动物饲养及动物实验对饲养环境要求极为严格，按等级划分为普通环境、屏障环境及隔离环境。最高等级的隔离环境采用无菌隔离装置以保持无菌或无外来污染物。隔离装置内的空气、饲料、水、垫料和设备均为无菌，动物和物料的动态传递需经特殊的传递系统。其他等级的环境也根据各自要求对设施条件有所要求。实验动物的饲养对外界环境十分依赖，尤其对供水、供电等设施条件要求极高。外界不利的自然条件包括地震、火灾、台风等，除对动物造成应激等不利刺激外，其所造成的断水、断电等后续影响对动物健康也会造成严重的不良影响，因此在实验设施设计之初就要充分考虑应对这些不利条件，选址时要避开地震、台风等自然灾害多发的区域，建设工程必须按照抗震和防台风设防要求设计规范进行抗震设计，并按照抗震设计进行施工。抗震设计与施工是减轻地震灾害的重要措施。良好的抗震设计应尽可能遵循下述原则：选择坚硬地；结构主体要均匀规整；提高结构和构件的强度和延性；设计多道抗震防线；防止脆性和失稳破坏，地基构建时充分考虑减震要求，安装橡胶减震构建。科学合理地进行规划设计施工，建筑主体结构应采用钢筋混凝土，或钢架结构等强度较高的设计，结构不能头重脚轻，并在建筑中加设风阻尼器。为防止台风、地震等自然灾害所造成的二次损伤，建筑在施工时架设多路供电线路，设施内部安置功率足够的发电机组，以及储水设施。发电机组要安装在安全可靠的地点，防止如台风造成的降雨导致水淹等不利条件而不能及时恢复供电，必要时对设施内部物品进行固定。为了预防火灾，建筑在设计时就应进行防火设计，建筑建造时要设计消防通道并保持畅通，大型建筑要安装防火卷帘，建筑和装修材料尤其是保温材料，要考虑防火设计，禁止使用发泡材料等易燃材料，避免快速过火及燃烧过程中产生大量浓烟或有毒气体。燃气及电气管线应有专人设计安装，不得私自改动。建筑物应安装火灾自动报警系统、室内消火栓、室外消火栓等固定设施，

采用先进的高新技术仪器、设备，结合传统的检查方法对电气设施进行全方位的量化监测，从而更加全面、科学、准确地反映电气火灾隐患的存在、危险程度及其准确位置，并及时提出相应整改措施，从而消除隐患，避免电气火灾事故的发生。

在软件上也应加强培训管理，指定针对相关灾害的处理预案，定期进行相关的培训及演习，使工作人员在面对灾害时能做到不惊慌失措可以从容面对，从而在灾害发生后最大限度地降低对人员及动物的损伤。

二、实验仪器设备和操作对动物健康的影响

目前常用的动物实验设备如水迷宫、安全药理遥测装置等仪器设备，在使用时对动物均存在一定的风险，如进行水迷宫实验时，游泳对动物是一个较大的应激刺激，可引起动物神经内分泌的变化，对实验结果产生干扰，对于老年动物来说，严重时可诱发其心血管疾病而导致昏厥甚至猝死，因此，必要时可将动物多次放入泳池或适当延长其游泳时间以增加动物对游泳的适应能力。实验染料搅浑泳池的水时，如果不定期进行更换，水容易变质，动物食入或吸入变质的水会患病。

在进行安全药理遥测设备安装或其他需要进行手术操作的实验时，动物的麻醉、手术操作及术后的护理都会对动物健康造成不利影响，因此在进行此类操作之前均要对动物进行适当的适应性训练，制定合理的实验或手术方案，选用熟练的术者和助手进行手术，细致地对动物进行诸如保暖、止痛等术后护理措施，将实验设备及操作对实验动物健康的影响降至最低。

参 考 文 献

陈继明. 2008. 重大动物疫病监测指南. 北京：中国农业科学技术出版社: 19.
陈丽雄, 王俊斌, 赵远. 2009. 浅谈规模化养猴场的消毒措施. 实验动物科学与管理, 26(4): 45-46.
陈顺乐, 褚芳. 2008. 提高实验动物质量　加大监督监测管理力度. 实验动物科学, 25(1): 42-43.
褚芳, 黄雪梅, 徐丽英, 等. 2010. 江西省实验动物突发重大疫情应急预案的制定. 华东地区第十一届实验动物科学学术交流会论文集.
崔淑芳. 2007. 实验动物学. 3 版. 上海: 第二军医大学出版社.
李厚达. 2003. 实验动物学. 2 版. 北京: 中国农业出版社.
李纪平, 钱学敏. 2003. SPF 猪规模化生产的防疫措施. 中国兽医杂志, 39(5): 60-61.
孙靖. 1999. 实验动物学讲义. 北京: 北京实验动物管理办公室.
陶元清. 2005. 实验动物微生物学质量控制及效果观察. 青海畜牧兽医杂志, 35(4): 20.
吴必武. 2011. 实验动物在兽用生物制品生产和检验中的重要作用. 云南畜牧兽医, 5: 1005-1341.
郑长生, 詹纯列, 王娇. 2009. 浅谈实验动物饲料对实验动物质量的影响. 实验动物科学与管理, 26(5): 61-63.
朱安民, 李云秀, 黄俊杰. 2008. 动物疫病防控的思考和建议. 中国畜禽种业, 6(8): 19-20.
祝继原, 刘娣, 杨少成. 2009. 提高实验动物质量的综合措施. 现代农业科技, 12: 321.

第二篇　实验动物疾病

第四章　实验动物细菌性疾病

很多细菌引起的疾病都会给实验动物造成很大的危害，本章将细菌引起的疾病分为人畜共患的细菌性疾病、给实验动物造成严重危害的疾病和给实验动物造成一定危害从而影响实验结果的疾病。人畜共患的细菌性疾病，如布鲁氏菌病、大肠杆菌病及沙门氏菌病等，这些疾病传染动物或者传染人一般会造成严重损失，有时会导致动物大批死亡，甚至会造成人的死亡；给实验动物造成严重危害的疾病，如魏氏梭菌病、泰泽氏菌病及支气管败血波氏杆菌病等，这些疾病在发病初期如果不采取措施，也会造成大量动物传染、发病甚至死亡；给实验动物造成一定危害从而影响实验结果的疾病，如鼠棒状杆菌病、胞内劳森氏菌病及肝螺杆菌病等，这些疾病有些是条件致病性细菌引起的疾病，环境发生改变、动物发生应激或者动物抵抗力降低时即可发病。动物群感染这些疾病，不但会引起种群的暴发，影响动物的健康及动物设施，而且会给实验结果造成严重影响。本章从细菌的基本概念、病原特性、病因及发病机制、临床表现、病理特征、诊断、鉴别诊断、治疗及预防这几个方面分别对这些细菌引起的疾病展开论述。

第一节　人兽共患的细菌性疾病

一、大肠杆菌病

（一）基本概念

大肠杆菌病（colibacillosis）是由致病性大肠杆菌引起的肠道传染病。大肠杆菌（*Escherichia coli*）为埃希氏菌属（*Escherichia*）代表菌，是人和动物肠道中的常居菌，一般不致病。在一定条件下，大肠杆菌可引起肠道外感染，某些血清型菌株的致病性强，对人和动物有病原性，常引起严重腹泻和败血症。致病性大肠杆菌根据其不同生物学特性可分为5类：致病性大肠杆菌（enteropathogenic *E. coli*，EPEC）、肠产毒性大肠杆菌（enterotoxigenic *E. coli*，ETEC）、肠出血性大肠杆菌（enterohemorrhagic *E. coli*，EHEC）、肠侵袭性大肠杆菌（enteroinvasive *E. coli*，EIEC）、肠黏附性大肠杆菌（enteroadhesive *E. coli*，EAEC）。

（二）病原特性

1. 生物学特征

致病性大肠杆菌（EPEC）在分类上属于变形菌门、γ-变形菌纲、肠杆菌目、肠杆菌科、埃希氏菌属、大肠杆菌种。

大肠杆菌为革兰氏阴性菌，大小为（0.5～0.8）μm×（1.0～3.0）μm，无芽孢。短杆菌，两端粗钝，因环境条件不同，个别菌体近似球状，有时出现长丝状。单独或成双存在，但不形成长链状排列。周身鞭毛，运动活泼，多数菌株生长有菌毛。

2. 培养特性

大肠杆菌最适生长温度为37℃，在有氧条件下，于普通平板上生长迅速，菌落直径为 2～3mm，合成代谢能力强。在含葡萄糖、胺盐、无机盐的普通培养基上生长良好。在普通营养琼脂上生长，表现为光滑型、粗糙型和黏液型三种菌落形态。

3. 理化特性

大肠杆菌对外界因素的抵抗力不强，一般60℃加热15min可被杀灭，在干燥环境中易死亡，快速冷冻也可死亡。该菌对热的抵抗力较其他肠道杆菌强，对低温有一定耐受力，在含有葡萄糖的培养基中培养则对快速冷冻不敏感。

大肠杆菌对一般的化学消毒药品比较敏感，对强酸、强碱也很敏感。常用消毒剂可以有效杀死环境中的大肠杆菌，如5%～10%的漂白粉、3%来苏儿、5%苯酚等水溶液均能迅速杀死该菌。大肠杆菌对磺胺类、链霉素、氯霉素等敏感，但由于带有R因子的质粒的转移性，易产生耐药性。

（三）病因及发病机制

1. 传染源

带菌的动物粪便，以及被粪便污染的圈、舍、栏、笼、垫草、饲料、饮水及管理人员的靴鞋、服装等均能传播该病，带菌动物是动物大肠杆菌病的主要传染源。

2. 传播途径

该病最常见的感染途径为消化道。动物舔被毛及污染的圈、栏、墙壁和地面或食入污染的饲料、饮水，均可引起发病。该病也可经输卵管、产道或子宫造成感染。

3. 易感宿主

实验动物中小鼠、大鼠、家兔为易感动物，其中幼鼠和仔兔最为易感。

4. 发病机制

发病主要是致病性大肠杆菌内的致病物质导致的。致病物质分类及其具体作用机制如下。

（1）定居因子

定居因子（colonization factor，CF）即大肠杆菌的菌毛，也称黏附素（adhesin），致病性大肠杆菌需通过菌毛先黏附于宿主肠壁。使人类致泻的定居因子有两类，分别为CFA（colonization factor antigen）Ⅰ、CFAⅡ。定居因子具有较强的免疫原性，能刺激机体产生特异性抗体。

（2）肠毒素

肠毒素可分为耐热和不耐热两种，是肠产毒性大肠杆菌在生长繁殖过程中释放的外毒素。

1）不耐热肠毒素（heat labile enterotoxin，LT）：为蛋白质，分子量大，有免疫原性，加热 65℃经 30min 即失活，对热不稳定。不耐热肠毒素由 A、B 两个亚单位组成，A 又分成 A1 和 A2，其中毒素的活性部分为 A1。B 亚单位能够与小肠黏膜上皮细胞膜表面的 GM1 神经节苷脂受体结合，结合后，A 亚单位穿过细胞膜与腺苷酸环化酶（cAMP）作用，能够使胞内 ATP 转化为 cAMP。cAMP 增加后，则导致小肠液体过度分泌，当超过肠道的吸收能力时即出现腹泻。不耐热肠毒素的免疫原性与霍乱弧菌肠毒素相似，两者有抗血清交叉中和作用。

2）耐热肠毒素（heat stable enterotoxin，ST）：分子量小，免疫原性弱，对热稳定，加热 100℃经 20min 仍不被破坏。耐热肠毒素可激活小肠上皮细胞的鸟苷酸环化酶（cGMP），使胞内 cGMP 增加，能够在空肠部分改变液体的运转，使肠腔积液而引起腹泻。耐热肠毒素与霍乱毒素无共同的抗原关系。

肠产毒性大肠杆菌的有些菌株可产生 LT 和 ST 两种肠毒素，有些菌株只产生 LT 或 ST 中的一种肠毒素。有些致病大肠杆菌还可产生 vero 毒素。

（3）其他

脂胞壁多糖的类脂 A 具有毒性，O 特异多糖有抵抗宿主防御屏障的作用。大肠杆菌的 K 抗原为荚膜脂多糖抗原，有抗吞噬作用。

（四）临床表现

1. 动物的临床表现

多种动物均能发生大肠杆菌病，其中以猪、鸡最为常发，且危害相当严重。鸡、鸭、鹅等禽类均易感染，尤以鸡感染大肠杆菌病最为普遍。牛、羊的大肠杆菌病也较常发，主要表现为犊牛、羔羊的腹泻，有时伴发败血症。

1）小鼠和大鼠：被毛蓬乱，食欲减退甚至废绝，活动减少，腹泻，肛门周围沾有粪便或黏液，病死率高，一般经过 7 ~ 8 天死亡。

2）兔：有腹泻和流涎，潜伏期为 4 ~ 6 天，有最急性、急性和亚急性三种类型。最急性型病例表现为无任何前兆的突发性死亡。急性型病程短，一般 1 ~ 2 天内死亡。亚急性一般 7 ~ 8 天死亡。病兔通常体温正常或较低，四肢发凉，精神沉郁，食欲降低，流泪流涎，还会有磨牙、腹部肿胀、眼结膜潮红等症状。粪便较细小、水样，有剧烈的腹泻，肛门四周和后肢等位置皮毛常被沾湿，会消瘦甚至严重脱水。病兔死亡率高，一般 1 ~ 2 天内就会死亡。

2. 人的临床表现

1）大肠杆菌肠炎：主要表现为恶心、呕吐、分泌性水泻、腹部痉挛、寒战、头痛和肌痛乏力，出现典型的痢疾样黏液血便。

2）尿路感染：老年人、儿童和青年女性易感。有尿急、尿频、尿痛、尿混浊、血尿等症状，或伴有高热、腰痛。

3）新生儿脑膜炎：表现为患儿吸吮无力和减少、拒食、精神萎靡、呕吐、烦躁、嗜睡、两眼发直，以及阵发性屏气和发绀等。

4）肺炎：表现为咳嗽、发热、脓痰、呼吸困难和发绀等，或伴有胃肠道症状，如恶心、呕吐、腹痛和腹泻。

（五）病理特征

1. 大体解剖

小鼠和大鼠：剖检可见小肠充血、肿胀，肠腔内充满积液，以空肠段最为明显，为黄绿色积液，回肠中充满乳白色黏液，肠壁有出血点和出血斑。兔：剖检可见胃浆膜和黏膜充血、淤血，散在有出血点或出血斑。肠道内充满水样或半透明状液体，或带有大量泡沫样半透明液体。结肠和直肠的浆膜、黏膜出血，肠内粪便混有黏液，呈胶泥状或粪样。

2. 镜下观察

小鼠和大鼠：镜下可见肠黏膜组织结构基本完整，十二指肠、空肠、回肠有水肿和充血。兔：镜下检查肠和胃黏膜上皮有脱落，黏膜下层和固有层充血、淤血或凝血，实质器官主要表现为充血、淤血和出血。

（六）诊断

动物诊断：根据病理特征、临床表现及流行病学特征等做出初步诊断。确诊需做病原细菌分离和鉴定，进行细菌分离培养、染色、镜检、生化试验、血清型鉴定、溶血及RT-PCR 等检测分析，最终结合临床与病原检查结果综合判断。

人的诊断：可送医院进行临床诊断。

（七）鉴别诊断

动物大肠杆菌病：需与胞内劳森氏菌引起的肠道疾病相鉴别，小鼠还应与小鼠肝炎病毒相鉴别，尤其是免疫缺陷小鼠。

人大肠杆菌病：致病性大肠杆菌、金黄色葡萄球菌和变形杆菌等侵入人体时，皆可引起感染，症状为胃痛、呕吐、腹泻和发热，因此人大肠杆菌病需与金黄色葡萄球菌和变形杆菌引起的疾病相鉴别。

（八）治疗

1. 动物的治疗

大肠杆菌对多种常用抗菌类药物均敏感，要获得确切治疗效果，最直接有效的方法是对分离的菌株做药物敏感性检测，选择敏感药物，有计划交替地使用有效药物。

2. 人的治疗

对于大肠杆菌引起的不同疾病用不同的抗菌药区别治疗，注意及时应用杀菌作用强的抗菌药控制腹泻，注意补充水与电解质。

（九）预防

加强饲养管理，保持饲养环境卫生，保证饲料、饮水清洁。及时清除粪便及垃圾，确保环境清洁、干燥。定期消毒，防止污染。当确认有疫情时，隔离病群，对病死动物进行化制、焚烧、深埋，防止病菌扩大蔓延。人应注意饮食卫生，勤洗手。

二、沙门氏菌病

（一）基本概念

沙门氏菌病（salmonellosis）是由沙门氏菌引起的人和动物共患的多种传染病的总称。该病流行于世界各地，人和动物，包括实验动物的沙门氏菌感染，遍布全世界。污染的水和食物感染是沙门氏菌的主要来源。人临床主要表现为胃肠炎型、伤寒型、败血症型和局部感染。家畜和家禽临床表现多为败血症和肠炎，可使怀孕母畜发生流产，严重的可影响幼畜发育。该病是所有普通级实验动物应排除的一种疾病，肠炎沙门氏菌和鼠伤寒沙门氏菌是实验动物感染中最常见的菌型。

（二）病原特性

1. 生物学特征

沙门氏菌在分类上属肠杆菌科（Enterobacteriaceae）、沙门氏菌属（*Salmonella*）。

沙门氏菌为革兰氏阴性菌，菌体大小为（0.4 ~ 0.6）μm×（1 ~ 3）μm，不形成荚膜芽孢。两端钝圆，大多为周身鞭毛（除鸡白痢沙门氏菌和鸡伤寒沙门氏菌外），有运动性。

2. 培养特性

需氧或兼性厌氧，营养要求不高，普通琼脂培养基中能够生长良好，加入血清葡萄糖胱氨酸和甘油等有利于细菌生长。在普通培养基上形成表面光滑、边缘整齐、半透明、微隆起的中等大小菌落。在血琼脂培养基上，形成灰白色、不溶血菌落。

3. 理化特性

沙门氏菌在自然环境中生活力强，在水、牛奶和肉类食物中可存活数周至数月，在粪便中可存活 1 ~ 10 个月。耐低温，冰冻环境中可存活数月。对光、热、干燥及化学消毒剂敏感，55℃加热 1h 或 60℃加热 15 ~ 30min 可被杀死，常用消毒剂和消毒方法均能达到消毒目的。

（三）病因及发病机制

1. 传染源

沙门氏菌栖居于多种动物的肠道，属于肠道菌，常见于许多环境水源中，是下水道的污染菌，通常与经食物传染的疾病暴发有关。受感染的家禽和家畜、受感染的鼠类和其他野生动物，以及人类带菌者，都可作为传染源。

2. 传播途径

沙门氏菌主要经消化道或结膜感染，野鼠是本病的主要传染源。传播途径包括食物传播、水传播，以及直接接触或通过污染用具传播，其中食物传播是感染沙门氏菌的主要途径。

3. 易感宿主

实验动物的沙门氏菌病主要发生于小鼠、大鼠和豚鼠，以肠炎、败血症为特征，幼龄动物较成年动物更为敏感。

4. 发病机制

沙门氏菌在感染细胞时，菌毛的黏附作用是细菌侵袭力的一个因素，侵入小肠黏膜上皮细胞后，穿过上皮细胞到达上皮下组织。细菌虽然被细胞吞噬，但不被杀灭，在其中继续生长繁殖，并释放内毒素，引起机体发热、白细胞减少。产生的内毒素量多时，可发生中毒性休克，激活补体系统释放趋化因子，吸引粒细胞，进而导致肠道局部炎症反应。有些沙门氏菌还可产生肠毒素，性质类似大肠杆菌的肠毒素。

（四）临床表现

1. 实验动物的临床表现

小鼠和豚鼠感染沙门氏菌的临床症状有三种类型：急性感染型、亚急性型和隐性感染型。

1）急性感染型：呈暴发性，往往无任何临床症状动物就大批死亡。

2）亚急性型：食欲、饮欲减退甚至废绝，被毛蓬乱无光泽，眼睑黏合、眼结膜发炎；腹泻，粪便黄绿色、味恶臭，呈泡沫状黏液，通常腹部膨大，手弹有明显鼓音。

3）隐性感染型：豚鼠表现为食欲下降、体重减轻的轻微症状。

2. 人的临床表现

人常见的临床表现主要为胃肠炎，类似伤寒症状，主要为呕吐、腹痛、腹泻、恶心和发热，并伴有厌食。严重患者可出现败血症，退热后出现不止一个局部化脓性病灶。潜伏期长短与感染细菌的数量、菌株致病力强弱及临床类型有关。

（五）病理特征

1. 大体解剖

剖检可见急性感染型豚鼠死亡病例的淋巴结、肝和脾有灶性坏死，并淤血肿大；肠内充有液体和气体，也可见灶性坏死及淤血肿大。亚急性型经过病例肠、肝充血肿大，脾大，有明显黄色坏死灶，回肠肠系膜淋巴结肿大突起。

2. 镜下观察

镜下可见急性病例的肠黏膜上皮坏死、出血，固有层组织充血，有中性粒细胞浸润。亚急性经过病例的肝细胞坏死，且坏死灶和肝窦内有单核细胞、淋巴细胞和浆细胞浸润，并形成肉芽肿。

（六）诊断

1. 动物的诊断

根据病理特征、临床症状和流行病学可做出初步诊断，确认需要依靠病原学检查。主要是病料采集、细菌培养及理化特性鉴定、血清型鉴定等。酶联免疫吸附试验（ELISA）和单克隆抗体技术近年来已用于本病的快速诊断。

2. 人的诊断

根据临床经过、流行病学及免疫学检查结果做出临床诊断，确诊以检出致病菌为依据。

（七）鉴别诊断

沙门氏菌病需要和泰泽氏菌病、假单胞菌病、棒状杆菌病和巴斯德菌病等细菌性疾病进行鉴别，还要和引起呼吸道疾病的病毒性疾病相鉴别。

（八）治疗

沙门氏菌对四环素、强力霉素、青霉素、氨苄西林和磺胺类药物（复方新诺明）不敏感，耐药率较高；对头孢类抗菌药物敏感，有效率高达85%以上，故临床用药应首选头孢类抗生素。

一般鼠群感染沙门氏菌病，很难彻底排除，需全群淘汰，重新引种。也可利用体外受精和剖宫产手术等技术建立不感染沙门氏菌的鼠群。

（九）预防

1. 动物的预防措施

预防动物感染的主要措施是加强饲料管理，保持饲料和饮水的清洁卫生。严格检疫，通过检疫淘汰带菌畜禽，防止引进感染或带菌畜禽，一旦发现病畜禽应严格隔离。

对于实验动物，饲料和垫料作为可能的传染源应严格检查和管理，严防饲料、垫料和饮水被污染，加强饲养管理，严格管控饲料、饮水、笼具、垫料的消毒灭菌，饲养室定期消毒。定期进行微生物检测，对实验动物饲养管理人员进行筛选，防止由被感染的工作人员传给实验动物。

2. 人的预防措施

对于人的预防措施，主要包括：控制传染源、切断传播途径、提高人体免疫力。其中，切断传播途径即防止食物和水被病原污染，是预防本病的关键性措施。

三、炭疽芽孢杆菌病

（一）基本概念

炭疽芽孢杆菌病（anthrax）是由炭疽芽孢杆菌（*Bacillus anthracis*）引起的人与动物共患的急性烈性传染病。食草大家畜易感，动物发病急、突然死亡，并伴有自然孔出血。实验动物对炭疽人工感染都相对敏感，人对炭疽芽孢杆菌中等敏感。

（二）病原特性

1. 生物学特征

炭疽芽孢杆菌，属于芽孢杆菌科、芽孢杆菌属（*Bacillus*）的第Ⅰ群细菌。

炭疽芽孢杆菌为革兰氏阳性菌，菌体较大，长 4～10μm、宽 1～3μm，是致病菌中最大的革兰氏阳性杆菌。两端平截或凹陷，菌体粗大，呈竹节状排列成链，无鞭毛，不运动，特定条件下能形成荚膜和芽孢。

2. 培养特性

需氧和兼性需氧，菌落形态有粗糙型和光滑型两种。在普通琼脂平板上长成表面扁平粗糙、灰白不透明、无光泽、边缘不整齐的菌落，低倍镜下呈卷发状。孵育于 CO_2 环境下，菌落光滑而黏稠。在一定浓度青霉素作用下，菌体形态发生肿胀，呈均匀链状串珠，称为“串珠反应”，是炭疽芽孢杆菌特有的反应，对该菌有鉴别意义。培养于鲜血琼脂或血清琼脂培养基并供给含 10%～20% CO_2 的空气时，形成明显荚膜，荚膜形成是炭疽芽孢杆菌的毒性特征。

3. 理化特性

炭疽芽孢杆菌繁殖体对外界理化因素抵抗力不强，而芽孢抵抗力很强。繁殖体易被一般消毒剂杀灭，常规消毒方法即可灭活，56℃加热 2h、60℃加热 15min、75℃加热 1min 即可杀灭。炭疽芽孢在干燥的室温环境中可存活若干年，在动物尸体和土壤中可存活数年。120℃高压蒸汽灭菌 10min 或 140℃干热 2～3h 可将芽孢杀死。芽孢对碘特别敏感，1∶2500 碘液 10min 可将其杀灭。3%过氧化氢处理 1h，0.5%过氧乙酸处理 10min，20%漂白粉和 20%石灰乳浸泡 2 天也可将炭疽芽孢杀死。

（三）病因及发病机制

1. 传染源

患病动物及其尸体是炭疽主要传染源。细菌大量存在于感染动物的脏器中，其排泄物、分泌物，特别是濒死动物天然孔流出的血液，容易造成污染，如不及时处理则可形成长久疫源地。炭疽患者也是传染来源，但直接人对人的接触传播极罕见。被污染的环境中形成的气溶胶和尘埃、恐怖分子释放的炭疽芽孢，也可成为重要的传染源。

2. 传播途径

炭疽的传播媒介包括人、以食草动物为主的动物，以及被炭疽芽孢杆菌污染的用品、饲料、饮水、土壤和空气等，属于自然疫源性传染病。主要通过皮肤、吸入和食入三种传播途径发生感染。皮肤感染是指通过皮肤伤口感染；吸入性感染是指通过呼吸道感染，吸入含有炭疽芽孢杆菌的气溶胶或尘埃；食入性感染主要指通过消化道感染，包括接触被炭疽芽孢杆菌污染的土壤、饮水和饲料等。除以上三种主要传播途径外，昆虫叮咬发病病例也有报道。

3. 易感宿主

各种动物对炭疽芽孢杆菌均有不同程度的易感性，人对炭疽的易感性主要取决于接触机会多少，无种族、性别及年龄差异，各年龄人群均可感染发病。实验动物中除大鼠有抵抗力外，小鼠、豚鼠、兔、猴对炭疽杆菌均易感。

4. 发病机制

炭疽芽孢侵入机体后发芽成繁殖体，然后细菌繁殖产生大量致死性毒力因子，引起动物和人发病和死亡。

炭疽芽孢杆菌的致病性毒力因子主要是荚膜和炭疽毒素。炭疽荚膜是细菌的侵袭因子，抗吞噬，利于细菌生长和扩散；免疫原性弱，有助于细菌逃避宿主的免疫防御。炭疽毒素包括保护性抗原（PA）、水肿因子（EF）和致死因子（LF），这三种蛋白单独均无致病性，当 PA 与 EF、LF 分别组装成水肿毒素 ET 和致死毒素 LT 后，ET 和 LT 显致病性。表现为 PA 与靶细胞受体结合，具有穿膜功能，将 EF 或 LF 转运并释放到细胞内，EF 和 LF 发挥酶活性引起细胞死亡。

（四）临床表现

1. 动物的临床表现

动物炭疽临床表现为三种类型：最急性型、急性型，以及亚急性型或慢性型。

1）最急性型：无症状死亡，死亡后血液凝固不良，自然孔出血，尸僵不全。常见于反刍动物。

2）急性型：感染部位不同则表现不同。常见于马。

3）亚急性型或慢性型：发热性咽炎，伴有喉部、耳下部及附近淋巴结肿胀。常见于猪、犬和猫。猪对炭疽芽孢杆菌抵抗力较强，不少病例临床症状不明显，只在屠宰后发现病变。犬可见面颊部或足部生有炭疽痈。

2. 人的临床表现

人炭疽根据感染途径可分为皮肤炭疽、肺炭疽和肠炭疽，最后均可能发展为系统性致死感染。

1）皮肤炭疽：最常见。病菌从体表伤口进入体内，在入侵处形成水疖、水疱、脓疱，最后在中央部形成炭黑色坏死痂，"炭疽"由此得名。患者高热、寒战，轻者 2～3 周自愈，重者可引起败血症死亡。

2）肺炭疽：最危险。吸入炭疽芽孢所致。起病急骤，病初似感冒，缓解后会再突然起病，病情大多危重，不及时救治会发展为严重支气管肺炎及全身中毒症状，可在 2～3 天内死于中毒性休克。多见于皮毛工人。

3）肠炭疽：食入病兽肉制品所致。发热、腹痛、连续呕吐、便血和肠麻痹，救治不及时可在 2～3 天内死于毒血症。

（五）病理特征

为防止该病扩散及尸体内炭疽芽孢杆菌暴露于空气中极易形成芽孢从而造成疫源地和对操作者的危害，一般严禁作常规剖检。若必须剖检，只限于有解剖设备并能焚烧的场所或者在埋葬坑旁进行。最急性死亡的病牛通常看不到明显的肉眼变化。急性死亡的病牛，主要为内脏器官和肌肉出血，皮下、浆膜下、咽喉及肾周围等结缔组织发生胶样浸润和出血，脾脏肿大数倍，充满煤焦油样脾髓和出血；全身淋巴结肿大、出血；肠黏膜和淋巴滤泡有出血、溃疡和出血性坏死。尸体迅速腐败膨胀，血液凝固不良。慢性病牛颌下淋巴结肿胀、硬结，断面呈砖红色，有小的坏死灶。

（六）诊断

1. 动物的临床诊断

根据临床症状结合流行病学，可做出初步诊断。实验动物自然感染概率较低，一般表现为急性死亡，大多与人工感染途径相关。确诊需进一步做实验室诊断，包括病料采集、病原检查和血清学检查。其中病原检查有噬菌体敏感性试验、串珠试验、Ascoli 试验、间接免疫荧光检测试验及 PCR 检测等方法，血清学检查有琼脂扩散试验、补体结合试验、酶联免疫吸附试验等方法。

2. 人的临床诊断

若无明确流行病学资料，如接触史等，胃肠炭疽和肺炭疽较难诊断，且均能较快发展为系统性感染，治疗不及时会死亡。皮肤炭疽具有一定特征性，诊断较容易。

人炭疽的实验室诊断包括血常规检查、病原检查及血清学检查。

（七）鉴别诊断

炭疽感染的动物一般快速死亡无显著症状，因此需要与其他可引起动物快速死亡的疾病相鉴别，如胃胀气、肠毒血症、恶性水肿、黑腿病、黑死症等病症。

（八）治疗

炭疽芽孢杆菌对多种抗生素敏感，如青霉素、先锋霉素、链霉素、环丙沙星、卡那霉素等。目前治疗主要以青霉素为主。抗生素治疗有一定的局限性，虽然能够抑制炭疽芽孢杆菌感染，但只在感染初期使用才发挥作用。而且抗生素只能杀死组织内部分细菌和芽孢，对炭疽毒素不起作用，不能抵抗细菌和芽孢在体内产生的毒素。

（九）预防

炭疽芽孢具有顽强的生存力，在外环境中存活时间长，难清除杀灭。其独特的生物学特性是导致炭疽长期流行的自然因素，因此疫区处理是预防疫情、防止后患的最根本措施。消除隐患，规范炭疽疫区处理，应做到以下几点。

1）菌苗接种、病例隔离、病畜扑杀、疫点消毒，完全消除疫源地。

2）按照无害化要求，化学与物理方法相结合。病死人畜尸骨残骸、被污染的粪便和饲料等，焚烧处理，掩埋点泥土漂白粉消毒；不宜焚烧物品用含碱 2%的开水煮 30min 以上清水洗净，或 121℃高压蒸汽消毒 30min；污染场地和周围环境可用福尔马林多次喷洒消毒。

3）加强炭疽防治知识宣传，减少人间发病。发现炭疽病例及时上报，尽早隔离治疗，尽早采取控制措施，防止疫情扩大。

实验动物感染炭疽概率相对较低，危害较低，但疫区需避免炭疽芽孢污染实验室动物设施、饲料、饮水等。

四、鼠疫

（一）基本概念

鼠疫是由鼠疫耶尔森氏菌引起的一种人兽共患烈性传染病。此病是原发于啮齿动物的典型自然疫源性疾病，一般先在鼠间流行，然后波及到人，引起人间流行，传染性强，病死率高，易酿成大流行，是我国法定的甲类传染病。临床表现为高热、淋巴结肿痛、出血倾向、肺部特殊炎症等，主要累及皮肤和淋巴结，其次为败血症、肺炎、脑膜炎。

（二）病原特性

1. 生物学特征

鼠疫耶尔森氏菌（*Yersinia pestis*）属肠杆菌科、耶尔森氏菌属（*Yersinia*），俗称鼠疫杆菌，是鼠疫的病原菌。

鼠疫耶尔森氏菌为革兰氏阴性菌，大小为（0.5 ~ 0.8）μm×（1 ~ 3）μm，多形性，无鞭毛、不运动。小杆菌、无芽孢、有荚膜。

2. 培养特性

兼性需氧，最适生长温度为 28℃，最适 pH 为 7.2 ~ 7.4。菌落较其他肠道杆菌细小，灰色，中央黄褐色，边缘薄而透明、锯齿状花边。普通培养基上生长缓慢，需培养 72h 以上，加入血清、血液或酵母汁可促进生长。血琼脂上培养无溶血现象，鼠疫耶尔森氏菌检测基础培养基常用赫氏培养基。

3. 理化特征

此菌抵抗力较弱，对光、热、干燥和消毒剂均敏感，日晒和常用消毒剂均可被杀灭。日光直射 4 ~ 5h、煮沸 1 ~ 2min、55℃加热 15min 均可杀灭该菌。耐低温，耐反复冷冻，4℃时仍能繁殖。

（三）病因及发病机制

1. 传染源

鼠间鼠疫的传染源即储存宿主，包括野鼠、地鼠、猫、狐狸、狼、豹等，以黄鼠和旱獭属动物最重要。人间鼠疫的传染源包括染鼠疫的动物和鼠疫患者。

2. 传播途径

鼠疫通过疫蚤叮咬和接触染疫动物及污染物传播。主要传播途径有 4 种：跳蚤叮咬传播、接触传播、呼吸道传播和消化道传播。

跳蚤叮咬传播主要是指鼠蚤吮吸病鼠血液后感染细菌，再附人体吸血时，使菌侵入人体，造成人感染鼠疫。此种“鼠→蚤→人”的方式是人鼠疫的主要传播方式。接触传播是指接触含菌蚤粪，含菌动物的皮、肉，以及患者的痰液、脓液时，直接经皮肤黏膜伤口感染。呼吸道传播是指患者痰中的病菌，以飞沫、气溶胶或带菌尘土形式传播，形成人与人之间的传播方式，可造成人间肺鼠疫大流行。消化道传播是指食用带菌野生啮齿类动物肉造成的感染患病。

3. 易感宿主

鼠疫耶尔森氏菌（鼠疫菌）自然宿主主要为啮齿类动物，野生食肉动物也可感染，但除了猫科，其他动物很少出现症状。家畜中骆驼易发生感染。实验动物中用于鼠疫研究的动物模型有小鼠、大鼠、豚鼠、雪貂及各种啮齿类动物。所有品系的小鼠对鼠疫耶尔森氏菌均高度易感。人群对鼠疫普遍易感，不分种族、性别和年龄。

4. 发病机制

跳蚤类通过叮咬感染宿主，鼠疫耶尔森氏菌进入机体，附近淋巴组织中的巨噬细胞和单核细胞可将其吞噬，单核细胞能很快杀死所吞噬的鼠疫耶尔森氏菌，而鼠疫耶尔森氏菌在巨噬细胞中却能继续生存并快速繁殖，导致淋巴结发炎肿大。巨噬细胞裂解后鼠疫耶尔森氏菌释放到胞外，具有更强的抗宿主免疫细胞吞噬、杀伤的能力，随血流扩散，进而引起败血症和继发性肺炎。

（四）临床表现

1. 动物的临床表现

小鼠：体温升高，精神萎靡，饮食急剧减少，身体蜷曲，不活动。病程 3 ~ 5 天，死亡率最高可达 100%。

2. 人的临床表现

人患鼠疫的潜伏期很短，多数为 2 ~ 3 天。起病急，高热寒战，体温迅速升高达到 39 ~ 40℃。剧烈头痛，恶心、呕吐，心律不齐，血压下降，呼吸急促，皮肤黏膜先有出血斑，继而大片出血及伴有黑便、血尿。

1）腺鼠疫：淋巴结肿大、坚硬，与周围组织粘连、不活动、剧痛。多发生在腹股沟淋巴结，其次为腋下、颈部，以急性淋巴结炎为特征。

2）肺鼠疫：全身中毒症状，以呼吸道感染症状为主，包括咳痰、咯血，呼吸困难，四肢及全身发绀，继而呼吸衰竭死亡。死亡率极高，可造成人间空气飞沫传播，是引起人群暴发流行鼠疫的最危险因素。

3）败血症型鼠疫：中度全身中毒症状，伴有恐惧感，治疗不及时会迅速死亡。

（五）病理特征

小鼠剖检可见皮下充血，蹊部淋巴结肿大且与周围组织粘连，局部有化脓灶。肝脏呈紫褐色、充血、肿大，表面有点状坏死灶。脾脏明显变硬、充血、肿大。肺脏呈暗红色、充血、肿大。

（六）诊断

依据动物和人的临床症状可做出初步诊断，确诊需要进行实验室诊断。实验室诊断包括分离培养、显微镜检查、噬菌体裂解试验、动物接种实验、血凝试验、酶联免疫吸附试验（ELISA）、间接免疫荧光检测试验等。

（七）鉴别诊断

此病应与巴斯德菌肺炎和土拉弗朗西斯菌肺炎相鉴别，还应与炭疽病、钩端螺旋体病及其他严重的淋巴结炎、肺炎、败血症相鉴别。

（八）治疗

鼠疫耶尔森氏菌感染早期应足量使用抗菌药物治疗，氨基糖苷类及磺胺类药物均有效。淋巴结肿大即腺鼠疫可选用链霉素注射给药。使用抗菌药后，腺鼠疫死亡率可由 20% ~ 70%降至 5%左右，肺型、败血症等鼠疫患者在未接受特殊治疗时，基本全部死亡，但若期发现，积极治疗，多数可治愈。

（九）预防

1）健康教育，掌握预防鼠疫的知识。
2）发现病患，立即隔离并治疗。
3）免疫接种。

五、布鲁氏菌病

（一）基本概念

布鲁氏菌病简称布病，又名“波状热”，是由布鲁氏菌引起的多种动物感染的人兽共患传染病，以家畜感染为主，以家畜和野生动物流产为主要特征，对人体健康和畜牧业生产有极大危害。布鲁氏菌病原微生物的活菌操作需在三级生物安全实验室（BSL-3）中进行。

（二）病原特性

1. 生物学特征

布鲁氏菌属（*Brucella*）在分类上属于布鲁氏菌科（Brucellaceae），由牛种布鲁氏菌（*B. abortus*）、羊种布鲁氏菌（*B. melitensis*）、绵羊布鲁氏菌（*B. ovis*）、猪布鲁氏菌（*B. suis*）、犬布鲁氏菌（*B. canis*）及沙林鼠布鲁氏菌（*B. neotomae*）6 个菌种组成。

布鲁氏菌为革兰氏阴性菌，菌体大小为（0.5 ~ 0.7）μm×（0.6 ~ 1.5）μm，不形成芽孢和荚膜，有毒力的菌株可带有荚膜。球状或球杆状，呈细沙样排列，无鞭毛，不运动。

2. 培养特性

需氧，对营养需求较苛刻，培养的最大特性是生长缓慢，血培养时间推荐 5 ~ 7 天或更长，否则可能造成漏检。血平板上培养，初时可见微小、灰白色、针尖状菌落，后可稍增大并渐浑浊，圆形，突起，边缘整齐，培养久后能产生草绿色色素，似草绿色链球菌，不溶血。布鲁氏菌有易变异的特点，在不同环境因素下，菌落可呈光滑型和粗糙型两种形态。这些影响因素包括培养时间、酸碱度、射线照射、培养基情况、抗生素使用等。

3. 理化特性

布鲁氏菌在自然条件下生活能力较强，但对日光直射和干燥条件抵抗力较弱。在腐败的尸体中很快死亡，在病畜分泌物、排泄物中能生存 4 个月左右。对低温抵抗力较强，冰冻状态下可存活数月。本菌对各种物理和化学因子比较敏感，70℃加热 10min 可杀死，75%乙醇持续作用 15min 能完全杀灭，在生物安全柜内，紫外线照射 15min 能有效杀灭布鲁氏菌。

（三）病因及发病机制

1. 传染源

带菌动物和病畜，特别是流产母畜是最危险的传染源。病畜乳汁、粪便及尿液中排出的病原菌会污染草场、饮水、饲料等，致使病原菌扩散。患病母畜流产时，流产胎儿、子宫分泌物等会携带大量病菌，是最危险的传染源。人与人间的传播目前没有报道。布鲁氏菌具有自然疫源性，发生过布鲁氏菌病的地区，病原菌可能在自然界中长期存在，如未能彻底清除，则会引发疫情。

2. 传播途径

布鲁氏菌主要由消化道感染，也可经过呼吸道、皮肤伤口、眼结膜、生殖器黏膜感染健康动物。配种导致的生殖系统黏膜感染较为常见。消化道感染主要是食用被病菌污染的食品、饮水等感染。呼吸道感染主要是经过气溶胶发生感染。用手帮助患病母畜分娩产仔时，病菌可由擦伤皮肤进入体内造成感染。接触带菌病料或污染物时，病原菌也可经由皮肤伤口或眼结膜感染。

3. 易感宿主

多种家禽、家畜和野生动物都是布鲁氏菌的自然宿主，目前已知的有 60 多种，其中可长期携带的易感动物包括绵羊、山羊、牛、马、羚羊、鹿、骆驼、啮齿类动物、犬、猪、兔、类人猿和人等，羊、牛和猪是布鲁氏菌的主要宿主。

实验动物中豚鼠对布鲁氏菌最易感，是研究布鲁氏菌病的最佳实验动物模型。此外，小鼠和兔等也可感染。

人群的易感性主要根据接触密切情况而定。

4. 发病机制

布鲁氏菌表面无鞭毛和荚膜，不含质粒，不存在毒力岛、菌毛、纤毛、黏附素及毒素等典型的毒力因子，对其毒力研究较为困难。目前研究显示，布鲁氏菌 S 型毒力明显高于 R 型，R 型表面缺乏脂多糖，这表明布鲁氏菌的毒力与外膜成分中脂多糖蛋白复合物有关。此外，还有研究表明，布鲁氏菌中存在的包括过氧化氢酶在内的十几种酶也与其致病力相关。

（四）临床表现

1. 动物的临床表现

布鲁氏菌病的潜伏期长短不一，短的可在半月内发病，长的可达半年、一年甚至几年，还可能终生潜伏体内不发病。患病动物临床最明显的表现是流产。流产前患病动物精神不振、食欲下降、喜饮水、体温升高，阴户、乳房肿大，阴道流出黏性分泌物，呈灰色或灰白色，流产多发生在妊娠中后期。流产产出弱胎或死胎，产后多胎衣滞留不下，阴门流出红褐色恶臭液体，引发子宫炎，有的经久不愈，屡配不孕。患病公畜常发生睾丸炎，睾丸肿胀、硬固，有热痛，病程长，后期睾丸萎缩，失去配种能力。有些患畜还可发生关节炎及水肿，表现跛行，有些可见眼结膜炎、腱鞘炎、滑液囊炎。

2. 人的临床表现

人感染布鲁氏菌的潜伏期可由最短 3 天到最长 1 年，一般为 2 周，具体与侵入机体病菌的菌型、菌量、毒力及机体抵抗力等有关。典型病例呈波浪状热型，热程 2～3 周，间歇数日至 2 周，再发热，数次反复，多伴畏寒、寒战。多汗为突出症状之一，凌晨或夜间退热时大汗淋漓，盛汗后多感觉软弱无力，甚至可因大汗虚脱。汗味酸臭。发热同时伴有关节痛，主要累及髋、肩、膝等大关节，单个或多个，多呈游走性。泌尿生殖系统病症患者，男性多表现为单侧睾丸炎，女性有乳房肿痛、子宫内膜炎及卵巢炎。神经系统症状表现为神经炎、神经根炎、脑脊髓膜炎等。相对稳定型的慢性期患者症状较固定，功能障碍仅因气候变化、劳累过度才加重，但久病后营养不良、贫血、体力衰竭。

（五）病理特征

1. 大体解剖

患病母畜胎膜水肿、有出血点或严重充血，子宫黏膜有化脓性炎症及脓肿病变，出现输卵管炎、卵巢炎或乳腺炎。公畜睾丸和附睾肿大，出现脓肿和坏死病灶，精囊中常有出血点和坏死病灶。

2. 镜下观察

病灶的病例变化主要有 3 种。

1）渗出变性坏死改变，即肝、脾、淋巴结、心脏、肾等的浆液性炎性渗出，并夹杂少许细胞坏死。

2）淋巴细胞、单核吞噬细胞的增生性改变。早期尤为明显，常呈弥散性，稍后常伴纤维细胞增殖。

3）肉芽肿形成，即病灶内可见由上皮样细胞、巨噬细胞、淋巴细胞及浆细胞组成的肉芽肿。进一步可发生纤维化，最后造成组织器官硬化。

以上 3 种病理变化可循急性期到慢性期依次交替发生和发展。

（六）诊断

1. 动物的临床诊断

动物的临床诊断主要依据为母畜流产、胎盘滞留，公畜睾丸炎、关节炎和腱鞘炎等，但不具有确诊意义。

2. 人的临床诊断

人的临床诊断主要根据波状热或长期低热、多汗、乏力、关节痛、睾丸炎及附睾炎等症状推定，结合发病前患者接触史等流行病学资料初步诊断，确诊依靠实验室诊断。

3. 实验室诊断

实验室诊断主要包括细菌分离、血清学检测和分子生物学检测。

血清学检测方法包括：血清凝集试验、补体结合试验、全乳环状试验、酶联免疫吸附（ELISA）试验、荧光偏振试验、变态反应试验等。分子生物学检测中 16S rRNA 全菌杂交技术对布鲁氏菌检测和鉴定非常有价值。此外，还有 PCR 检测和指纹试验等检测方法。

（七）治疗

抗生素治疗及对症治疗。

（八）预防

对动物布鲁氏菌病的防控措施，应以检疫、淘汰病畜及免疫病畜为主，结合因地制宜和分类管理等措施。

人感染布鲁氏菌病的主要传染源是患病动物，所以人间布鲁氏菌病的预防与消灭，有赖于动物布鲁氏菌病的预防和消灭。要注意职业性感染，可使用疫苗免疫进行预防。

六、结核分枝杆菌病

（一）基本概念

结核分枝杆菌病是与实验动物有关的一种重要的人畜共患病，由结核分枝杆菌复合菌群中的抗酸性杆菌，包括结核分枝杆菌（*Mycobacterium tuberculosis*）、禽分枝杆菌（*M. avium*）和牛分枝杆菌（*M. bovis*）引起的，侵犯全身各器官，特征为多种组织器官形成结节性肉芽肿和干酪样、钙化结节病灶，可引发多系统疾病，以肺结核最为多见。

（二）病原特性

1. 生物学特征

结核分枝杆菌病病原包括结核分枝杆菌、禽分枝杆菌、牛分枝杆菌，分类上为放线菌目、分枝杆菌科（Mycobacteriaceae）、分枝杆菌属（*Mycobacterium*），该属是革兰氏阳性抗酸菌的代表，包括结核分枝杆菌复合菌群的各菌种及 80 多种致病型。

结核分枝杆菌为革兰氏阳性菌，大小为（1 ~ 4）μm×0.4μm，无鞭毛，无芽孢，细长略弯曲，呈单个或分枝状排列。

2. 培养特性

专性需氧，由于其细胞壁脂质含量较高，影响营养物质吸收，生长较缓慢。接种培养 3 ~ 4 周后才出现肉眼可见的菌落，每分裂一代所需时间，一般培养基中为 18 ~ 24h，营养丰富时只需 5h。最适生长温度为 37℃，最适 pH 为 6.5 ~ 6.8。在固体培养基上，菌落干燥、坚硬、表面呈颗粒状、乳酪色或黄色，形似菜花。在液体培养基上，呈粗糙皱纹状菌膜生长。在液体培养基中加入水溶性脂肪酸，可降低细菌表面的疏水性，使其生长均匀分散，有利于药物敏感试验。初次分离结核分枝杆菌需要营养丰富的培养基，常用的培养基为含蛋黄、甘油、马铃薯、无机盐和孔雀绿等的罗氏固体培养基。

3. 理化特性

结核分枝杆菌富含蜡脂和类脂，对外界环境抵抗力较强。在干痰中能存活 6 ~ 8 个月，在污水中能保持活力 11 ~ 15 个月，黏附在尘埃中 8 ~ 10 天仍可保持传染性。对酸、碱、消毒剂的耐受力较强，本菌对 4%NaOH、3%HCl 和 6%H_2SO_4 有较强的耐受性。对 5%苯酚敏感。对湿热、紫外线和乙醇溶液抵抗力弱，65℃作用 30min 或 95℃作用 1min，均可杀灭结核分枝杆菌纯培养物。在实验室条件下，10 000mg/L 有效氯、1100mg/L 二氧化氯和 70%乙醇均可在 1min 内杀灭实验标准株结核分枝杆菌。在房间密闭性好、相对湿度为 60%～80%的条件下，可使用 8～10g/m^3 甲醛熏蒸 12h 以上，作为终末消毒。此能有效杀灭空气中和光滑表面上污染的结核分枝杆菌。结核分枝杆菌对链霉素、利福平等抗结核药物容易产生耐药性，耐药菌株常伴有活力和毒力减弱，但对人仍可能有一定的致病性。

（三）病因及发病机制

1. 传染源

患结核分枝杆菌病的患者和动物是该病的传染源，其中开放性结核病患者是主要传染源。结核分枝杆菌病患者排出的气管分泌物、粪便、尿液、乳汁、精液和阴道分泌物等皆可携带病菌，造成饲料、饮水、空气等周围环境的污染。

2. 传播途径

该病主要通过呼吸道和消化道感染，也可通过交配和撕咬感染。呼吸道感染如吸入含病菌的气溶胶或飞沫，消化道感染如食用被病菌污染的饲料和饮水。其中威胁最大的是经呼吸道传播。此外，营养不良、饲养条件差、与患病动物同舍等都可促使该病发生。

3. 易感宿主

结核分枝杆菌的自然宿主数量众多，包括人在内的哺乳动物如牛、羊、猪、鹿、犬、猫等家养动物，野生动物如野猪、野牛、猴等，还能感染 20 多种禽类。

实验动物中豚鼠对结核分枝杆菌高度敏感，小鼠、兔、猴对结核分枝杆菌复合群也易感，实验研究中应用较多。

人群易感情况与人和病原接触情况有关。

4. 发病机制

目前，结核分枝杆菌的发病原因和机制尚不十分清楚。较为公认的是与其在组织细胞内大量繁殖引起炎症反应有关，还与菌体、细胞壁成分、代谢物质的毒性和机体产生抗结核免疫反应等有关。虽然研究发现了大量相关的致病物质，已经报道的有：胞壁中富含的糖脂、分泌的类似李氏杆菌溶血素的物质、胞壁中的脂阿拉伯甘露聚糖、胞壁中的胞壁酰二肽等，但关键的毒力因子和具体作用机制仍尚不明确，有待进一步研究。

（四）临床表现

1. 动物临床表现

结核病潜伏期为 3～6 周，时间长的可达数月或数年。

临床上以肺结核、乳房结核和肠结核最为常见，通常呈慢性经过。

1）肺结核：长期顽固性干咳，清晨尤明显，易疲劳，逐渐消瘦，严重者呼吸困难。

2）乳房结核：先是乳房淋巴结肿大，继而后方乳腺区发生弥漫性或局限性硬结，表面凹凸不平，无热无痛。乳汁变稀，泌乳量下降，严重时乳腺萎缩，停止分泌乳汁。

3）肠结核：消瘦，下痢与便秘交替出现，粪便常带血或脓汁。

2. 人的临床表现

人感染后潜伏期长短不一，短至几个月，也有 3 ~ 5 年，有的长达 10 ~ 20 年，也有的一直潜伏不发病。

呼吸道症状：咳嗽、咳痰、痰血或咯血。可伴有胸闷、胸痛或呼吸困难。全身症状：低热、盗汗、消瘦、乏力、女性月经不调等。

（五）病理特征

1. 大体解剖

豚鼠、兔、猴与人的大体剖检变化相似，肺脏、乳房和（或）胃肠黏膜等处有特异性白色或黄色结节。结节切面干酪样坏死或钙化，大小不一，有时有坏死组织溶解和软化排出后形成的空洞。胸膜和肺膜可发生密集的结核结节，状似珍珠。除非肺含菌量极高，否则小鼠病变部位结节一般不坏死，而且无干酪样坏死和肺空洞。

2. 镜下观察

肺和淋巴结等病变组织常发生增生性或渗出性炎症。增生性炎症主要是结核分枝杆菌周围集结有类上皮细胞和巨噬细胞，形成特异性肉芽组织，典型者结节中央有干酪样坏死。渗出性炎症是有纤维蛋白和淋巴细胞在组织中弥漫性沉积，继而发生干酪样坏死、化脓或钙化。

（六）诊断

1. 动物临床诊断

该病临床以肺结核、乳房结核和肠结核最为常见，通常呈慢性经过。依据临床特征、病理变化和流行病学特点可做出初步诊断，确诊需做病原分离鉴定或免疫学诊断。

2. 人的临床诊断

人以肺结核最为多见。临床上首先通过询问接触史，同时结合体征检查情况做出初步诊断，最后根据实验室诊断结果确诊。

3. 实验室诊断

实验室诊断主要包括分离鉴定病原菌和其他支持性实验室检查，如痰菌检查、结核菌素试验、胸部 X 射线检查、纤维支气管镜检查等。

（七）鉴别诊断

发病年龄会影响结核病的鉴别诊断：由于儿童免疫反应与成人不同，患儿经常无症状，在绝大多数儿童病例中，结核分枝杆菌培养呈阴性，经常延误诊断。

（八）治疗

实验动物一般不予治疗。人主要有抗菌治疗和化疗两种方式。化疗是目前控制与治疗结核病最有效的手段。

（九）预防

对于结核病主要采取综合性防疫措施，防止传入和扩散，净化实验动物群，培育健康实验动物。常规预防措施包括以下几个方面。

1）严格检验检疫，防止疫病传入和疫情扩大。

2）加强卫生管理，消除病菌传递因素。

3）提高机体抵抗力，注重个人防护。

七、链球菌病

（一）基本概念

链球菌病是由链球菌属内有致病作用的细菌引起的人和动物共患的多型性传染病。链球菌病可引起肺炎、扁桃体炎、丹毒、产褥热、猩红热、菌血症、脑膜炎、泌尿道炎症和关节炎等疾病，是重要的细菌性传染病之一，严重威胁人畜健康。

（二）病原特性

1. 生物学特征

链球菌属（*Streptococcus*）分类上属于乳杆菌目、链球菌科（Streptococcaceae），广泛分布于自然界，分为致病性和非致病性两大类。1933 年兰氏分群法引入链球菌鉴别，将链球菌分为 A、B、C、D、E、F、G、H、K、L、M、N、O、P、Q、R、S、T、U 及 V 群，共 20 个血清群。

链球菌为革兰氏阳性菌，直径 0.5 ~ 2.0μm，不产生芽孢，形态为卵圆形，细胞成对或成链排列，致病性链球菌形成的链一般较非致病菌链长，A、B、C 群菌株多可形成荚膜。除个别 D 群菌株外，其余均无鞭毛。

2. 培养特性

大多数为兼性厌氧，少数为厌氧菌。生长要求复杂，致病菌营养要求较高，普通培养基生长不良，需添加血液、血清、葡萄糖等。在血琼脂平板上培养，呈透明或半透明的灰白色小菌落，表面光滑、圆形、突起，直径 0.1 ~ 1.0μm。生长温度为 25 ~ 45℃，最适温度为 37℃，最适 pH 为 7.4 ~ 7.6。

3. 理化特性

链球菌都能发酵葡萄糖、蔗糖，对其他糖类的利用能力存在菌株差异，利用这点可进行菌种的鉴定。

链球菌对于干燥和热的抵抗力普遍不强，60℃加热 30min、传统煮沸及巴氏灭菌法均可杀死该菌。链球菌对青霉素、金霉素、红霉素、四环素及磺胺类药物均敏感，常规消毒药物作用一段时间通常也能灭活杀死该菌。

（三）病因及发病机制

1. 传染源

链球菌分布广泛，自然界的水、尘埃、动物体表等都可有链球菌存在。健康哺乳动物体内，如消化道、呼吸道，泌尿生殖道黏膜等，也可有链球菌以共栖菌和致病菌方式存在。链球菌广泛存在于人及动物的体内和体表，多为条件致病菌。因此，链球菌的传染来源可以是外环境、污染物、感染动物，也可以是内源性的。

2. 传播途径

链球菌病可通过呼吸道、消化道、血液等途径水平传播，也有垂直传播。与患病动物直接接触，食用被污染的水和食物等都可以引起该病的传播。临床上也有自身体内的共栖菌变为致病菌的情况。

3. 易感宿主

不同种类链球菌自然宿主不同，有些感染动物范围较小，有些可以感染多种动物。例如，肺炎链球菌主要感染人，马链球菌马亚种主要引起马腺疫，停乳链球菌停乳亚种主要感染牛、羊，犬链球菌主要感染犬和猫，而马链球菌兽疫亚种可以感染马、羊、猪、鸡、家兔和小鼠等多种动物。

实验动物中小鼠、大鼠、沙鼠、地鼠、豚鼠、兔、雪貂、犬、猫、猴等均可感染链球菌，但感染的链球菌种类不同。

人群中儿童、免疫力低下人群、危重患者、皮肤黏膜有损伤者是链球菌的易感人群。

4. 发病机制

链球菌的致病性主要由其毒力因子引起，毒力因子主要包括溶血毒素、致热外毒素、链激酶、链道酶、透明质酸酶等。

1）溶血毒素：能溶解红细胞，破坏白细胞，对心肌有较强的毒性作用。

2）致热外毒素：为外毒素，又名红疹毒素，可导致红疹。

3）链激酶：为溶纤维蛋白酶，是一种激酶，能将血浆蛋白酶原激活为血浆蛋白酶，即阻止血浆凝固或溶解血块，有利于细菌在组织中的扩散。

4）链道酶：又名脱氧核糖核酸酶。能分解黏稠脓液中的高黏性 DNA，使脓汁稀薄易于扩散感染。

5）透明质酸酶：又称为扩散因子。能分解细胞间质的透明质酸，使病菌易于在组织中扩散。

6）其他毒力因子：如化脓链球菌的 M 抗原、马链球菌兽疫亚种的表面暴露蛋白，都具有抗吞噬的作用。

（四）临床表现

1. 动物的临床表现

链球菌感染的动物没有特异的临床症状，具体因感染部位不同而表现不一。

（1）大鼠

1）化脓链球菌：SD 大鼠表现为精神抑郁萎靡，被毛粗乱，鼻分泌物增多且带有血样，乳晕潮红和发绀、乳腺肿大，仔鼠消瘦，个别有下痢症状，大部分 10～15 日龄死亡。

2）肺炎链球菌：以青年大鼠感染较多，无特异性症状，易发部位为鼻腔和中耳。会出现体重下降、呼吸困难、啰音，拱腰并呈腹式呼吸。

（2）豚鼠

1）肺炎链球菌：被毛蓬乱，精神差，颌下淋巴结发热、红肿。妊娠母豚鼠产前出现呼吸困难，不吃不动，眼、鼻流出浆液性或脓性分泌物，流产、产出畸胎或死胎，产后豚鼠精神不振，逐渐消瘦死亡。

2）马链球菌兽疫亚种：颈部淋巴结炎、尿结石，严重者口鼻和阴道流血。

（3）犬

1）犬链球菌：流产、新生犬败血症、多发性关节炎、坏死性筋膜炎、外耳炎、心内膜炎及毒素休克综合征等。

2）马链球菌兽疫亚种：呼吸道疾病、急性出血性坏死性肺炎、败血症。

3）无乳链球菌：感染表现为高热、鼻出血，眼流出黏液性分泌物。

（4）猫

1）犬链球菌：伤口感染、关节炎、坏死性筋膜炎、肺炎、败血症、链球菌中毒休克综合征、3～6 月龄小猫颈部淋巴结炎。

2）马链球菌兽疫亚种：呼吸系统疾病暴发、咳嗽、分泌大量脓性鼻涕、渐进性的鼻窦炎、呼吸困难和肺炎，最后死亡。

3）肺炎链球菌：可引发败血症和脓毒性关节炎。

2. 人的临床表现

依据感染部位不同表现症状不一，临床表现呈多样化，主要有脓肿、蜂窝组织炎、咽炎、关节炎、肺炎、心内膜炎和败血症等病症。

（五）病理特征

1. 大体解剖

（1）大鼠

1）化脓链球菌：哺乳期发病大鼠剖检可见乳腺肿大，切面外翻且呈淡粉红色，渗出大量黄色或粉红色乳汁，部分可见绿色脓状物，肺表面肿大、淤血。哺乳期仔鼠死亡后，可见肺表面小脓肿、出血及坏死灶等，切面有洋红色脓汁，肠壁变薄，内容物黏液呈粉红色，肠道黏膜可见大量出血点，肠系膜淋巴结肿大，胃底部黏膜有出血点，肾、肝、脾稍肿大。

2）肺炎链球菌：常见化脓性鼻炎和中耳炎，可蔓延至气管末端形成急性气管炎及纤维素性大叶性肺炎。

（2）豚鼠

1）肺炎链球菌：常为伴随纤维素渗出的大叶性肺炎、心外膜炎、胸膜炎，心外膜与心包、肺胸膜与胸腔常粘连。肺呈肝样变，同时见到脓肿性病变。对于急性死亡的病例，有时可看到纤维素性腹膜炎。

2）化脓链球菌：肺炎伴有一侧或两侧肺叶实变，血胸和心包积血，半数以上死亡鼠膀胱内有灰黄色沉淀物。

（3）犬

1）无乳链球菌：心内膜炎，死后剖检肾、脾和心脏可见梗死点，肾脏表面有瘀点，皮下结缔组织、胸膜壁层、胸腔内脂肪和肌肉发红、出血，有心内膜炎血栓及心脏瓣膜赘生物。

2）马链球菌兽疫亚种：呼吸道感染，尸检可见肺出血、血胸、橡皮化实变，肺表面有点状红色暗斑，气管与支气管内充斥大量红色泡沫。

2. 镜下观察

（1）大鼠

组织病理学观察，哺乳期发病大鼠乳腺腺泡、导管和间质内有炎性细胞浸润和炎性渗出液，炎性细胞聚集处有脓肿形成，部分脓肿周围形成结缔组织包裹，可见囊腔结构，部分切片上乳腺腺泡萎缩病变。哺乳期仔鼠肝、脾、肾、肺等主要脏器的H-E染色组织片可见不同程度的炎性病变：小肠组织可见出血、溶血，以及肠上皮细胞变性、脱落、坏死。

（2）犬

无乳链球菌：组织病理学检查中，肝有纤维状的微血栓、中度肾小球肾炎和脑微梗死。

马链球菌兽疫亚种：组织病理学分析显示血性支气管炎，脾、扁桃体和支气管淋巴结处的淋巴耗尽。血管或大脑、肺、肝、脾和肾软组织中出现大量革兰氏阳性球菌。

（六）诊断

可根据临床症状和病例特征进行初步诊断，确诊需进行实验室诊断。实验室诊断首先进行细菌分离，然后染色镜检，如革兰氏染色呈紫色，镜下见单个、成对、短链或呈长链的球菌，即可初步诊断为该病。初步镜检鉴定为链球菌后，确诊还需进行细菌的分离鉴定，用血琼脂平板进行培养，结合菌落特征、纯培养物的生化试验和溶血特性等结果确定到属或种。

（七）鉴别诊断

链球菌病需与其他化脓性传染病相鉴别，包括葡萄球菌病、巴斯德菌病、棒状杆菌病和假单胞菌病。

（八）治疗

抗生素治疗或临床对症治疗。

（九）预防

链球菌感染属于接触式传播，有发病动物出现，及时隔离或清除。平时提高动物饲养管理水平，控制饲养密度，注意群体卫生，增强动物体质，提高抵抗力。

人与发病动物接触时，要防止被动物咬伤，避免直接接触动物的排泄物与分泌物。

八、志贺氏菌病

（一）基本概念

志贺氏菌病（shigellosis）是由志贺氏菌引起的一种严重的人畜共患的肠道传染病，也称细菌性痢疾，简称菌痢。临床表现为起病急、畏寒、高热、腹痛、腹泻及排脓血便等。人和灵长类动物易感，其他动物不易感，主要为细菌感染型腹泻，以结肠黏膜的炎症及溃疡为主要病理变化。

（二）病原特性

1. 生物学特征

志贺氏菌属于肠杆菌科（Enterobacteriaceae）、志贺氏菌属（*Shigella*），也称痢疾杆菌。志贺氏菌为革兰氏阴性菌，无芽孢，无荚膜，无鞭毛，不运动。直杆菌，形态与其他肠杆菌科类似。

2. 培养特性

兼性厌氧，适于需氧生长。在普通培养基上培养 24h 后，除索氏志贺氏菌外，大都长成圆形、边缘整齐、直径 2mm 的透明凸起菌落。索氏志贺氏菌呈 R 型菌落。

3. 理化特性

志贺氏菌体外生存力较强，室温下在各物体中可存活 10 天，在水果、蔬菜上可存活 11～24 天。通常温度越低，保存时间越长。60℃加热 10min 或直射阳光下 30min 可将其杀灭。志贺氏菌对各种消毒剂敏感，0.1%酚液作用 30min 可使细菌死亡，对氯化汞、新洁尔灭、过氧乙酸、石灰乳等也很敏感。

（三）病因及发病机制

1. 传染源

菌痢患者及带菌者都是志贺氏菌病的传染源。猕猴菌痢来源于人，人可将病菌传染给健康猴，使猴带菌或发病，猴再传染给其他猴。带菌猴还可以将病原传染给人。

2. 传播途径

志贺氏菌的传播途径包括消化道传播、接触传播和苍蝇传播。消化道传播是指食用被志贺氏菌污染的食物或饮用被志贺氏菌污染的水，可引起菌痢发生，病菌污染水源可引起菌痢暴发流行。接触传播主要指通过污染的手传播，是非流行季节中散发病理的主要传播途径，包括污染的手抓食品或儿童吸吮污染的手指等。苍蝇传播是指苍蝇粪极易造成食物污染，在人与猴、猴与猴、猴与人相互传染的过程中，苍蝇和蟑螂都是重要的传染媒介。

3. 易感宿主

志贺氏菌是猕猴肠道的主要致病菌。细菌性痢疾是猕猴最常见的一种急性传染病，中国国家标准化管理委员会和中华人民共和国国家质量监督检验检疫总局发布的实验猕猴细菌学检测等级标准中，志贺氏菌被列为一级猕猴必检项目。人群普遍易感。

4. 发病机制

志贺氏菌的致病因素包括侵袭力、内毒素和外毒素。侵袭力是志贺氏菌的主要毒力因子，由于其毒力基因较多，致病过程复杂。内毒素局部作用于肠壁，引起肠壁通透性增加、黏膜炎症和溃疡，或者内毒素作用于全身，引起内毒素血症。外毒素与内毒素协同作用，加重局部和全身症状，并进一步产生神经毒性、细胞毒性和肠毒性。

（四）临床表现

1. 猴的临床表现

1）急性典型菌痢：起病急、呕吐拒食、高热、排脓血便。体温和血压 1 ~ 2 天后下降，并出现明显脱水和循环衰竭。2 ~ 3 天内死亡。

2）急性非典型菌痢：先有水性腹泻，排泄物的黏液量逐渐增加，3 ~ 5 天后排脓血便，及时治疗可治愈。

3）慢性菌痢急性发作：有菌痢史，呈现急性典型菌痢症状。病程短，症状可再治疗后消失，有的自行痊愈。

4）慢性迟缓型：有菌痢史，经常发病，稀糊状或水样粪便。症状消失后排羊粪样硬质粪便。皮毛粗乱、消瘦，预后不良。

2. 人的临床表现

潜伏期为几小时至 7 天，多数为 1 ~ 3 天。临床症状依据轻重可分为轻、中、重型。痢疾志贺氏菌引起的症状较重，主要为发热、腹泻、脓血便持续时间较长，预后大多良好。索氏志贺氏菌痢疾症状较轻，易被漏诊或误诊，儿童发病较多。

（五）病理特征

猴的病理特征可见：盲肠和结肠为出血性结肠炎或化脓性出血性结肠炎。也可呈急性卡他性肠炎的变化，有时可见到溃疡和出血。

（六）诊断

根据症状体征、流行病学史结合实验室检查进行综合诊断，确诊需依赖病原学检查。人和非人灵长类表现急性腹泻，特别是粪便带有血液或黏液时，应考虑是志贺氏菌病。若要确诊则需分离志贺氏菌，粪便培养志贺氏菌属阳性为确认证据。

（七）治疗

主要有对症治疗、病原治疗和中医中药治疗。

（八）预防

注意水源和饮食卫生，谨防病从口入。发现病患及时隔离和消毒，防止疫情蔓延。

九、土拉弗朗西斯菌病

（一）基本概念

土拉弗朗西斯菌病（tularemia）即土拉热，又称兔热病、野兔热等，是由土拉弗朗西斯菌（旧称土拉杆菌）引起的一种急性人兽共患自然疫源性传染病。

（二）病原特性

1. 生物学特征

土拉弗朗西斯菌（*Francisella tularensis*）在分类上属弗朗西斯菌科、弗朗西斯菌属（*Francisella*）。1911 年，Mccoy 和 Chapin 在美国加利福尼亚州的土拉郡首次发现该病。1912 年，在该地区分离出病原菌，命名为土拉杆菌（*Bacterium tularensis*）。1970 年，国际系统细菌分类委员会巴斯德菌属分会将该菌正式命名为土拉弗朗西斯菌。

土拉弗朗西斯菌为革兰氏阴性菌，大小为（0.2 ~ 0.5）μm×（0.7 ~ 1.0）μm，球杆菌，无鞭毛，不运动，不形成芽孢。

2. 培养特性

胞内寄生菌，严格需氧，最适生长温度为 35 ~ 37℃，生长温度为 24 ~ 39℃，20℃以下停止生长，生长需要胱氨酸。

3. 理化特性

土拉弗朗西斯菌对低温有特殊的耐受力，在 0℃水中可存活 9 个月，在 4℃水中可存活 4 个月以上。对外界环境的抵抗力强，在外界存活时间较长。在野兔肉内可存活 3 个月以上，在潮湿的土壤中可生存 4 个月以上，在尸体和皮革中能存活 40 ~ 133 天。对热和普通化学消毒剂均很敏感，各种常用消毒药和 60℃以上温度都能将其快速杀死。对氯的作用较其他肠道细菌敏感，但对氯化钠有较大的耐受力。

（三）病因及发病机制

1. 传染源

土拉弗朗西斯菌病是一种自然疫源性疾病，病原体、宿主和传播媒介在一定条件下可构成自然疫源地。带菌动物和病畜是主要传染源，被污染的饲料和饮水也是传染源。

2. 传播途径

在疫源地内该病主要通过吸血昆虫叮咬传播。吸血昆虫不仅能将病原体传播给健康人和动物，而且长期携带病原菌。另外，病原菌也可以经消化道、呼吸道、损伤的皮肤和黏膜感染。人可因蚊虫叮咬、食用病肉或接触污染源而感染发病。人和人之间不相互传染，近年来猫、犬感染人的病例时有报道。

3. 易感宿主

该病原菌自然宿主很多，哺乳动物、鸟类、爬行动物及鱼类均可感染土拉弗朗西斯菌。野兔及其他啮齿类动物是自然界中的主要易感动物及自然宿主。蜱类和螨类等吸血昆虫可携带该菌。实验动物中小鼠和豚鼠最为敏感，大鼠和家兔也易感。

人普遍易感，不论种族、性别和年龄，患病与否主要取决于接触感染的机会。

4. **发病机制**

土拉弗朗西斯菌目前尚未确定有典型的毒力因子，毒株之间的毒力差异与脂多糖密切相关。

（四）临床表现

1. **动物的临床表现**

以体温升高、麻痹、衰竭和淋巴结肿大为主，不同种类动物和不同病例的症状差异较大。潜伏期通常为 1～9 天，以 1～3 天为多。

兔：病程一般较长，体温升高、鼻腔黏膜发炎、淋巴结肿大，呈高度消瘦和衰竭；急性病例常无明显症状而呈败血症死亡。

绵羊和山羊：妊娠母羊流产、死胎或难产，羔羊腹泻、麻痹、兴奋或昏睡，不久死亡。

猫：表现为急性发热综合征，可引起死亡。

马：表现为急性感染，精神沉郁，共济失调。

牛：症状不明显。

犬：症状类似犬瘟热，表现为体温升高、精神萎顿、呼吸困难、食欲废绝、行动迟缓、体表淋巴结肿大，不久卧地死亡；转换为慢性病例表现为精神沉郁，食欲减退或拒食，粪便带血或黏液。

2. **人的临床表现**

潜伏期为 1～10 天，一般为 3～4 天。大多起病急骤，高热可达 39～40℃或以上，伴寒战及毒血症症状，如出汗、头痛、肌肉酸痛、明显乏力等。未治疗者热程可持续 1～3 周，甚至数月，热型多呈持续型，少数呈弛张型或间歇型。可发生神经错乱和昏迷，最后死亡。该菌入侵途径较多，受侵脏器严重程度也不同，临床表现多样化，包括溃疡腺型、肺型、胃肠型、伤寒型和咽腺型等。

（五）病理特征

土拉弗朗西斯菌经不同途径侵入机体后，在侵入部位繁殖，可见局部炎症、坏死，最后形成原发溃疡病灶，波及深部组织发生干酪坏死。吸入后则在肺部形成支气管，肺部病变可见肺泡的实质性损害与胸膜下坏死灶的融合，并可发生脓肿。随后经淋巴管侵入局部淋巴结，并引起炎性反应，以致淋巴结肿大，可呈局灶性坏死和化脓。该菌在淋巴结内可被吞噬细胞消灭，未被消灭的病原菌则侵入血液循环，引起菌血症。该菌可随血液循环至各器官，肝、脾可能肿大，咽喉、食管、胃、结肠、阑尾、肾、心包、脑及骨髓等大部分器官均可发生肉芽肿，偶可发生化脓或中心坏死，但无出血现象。

（六）诊断

1. **动物的临床诊断**

动物的临床症状通常以体温升高、麻痹、衰竭和淋巴结肿大为主，不同种动物和不同病例症状差异较大。确诊需进行细菌分离鉴定。

2. 人的临床诊断

根据流行病学资料及淋巴结、肝、脾、肾肿大，有坏死结节等病变可以初步诊断。流行病学资料、与野兔的接触史及昆虫叮咬史很重要。确认有赖于细菌的分离或特异性免疫检查的结果。

3. 实验室诊断

实验室诊断包括病原鉴定、血清学试验、皮肤试验、分子生物学检测等。

（七）治疗

土拉弗朗西斯菌对氨基糖苷类、链霉素、四环素类、金霉素等多种抗生素均很敏感。临床以链霉素疗效最好，应用最多。

（八）预防

1）使用疫苗，有针对性地预防接种。

2）注意防护措施，从事饲养及该病研究的人员，应佩戴眼罩、口罩、手套等，避免被蜱、蚊或蚋等吸血昆虫叮咬，防止气溶胶感染，防止染菌用具沾污皮肤或黏膜。

3）引进动物时，应进行隔离观察和血清凝集试验检查。

4）发现患病动物要及时处理，注意消毒彻底。

第二节　对动物健康造成严重危害的细菌性疾病

一、多杀巴斯德菌病

（一）基本概念

多杀巴斯德菌病（pasteurellosis）是由多杀巴斯德菌引起的一种人与动物共患传染病，主要引发动物出血性败血症或传染性肺炎。

（二）病原特性

1. 生物学特征

多杀巴斯德菌（*Pasteurella multocida*）或称多杀巴氏杆菌，属于巴斯德菌科、巴斯德菌属。

本菌为革兰氏阴性菌，长 0.6～2.5μm，宽 0.25～0.6μm，无鞭毛，不运动，不产生芽孢。球杆状或短杆状菌体，两端钝圆，多单个存在，偶见成对排列或形成短链状。

2. 培养特性

需氧及兼性厌氧，最适培养温度为 37℃，最适 pH 为 7.2～7.4。对营养要求较严格，普通培养基上可生长。在含血液成分的培养基上生长良好。在有胆盐的培养基及麦康凯琼脂上不生长。培养基中加入血液、血清、微量血红素、蛋白胨或酪蛋白水解物等可促进生长，不具有溶血性。菌落有黏液型（M 型）、光滑型（S 型）和粗糙型（R 型）三种类型，光滑型菌落表面具有荧光。在普通培养基上，菌落呈细小透明的露滴状。在血清琼脂平板上，菌落边缘整齐、浅灰白色、表面光滑并有荧光，呈露珠样。在血液琼脂平板上，长成湿润而黏稠的水滴样小菌落，周围不溶血。

3. 理化特性

本菌对外界物理和化学因素抵抗力较弱，常用的消毒剂即可快速将其杀死，阳光直射、干燥和加热也可使其迅速死亡。55℃加热 15min、60℃加热 10min 可使其失去活力。在无菌蒸馏水和生理盐水中能迅速自溶。多杀巴斯德菌在浅层土壤中可存活 7～8 天，在粪便中可存活 14 天，在猪肉、肝脏和血液中 37℃保存时，分别可存活 7 天、15 天和 6 个月。

（三）病因及发病机制

1. 传染源

患病动物和带菌动物是多杀巴斯德菌病的传染源，带菌动物包括健康带菌和病愈后带菌。以败血症形式感染的病原菌存在于病畜禽各组织、体液、分泌物及排泄物中，不以败血症形式感染的病原菌仅存在于局部病灶内。部分健康畜禽的上呼吸道和扁桃体带菌，但多弱毒力或无毒力。畜群饲养在不卫生的环境中，由于寒冷、气候剧变、潮湿、饲料突变等诱因，其抵抗力降低，病原菌即可乘机侵入机体，经淋巴液而入血液，发生内源性感染。

人多杀巴斯德菌病的传染源主要是携带病菌的犬、猫等家养宠物和患者，多杀巴斯德菌可在许多动物的鼻咽部和胃肠道繁殖。

2. 传播途径

多杀巴斯德菌病可通过直接接触和间接接触传播。该病多为内源性感染，病畜禽排出毒力增强的病菌而感染健康动物。外源性感染多经消化道、呼吸道，也可经皮肤、黏膜的损伤部位或吸血昆虫叮咬而传播。不同畜禽种间一般情况下不易互相感染。但个别有发现猪多杀巴斯德菌可以传染水牛，水牛和牛之间可以互相传染。水牛往往因饮用病牛饮过的水或饮用有病牛尸体的河水而感染。

人通常在与动物接触时，尤其是被犬、猫咬伤或抓伤后可引起感染。患者的分泌物或排泄物可造成医务人员和其他住院患者的接触感染。人还可由吸入污染的分泌物而感染。

3. 易感宿主

多杀巴斯德菌有广泛的天然宿主，对家畜、禽类、野生动物和人均有致病性。家养和野生的反刍动物、猪、犬、猫、兔、鼠类及鸟类都能自然感染发病，尤以牛、猪、兔、禽更易感染。

实验动物小鼠、家兔和鸽对该菌很敏感，豚鼠、大鼠对该菌有抵抗力。

人群中以老年人和免疫力低下者易感。

4. 发病机制

本菌的致病毒力因子有荚膜、内毒素和质粒。

1）荚膜：荚膜与多杀巴斯德菌侵入宿主体内并繁殖的能力有关。强毒菌株失去产荚膜的能力就会导致毒力的丧失。

2）内毒素：是一种含氮的磷酸脂多糖，有荚膜的强毒菌株和无荚膜的无毒力的菌株之间的差别在于强毒菌株在活体内存活和繁殖达到能够产生足够的内毒素的程度，从而引起病理学的过程。

3）质粒：毒力与所含质粒的数量有关，而质粒的数量与被感染动物的死亡率有关。

（四）临床表现

1. 动物的临床表现

动物发病后呈急性型、亚急性型及慢性型三种类型。急性型：呈败血症变化，浆膜和黏膜下组织血管扩张、破裂、出血等；亚急性型：黏膜及关节部位出血，出现浆膜纤维素性炎症；慢性型：皮下组织、关节、各脏器局限性化脓性炎症。

兔临床表现如下。

1）鼻炎型：有浆液性或黏液脓性鼻漏，鼻部被毛潮湿并缠结，此外，还有打喷嚏、咳嗽、鼻塞音等症状。

2）地方流行性肺炎型：最初食欲不振、精神沉郁、肺实质发生实变却无呼吸困难及肺炎症状，常因败血症迅速死亡。

3）败血型：死亡迅速，通常无临床症状。

4）中耳炎型：又称斜颈病，不是单纯中耳炎症状，是感染扩散到内耳或脑部的结果。严重者饮水、进食困难，体重减轻，可能出现脱水症状。

2. 人的临床表现

因细菌入侵部位不同，人的临床表现各异。常见感染部位有软组织、呼吸道、结膜、头部邻近组织。

动物咬伤和搔伤引起的化脓性创伤感染最常见，感染后分为急性感染型和慢性感染型两种类型。可引起肺部感染、菌血症、脑膜炎、眼部感染、化脓性关节炎、心内膜炎、胸膜炎和尿路感染等。急性型：死亡前几乎无临床症状，以全身性败血症症状为主。慢性型：呼吸道、结膜和头部周围组织有广泛分布的化脓灶。

呼吸道是第二常见感染部位，大部分肺部感染者年龄较大，有基础肺病，疾病谱包括肺炎、气管和支气管炎、脓胸、肺脓肿等，临床症状与其他病原菌引起的呼吸道感染无法区别。

眼部感染发生较少，一旦感染则非常严重。临床表现为眼周脓肿和眶周蜂窝织炎，伴明显疼痛和红肿。

腹膜透析患者可发生多杀巴斯德菌感染性腹膜炎，回访患者均有与家猫的密切接触史。

多杀巴斯德菌还可引起关节炎、类痛风样表现、鼻炎、鼻窦炎、结膜炎、泪囊炎等。

（五）诊断

1. 动物的诊断

从临床症状、病理特征及流行病学特点可做出初步诊断。确诊应进行病原学检查。对多杀巴斯德菌的检验，主要是细菌的分离鉴定，必要时进行血清学定型等。

2. 人的诊断

外周血中白细胞计数明显升高，中性粒细胞比例升高。

3. 实验室诊断

主要包括分离培养、镜检，以及玻片凝集试验等免疫学检测。

（六）鉴别诊断

多杀巴斯德菌病出血性败血症的内脏实质性病变应与脓肿、肉芽肿瘤、瘤变和寄生囊肿等症状相鉴别。

（七）治疗

病畜禽发病初期可用高免血清静脉或肌内注射，效果良好。青霉素、链霉素、四环素族抗生素或磺胺类药物具有一定疗效。若将抗生素与高免血清连用，效果更佳，但对晚期及严重病例则难以奏效。群体治疗时，可将四环素族抗生素混在饮水及饲料中，连用 3 ~ 4 天。

人感染时控制发病的最有效措施是抗菌治疗，常用青霉素、氨苄西林、四环素、链霉素等抗生素，第三代头孢菌素对巴斯德菌有很强的抗菌活性。

（八）预防

带菌健康动物具有一定程度的免疫力。动物患病痊愈后，可获得较强的免疫力。国内外已研制出多种灭活、弱毒菌苗及荚膜亚单位疫苗。该菌的高免多价血清具有良好的紧急预防和治疗作用。

二、魏氏梭菌病

（一）基本概念

魏氏梭菌病是由魏氏梭菌（*Colstridium welchii*）[又名产气荚膜梭菌（*Colstridium perfringens*）]引起的一种畜禽传染病，常引起患病动物猝死症、坏死性肠炎、肠毒血症、气性坏疽等，以患病动物多种器官出血、急性病变和突然死亡为主要特征。

（二）病原特性

1. 生物学特性

魏氏梭菌属于芽孢杆菌科、梭状芽孢杆菌属（*Clostridium*），革兰氏阳性菌，大小为（4 ~ 8）μm×（1 ~ 1.5）μm，有荚膜，无鞭毛，不运动。两端稍钝圆，呈粗杆状，边缘笔直。呈单个菌体或成双排列，很少呈链状。在动物体内形成芽孢是本菌的重要特性。能产生与菌体直径相同的芽孢，位于菌体中央或近端，呈卵圆形，老龄培养物中可呈棒状、球状和丝状等，具有多形性。

2. 培养特性

厌氧菌，对厌氧要求不严格，在低浓度游离氧条件下也可生长。对营养不苛求，在普通培养基上可迅速生长，最适培养温度为37℃。普通琼脂平板上菌落呈凸面状，圆形，表面光滑半透明。在血液琼脂平板上，37℃厌氧培养 24～48h，可见圆形、边缘整齐、中央隆起、灰白色、半透明大菌落，周围有棕色溶血区，有的有双层溶血环，为β溶血。在肉汤培养基上生长良好，有相当量的气体生成。在牛乳培养基上，能形成“汹涌发酵”（stormy fermentation），即迅速分解糖产酸，凝固酪蛋白，产生大量气体，将凝固的酪蛋白迅速冲散，呈海绵状碎块，这是本菌的重要特征。

（三）病因及发病机制

1. 传染源

魏氏梭菌广泛分布于自然界中，从土壤、污水、饲料、乳汁、粪便及人畜消化道中均可分离到，是动物肠道中常在菌群之一，正常情况下不致病，属于条件致病菌。

2. 传播途径

魏氏梭菌病主要通过消化道感染，饲料、饮水、环境等被魏氏梭菌污染，菌体或芽孢被动物吞食后，在肠道内大量增殖，引起动物发病。另外，饲料、气候、环境等的突然变化，导致动物机体抵抗力下降，肠道菌群失调，使得肠道内原有的魏氏梭菌大量繁殖，也易导致动物发病。

3. 易感宿主

魏氏梭菌病于20世纪80年代末期零星发生，以犊牛发病为主，很少涉及其他家畜。1994年后流行日趋严重：患病畜种和数量增加，除黄牛发病外，奶牛、山羊、绵羊、猪、鸡、兔等发病增多，甚至还有野生动物（如大熊猫、鹿、非洲狮、牦牛等）因感染发病的报道。本病目前虽然不是常见病，但发病急、病程短、死亡快，一旦出现症状，往往来不及治疗即告死亡，极难治愈，死亡率很高，对我国畜牧业造成了很大的损失，产生了巨大危害。魏氏梭菌病易感染食草偶蹄动物，如羊、牛等，多种野生动物如大熊猫、麋鹿、梅花鹿、狐狸等均有发生本病的报道，是引起动物园动物突然死亡的最主要的疾病。实验动物兔、猕猴等可感染，小鼠、豚鼠、鸽及幼猫易感。

4. 发病机制

在某种特殊条件下，当机体抵抗力下降时，魏氏梭菌繁殖体和芽孢会在肠道内大量增殖，瞬间产生大量外毒素，并黏附在肠黏膜上皮上，阻碍氨基酸的吸收和运输，使肠壁通透性增加，造成肠黏膜损伤，导致水样腹泻。严重时细菌和毒素进入血液循环，引起毒血症或败血症，从而导致机体肝脏、肾脏、心脏和脑衰竭死亡。

魏氏梭菌能产生多种外毒素和酶类，外毒素是主要的致病因子，目前至少已发现15种，其中α、β、ε、ι是主要的致死性肠毒素，这4种毒素均为蛋白质，具有酶活性，不耐热，有抗原性，用化学药物处理可变为类毒素。

其中最主要的是 α 外毒素，其具有溶血活性、致死性、细胞毒性、皮肤坏死性、血小板凝集和提高血管渗透性等特性，对细胞膜具有破坏作用，可引起溶血及组织坏死等变化。β 外毒素是强有力的坏死因子，可产生溶血性坏死，其毒性作用于小肠绒毛，可引起坏死性肠炎。ε 外毒素可导致血管、血压通透性提高，使组织器官发生充血和水肿，并可通过血脑屏障在大脑中蓄积，增强脑血管通透性导致外周血管水肿。ι 外毒素具有致死性和坏死性，但毒性较弱，报道不多。

根据主要致死性毒素与其抗毒素的中和试验，魏氏梭菌可分为 A、B、C、D、E 和 F 6 个毒素型，每个毒素型产生一种主要毒素及一种或数种次要毒素，每个毒素型均能感染人或畜禽引起特定疾病。A 型菌产生 α 外毒素，主要引起人食物中毒和气性坏疽，也可引起其他动物气性坏疽，还可以引起牛、羔羊、家兔等一些动物的肠毒血症；B 型菌可产生 α、β、ε 三种外毒素，主要引起羔羊痢疾和家畜的肠毒血症或坏死性肠炎；C 型菌主要产生 α、β 两种外毒素，是绵羊猝狙的病原，也可引起一些家畜肠毒血症，以及家畜和人的坏死性肠炎；D 型菌的主要致病因子是 ε 外毒素，引起羔羊、绵羊、山羊、牛及灰鼠的肠毒血症；E 型菌可致羔羊、犊牛肠毒血症，但很少发生；F 型菌可引起人坏死性肠炎，实验动物中以小鼠、豚鼠、鸽及幼猫最易感。

（四）临床表现

兔子：特殊症状是急剧腹泻。最初表现为粪便变软、变形，并快速转为带血胶冻样、黑色或褐色稀粪，有腥味恶臭，后肢、肛门周围及尾部被稀粪污染；被毛粗乱，精神不振，拒食，脱水，无体温变化，最后消瘦死亡。

猕猴：早期表现精神沉郁、厌食、步态不稳、离群；随后卧倒、腹泻、腹胀、大便排脓且带血；继而呕血、昏迷、角膜反射消失，死亡后尸僵快。

（五）病理特征

1. 大体解剖

兔子：尸体脱水、消瘦，腹腔有腥臭气味。剖检胃内积有食物和气体，胃底黏膜脱落，有大小不一的出血点和溃疡。肠黏膜弥漫性充血或出血，小肠内充满气体和稀薄的内容物，肠壁薄而透明。肠系膜淋巴结充血、水肿，盲肠浆膜明显出血，盲肠与结肠内充满气体和黑绿色水样粪便，有腥臭气味。心外膜血管怒张，呈树枝状。肝脏与肾脏淤血、变性、质脆。膀胱多有茶色尿液。

猕猴：剖检可见心脏柔软、色淡，心肌较薄；肝脏淤血呈淡红色、有干酪样坏死块；脾脏皮质有大量灰黄色斑块；胰腺被膜下有大量气泡；肺脏萎缩出血、水肿；小肠黏膜出血，浆膜下严重出血，浆膜表面呈暗红色，肠壁变薄；肾脏肿大，皮质有大量灰黄色斑块。

2. 镜下观察

无菌条件下取病死猕猴肺脏、肝脏、肠道内容物及肠黏膜分别涂片、革兰氏染色，油镜镜检可见大量两端钝圆的蓝紫色革兰氏阳性大杆菌，多单个存在或排成链状，少数 2 个相连。

（六）诊断

根据临床症状结合实验室检验诊断。

（七）鉴别诊断

E 型魏氏梭菌和螺状梭菌产生相似的 ι 外毒素，这两种外毒素引起的机体症状应相鉴别。

（八）治疗

采用较低能量、较高纤维素的日粮可明显减少腹泻死亡率。内服土霉素、四环素、氟苯尼考等，均对魏氏梭菌病有一定的疗效，也可肌内注射泰乐菌素、环丙沙星等进行治疗。另外，用高免血清治疗本病效果也较好。

（九）预防

本病病程短，致死率极高，一旦出现症状，极难治愈，因此应以预防为主。

首先应加强饲养管理，保证食物干净卫生、营养均衡，提高动物机体抵抗力。同时搞好环境卫生，及时清理粪便，定期对场地、用具进行全面消毒。可用生石灰、百毒杀等消毒剂杀灭环境中的病原，用 0.2%的过氧乙酸清洗用具，用 0.5%的过氧乙酸全面喷雾消毒圈舍。也可通过接种魏氏梭菌疫苗预防本病。

三、弯杆菌病

（一）基本概念

弯杆菌病的致病菌为弯杆菌（弧菌），该菌一直以来被认定是家畜的致病性和共生性细菌；但最近有研究发现胎儿弯杆菌空肠亚种是人腹泻的主要原因之一。

（二）病原特性

1. 生物学特性

本菌菌体纤细，大小为（0.2～0.8）μm×（0.5～5）μm，最长可达 8μm。通常存在一个或以上的螺旋弯曲。菌体的一端或两端常有单个的无鞘鞭毛，使菌体呈旋转锥样运动。无芽孢，革兰氏染色阴性。当两个菌体连接成链时，可呈现 S 形或雁翅形，老龄培养菌群也可形成球形。

2. 培养特性

本菌为典型的微需氧菌，其呼吸代谢需要 3%～15%的氧及 3%～5%的二氧化碳。属于有机化能营养菌，对碳水化合物既不发酵也不氧化。生长时不需要在培养基中加入血清或血液。

3. 理化特性

大多数菌株对多种抗生素都很敏感，特别是庆大霉素、红霉素和氯霉素。

（三）病因及发病机制

1. 传染源

带菌动物和感染动物均可传染本病，家禽为空肠弯杆菌的主要传染源。

2. 传播途径

多数弯杆菌均可经由粪—口传播，某些特殊弯杆菌则需在特殊环境下方可传播、培养（如嗜冷气弯杆菌需在微氧或厌氧条件下 30℃时方可培养）。

3. 易感动物

不同亚种弯杆菌对不同种属动物的感染力不尽相同，感染病发症状亦各有区别。例如，空肠弯杆菌空肠亚种多引起绵羊流产、牛乳腺炎；胎儿弯杆菌胎儿亚种常可引起牛羊肠炎；结肠弯杆菌导致猪和家禽的肠炎、鸡肝炎等。

（四）临床表现

成年动物多呈隐性感染，幼龄动物感染通常与急性胃肠炎症状相一致。多见轻度间歇性黏液样或水样腹泻、腹痛及全身性症状（特别是发热）。依据疾病的严重程度不同，病程可持续 5 ~ 21 天，重者甚至长达几个月。

1）犬曾有菌血症和空肠弯杆菌继发性胆囊炎的报道。

2）仓鼠通常可观察到的症状是腹泻及死亡。水泻可导致尾部、会阴和下腹部特征性潮湿及毛缠结。

3）雪貂的增生性结肠炎临床症状包括排出绿色黏液、血粪、厌食、脱水及直肠部分脱垂。

（五）病理特征

1. 大体解剖

1）仓鼠眼观病变包括回肠增厚及充血、肠系膜淋巴结肿大、腹膜炎及粘连。病理组织学变化以回肠末端的柱状上皮细胞增生、腺上皮增生、淋巴结炎为特征，常伴有淋巴组织样增生、水肿及窦状隙白细胞浸润。

2）雪貂肉眼观察可发现降结肠增厚，伴有红染区域。纤维病变包括肌肥大及黏膜增生，伴随炎症程度而变化。用特殊染料（Warthin-Starry）可在黏膜上皮细胞顶端显示成堆的逗点状细胞。

2. 镜下观察

病变表现为黏膜溃疡与淋巴浆细胞浸润。细菌可导致肠道水肿和充血，固有层及粒细胞灶性聚集，上皮增生，杯状细胞数量减少。

（六）诊断

用显微镜的暗视野或相差显微镜检查新鲜粪便，可发现能移动的、弯曲的或者呈螺旋状的细菌，可以推断为弯杆菌。有人已经描述了一种患病组织的免疫荧光试验，其检出的血清转化率很高。

（七）鉴别诊断

应排除其他的肠道疾病，如沙门氏菌病、内分泌紊乱、长期细菌感染（尤其是子宫积脓）、肝脏疾病或胰腺炎均会引起腹泻。临床观察及临床病理学检查有助于对疾病进行确诊。微生物及病理学资料能够有助于区分其各种可能性。

（八）治疗

对于症状严重的动物应考虑进行抗菌治疗。红霉素、新霉素、克林霉素、恩诺沙星、多西环素都有一定的效果。但曾有报道称，该菌对喹诺酮类和环丙沙星均有耐药性。治疗通常至少维持 10 ~ 14 天，1 周以及 4 周后，需要再次进行细菌培养，以及时发现该菌是否对治疗药物产生耐药性。

（九）预防

通常不推荐化学预防，因为相关报道的结果不大一致。Sheffield 和 Beveridge 曾报道新霉素对自然发生的疾病有效。但有其他学者发现，此药在实验疾病中无效。四环素和甲硝唑在预防实验疾病时具有中等效果。保持笼具、饮水和饲料的洁净，以及与感染动物的隔离是目前最为推荐的预防方法。

四、泰泽氏菌病

（一）基本概念

泰泽氏菌病的病原菌常被称为泰泽氏菌，学名为毛发样梭状芽孢杆菌，早年间被称为毛样芽孢杆菌。该病以 Ernest Tyzzer 命名，他首先在日本 Waltzing 小鼠中发现并描述了该病。该菌的生长型在环境中不稳定。但芽孢相对稳定。

（二）病原特性

1. 生物学特性

泰泽氏菌是一种细长厌氧菌。大小为 0.5μm×（8 ~ 10）μm，常呈现多种形态。可形成芽孢，周身鞭毛，革兰氏染色阴性。病变小鼠肝脏压片，用吉姆萨染色法镜检，呈现成簇的毛发样菌团。

2. 培养特性

泰泽氏菌不能在无细胞的培养条件下生长，只能通过人工感染实验动物、鸡胚接种或细胞传代的方式进行培养。

3. 理化特性

泰泽氏菌在外界环境中不稳定，很容易自溶，室温下 2h 即可快速失去感染能力，只有冻存在-70℃或液氮中方可保持其毒力。该菌的芽孢形式具有较强的抵抗力，对乙醇、苯酚和季胺类化合物均有抵抗力，碘伏、福尔马林、过氧乙酸和次氯酸钠等可使其灭活。其在 60℃条件下 30min 仍可保持毒力，但 80℃ 15min 即可灭活。

（三）病因及发病机制

1. 感染源

一般情况下，本菌在自然条件下极易失活，因此隐性感染的动物为该病菌的主要感染源。

2. 感染途径

本菌为水平传播，成年动物多隐性感染，排出带有芽孢的粪便，污染饲料及垫料，经口感染健康动物。

3. 易感动物

1）自然宿主：本菌自然宿主广泛，鸟类、哺乳类动物都曾检出。但不同宿主分离株对于其他动物的感染力各不相同，每种动物的自身分离株对自然宿主的感染力强。沙鼠对各种菌株均很敏感，多用于本菌的实验研究。

2）实验动物：各种实验动物均可感染，特别是刚离乳的幼年动物，因缺乏足够免疫保护而极易感染发病。

（四）临床表现

本病在临床上常表现为急性死亡，感病动物可能发生腹泻，引起暴发，死亡率高，但发病率不一，亚临床传染时有发生，细菌抗体产生及应激（如免疫抑制、高温潮湿、过于拥挤等）均有可能使小鼠发生泰泽氏菌病。

（五）病理特征

1. 大体解剖

本菌感染最明显的眼观病变多出现在肝脏、回肠及心肌中。在肝脏中，一般沿门静脉分支散布凝固性坏死灶；与肠道栓塞性感染症状一致。肠病变常被称为“巨回肠炎”（megaloileitis），由回肠节段性扩张及发炎所致。但回肠扩张并不总是存在的。回肠和结肠可以是正常的，或发红、膨胀，内有水样、恶臭内容物。肠黏膜上皮坏死可伴有出血或急性炎症。肝脏含有一个或多个灰白色病灶。组织学检查，坏死为典型病变。最急性病症大多没有炎症，但在慢性或亚急性病程中，可存在中性粒细胞和淋巴细胞的浸润。在有些动物（如兔和大鼠）中发生心肌坏死，但在小鼠中并不常见。局限性灰色病灶也可出现于心肌中。

2. 镜下观察

在坏死灶边缘存活的肝细胞细胞质中，能够发现长的纤维杆菌束，在早期感染中，更易发现细菌。在苏木精-伊红染色的组织切片里细菌不易着色。通常需要特殊染剂，如银染料、吉姆萨染料或过碘酸-希夫氏酸性染料。在肠道的上皮细胞内，也能发现细菌，特别是在伴发局灶性坏死性小肠结肠炎时。

（六）诊断

根据眼观病变可做出初步诊断，但确诊需在肝脏、肠上皮或心肌细胞内观察到该病原菌。尸检时最常见的方法是肝脏、肠的组织压片，镜检坏死灶周围活细胞，可见细胞质内存在一束细长杆状物。革兰氏染色、吉姆萨染色或亚甲蓝染色均可快速诊断。为了确诊，常用福尔马林固定标本进行吉姆萨染色或 Warthin-Starry 染色，发现胞质内细菌。补充操作包括给经可的松处理的小鼠或鸡胚进行病料接种，继而以组织学或免疫细胞化学方法确认组织中的细菌。对于隐性感染，可采用间接免疫荧光检测试验进行血清学检验。单克隆抗体技术在诊断方面有较高的敏感性和特异性，尤其是对于无法分离病原体的感染。

（七）鉴别诊断

鉴别相似症状及病变感染时，鼠痘、冠状病毒性肝炎、呼肠孤病毒性肝炎及沙门氏菌病的鉴别方法是在坏死灶周围观察到病原菌。大鼠患泰泽氏菌病时的回肠扩张必须与其他原因引起的回肠无力相鉴别，特别是水合氯醛引起的损害。

（八）治疗

青霉素、四环素等抗生素可有效缓解由本菌所引起的临床症状，但并不能完全治愈本病。

（九）预防

本菌的控制及预防尚未充分研究。其流行率、传染宿主、带菌状况及传播机制仍然是推测。在环境中形成的芽孢或间发性免疫抑制，均可引起致死性感染。已证明使用四环素可防止流行性感染，但抗生素未必能够根除已形成芽孢的细菌。因此，必须考虑全部更换已感染的或暴露于感染的动物种群。此外，良好的管理对于预防泰泽氏菌病极为重要。尚无有效疫苗。一旦实验动物种群中暴发该菌的感染，需进行剖宫产净化或整群淘汰。

五、支气管败血波氏杆菌病

（一）基本概念

支气管败血波氏杆菌广泛分布于世界各地的哺乳动物中，感染无特定年龄段，但相较于成年动物而言，幼龄动物及青年动物易感性更高。当机体受到不良刺激而抵抗力下降时，可引起上呼吸道感染而发病，常与李斯特菌病、巴斯德菌病并发急性感染而造成动物死亡。《实验动物　微生物学等级及监测》（GB 14922.2—2011）中规定 SPF 级以上大鼠、小鼠、地鼠、豚鼠及兔必须排除本病原菌。

（二）病原特性

1. 生物学特性

支气管败血波氏杆菌是细小球杆菌，大小为（0.2 ~ 0.3）μm×（0.5 ~ 1.0）μm，大多单个或成对出现，极少呈链状。无芽孢，有鞭毛，可形成荚膜，革兰氏染色阴性，常呈两极染色。

2. 培养特性

本菌为严格需氧菌，在血琼脂平皿上可形成1mm左右、圆形、灰白色、光滑、边缘整齐菌落，某些菌株呈β溶血，并可同时出现大小不一的溶血菌落及不溶血变异菌落。在麦康凯平板培养中，菌落呈蓝灰色，周边有狭窄的红色环，培养基琥珀色着染。最适生长温度35～37℃，不发酵碳水化合物。

3. 理化特性

本菌对外界理化因素抵抗力不强，常用消毒剂均对其有效。液体中，58℃ 15min可将其灭活；干燥数小时亦可将其杀死；对紫外线抵抗力低。低温、低湿、中性pH等条件可延长该菌存活时间。

（三）病因及发病机制

1. 传染源

患病动物、感染动物，以及被污染的物品、垫料、饲料都是该病的感染源。本菌主要栖息在多种动物的呼吸道中，动物不定期带菌。当机体由于运输、饲料改变、气候骤变及寄生虫等因素而受到不同程度的免疫抑制时，该菌可引起病变。

2. 传播途径

本菌主要通过飞沫、呼吸道分泌物或气溶胶传播。

3. 易感宿主

1）自然宿主：本菌在家畜、野生动物及实验动物的呼吸道上皮广泛存在。

2）实验动物：大鼠、小鼠、豚鼠易感染本菌而发病，兔检出率较高，但多呈隐性感染，可长期携带病原菌。

（四）临床症状

1）豚鼠：幼龄豚鼠发病率及病死率最高，应激情况下可引起暴发。无特殊应激条件下，全年均可发生散在性死亡，病死或濒死豚鼠缺乏临床症状。非应激性感染豚鼠表现食欲不振或不食、体重减轻、消瘦、被毛蓬松，常见排出水样至脓样鼻分泌物，沾污鼻孔周围，呼吸困难，衰竭死亡。在流行期间常可见妊娠豚鼠的死亡、流产或死产。

2）兔：兔感染该菌多表现为鼻塞、流涕、喷嚏等亚临床症状，在与多杀巴斯德菌等共同感染时病情加剧。根据临床症状可分为鼻炎型和支气管肺炎型。

鼻炎型：在家兔中常有发生，鼻腔中有少量浆液性、黏液性或脓性分泌物；当诱因消除或通过治疗后，短时间内恢复正常。

支气管肺炎型：临床特征为鼻炎长期不愈，鼻腔中流出黏液性或脓性分泌物，精神萎顿、呼吸加快、食欲不振、逐渐消瘦，病程较长，通常7～60天死亡。个别患病动物虽然经数月不死，但剖检仍可见肺部病变。

3）大鼠、小鼠：实验动物大鼠、小鼠目前均无自然感染该菌报道。但C3H/HeJ小鼠和免疫缺陷大鼠更易感。

4）犬：4～12周龄幼犬的发病率最高，严重病例可见鼻漏及间歇性剧烈干咳，临床轻微触诊时可引起气管诱咳。听诊在气管及肺区常有粗粝的呼吸音。大部分病例可完全康复，有些病例咳嗽常可持续几周。

（五）病理特征

1. 大体解剖

病理剖检可见肺炎、气道有脓性渗出物，组织学检查表现为嗜异性感染单核细胞浸润气道及肺泡的化脓性支气管肺炎。

2. 镜下观察

1）从脓疮或鼻腔中可直接分离病菌，病料在血琼脂平板中划线培养，制备纯培养物后通过镜检或生化进行鉴定，必要时可进行血清型鉴定。

2）通过平板凝集试验确诊，即将被检菌与支气管败血波氏杆菌阳性血清在玻璃板上混匀，出现凝集者为阳性。

3）以小鼠传代，将病料或初代分离的细菌接种小鼠，死亡后剖检取心血分离鉴定，提高菌株的分离率。

（六）诊断

实验室诊断方法为分离培养。根据流行特点、临床症状及病理特征可进行初步诊断，确诊必须进行细菌分离、鉴定。

（七）鉴别诊断

有许多细菌和病毒可引起急性支气管肺炎，其中包括肺炎双球菌、肺炎克雷伯菌、兽疫链球菌及腺病毒。鉴别诊断需要用气管或支气管分泌物在麦康凯琼脂、绵羊血平皿或 Smith-Baskerville 培养基上进行有氧培养。酶联免疫吸附（ELISA）试验、间接免疫荧光试验（IEA）及血清学试验对菌体的检测通常比培养更加灵敏，因为各种细菌抗体对于抗原的变异均有其特异性。

（八）治疗

抗生素可缓解严重感染，但不能彻底根除该病。广谱抗生素的效果较好。增效磺胺类及抗生素类可降低该病的感染率及带菌率、减少发病率、控制病变程度，但不能彻底清除呼吸道中的病原菌，经治疗后症状消失，停药后又复发。豚鼠再次给予抗生素治疗易引起肠炎而死亡，必须谨慎使用。

（九）预防

首先，应排除隐性感染动物，若兔、豚鼠或其他啮齿类动物在同一设施中饲养，需保证每种动物均不携带该菌。其次，保证设施的洁净，大多数化学消毒剂和物理消毒方法都能很好地去除设施中的污染。通过剖宫产净化能够彻底治愈该病，其后的维持过程中，应进行严格的卫生管理以防止污染。

六、猪丹毒病

（一）基本概念

猪丹毒病的病原菌为猪丹毒杆菌，其学名为红斑丹毒杆菌。本菌常可引起一种急性、热性、人兽共患的传染病。其广泛分布于自然界中，是多种动物的共生菌或致病菌。动物的带菌率及发病率与气候变化、饲养条件、动物年龄等因素密切相关，是一种“自然性传染病”。易感动物包括小鼠、猪、鱼、鲸、火鸡等，主要的储存宿主是猪，人亦可感染而导致类丹毒病症。

（二）病原特性

1. 生物学特性

猪丹毒杆菌是一种纤细的小杆菌，大小为（0.2～0.4）μm×（0.8～2.5）μm，稍弯或直形，两端钝圆，感染动物的组织触片或血涂片上，呈单个、成对或小丛状排列。在陈旧肉汤培养物中及缓慢性猪丹毒动物的心内膜疣状物上，多为长丝状，成丛排列。无鞭毛，不产生芽孢及荚膜。革兰氏染色呈阳性，但容易脱色，染色不均。

2. 培养特性

本菌为微需氧菌，在普通培养基上亦能生长。若加入少许血液或血清，在 10% CO_2 中培养，长势更佳。其最适 pH 为 7.4～7.8，最适温度为 37℃。在固体培养基上 24h 即可长出菌落，可分为光滑型（S）、粗糙型（R）或中间型（I）。光滑型菌落毒力极强，通常来自于急性病畜分泌物，该菌落表面光滑、边缘整齐、菌体短细、有微蓝色虹光、在鲜血琼脂上呈 α 溶血环；粗糙型菌落毒力极弱，抗原与光滑型有所不同，多为久经培养或从带菌猪、慢性病猪分离的菌株，该菌落表面粗糙、菌落较大、边缘不整齐、菌体大、呈土黄色、长链状；中间型菌落金黄色，其毒力介于光滑型和粗糙型之间。

3. 理化特性

猪丹毒杆菌对火熏、腐败、盐腌及干燥等环境有较强的抵抗力。在干燥条件下可存活 3 周，在深埋尸体中可存活 9 个月。在熏制或盐腌的肉品中，能够存活 3～4 个月，在肝、脾中，4℃ 159 天仍有毒力。对阳光及直射光线较敏感，70℃ 5～15min 即可完全灭活。对常用消毒剂抵抗力不强，0.5%甲醛数十分钟即可将其杀死。可耐受 0.2%苯酚，对青霉素敏感。用 10%生石灰或 0.1%过氧乙酸涂刷墙壁及喷洒猪圈是目前较好的消毒方法。

（三）病因及发病机制

1. 感染源

发病动物及带菌动物为本菌的主要感染源。发病动物的内脏（如肝、脾、肾）及各种分泌物、排泄物均含有病菌，通过自然孔排出体外污染环境。

2. 传播途径

本菌的主要传播途径为消化道传播，带菌动物通过分泌物及排泄物污染饲料、饮水，被健康动物食入而感染；也可通过损伤皮肤传播。吸血昆虫的叮咬亦可传播。

3. 易感动物

1）自然宿主：本菌自然宿主广泛，家畜、禽类及啮齿类动物均有易感性。本菌流行的主要易感动物和储存宿主为猪。此外，吸血昆虫、贝类、鱼类、两栖类、鸟及哺乳动物均可感染。

2）实验动物：本菌对大鼠、小鼠、豚鼠及兔均有致病性，其中以小鼠及鸽最为易感。2～4 天本菌培养物以 0.2ml 腹腔接种小鼠，4～5 天后死于败血症，剖检脾大，肝脏有坏死灶。大鼠、豚鼠、兔对本菌抵抗力较强，偶尔发生慢性局限性感染，可长期带菌而成为污染源。

（四）临床表现

急性病例常不表现临床症状而突然死亡，但大多数具有经典症状，即耳、鼻和腹部的皮肤损伤及菱形荨麻疹（紫色、粉红色），厌食，精神沉郁，高热稽留，四肢僵硬，犬坐，流产及突然死亡。

1）急性败血性型：鸽、小鼠等对本菌最为敏感，发病快，感染后 4～5 天出现死亡，剖检可见败血症、心内膜炎等致死性病变。哺乳仔畜及刚断奶仔畜常可伴随神经症状、抽搐。

2）亚急性型：常呈良性经过。症状较急性败血性型轻微，以皮肤上出现疹块为特征。疹块发生后，其症状多见好转，经数日后康复。但若患病动物极度虚弱，则可发展为败血症而死亡。

3）慢性局限型：大鼠、豚鼠、兔等实验动物对本菌具有一定的抵抗力，常表现为慢性经过。感染动物消瘦，食欲减退，被毛凌乱，黏膜发绀，呼吸困难，皮肤有不规则溃疡形成，四肢关节肿大，病肢僵硬，非负重型跛行，多表现关节炎、心内膜炎等症状。

（五）病理特征

1. 大体解剖

剖检时可见心内膜炎及急性白血病病变；慢性病理可出现关节肿胀，关节滑液囊肿大、伴有白色浑浊渗出液，心脏瓣膜面肿胀、变形等。

2. 镜下观察

取病料涂片镜检，经染色可见平直或稍弯曲的革兰氏阳性细小杆菌，多单个散在，偶见成对或成丛排列。

（六）诊断

根据流行病学、临床症状及尸体解剖等可进行综合诊断，必要时进行病原学及血液学检查。

1）病原菌检查：可采集感染小鼠心血、兔耳缘静脉血，或刺破疹块边缘部皮肤取血制作抹片，进行革兰氏或瑞氏染色、镜检，也可培养、分离、鉴定病原菌，发现本菌即可确诊。

2）动物实验：对本菌的检出率比培养高，是诊断本菌感染的重要方法。用上述方法制作原始检验标本做成生理盐水混悬液，或挑取培养后菌落接种肉汤，取 37℃ 24h 培养物接种动物。小鼠皮下或腹腔内接种 0.1 ~ 0.2ml，鸽胸肌接种 0.5 ~ 1.0ml，动物接种后 2 ~ 4 天发病死亡，取其心血或肝、脾等涂片，染色镜检，同时接种血琼脂平板进行证实。

3）血清学实验：主要针对慢性猪丹毒进行诊断。常用方法有琼脂凝胶扩散试验、血清或全血平板的凝集试验、荧光抗体试验（直接法和间接法）和抗猪丹毒血清培养凝集试验。

（七）鉴别诊断

急性型应与多种细菌所引起的败血症及猪Ⅱ型圆环病毒导致的猪皮炎肾病综合征加以区分。菱形疹块是本病的特征性病变，可与能够致使皮肤损伤的病因相鉴别。

（八）治疗

青霉素是治疗急性猪丹毒病的首选药物。氟喹诺酮类、β-内酰胺类及头孢菌素类药物对多数猪丹毒丝菌菌株有效。高免血清对疾病的早期症状疗效显著，尤其是哺乳期内的仔畜。抗炎药常用于治疗慢性关节炎性猪丹毒病。

（九）预防

我国是猪丹毒病流行较严重的国家之一。由于多种动物均可感染发病，因此本病被认为是一种潜在的、危害性较大的疫病。饲养时加强管理，防止病原传入，特别是在猪丹毒病感染疫区，应注意切断猪丹毒杆菌传入实验动物设施的途径，防止野生鼠患。

七、葡萄球菌病

（一）基本概念

葡萄球菌在自然界中广泛存在，是人和多种动物常见的皮肤及黏膜栖居菌。引起实验动物自然感染的葡萄球菌主要是金黄色葡萄球菌。其菌株要经噬菌体分型方可予以鉴别，葡萄球菌都是潜在性的致病菌，并常导致人与动物的化脓性感染。

（二）病原特性

1. 生物学特性

葡萄球菌属的细菌呈圆形，直径为 0.5 ~ 1.5μm，以葡萄状不规则丛集状排列为特征。无鞭毛、无芽孢、不运动，有些菌株具有荚膜或黏液层，革兰氏染色阳性。

2. 培养特性

葡萄球菌属的细菌对营养要求都不高。在普通培养基上生长良好，若加入血液、血清或葡萄糖长势更佳，但在麦康凯培养基上不生长。需氧或兼性厌氧，最适 pH 为 7.4，最适生长温度为 37℃，但在 15 ~ 45℃ 亦可生长。耐盐性强，在 10% ~ 15%氯化钠溶液培养基中也可生长。在普通琼脂平板上培养 24～48h 后，可形成圆形或扁平、表面光滑、边缘整齐的不透明菌落，菌落具有金属光泽，其直径为 1～2mm。菌落的颜色有白色、柠檬色、金黄色等。在血液琼脂上形成的菌落通常较大。具有溶血作用的菌株多为致病菌。

3. 理化特性

葡萄球菌对理化因子的抵抗力比无芽孢菌强。在尘埃、血、干燥的脓液中可存活数月。对热抵抗力很强，80℃ 30min 仍保持活力，煮沸可迅速使其灭活。3%～5%苯酚溶液 3～15min 可杀死本菌，70%乙醇、常用浓度的过氧化氢、高锰酸钾几分钟即可灭活。

（三）病因及发病机制

1. 传染源

本菌广泛存在于哺乳动物及鸟类的皮肤、呼吸道、上消化道、泌尿生殖道黏膜及自然环境中。水、土壤、空气中存在许多致病菌，患病动物及带菌动物为主要传染源。

2. 传播途径

本菌可通过皮肤、分泌物或动物产品进行传播，破裂或损伤的皮肤和黏膜为主要入侵途径。当机体抵抗力下降或皮肤、黏膜破损时，致病性病原菌便可乘虚而入。有时亦可通过汗腺、毛囊进入机体，或经由消化道、呼吸道而感染健康动物。

3. 易感动物

1）自然宿主：本菌可感染多种动物。马最为易感，犬、牛、猪、绵羊次之。

2）实验动物：家兔最为易感，静脉注射本菌后 48h 即可致死。大鼠、小鼠、豚鼠、地鼠亦可感染发病。

（四）临床表现

1. 大鼠、小鼠由金黄色葡萄球菌引起

大鼠感染常表现为创伤性皮炎、溃疡性皮炎和尾部损伤。肩部和颈部两侧出现直径 1～2cm 湿疹样病变，强烈瘙痒，同侧后肢搔抓可加重病情。在车轮上进行大鼠实验活动时，可能造成大鼠后脚的磨损及擦伤，从而感染葡萄球菌引起脚步皮炎。尾部近端 1/3 处可出现黄色脓疱，进而发展为脓肿，严重的可导致尾部脱落。

小鼠感染常表现为溃疡性皮炎。面部、颈部、耳朵及前肢出现湿疹样病变。10%～15%的 VM/Dk 小鼠常于 8 月龄左右在笼舍中被感染。免疫功能正常小鼠发生面部脓肿，包括眼眶组织、牙周组织等面部深层组织的多发性脓肿和肉芽肿。裸鼠的眼眶及面部也会发生大小不等的脓肿。

除最常发生的皮炎外，金黄色葡萄球菌感染也可引起雄鼠化脓性睾丸炎、阴茎头包皮炎（C57BL/6N 系小鼠初次交配时易发）、包皮腺囊肿（C3H/HeN 系小鼠发病率最高）；还可引起雌鼠的子宫内膜炎，并通过胎盘垂直传染给仔鼠，严重影响鼠群的繁育及动物实验的进程。

2. 兔由金黄色葡萄球菌引起

兔极易感染本菌而发病，不同途径感染可以导致肠炎、乳腺炎、上呼吸道感染及转移性脓毒血症。临床上主要分为仔兔感染及成兔感染两种类型。仔兔感染多表现为急性肠炎、脓毒败血症或脓疱性皮炎，10 日龄仔兔的腹部及后腿内侧出现湿疹，肛门与后肢四周被毛潮湿并沾有粪便，多数病例 2 ~ 5 天内呈败血症死亡。成年兔感染表现为乳腺炎、全身脓肿、化脓性结膜炎或转移性脓毒败血症。发生乳腺炎的病兔体温升高、食欲减退、乳房脓肿呈红色或蓝紫色，乳汁中混有血液、脓液甚至絮状凝块。患转移性脓毒败血症的病兔，病初在头、颈、背、腿等部位的皮下、肌肉或内脏器官形成豌豆至鸡蛋大小的一个或几个脓肿，若脓肿在肺部则可引起肺炎，一旦脓肿在体腔内破溃就会引起全身性感染，最终引起脓毒败血症致死。

3. 犬、猫由中间葡萄球菌引起

主要表现为各年龄段犬、猫的脓皮病，常伴有细胞介导的迟发型变态反应、内分泌失调，抗生素使用失当导致的葡萄球菌化脓性皮炎、耳炎，骨骼、关节、伤口、结膜、眼睑、呼吸道等感染。临床上，浅表性脓皮病的主要特征是脓疱和滤泡性丘疹的形成；深层脓皮病常局限于病犬的脸部、四肢及指（趾）间，也可呈全身性感染，病变部位常伴有脓性分泌物。12 周龄以内幼犬易发生蜂窝织炎（幼犬脓皮病），主要表现为淋巴结肿大，耳及眼、口腔周围肿胀，形成脓肿、脱毛等，感染犬发热、厌食、神经沉郁。慢性脓皮病或反复发生本病可能是多因素综合（细胞介导的超敏性、内分泌紊乱）所致。

此外，中间葡萄球菌所产的肠毒素可引起犬的中毒性休克，患病犬肠毒素产量较健康犬明显升高，多表现为皮下组织损伤及坏死、毛细血管再度充盈及弥散性血管内凝血。中间葡萄球菌可产生白细胞毒素。

4. 猴由金黄色葡萄球菌引起

猴感染本菌主要表现为急性出血性肠炎，以恒河猴、短尾猴和熊猴多发，常突然发病，主要经消化道感染。

5. 家畜、家禽由金黄色葡萄球菌引起

本菌可引起奶牛乳腺炎及绵羊传染性乳腺炎，使其泌乳能力丧失，甚至可导致死亡，是影响乳品业经济效益的重要疾病之一；本菌感染亦可导致马的创伤性感染、母马乳腺炎、阉割马精索脓肿、幼鸡败血症、中鸡关节炎及成鸡慢性局灶性病变和腱鞘炎。

（五）病理特征

1. 大体解剖

本菌感染的典型病变是皮炎和脓肿。剖检可见四肢、胸腹部及周围皮下组织因充满带血的渗出液而增厚。真皮及皮下组织出血、水肿，伴有脓疱及脓肿，广泛炎症，最终发展成为慢性炎症或肉芽肿性炎症。乳腺炎可见乳房及腹部结缔组织化脓，内脏器官有大小不一脓肿块，通常脓肿被结缔组织包裹而形成囊状，触之柔软，富有弹性。真皮组织发生血管炎，某些血管中出现纤维蛋白血栓。睾丸炎或包皮炎中可见脓性渗出物充满导管和腺体，并导致耻骨区皮下脓肿，腹部表面有 1 ~ 3mm 小疙瘩产生。

2. 镜下观察

镜检可见退化型炎性细胞。取病料研磨，对其离心沉淀物进行涂片，革兰氏染色可见细菌形态及排列特性。

（六）诊断

1. 临床诊断

根据流行病学特点及临床症状，可做出初步诊断，但确诊仍需依靠实验室诊断法。

2. 实验室诊断法

1）显微镜检查：化脓性病灶取脓汁、渗出液；乳腺炎取乳汁；败血症取血液，中毒症状取剩余食物、呕吐物、粪便；其他病变根据情况可取胸水、腹水或其离心沉淀物，进行涂片，革兰氏染色镜检。依据镜下细菌形态、排列及染色特性，可初步诊断。

2）分离培养：根据不同标本采取不同的分离培养方法。脓汁、创伤分泌物及拭子等可直接接种进行分离培养；血液、脑脊髓液等标本，需先进行增菌，再做分离培养；呕吐物、粪便及残存食物等带有污染性的标本，需用选择性培养基（如高盐甘露醇琼脂）进行分离培养。

3）生化鉴定：葡萄球菌鉴定必须在确定菌属无误基础上，进行种的鉴定。一些革兰氏阳性球菌在形态学上十分相似，极易造成菌属间鉴定错误，为此可进行甘露醇发酵试验和血浆凝固试验加以区分。

4）其他支持性实验室检查：可使用间接免疫荧光检测试验检测金黄色葡萄球菌抗原，反向间接血凝试验检测其肠毒性，以及对流免疫电泳、放射免疫分析、琼脂扩散试验等方法进行血清学检测。

用 RT-PCR 及定量 PCR 可快速鉴定临床上分离到的金黄色葡萄球菌。用其培养物进行动物接种实验，也可使用 API20NE 系统对细菌进行鉴定。

（七）鉴别诊断

葡萄球菌感染所引起的小鼠化脓性感染，需与巴氏杆菌、链球菌、棒状杆菌、假单胞菌等引起的感染进行鉴别，体外寄生感染与伤口感染时也应当考虑其自残的可能性。

（八）治疗

对于脓肿及积脓的病例需要进行排脓处理。可使用青霉素、链霉素、红霉素、四环素、新生霉素、氟喹诺酮类及磺胺类药物治疗。同时应对环境及动物种群进行全面消毒。由于金黄色葡萄球菌极易产生耐药性，在选用抗生素药物进行治疗时应首先进行药敏试验。

（九）预防

金黄色葡萄球菌在自然界中广泛存在，主要通过受损处皮肤及黏膜感染健康动物，引起发病。潮湿环境、粗糙底网及不良的卫生条件是动物发病的重要诱因。因此预防本菌感染，主要在于保持干燥清洁的卫生环境，并做好日常的实验动物医师巡检和监察工作。

1）防止皮肤外伤：改进实验动物笼舍的设计及管理方法，使其宽敞舒适、干燥清洁，笼底应平整、干燥，放置柔软垫料。

2）控制单笼动物的数量，雄、雌鼠比例适当，防止损害雄鼠阴茎的现象发生。

3）定期或不定期进行卫生消毒，杜绝传染源。

4）加强饲养管理，增加动物抵抗力。

5）发现可疑病例，尽快确诊，及时选用抗生素进行预防性治疗。

八、腐败梭菌病

（一）基本概念

腐败梭菌是1877年巴斯德从腐败的牛血液中分离得到的，其广泛存在于粪便、土壤、灰尘等自然环境中，很容易污染饲料、饮水及周围环境，通过创伤和免疫注射引起感染而使动物发病。可引起多种动物的疾病，如绵羊快疫、羊的恶性循环性水肿、马恶性水肿及鸡的坏疽性皮炎，对猪、牛、鹿等动物也存在感染性。腐败梭菌引起的疾病通常发病快、死亡率高，对畜禽养殖业危害较大。

（二）病原特性

1. 生物学特性

腐败梭菌呈明显的多形体，大小为（3.1～14.1）μm×（1.1～1.6）μm，是两端钝圆的杆菌。培养物及病理材料中多单个存在、成双或成为短链。但在天然病羊或人工感染的豚鼠肝脏表面可形成节段性不明显的、微弯曲的长丝状或节段明显的链条状，其长度可达500μm左右。本菌虽然在动物体内外均能产生芽孢，但在体内形成性较差，芽孢呈卵圆形，位于菌体中央或近端，常较菌体更宽。无荚膜。在幼龄培养物中，因周身鞭毛，有活泼的运动性。革兰氏染色呈阳性，以群居状态存在。但当群体老龄后转变为革兰氏阴性，保留其接近末端的芽孢。

2. 培养特性

本菌为专性厌氧菌，对营养要求不严格。在普通培养基（琼脂或肉汤）上均可生长。其最适pH为7.6，最适培养温度为37℃。普通琼脂平板上的菌落直径约为10mm、半透明、边缘不齐。在含0.5%葡萄糖或5%血清培养基上长势更佳。葡萄糖血液琼脂上的菌落稍微隆起，边缘不齐，呈淡灰色或几近无色，且有较长的柔弱分枝，容易融合成一片，菌落周围有微弱溶血区。在肉渣培养基中，可产生气体，肉渣未被消化、变红、有恶臭气味产生。在肝片肉汤培养基中生长16～24h后均等混浊，并产生气体；继而培养基变为透明，在管底形成多量絮片状灰白色的沉淀，带有脂肪腐败性气味。在含糖深层琼脂中可形成两种菌落：含1%琼脂时，菌落为絮状、柔弱的棉团状；含2%琼脂时，菌落为豆形或心脏形，边缘有不规则的丝状突起。

3. 理化特性

一般消毒剂在短时间内均能杀死本菌的繁殖体，但芽孢的抵抗力很强，在腐败尸体中可存活3个月，在土壤中存在20～25年仍可保持活力，煮沸2～10min或3ml/L福尔马林10min即可杀死芽孢。

（三）病因及发病机制

1. 传染源

本菌在自然界中广泛分布，可在土壤或动物肠内容物中存活数年。病发动物及带菌动物均可成为本病的传染源。

2. 传播途径

本菌为健康动物肠道菌群，仅在机体受到不良刺激或免疫抑制时方可致病；或通过外在伤口侵入机体，在厌氧条件或含有灭活的动物组织时，可使芽孢变为繁殖体产生外毒素而导致动物发病。

3. 易感动物

家畜中马常感染导致恶性水肿，绵羊多发羊快疫，牛、猪、驴及山羊较少感染；实验动物中以小鼠、豚鼠及家兔最为易感；人亦可感染本菌。

（四）临床表现

本菌可引起急性、致命性恶性水肿或气性坏疽。其感染区域温热，触诊皮下捻发音，患部皮肤呈蓝色坏疽特征，区域性淋巴结肿大，精神抑郁，食欲废绝。偶见凹陷性水肿及局部爆裂。重者 12h ~ 2 天内死亡。

（五）病理特征

1. 大体解剖

组织浆液性积液或出血性坏死，病变蔓延，有捻发音，伤口周围存在恶性水肿迹象，组织层有水泡或气泡性异物浸入。

2. 镜下观察

无菌条件下采集病变部位被膜制作触片，经瑞氏染色镜检可观察到无关节的长丝状菌体链，以及两端钝圆的单个粗大腐败梭菌菌体。

（六）诊断

肝脏的检出率相对较高。疑似病畜剖检取材，葡萄糖鲜血琼脂上接种，用厌气培养法进行分离。在鲜血琼脂培养基上形成隆起菌落，极易融合成一片，周边呈 β 溶血。肝浆膜触片进行染色镜检，发现长丝状菌体即可确诊。

（七）鉴别诊断

对本菌感染进行诊断时，应注意与炭疽、羊肠毒血症、羊链球菌病等相区分。

（八）治疗

注射适量青霉素及消炎药物。局部可进行开创处理：扩大患部创口，依情况切开，及时清除感染组织及异物，其后用高锰酸钾溶液（药用浓度 1% ~ 2%）消毒处理并使用双氧水（药用浓度 3%）反复冲洗，20%碘酊涂抹直至痊愈。若严重感染，截肢是唯一可彻底清除本菌感染的方法。可针对解毒、强心、防止酸中毒等症状进行对症治疗。

（九）预防

感染本菌的患病动物痊愈后，可产生一定程度的免疫力。用绵羊快疫、羊猝狙及羊肠毒血症三联苗接种，可保护绵羊对羊快疫拥有获得性免疫 6 ~ 9 个月。适当的外伤处理及无菌环境对本菌的预防具有良好的效果。

九、支原体病

（一）基本概念

支原体（mycoplasma）又被称作霉形体，由于能形成丝状与分枝形状，故称为支原体。支原体是目前已知能独立生活的最小微生物，广泛分布在自然界及人和动物体内，大多不致病，对人致病的支原体主要有肺炎支原体、溶脲原体、人型支原体、生殖器支原体等。

（二）病原特性

支原体个体微小、体形多变、柔软，结构简单、无细胞壁，能通过细菌滤器，对作用于细胞壁的抗生素有抗性，基因组中鸟嘌呤和胞嘧啶比例相对一般细菌低。大多数种类的支原体生长需要甾醇和脂肪，部分支原体可以在人工复合无细胞的培养基内生长。支原体多数为兼性厌氧，少数为专性厌氧；在固体培养基上形成的菌落极小，其直径通常小于 1mm。支原体在形态上的特点是细胞的多形性，可呈现圆形、卵圆形和梨形，通常直径为 0.3 ~ 0.8μm 或形成细长分支的丝状体，长度为几微米至 150μm。丝状通常在支原体的对数生长期和最佳培养条件时形成，经过短暂生长后，这些丝状体随之断裂形成球形链状。许多小的可塑性支原体细胞可通过 45 ~ 220μm 孔径的滤膜。支原体无细胞壁，仅有细胞膜。有些支原体有 1 个尖细的结构，该结构被认为与吸附宿主细胞有关，支原体滑动时，这个结构总是首先运动。革兰氏染色为阴性，但着色较浅，吉姆萨染色显色较明显，具有较好的临床诊断意义。

（三）病因及发病机制

目前从小鼠、大鼠、豚鼠、地鼠、兔、猫、犬和灵长类动物中分离鉴定的支原体有 30 余种。这些支原体中有的可引起实验动物疾病，如肺支原体可引起鼠类呼吸道支原体病和生殖道病；溶神经支原体主要侵袭小鼠脑神经和中枢神经，引起小鼠旋转病。关节炎支原体主要侵害大鼠，引起多发性关节炎，可造成四肢关节肿胀、后肢麻痹；豚鼠支原体可能引起关节炎；犬支原体可引起犬肺炎。有的支原体则属于寄生性支原体，存在于正常动物的呼吸道和生殖道中，未见有明显的致病性。溶神经支原体及其产生的外毒素可诱发小鼠的旋转病，患病小鼠表现为头伸直，前爪抬起，打滚、跳动、快速运动等神经症状。

（四）临床表现

大部分支原体为慢性或隐性感染，患病动物无明显的临床症状，啮齿类大鼠、小鼠感染支原体后，常表现为头伸直，前爪抬起，打滚、跳动、快速运动等神经症状。

（五）病理特征

猪支原体肺炎，解剖肺部可见肺实变，像鲜嫩的肌肉样“肉变”。随着病程延长或病情加重，病变部颜色加深，呈“胰变”或“虾肉样变”。肺门和纵膈淋巴结显著肿大、质硬，呈灰白色，切面外部湿润，有时边缘轻度充血。组织学病变可取肺脏、淋巴结、脾脏、肝脏、肾脏等组织，用 10%中性甲醛溶液固定，常规石蜡切片，H-E 染色后光镜下病理组织学观察。

（六）诊断

常用的诊断方法除了临床诊断外，还包括组织病理学、实验室诊断等方法。病理学诊断方法主要通过剖检病变器官观察典型的病理特征进行诊断。例如，免疫学诊断方法主要采用间接血凝试验、补体结合试验、酶联免疫吸附试验及放射免疫酶试验等检测血清中抗体水平来判断感染。分子生物学诊断方法以其敏感性高、特异性高、检测迅速等特点也已经被广泛地用于支原体诊断中。

（七）预防与治疗

部分支原体可以通过空气飞沫传播，因此预防与控制工作异常困难。对感染动物进行隔离及场所的彻底消毒是控制支原体扩散的必要手段。以猪支原体为例，目前使用的疫苗主要有灭活苗、弱毒苗、基因工程疫苗。目前基因工程疫苗为支原体疫苗的主要研究方向。实验用大鼠及小鼠感染支原体后可以通过在饮水中添加抗生素治疗，抑制感染和临床症状。体外实验证明，四环素和泰乐菌素对小鼠肺支原体有较强的移植作用。在群体中彻底地清除支原体感染可采取剖宫取胎的方法净化动物，在饲养环境全面消毒后再引入。

第三节 对实验结果造成影响的细菌性疾病

一、铜绿假单胞菌病

（一）基本概念

铜绿假单胞菌是一种能动的革兰氏阴性杆菌，其普遍栖居于潮湿温暖的环境之中，如水、污物及皮肤，主要通过接触及空气传播，是可引起广泛的急、慢性感染的条件性致病菌。依据《实验动物 微生物学等级及监测》（GB 14922.2—2011）中的相关规定，SPF 级以上大鼠、小鼠、地鼠、豚鼠及兔均必须排除本病原菌。

（二）病原特性

1. 生物学特性

本菌为杆菌属，大小为（0.5 ~ 0.7）μm×（1.5 ~ 3.0）μm，常单个或成双排列，偶见短链，多一端单鞭毛运动，革兰氏染色呈阴性。

2. 培养特性

本菌为专性需氧，最适生长温度为 35℃，20 ~ 42℃亦可生长，但 4℃不生长。对营养要求不严格，在普通固体培养基上能够产生两种类型的菌落，一种大且光滑，边缘平坦，中间隆起，呈“荷包蛋样”；另一种小而粗糙，呈蓝绿色，有芳香气味。在血液琼脂及大多数其他标准的实验室培养基上生长良好，多数菌株呈 β 溶血性，大多数菌株能够产生水溶性蓝色的绿脓素及蓝绿色的荧光素。少数菌株可产生包括暗红色在内的其他色素。本菌于麦康凯培养基上生长良好，不变成红色。

（三）病因及发病机制

1. 感染源

本菌在自然界中广泛存在，土壤、海水、淡水、动植物体表、人体皮肤黏膜等都存在。人畜的肠道为本菌繁殖场所，人畜粪便是环境污染的来源之一。

2. 感染途径

本菌分布广泛，传播途径多样，但主要以接触传播和空气传播为主。

3. 易感动物

1）自然宿主：人、马、牛、犬、鸡、水貂等多种动物均可感染。

2）实验动物：新分离的铜绿假单胞菌培养物进行腹腔接种，可导致豚鼠在 24h 内死亡。家兔、小鼠的敏感性相对较低。

（四）临床表现

实验小鼠、豚鼠、家兔及鸽均可感染，而豚鼠最为易感。但其致病性极差，一般情况不引起临床症状，通常以继发或混合感染为主，常为慢性炎症，如中耳炎、内耳炎等。临床症状表现为动物斜颈或转圈。铜绿假单胞菌感染皮肤，可引起局部皮肤脱毛、溃疡。患病小鼠可出现平衡失调、结膜炎、头部肿大、体重下降、浆液性血样鼻分泌物及皮肤感染等症状。免疫抑制小鼠也可发生胃肠溃疡。全身性感染常与严重的白细胞减少有关。罕见神经症状，但也有中枢神经系统自然感染的报道。耳蜗及前庭器官的慢性增生性炎症，伴有周围骨骼溶解，疑似为临床性斜颈的原因。在某些情况下，大鼠发生结膜炎、面部水肿。在遗传学上无胸腺大鼠（裸鼠）出现菌血症之前有发生眶后肿胀的可能。

（五）病理特征

1. 大体解剖

有报道称，铜绿假单胞菌可由静脉导管的滞留造成感染而致病，常具有败血症症状，尸检可见营养性瓣膜心内膜炎和多灶性出血性肺炎。

2. 镜下观察

镜检可在心脏、肺及其他器官中发现纤维蛋白栓子，可观察到白细胞和一种革兰氏阴性杆菌。

（六）诊断

本菌的诊断通常以一次急性感染发病的流行有关的免疫抑制史及从病鼠的血液或器官分离得到菌株为依据。实验室诊断多用分离培养法。

（七）鉴别诊断

本菌可导致免疫缺陷小鼠的细菌性败血症，常需与棒状杆菌、大肠杆菌、沙门氏菌、葡萄球菌及泰泽氏菌所导致的疾病相区分。患病大鼠的面部水肿必须和病毒性涎泪腺炎相区别。

（八）治疗

有报道称，在饮水中加入庆大霉素（1g/L）可有效清除小鼠的感染，但对大鼠并不适用。

（九）预防

采用酸化或高度含氯的饮水可有效预防本菌的感染。但这些措施并不能彻底根除已发生的感染。检测引进的商品性鼠群，预防患病鼠的进入是本菌感染的主要预防措施。通过剖宫产或胚胎移植可消除本菌的感染。

二、鼠棒状杆菌病

（一）基本概念

鼠棒状杆菌可引起多种动物的鼠棒状杆菌病，特别是大鼠、小鼠，其于1894年由德国科学家Kutscher从患病小鼠中首次分离。本菌多呈隐性感染，X射线、免疫抑制及食物中缺乏维生素B_6均可引起带菌动物的发病。本菌在常规检测的方法中不易被分离检出。

（二）病原特性

1. 生物学特性

本菌为小棒槌状、尖形或微弯曲杆菌，排列多为不规则，呈散在、成对、“V”形或栅栏状排列，陈旧培养物中呈现分枝状。大小为（0.5～0.6）μm×（1.2～1.5）μm，不形成芽孢，无鞭毛，无荚膜，无运动性。革兰氏染色阳性。

2. 培养特性

本菌为兼性厌氧，最适生长温度为15～42℃。在普通琼脂或5%血液琼脂平皿上，以（36±1）℃培养48～72h即可形成1mm左右、突起、无光泽、白色或灰色、触之较硬、涂片不易乳化的不溶血菌落。微需氧环境下生长较好。在麦康凯培养基上不生长。分解果糖、蔗糖、菊糖、葡萄糖、半乳糖、麦芽糖、甘露糖和水杨苷，产酸不产气；不分解乳糖、甘露醇、卫矛醇和阿拉伯糖；触酶试验阳性；尿素酶试验阳性；产生硫化氢；不产生吲哚；硝酸盐还原试验阳性。

在污染样品中分离该菌时，使用FCN（furazolidone-colimycin-nalidixicacid，脑心浸液培养基加呋喃唑酮、多黏菌素、萘啶酮酸）选择性培养基，可抑制革兰氏阴性菌的生长，分离效果相对较好。在临床组织病料中本菌革兰氏染色特性可能发生变化，确诊必须结合纯培养菌株的染色及生理生化反应。

3. 理化特性

本菌在室温下可在尿液、粪便及病灶分泌物中长时间存活。存放于PBS的纯培养物，在-20～4℃中至少能保存8天的活性，在脓汁或血液中可保持毒力6～10天，在冷水中能够保持生活力达2周之久。本菌对热抵抗力稍强，日光直射或加热至82℃以上10min可将其灭活。对常用消毒剂较敏感，各种消毒剂均能够迅速杀死本菌。

（三）病因及发病机制

1. 传染源

患病鼠及带菌鼠为主要传染源，自然界带菌野鼠亦可成为传染源。

2. 传播途径

目前大鼠已确认的传播途径是粪—口传播，小鼠及其他动物可直接或间接传播，包括口、鼻或皮肤损伤等。本菌可在消化道、上呼吸道及下颌淋巴结中长期存在，抵抗力下降时进入血液而发病。应激时可使隐性带菌鼠群暴发流行。

3. 易感动物

1）自然宿主：本菌的自然宿主主要是大鼠和小鼠，在豚鼠、地鼠及野鼠中也曾分离出该菌。

2）实验动物：对该菌的感染研究主要使用大鼠和小鼠。小鼠腹腔接种，可在腹腔内形成广泛脓肿，常累及肝脏、肾脏，个别小鼠胰脏亦可发生脓肿；大鼠腹腔接种72h后可出现局部化脓灶；大鼠静脉接种本菌肉汤培养物，常于48h后死亡。剖检可见肝脏、肺脏、淋巴结肿大，有坏死灶，与自然病变相类似。

（四）临床表现

本菌仅散发性地引起临床疾病。免疫抑制或环境应激均可导致疾病暴发流行，大鼠、小鼠常呈隐性感染，一般不表现临床症状。疾病暴发时表现两种类型：高致死率的急性病程及低致死率的慢性综合征。当急性发病时，发病率、死亡率均较高。发病鼠消瘦，弓背，食欲不振，生长受阻，被毛粗乱，关节肿大，呼吸深快，鼻、眼部出现分泌物，皮肤发生溃疡脓肿或形成皮下瘘管，肢体发生跛行或坏死脱落，常于1周内死亡。大鼠呼吸道症状较为明显。当慢性经过时，临床症状常不明显。严重感染可导致动物死亡。有报道称，本菌的感染可引起C57BL/6老龄鼠的角膜结膜炎。

（五）病理特征

1. 大体解剖

1）小鼠多表现为全身性败血症，多个脏器（如心脏、肺、肝、肾及淋巴结）形成脓肿，呈黄色或灰白色结节，凝固性或干酪样坏死。常见病例中，小鼠的病变主要集中在肝和肾。腕、掌、跗、趾关节腔中存在大量黏液性脓性分泌物，伴有关节坏死、软骨溃疡及糜烂。形成皮肤溃疡及瘘管，有的动物可出现皮下脓肿等。本菌可引起角化过度性皮炎，导致严重的脱毛及皮肤脱落。通常裸鼠的症状更为严重。

2）大鼠可见肠黏膜出血及溃疡，有小脓肿形成，肠系膜淋巴结肿大。在心脏、肺、肝、肾及淋巴结可形成脓肿，呈黄色或灰白色结节，内有与结核结节类似的干酪样渗出物。对于病程较长的病例，病灶可合并为超过 1cm 的凸起病变。在一般病例中，主要的病变在肺部，常呈现红白相间的实质化病变，肺泡水肿；肺小叶间隔增厚，切面下液化或干酪样坏死及充血；肺与胸壁间纤维素性粘连，胸膜增厚，表面纤维素性附着；下颌淋巴结肿大，切面呈中央坏死状；偶见中耳炎、腹膜炎、皮肤溃疡、包皮腺炎、化脓性关节炎等。

2. 镜下观察

脓肿周围常有巨噬细胞及中性粒细胞浸润，其实质细胞发生坏死。肺多发性病症或愈合后，仍可发现凝固性至液化性坏死，区域内存在许多中性粒细胞，周围以淋巴细胞、巨噬细胞及结缔组织增生为主。还可见巨噬细胞和中性粒细胞的浸润，小支气管内可见黏液及中性粒细胞。小支气管及周围血管淋巴细胞和浆细胞增生，间皮细胞肥大，有少量巨噬细胞。淋巴结坏死，大量中性粒细胞浸润。坏死灶及脓肿病灶中可见革兰氏染色阳性的小杆菌菌体集落。

（六）诊断

本菌感染可根据流行病学资料及临床症状做初步诊断，但确诊仍需结合实验室检查。

1）临床及病理学诊断：患病动物弓背，消瘦，食欲不振，生长受阻，关节肿大，被毛粗乱，呼吸深快，鼻、眼部出现分泌物，皮肤破溃肿胀形成皮下瘘管。肢体可因坏死而脱落，通常于 1 周内死亡。大鼠呼吸道症状较明显。病理剖检可见本菌引起的特征性多脏器干酪样坏死灶，可与其他病原菌引起的病灶相区分。免疫组化可确定病灶中特异性的细菌栓子。

2）细菌分离与鉴定：日常监测可采取动物回盲部内容物进行接种分离细菌。可取病鼠的脓肿组织涂片，观察其形态查找致病菌。同时取病鼠的鼻咽气管分泌物，肺、肾的病灶组织及隐性感染动物中所收集的临床标本进行培养分离，鉴定本菌时，取可疑菌落做生化鉴定或者用抗血清做玻片凝集试验。

3）血清学试验：间接免疫荧光检测试验、微量凝集试验及ELISA是目前公认的检测本菌抗体最有效的方法。

4）分子生物学诊断：PCR及核酸杂交技术已成功应用于对本菌感染的快速诊断。

（七）鉴别诊断

干酪样坏死有助于将本菌与其他传染性疾病所引起的坏死及脓肿相区分，如败血症、链球菌病、支原体病等。弥散性和脱屑性皮炎是裸鼠感染的典型症状，此外，亦曾有一例葡萄球菌引起的大量皮肤性病变的报道。本菌引起的角化过度性皮炎应与低温引起的裸鼠鳞状皮肤相区分。同时也可从脓肿中采集脓汁，接种在血液琼脂平板上，若产生干燥的、可溶血的鳞片状菌落即可进行确诊。

（八）治疗

临床明显的棒状杆菌感染多为散发，因此通常难以治疗和控制。用抗生素治疗或预防效果并不显著。淘汰有临床症状的动物可用于常规鼠群，然而在实验期间，若动物受到严重应激或免疫抑制时却极少使用。在无特定病原菌环境中，对受感染的鼠群进行更新或采用剖宫产对鼠群净化，在根除及预防感染方面十分有效。

（九）预防

本菌能够存在于健康啮齿动物中，不表现任何临床症状，是实验大鼠、小鼠最易感染并污染环境的病原菌，在饲养群体中一旦感染存在就很难清除。采取的主要预防措施包括：早期检测，一旦发现阳性动物就立即隔离；利用常规化学及物理方法进行消毒，杀灭环境中的病原菌。不推荐使用抗生素疗法清除种群中鼠棒状杆菌的感染，但青霉素、四环素等抗生素可缓解本菌所引起的肺炎等临床症状。但对已经污染的实验种群，子宫剖宫产净化是清除感染最为有效的方法。

三、胞内劳森氏菌病

（一）基本概念

胞内劳森氏菌是猪增生性肠炎的病原，可导致肠道炎症病变。

（二）病原特性

1. 形态学特性

本菌是可呈现多种形态，如“S”形、逗点形、小弯曲形或直形的杆菌，大小为（1.25～1.75）μm×（0.25～0.43）μm，侵袭力强，未发现鞭毛，无运动力，抗酸，革兰氏染色呈阴性。

2. 培养特性

本菌为严格细胞内寄生，8%氧气的存在为最佳生长条件，但迄今为止用常规的细菌培养技术进行培养尚未能成功。

（三）病因及发病机制

1. 传染源

发病动物及带菌动物均为本病的传染源。

2. 传播途径

本菌具有高度接触性传播特点，主要引起增生性回肠炎、盲肠炎、结肠炎或出血性肠道炎。此外，有报道称，鼠类和蚊虫在本菌的传染中起到了重要的作用。

3. 易感动物

大鼠、豚鼠、仓鼠、雪貂、绵羊、猪、马、犬、白尾鹿、北极狐、非人灵长类、鸟类及兔均有感染发生。但菌株不同，各物种间敏感性也有所差异。

（四）临床表现

猪增生性肠炎多表现为腹泻，生长率降低，消化道出血，通常体温不升高，可根据病情状态分为急性型、慢性型和亚临床感染型。

兔断奶后 1 ~ 4 周呈现急性盲肠炎。曾有报道日本大耳白兔的腹泻与胞内劳森氏菌的感染和组织细胞性肠炎有关。另有报道称，兔感染后会发生腹泻和体重减轻。

（五）病理特征

1. 大体解剖

本菌可致猪急性或慢性增生性肠下垂，急性与慢性型的主要病变均出现在回肠、盲肠及结肠前段，可见急性出血直至增生性坏死的病变。

2. 镜下观察

坏死性肠炎组织切片可见变性炎细胞及纤维蛋白沉积所引起的凝固性坏死，病程较长者可出现肉芽组织。经组织学检查，增生黏膜内常有出血性或退行性变化，感染的肠道黏膜及腺窝内有细胞碎片及菌体的大量堆积。

（六）诊断

胞内劳森氏菌可以应用不同方法进行诊断，包括 PCR、免疫组织化学、原位杂交技术、Warthin-Starry 染色法。

（七）鉴别诊断

本菌可导致肠上皮增生，需与弗氏柠檬酸杆菌、肝肠幽门螺杆菌等相鉴别。典型的免疫缺陷小鼠十分易感。

（八）治疗

氯四环素、林可霉素、泰乐菌素均可有效治疗及控制本病。

（九）预防

各物种对不同菌株的敏感度不同，目前为止，相互隔离是一种较为有效的预防方式。

四、肝螺杆菌病

（一）基本概念

由肝螺杆菌感染引起的疾病称为肝螺杆菌病。

（二）病原特征

1. 分类地位

肝螺杆菌属于螺杆菌科、螺杆菌属，革兰氏染色阴性，微需氧，有菌体（O）抗原和鞭毛（H）抗原两种抗原。

2. 形态学特征

肝螺杆菌呈弯曲螺旋杆状、“S”或“C”形，有 1～3 个螺旋。从胆汁中分离的肝螺杆菌通常呈球状。该菌不产芽孢，大小为（0.2～0.3）μm×（1.5～5.0）μm。电镜下观察，细菌表面光滑，菌体两端稍尖，各有一根有鞘鞭毛。

3. 培养特性

肝螺杆菌为微需氧菌，培养条件和营养要求比较苛刻。气体培养条件：5%氧气、10%二氧化碳和 85%氮气。固体培养基：可使用哥伦比亚血琼脂和脑心浸液，加 10%脱纤维羊血。菌落大小为 1～2mm，呈针尖样、透明，不产生色素，不溶血。液体培养基：可使用 2 号营养肉汤或脑心浸液，加 10%小牛血清。初次分离培养时，需在上述培养基中添加万古霉素、两性霉素 B、多黏菌素 B 和甲氧苄啶等。该菌生长缓慢，在微需氧条件下，常需 5～7 天，在 25℃或 42℃条件下不能生长，最适温度为 37℃；能在 1%甘氨酸中生长。培养营养条件不足、温度不适或生长时间过长时，肝螺杆菌进入“非可培养状态”（viable but non-culturable，VBNC）的休眠期，此时进行革兰氏染色，呈革兰氏阴性球状菌。条件适宜时，VBNC 的肝螺杆菌可继续增殖生长。

4. 理化特征

肝螺杆菌对胆汁耐受，在胆酸、胆盐存在时能生存；对外界抵抗力不强，在干燥的空气中暴露 8h 就可死亡，70℃ 10min 或 65℃ 20min 可被杀死。通常使用常规消毒方法，如 3%苯酚 1min，0.2%过氧乙酸、1%新洁尔灭、2%煤酚皂、3%漂白粉、10%石灰乳 5min 即可灭活该菌。

（三）病因及发病机制

1. 传染源

肝螺杆菌可存在于宿主的胃肠道、肝脏和胆管中，主要的传染源是隐性携带肝螺杆菌和患病的动物。

2. 传播途径

患病动物通过分泌物、排泄物不断地排出有毒力的病菌，污染饲料、垫料、饮水和笼具等饲养环境。健康动物经消化道传染，可通过舔咬、子宫内污染和粪便等方式传播。小鼠对肝螺杆菌的感染率高，很可能是经粪—口途径传播。

3. 易感宿主

易感宿主主要是小鼠、大鼠、金黄地鼠、兔、犬、猴、小型猪及人。

4. 毒力因子

肝螺杆菌的毒力因子有脂多糖、细胞致死伸展毒素、尿素酶、鞭毛蛋白等。肝螺杆菌的鞭毛参与了细菌的黏附、穿入、致病，与诱导宿主的免疫应答有密切关系。肝螺杆菌的主要抗原成分是鞭毛蛋白。现已证实，导致鼠等啮齿类动物发生肝癌和慢性活动性肝炎的病原因子之一就是肝螺杆菌。SCID 小鼠和 Balb/c 小鼠对肝螺杆菌易感，且雄性更敏感；C57BL/6 小鼠及裸鼠对肝螺杆菌不易感。动物感染肝螺杆菌后，2 ~ 6 月龄即可发生肝坏死，6 ~ 10 月龄出现肝胆管增生，1 年形成肝癌。小鼠感染肝螺杆菌后，肝螺杆菌选择定位于毛细胆管中，肝实质呈局灶性坏死，汇管区胆管细胞增生、炎性细胞浸润，进而发生坏死后纤维化，肝癌发病率增高。

（四）临床表现

感染肝螺杆菌可能发生在动物的幼年，一般自发性和试验性感染肝螺杆菌过程缓慢。肝螺杆菌感染小鼠时，肝螺杆菌选择性生长并定植在肝内胆管、结肠和盲肠，通常引起慢性活动性肝炎、炎症性肠病及肝肿瘤。肝螺杆菌感染的小鼠，1 ~ 4 月龄肝脏出现非化脓性炎症和局灶性坏死。随着小鼠月龄的增长，病变广泛，伴有肝细胞肿大、胆管炎和胆管增生。肝螺杆菌感染小鼠后，引起肝脏病变，同时常伴有炎症性肠病。小鼠发生不同程度的慢性增生性结肠炎、盲肠炎和直肠炎，有时甚至发生直肠脱垂。

（五）病理特征

1. 大体解剖

感染肝螺杆菌的动物解剖，肝脏可见 1 ~ 3mm、呈单发或多发的黄色或灰色结节，一个或多个肝叶可见。

2. 镜下观察

感染肝螺杆菌的动物，肝小叶脂肪变性，肝细胞肿大，出现大小不等的空泡，肝细胞部分细胞核深染、局部坏死。直肠局部充血，绒毛脱落，少量炎性细胞浸润。脾脏小叶间隔不清晰，淋巴细胞散在分布，巨噬细胞增多。肝脏汇管区胆管细胞增生、炎性细胞浸润，肝实质局灶性坏死，坏死后纤维化。数个或大量肝细胞凝固性坏死，周围伴炎症细胞浸润，卵圆细胞、库普弗细胞增生或肥大。肝细胞细胞质增多，细胞核变大、形成假包涵体，部分雄性小鼠可见瘤样肝细胞结节。肝细胞肿瘤，可见到良性腺瘤及恶性肝细胞癌，呈多发性。

（六）诊断

1. 临床诊断

动物大腿外侧、背部、颈部被毛脱落，脖颈部皮肤出现不规则溃烂。眼睛似失明，晶体混浊，眼球突出。颌下淋巴结肿大，胃黏膜出现溃疡，颌下淋巴结和胃黏膜有针尖大小的出血点。肝脏、脾脏肿大，脾脏色素沉着，肝脏和脾脏伴有灰白色大小不等的坏死灶。直肠脱落，肠黏膜出血。患病动物排便困难，肛周溃烂，粪便成颗粒状，干燥带血。

2. 实验室诊断

（1）细菌学检查方法

1）肝螺杆菌标本的形态学检查：采集不超过 24h 的新鲜病料涂片、革兰氏染色或银染、镜检见革兰染色阴性的弯曲杆菌或螺旋状杆菌，有一定的诊断意义。

2）肝螺杆菌的分离培养及生化鉴定：采集新鲜病料进行分离培养。分离培养出的菌株根据菌落的生长特征、生化特性及其对抗生素的敏感性，即可鉴定。

（2）血清学方法

可检测粪便和血清中的特异性抗体（IgG 或 IgA）。

（3）分子生物学方法

分子生物学方法包括PCR检测、多重 PCR 检测、TaqManMGB 探针实时荧光定量 PCR 检测。

（七）鉴别诊断

该菌需要和能引起炎症性肠病的其他细菌鉴别诊断。

（八）治疗

实验小鼠发现肝螺杆菌感染后一般不治疗，直接淘汰处理。如果种群发现肝螺杆菌感染，可以采用剖宫产的方法进行净化。如果非常珍贵的小鼠需要治疗，可采用甲硝唑和铋加阿莫西林三联疗法，或者甲硝唑和铋加四环素三联疗法。

（九）预防

该菌能正常存在于动物中，动物不表现任何临床症状。早期检测，发现肝螺杆菌感染的动物立即隔离或淘汰，对患病动物污染的环境、饲料、垫料及饮水等彻底进行消毒。与动物接触时，注意防护，防止被动物抓伤、咬伤。进行饲养繁育或动物实验时要穿防护衣、戴口罩，活动结束后及时清洗双手，防止由于接触患病动物污染的饲料、垫料、笼具等造成感染。

五、念珠状链杆菌鼠咬热（人兽共患病）

（一）基本概念

念珠状链杆菌鼠咬热简称鼠咬热或哈佛希尔热，是由念珠状链杆菌感染引起的一种以急性发热性人兽共患的传染性疾病，宿主为啮齿动物，通常小鼠发病，大鼠多为隐性感染。人因误食被念珠状链杆菌污染的食物或者因鼠咬而发病，引发头痛、发热、呕吐、关节炎等多种炎症，严重的可死亡。

（二）病原特征

1. 分类地位

念珠状链杆菌为革兰氏染色阴性杆菌，兼性厌氧，属于梭杆菌科、链杆菌属。

2. 形态学特征

念珠状链杆菌是一种革兰氏染色阴性菌，高度多形性，无芽孢，无荚膜，无动力，不耐热。形态学特征与环境相关。在适宜的培养基中，典型特征是短杆状，大小为（0.1 ~ 0.7）μm×（1.0 ~ 5.0）μm，可排列成长丝状或链状，长丝体呈念珠状膨胀，有时弯曲成团，长短不一。

3. 培养特性

念珠状链杆菌需氧或兼性厌氧，在普通培养基中不容易生长，需要在含有 10% ~ 20% 的血、血清或腹水的培养基上才能生长。生长缓慢，生长期需要 2 ~ 7 天，37℃含有 5% ~ 10%二氧化碳的条件可以促进其生长。菌落直径1 ~ 2mm，形态多形性，呈绒毛球状，菌落为白色，不溶血。念珠状链杆菌氧化酶、过氧化氢酶、吲哚、硝酸还原试验阴性。

4. 理化特性

念珠状链杆菌能自动形成和保持 L 型变异，在不适的环境中能自发转变成 L 型，在适宜环境下又能恢复念珠状链杆菌的固有形态。这种 L 型菌能侵犯机体组织，但无致病力。由于 L 型菌无细胞壁，对作用于细胞壁上的抗生素不敏感。对常用化学消毒剂，如 1%次氯酸钠、2%戊二醛、70%乙醇等敏感。该菌在 4℃可存活长达 10 天，在 37℃血清肉汤培养基中可存活 1 周，但是 121℃ 15min 即可被灭活。

（三）病因及发病机制

1. 传染源

该病的主要传染源是鼠类。念珠状链杆菌被认为是大鼠鼻咽部的正常菌群，从健康大鼠的上部气管、咽部、鼻咽部及中耳可以分离到该菌。食肉动物如犬、猫、鼬、雪貂等与鼠类接触后，以及其他啮齿类动物如豚鼠、沙鼠也可作为传染源。人被鼠咬伤后，一般情况下，伤口会在短时间内愈合，无分泌物渗出，因此几乎没有人传人的可能，人被鼠咬伤后也无需隔离。

2. 传播途径

念珠状链杆菌主要通过直接接触感染，可通过大鼠咬伤经由唾液传播，亦可通过大鼠鼻腔和眼睛分泌物传播。除此之外，含该菌的气溶胶或被该菌污染的饮水、垫料、饲料等均可引起疾病的传播。

人感染念珠状链杆菌主要有两种途径：一种是食入被该菌污染的饮水或食物，从而引起疾病；另一种是鼠咬感染，最近几年也有因亲近宠物而感染念珠状链杆菌的报道。尽管鼠咬热主要由鼠咬伤传播，但是，处理死鼠或鼠抓伤时也可引起感染，该菌亦可因与其他啮齿类动物接触而感染。

3. 易感宿主

1）自然宿主：念珠状链杆菌的自然宿主是大鼠，大鼠在传播感染方面起了决定性的作用。

2）实验动物：小鼠、大鼠、豚鼠和沙鼠均易感。念珠状链杆菌对大鼠而言是低致病性的，但由于其他病原菌如肺支原体或引起结膜炎、中耳炎、慢性肺炎和支气管炎的类胸膜肺炎微生物存在，该菌可成为继发入侵菌。在群居小鼠中念珠状链杆菌可暴发流行，小鼠易感性与其品系有关，昆明小鼠、C57BL/6 小鼠和封闭群 Swiss 小鼠对该菌非常易感，N1H 小鼠和 DBA/2 小鼠对该菌中度易感，C3H/He 小鼠、Balb/c 小鼠和 ICR 小鼠对该菌有抵抗力。

（四）临床表现

1. 动物的临床表现

念珠状链杆菌感染大鼠是低致病性的，细菌仅在鼻咽部定植，不表现临床症状，偶尔会引起肺部感染和脓肿。

小鼠急性感染念珠状链杆菌的典型临床症状包括发绀、结膜炎、颈部淋巴结炎、血红蛋白尿、腹泻、体重下降。如果小鼠急性感染期未死于败血症，那么可转变为慢性感染，表现为尾巴和四肢红肿，随后发展为化脓性关节炎、关节畸形及关节强直。小鼠也有可能发生驼背、脊柱损伤、脊髓炎、身体下半截瘫痪等症状，偶见脓肿发生。怀孕母鼠可流产或死胎。

豚鼠感染念珠状链杆菌可引起颌下腺脓肿及肉芽肿肺炎。沙鼠可能带菌，传播给人鼠咬热，尚未发现念珠状链杆菌对沙鼠有致病性。

2. 人的临床表现

该病的潜伏期一般为 1～7 天，动物咬伤处容易愈合，不形成硬结性溃疡，局部淋巴结不肿大。通常起病急，潜伏期后突然发作，表现为高热、寒战、呕吐、头痛、背痛，类似急性胃肠炎和呼吸道感染症状。95%以上的患者有关节炎和形态、大小不规则的皮疹症状。该病预后良好，极少见复发。

（五）病理变化

1. 大体解剖

患病动物剖检可见淋巴结和脾大；脾脏和肝脏发生广泛的局灶性坏死，浆膜表面有瘀斑和瘀点；肾脏可见间质性肾炎；有多发性微细脓肿、肝脏和卵巢脓肿。

2. 镜下观察

肝脏、肾脏、心脏、肺等器官单核细胞浸润，脾窦内淤血，散在性炎性病灶，镜检可见有细菌。

（六）诊断

1. 临床诊断

根据动物的临床症状做出大体诊断。但是临床症状不能确诊，需要做细菌的分离培养鉴定。

2. 实验室诊断

（1）细菌分离鉴定

从脓液、血液、关节腔液和其他病变部位可分离培养到病原菌，隐性感染动物可以接种气管分泌物进行分离培养。

（2）血清学实验

可采用酶联免疫吸附试验和间接免疫荧光检测试验检测特异性抗体，从而检查动物带菌情况。

（3）PCR 检测

采用 PCR 对急性期患者脓液、血液、关节腔液检测，准确率高，有早期诊断价值。

（七）鉴别诊断

鼠咬热需要与鼠棒状杆菌、鼠痘病毒和沙门氏菌引起的病变及泰泽氏菌病进行鉴别。

（八）治疗

小鼠感染念珠状链杆菌一般不予治疗，如果种群感染了该菌，可以通过胚胎移植或者剖宫产进行种群净化。非常珍贵的小鼠可以采用四环素和头孢类抗生素进行治疗。

（九）预防

念珠状链杆菌主要通过直接接触患病或者感染动物进行传播，因此，预防念珠状链杆菌传播主要是防止带菌动物进入动物设施，动物设施或实验室必须严防宠物鼠和野鼠进入；来源不明的动物必须检疫，经检疫不携带念珠状链杆菌时，方可进入设施。

六、克雷伯菌病（人兽共患病）

（一）基本概念

克雷伯菌病是由克雷伯菌引起的一种传染性疾病。肺炎克雷伯菌是一种条件致病菌，是肺部感染的主要病原。

（二）病原特征

1. 分类地位

在分类上，肺炎克雷伯菌属于肠杆菌科、克雷伯菌属。克雷伯菌属可分为 5 个种，即肺炎克雷伯菌、解鸟氨酸克雷伯菌、产酸克雷伯菌、土生克雷伯菌和植生克雷伯菌。其中，肺炎克雷伯菌又可分为臭鼻、肺炎和鼻硬结 3 个亚种。

2. 形态学基本特征

肺炎克雷伯菌为革兰氏阴性杆菌，长 1 ~ 2μm，宽 0.5 ~ 0.8μm，比其他肠杆菌粗短，无芽孢，无动力，可产生荚膜。大部分细菌散在分布，常表现为端对端的成对发育。

3. 培养特征

肺炎克雷伯菌最适生长温度为37℃。菌落呈灰白色、极黏稠。兼性厌氧，如果完全缺氧，该菌生长较差。在碳水化合物丰富的培养基上，产生的荚膜较厚。肺炎克雷伯菌能发酵乳糖，可在鉴别培养基上显有色菌落；其能产生大量荚膜物质，可在固体培养基上呈灰白色黏胨样菌落，并且菌落容易互相融合，如果用接种环挑取，容易拉成丝；在肉汤中培养数日后液体明显黏稠。该菌对马及羊红细胞无溶血。在4天内发酵淀粉产气是克雷伯菌属细菌典型的生化特征。硝酸盐还原试验、VP试验、丙二酸盐试验、西蒙氏柠檬酸利用试验、赖氨酸脱羧酶试验、尿素酶试验阳性，甲基红试验（M.R）、鸟氨酸脱羧酶试验、半固体动力试验阴性，能利用乳糖和葡萄糖，靛基质试验阴性。

4. 理化特征

该菌在干燥条件下可存活数月，在室温条件下可存活数周。55℃ 30min即可被杀死。

（三）病因及发病机制

1. 传染源

克雷伯菌属细菌广泛存在于自然界中，主要存在于动物和人的呼吸道、肠道和泌尿生殖道。最主要的传染源是带菌者和患者。

2. 传播途径

人抵抗力下降时，正常携带克雷伯菌者可发生局部或者全身感染，此为内源性感染。在医院，该菌可通过人工呼吸器等医疗器具和医护人员带菌的手而传播。手术、长期住院、留置导尿管及原发性疾病等可引起患者局部或全身防御免疫功能减退，这些是诱发本病的重要原因。

3. 易感宿主

1）易感动物：各种动物均易感，小鼠和15日龄以内的雏鸡最易感。

2）易感人群：主要感染免疫力低下的宿主、肿瘤和糖尿病患者、有外科感染的患者及新生儿等。

4. 毒力因子

克雷伯菌属细菌的毒力因子有荚膜抗原、菌毛、抗血清杀菌活性和脂多糖及铁载体4种。

（四）临床表现

1. 动物的临床表现

肺炎克雷伯菌是动物肠道和呼吸道内寄生的条件致病菌。正常条件下很少致病，只有在长期使用抗菌药物或免疫功能长期低下时，肺炎亚种才能致动物乳腺炎、子宫炎、肺炎及其他化脓性炎症，偶尔引起败血症。

该菌毒力较强，小鼠腹腔注射极少量的肺炎克雷伯菌（100个细菌）即可死亡。

2. 人的临床表现

人的临床表现主要为败血症、呼吸道感染、尿路感染和化脓性脑膜炎等。

（五）病理变化

1. 大体解剖

大鼠：随着肺炎克雷伯菌的感染剂量的增加，大鼠肺部组织颜色从淡红色逐渐变为深红色，肺部组织从可见出血点逐渐变为广泛出血，弹性逐渐变差，最后肺部触摸有实质感。

家兔：多器官坏死和出血，肺脏和气管明显肿胀、充血、出血、坏死。肾脏明显肿大，颜色较深，表面伴有局灶性充血、出血。脾大，充血，质地变软。

2. 镜下观察

大鼠：电镜下观察，各级支气管周围大量中性粒细胞、白细胞浸润，肺泡壁广泛遭到破坏，同时可见肺组织广泛出血。

家兔：肺组织内，小静脉、小动脉及毛细血管内有大量红细胞充盈，同时伴有血栓形成；肺泡腔内有红细胞溢出，同时有浆液性渗出。气管纤毛不完整，出现缺损。肝脏中，肝细胞出现颗粒变性乃至空泡变性，中央静脉内有浆液性物质和血栓充盈，肝索肿胀。

（六）诊断

1. 动物的临床诊断

可根据动物的临床表现进行初步诊断，如动物被毛粗乱，食欲不振，常打喷嚏，鼻部和眼周有暗红色斑点，鼻孔先流出乳白色黏液，继而转为血性黏液等症状。

2. 人的临床诊断

人如果出现症状，需要及时送往医院，由医生进行诊断。

3. 实验室诊断

（1）细菌分离

利用病变组织或者黏液等可进行细菌的分离培养。

（2）生化鉴定

根据该菌的生化特点进行鉴定。

（七）鉴别诊断

需要与能引起化脓性损伤的其他细菌性感染进行鉴别，如葡萄球菌、链球菌、巴斯德菌和大肠杆菌。

（八）治疗

小鼠等如果发现肺炎克雷伯菌感染，一般不予治疗，淘汰处理。如果种群出现该菌感染，可利用剖宫产或胚胎移植的方法进行种群净化。

克雷伯菌感染需采取积极有效的抗生素治疗。该属菌耐药现象严重，应根据药敏试验的结果选用合适的药物治疗。多数肺炎克雷伯菌对氨苄西林或羧苄西林耐药，宜用头孢类抗生素联合氨基糖苷类药物进行治疗。

（九）预防

防止带菌动物进入动物设施，动物设施或实验室必须严防宠物鼠和野鼠进入；来源不明的动物必须检疫，经检疫不携带克雷伯菌时，方可进入设施。设施本身也要做好消毒工作。

七、艰难梭菌病

（一）基本概念

由艰难梭菌感染引起的疾病称为艰难梭菌病。

（二）病原特征

1. 形态学特征

艰难梭菌，又称艰难梭状芽孢杆菌，是专性厌氧、革兰氏阳性粗大芽孢杆菌，产生的芽孢对外界环境有极大的抵抗力。大小为（6～8）μm×0.5μm。

2. 培养特征

环丝氨酸-头孢西丁-果糖琼胶（cycloserine-cefoxitin-fructose agar，CCFA）是艰难梭菌常用的选择性培养基。在 35～37℃的厌氧条件下进行培养。在血琼脂上进行培养时，艰难梭菌的菌落非溶血性、灰色、圆形，略凸起，边缘不整齐、表面粗糙。在卵黄琼脂平板上不形成乳浊环。在血平板上生长的菌落在紫外线照射下可见荧光。

艰难梭菌能利用葡萄糖和果糖产酸，但是，其乳糖、麦芽糖和蔗糖试验均为阴性。艰难梭菌产生 2 种毒素：毒素 A 和毒素 B。

3. 理化特征

艰难梭菌繁殖体离开肠道 24h 死亡，而产生的芽孢对外界环境有极大的抵抗力，在宿主外的有氧环境中可存活数周至数月。芽孢耐热，100℃ 1h 才能被杀灭，还耐强酸强碱、耐干燥；一旦芽孢污染环境，常用的无漂白作用的消毒剂不能将其杀死。过氧乙酸和次氯酸钠可有效地杀灭细菌芽孢。

（三）病因及发病机制

1. 传染源

艰难梭菌一般存在于人或动物的肠道内，广泛存在于粪便中。

2. 传播途径

艰难梭菌一般通过粪—口途径进入消化道，在肠道中出芽，形成菌株，此为外源性感染；其也可在使用大量抗菌药物后引起内源性感染。

3. 易感宿主

艰难梭菌是人与动物假膜性肠炎和抗生素相关性腹泻的主要病原菌，在医院的感染中住院的患者发病率非常高。早在 2000 年，人们对艰难梭菌感染的研究就比较热门，原因是高毒力的菌株（NAP1/BI/027）重复出现，导致严重的临床疾病。艰难梭菌和叙利亚仓鼠、豚鼠、家兔、土拨鼠、鸵鸟和马的抗生素相关的结肠炎有关。

4．致病机制

构成艰难梭菌毒力的物质基础主要为侵袭力和毒素。艰难梭菌的侵袭力主要包括侵袭性酶、生物被膜、黏附素及菌毛等。该菌致病主要通过毒素介导，主要致病因子为毒素 A 和毒素 B，除此之外，该菌还产生一种二元毒素。毒素 A 是一种肠毒素，引起显著的液体分泌、黏膜损伤和肠道炎症；毒素 B 是一种细胞毒素，直接破坏肠壁细胞形成伪膜，其对肠道的损伤作用是毒素 A 的 10 倍。

给 C57BL 小鼠接种 10^8CFU 的艰难梭菌孢子，小鼠会出现明显的艰难梭菌感染症状，接种后 48h 内所有的小鼠会出现临床症状。

（四）病理特征

艰难梭菌不是组织入侵的，只有产毒素的菌株才会导致疾病。试验的艰难梭菌感染会引起腹泻、盲肠炎、中性粒细胞渗透到固有层、炎症反应、形成假膜及死亡。

（五）诊断

艰难梭菌相关疾病的诊断一般通过细胞毒性试验检测外毒素。已经建立了通过 PCR 检测艰难梭菌和毒素的方法。

（六）鉴别诊断

艰难梭菌引起的腹泻一般和抗生素治疗有关。在小鼠腹泻和死亡时，应该排除其他梭菌属疾病和其他肠道病原。应该注意鉴别诊断沙门氏菌和柠檬酸菌引起的感染。

（七）治疗

对于治疗小鼠感染天然的艰难梭菌没有已经出版的法规。无菌小鼠试验感染艰难梭菌，口服剂量为 2mg 的万古霉素，每天两次，连用 7 天，营养细菌细胞数目明显减少 2～3log，检测不到细胞毒素。治疗停止时，细菌总数和细胞毒素恢复到以前的水平。

（八）预防

在小鼠上，目前还没有明确的手段可以控制和阻止艰难梭菌感染。有艰难梭菌和产气荚膜梭菌通过摄入或者孢子感染后，可以通过严格的饲养条件，有效的消毒措施，使用消毒的食物、垫料、笼具及笼具上的其他附件逐渐消除它们在小鼠上的定植。应尽量避免突然改变饮食，慎用抗生素，以减少对小鼠肠道正常菌群的破坏。

八、分枝杆菌属疾病

（一）基本概念

由分枝杆菌属细菌引起的疾病。

（二）病原特征

1. 形态学特征

分枝杆菌属成员均为好氧、平直或微弯细长的杆菌，革兰氏染色阳性，菌体大小为（0.2～0.6）μm×（1.0～10）μm，无芽孢，无鞭毛，无荚膜。因本属菌富含内脂质，不容易着色，若延长染色时间或加温使之着色，则能抵抗强脱色剂盐酸乙醇的脱色作用，称为抗酸性杆菌。

2. 培养特性

分枝杆菌属细菌 DNA 的 G+C 含量的摩尔分数为 62%～70%，按照细菌的营养要求和生长速度可分为缓慢生长、迅速生长和需要特殊营养要求 3 个群。生长缓慢的分枝杆菌属菌株需要 2～6 周长成菌落；而生长较快的分枝杆菌属菌株在 3 天内即可长成菌落；有的分枝杆菌属菌株对营养要求比较特殊，一般在试管内不能生长。

3. 理化特征

分枝杆菌属细菌对外界环境和干燥的抵抗力较强，在干燥的组织和尘埃中可生存 6～8 个月，在阴暗的环境中可生存数周。对湿热抵抗力较差，60℃ 30min 即可使细菌灭活。对紫外线敏感。

（三）病因及发病机制

1. 传染源

分枝杆菌属细菌广泛存在于土壤和水中。如果分枝杆菌属细菌存在于实验小鼠中，在饲养过程中将会引起大范围暴发。

2. 传播途径

感染鸟型分枝杆菌的情况非常少，仅在 C57BL/6 小鼠的繁殖中报道过一次。这次感染被认为是由饮水引起的。鼠麻风分枝杆菌在健康的实验小鼠中分离得到过，可引起潜在的感染，但是它的出现是有历史原因的，其被用作人类麻风病的模型。在现代化、管理良好的动物设施内不太可能出现鼠麻风分枝杆菌的感染。

3. 易感宿主

有两种分枝杆菌感染实验小鼠：鸟型分枝杆菌和鼠麻风分枝杆菌，它们都为抗酸细菌，是严格的胞内菌。

（四）临床表现

鸟型分枝杆菌感染时，临床症状一般不明显，但是小鼠能形成肉芽肿性肺炎。

（五）病理特征

1. 大体解剖

肉眼病变主要是在皮下组织、网状内皮组织和器官（肺、脾脏、骨髓、胸腺和淋巴结）形成结节。病变也能出现在骨骼肌、心肌、肾脏、神经和肾上腺。

2. 镜下观察

组织学病变的标志主要是血管周围的肉芽肿及抗酸细菌周围聚集大量的麻风细胞。

（六）诊断

分枝杆菌病的初步诊断是涂片出现抗酸细菌。进一步诊断需要分离培养出阳性菌，这可能需要数天到数周；或者 PCR 出现阳性结果，这比较节省时间，但是需要相关的专业人员指导。

（七）鉴别诊断

其他细菌也能引起小鼠的肉芽肿。

（八）治疗

小鼠感染一般不予治疗，可直接采取安乐死。如果种群感染，可采取剖宫产或胚胎移植的方法进行净化。

（九）预防

一般自然感染较少。

九、变形杆菌感染

（一）基本概念

变形杆菌感染是由变形杆菌属细菌引起的一种传染病，病原主要是奇异变形杆菌、普通变形杆菌。变形杆菌属细菌为条件致病菌，变形杆菌感染多为继发感染。

（二）病原特征

1. 形态学基本特征

变形杆菌属细菌革兰氏染色阴性，大小为（0.4 ~ 0.8）μm×（1.0 ~ 3.0）μm，细菌多单个存在，也可见成对或呈短链排列。菌体呈多形性，以杆状为主，有时可为球状或长丝状，无芽孢，无荚膜，有数目不等的周身鞭毛，运动活泼。此外，本属菌菌毛可黏附植物和真菌细胞表面，但菌毛不吸附动物组织细胞和红细胞。

2. 培养特征

变形杆菌属细菌需氧或兼性厌氧，对营养要求不高，细菌在普通琼脂糖培养基上生长迅速，在温度为 10 ~ 43℃的环境中均可生长。本属细菌在湿润的固体培养基上呈迁徙性、扩散性生长，能形成水状波的爬行菌落，甚至覆盖整个固体培养基平板，培养物有特殊的腐败性臭味。在SS琼脂平板上，变形杆菌属菌落呈圆形、扁平、半透明，在血琼脂平板上可见溶血现象。在液体培养基中，液面可见菌膜，均匀浑浊，管底有沉淀。若在培养基中加入 0.01%叠氮钠、0.1%苯酚、0.25%苯乙醇、0.4%硼酸、4%乙醇或同型 H 抗血清，或者增加琼脂含量至 5% ~ 6%，则可以抑制细菌的迁徙生长，有利于形成一般的单个菌落。在含胆盐的培养基上，菌落透明或半透明，呈圆形，较扁平，与志贺氏菌、沙门氏菌相似。

本属细菌重要的生化特征是能使色氨酸、苯丙氨酸氧化脱氨，迅速水解尿素，产生大量的硫化氢。细菌不分解乳糖，VP 试验阳性，不含精氨酸脱羧酶和赖氨酸脱羧酶。发酵葡萄糖产酸产气。

3. 理化特征

1%次氯酸钠，70%乙醇，碘酒（0.075g/L）；新洁尔灭 30 ~ 60min 均可灭活细菌。

（三）病因及发病机制

1. 传染源

变形杆菌广泛存在于土壤、水、腐败的有机物及动物的胃肠道中，可随粪便排出而污染周围的环境，为常见的机会致病菌。

2. 传播途径

蟑螂、苍蝇、手、餐具均可作为传播媒介。可能是外源性感染，即经消化道、呼吸道或皮肤黏膜损伤而感染；也可能是内源性感染，即肠源性感染。

3. 易感宿主

鸟类、犬、猪和牛易感。实验动物中猴、小鼠易感。人也可继发感染。

4. 致病机制

变形杆菌属有菌体（O）抗原和鞭毛（H）抗原两种。变形杆菌根据菌体抗原分群，再以鞭毛抗原分型。该菌属有 4 个种，包括普通变形杆菌、奇异变形杆菌、黏液变形杆菌和潘纳变形杆菌。此外，在普通变形杆菌和奇异变形杆菌中还存在荚膜（K）抗原。

奇异变形杆菌是一种革兰氏阴性机会致病菌，能够持续潜伏在小鼠的呼吸道和肠道中。继应急或免疫抑制之后，可发生临床疾病。例如，变形杆菌和遭受到化学性免疫抑制小鼠的胃肠道溃疡性病变有关。患病小鼠体重减少，发生腹泻，并在数周内死亡。如果发展为败血病，则可在许多器官内发现化脓性或坏死性病变，不过肾脏，尤其是肾皮质最常受害。变形杆菌肾炎的特征是脓肿和瘢痕。上行的病变，如随着尿潴留，有累及肾盂的倾向，仅继发性地扩散至皮质。已经从化脓性肾炎或肾盂肾炎的病例中一起分离出奇异变形杆菌和绿脓假单胞菌。免疫缺陷的小鼠以脾大和局灶性坏死性肝炎为特征。肺部损伤包含水肿和巨噬细胞活化。多个组织出现血栓。

（四）临床表现

普通的变形杆菌可引起猕猴急性肠胃炎，临床上表现为拒食、精神萎靡、排稀糊状或混有血液和黏液的稀便，粪便带有强烈的腐败臭味。感染初期体温升高，后期体温低于正常体温，病程 3～5 天，多数死亡。

小鼠感染变形杆菌后活动减少、被毛蓬乱、食欲减退甚至废绝。患病小鼠体重减少，发生腹泻，并在数周内死亡。

变形杆菌为条件致病菌，可引起人体多个器官感染，常见感染有食物中毒、尿路感染、烧伤后感染及中耳炎等。

（五）病理特征

1. 大体解剖

剖检可见肾脏、脾脏明显肿大，肝脏有出血点，肠黏膜充血、弥散性出血，肠内容物呈灰黄色或黄绿色，附有黏液，有特殊气味，肠系膜淋巴结水肿。免疫缺陷的小鼠以脾大和局灶性坏死性肝炎为特征。

2. 镜下观察

显微镜下观察发现小肠绒毛上皮脱落、坏死，黏膜层和黏膜下层血管充血，有嗜酸性粒细胞、单核吞噬细胞浸润，肠绒毛和肠腺杯状细胞明显扩大；肝淤血，肝细胞变性。

（六）诊断

1. 分离培养

将得到的血液样本先用肉汤增菌培养，再接种平板；分泌物和各种体液样本直接接种血琼脂平板，可疑食物（磨碎后）和粪便可接种 SS 琼脂平板或 MAC 平板。

2. 初步鉴定

根据尿素酶试验阳性、氧化酶试验阴性、苯丙氨酸脱氨酶试验阳性即可初步鉴定为变形杆菌属细菌。

3. 最终鉴定

根据生化反应做出判断。

（七）鉴别诊断

临床上需要与沙门氏菌、肠致病性大肠杆菌、肠侵袭性大肠杆菌、肠产毒性大肠杆菌、肠出血性大肠杆菌及志贺氏菌鉴别诊断。

（八）治疗

小鼠感染一般不予治疗，可直接采取安乐死。如果种群感染，可采取剖宫产或胚胎移植的方法进行净化。如果动物需要治疗，则需要对培养阳性的变形杆菌菌株进行药敏试验，选用抗生素。不同菌种的耐药性不同，奇异变形杆菌通常对氨基糖苷类和头孢菌素类药物敏感。

（九）预防

搞好环境卫生，注意饮食卫生管理。提高机体免疫力，加强卫生环境管理，严格执行标准操作规程，有效防止感染。

十、螺杆菌属疾病

（一）基本概念

螺杆菌属疾病是指由螺杆菌属细菌引起的疾病。依据寄居部位不同，螺杆菌属分为胃内螺杆菌及肝肠螺杆菌两大类。

（二）病原特征

1. 形态学特征

螺杆菌属细菌为革兰阴性菌，电镜下呈弯曲状、螺旋或直而无分支的形态，细菌大小为（0.2 ~ 1.2）μm×（1.5 ~ 10.0）μm，大多数螺杆菌属细菌两极有鞭毛及鞭毛鞘。细菌可依靠鞭毛进行运动。

2. 培养特征

螺杆菌属细菌对生长条件要求比较苛刻，生长缓慢。需要在微需氧或厌氧环境、温度为 35 ~ 42℃并且富含羊血的培养基上生长。菌群呈鱼群状。为防止其他杂菌生长，需在培养基中加多种抗生素培养 3 ~ 7h。螺杆菌属内不同种细菌的菌体形态、菌落相近，生化反应不活泼，尿素酶、过氧化氢酶、氧化酶试验阳性是螺杆菌的 3 个重要生化指标。

3. 理化特征

使用含氯消毒剂或者碘伏可杀灭细菌；70℃加热 10min 或者 95℃加热 5min 也可杀灭细菌；或使用紫外线照射的方法。

（三）病因及发病机制

1. 传染源

带菌动物是主要的传染源。幽门螺杆菌可能是食源性致病菌，羊乳、牛乳是最可能的感染来源。

2. 传播途径

带菌动物由粪便排出螺杆菌，污染食品或水，从而进一步感染其他动物或人群。该菌可通过动物、污染的食物或水源传播。幽门螺杆菌主要通过口—口途径在人与人之间传播。

3. 易感宿主

非幽门螺杆菌的自然宿主大多数都是动物，暴发的人类疾病多是由于接触带菌动物而感染。

4．致病机制

螺杆菌属细菌的毒力因子包括菌毛、鞭毛、尿素酶及分泌的其他毒力因子，可造成免疫损伤或组织直接损伤。鞭毛是构成螺杆菌属细菌侵袭力的主要因素，宿主自身的性别、年龄、免疫状态等也有很大影响。

（四）临床表现

螺杆菌属细菌可引起动物和人的胃、肠、肝、胆不同程度的炎症、溃疡甚至最终发展为癌症。

感染幽门螺杆菌后大多数患者常无胃炎急性期症状，临床上患者往往以消化性溃疡、慢性胃炎等表现就诊。急性感染潜伏期 2 ~ 7 天，胃镜下表现为胃窦急性充血、糜烂，症状可表现为腹胀、腹痛、晨起恶心、嗳气、反酸、饥饿感，重者出现呕吐。

（五）病理特征

1. 大体解剖

胃溃疡，肝脏出现炎症病变及纤维化病变。

2. 镜下观察

胃黏膜出现大量炎性细胞浸润，以淋巴细胞为主。肝脏出现细胞及结构异型性增生。肝脏炎症病变以肝血窦、中央静脉及门管区的小叶间静脉、动脉为中心，以淋巴细胞为主，带有少量中性粒细胞的弥漫性浸润。纤维化病变是在炎症区域出现不典型的增生结节，纤维化增生与炎性细胞浸润共同破坏了肝小叶的正常结构。

（六）诊断

根据动物的临床症状做出初步诊断，如确诊需要进行细菌的分离实验或者使用分子生物学的方法。

（七）鉴别诊断

需要与导致消化道疾病的其他病原鉴别，如沙门氏菌、大肠杆菌等。

（八）治疗

啮齿类实验动物感染螺杆菌属细菌一般不予治疗，直接安乐死。如果种群感染螺杆菌属细菌可以通过剖宫产或胚胎移植进行种群净化。

人类感染幽门螺杆菌后需及时接受医生的治疗。

（九）预防

动物设施定期消毒，保持良好的环境对预防该病有一定的效果。不明来源的动物经检疫合格后方可进入设施。人应养成良好的卫生习惯，饭前便后洗手。防止病从口入，不吃未煮熟的、不干净的食物。

参 考 文 献

白耀霞, 杨思迪, 徐杰. 2017. 肺炎克雷伯菌耐药性和毒力相关因子研究进展. 江西医药. 52(5): 469-470.

陈铭, 耿毅. 2016. 家兔泛耐药肺炎克雷伯菌的分离鉴定. 中国养兔, 4: 4-8.

陈延平, 张萍萍, 潘怀强, 等. 2016. 陕西省延安市 21 例皮肤炭疽患者临床特征分析. 中华传染病杂志, 34(8): 459-462.

陈业民, 黄文杰, 李胜利, 等. 2005. 肺炎克雷伯菌致大鼠重症肺炎模型的建立. 南方医科大学学报, 25(12): 1498-1502.

程世亮, 刘新风, 郑文, 等. 2016. 鱼类无乳链球菌病. 动物医学进展, 37(2): 105-109.

丁还. 2017. 腐败梭菌引起的羊疫病防治. 疫病防治, 6: 37-38.

董大勇, 徐俊杰, 陈薇. 2006. 炭疽疫苗及治疗药物筛选和评价模型研究进展. 生物化学与生物物理进展, 33(6): 517-523.

董丹丹, 高谦. 2010. 结核分枝杆菌进化与致病性的研究. 微生物与感染, 5(2): 106-110.

冯海光, 王晓冬. 2016. 魏氏梭菌分离与鉴定及羊魏氏梭菌病防治.畜禽业, 324: 18-20.

冯建萍, 李千, 李胜, 等. 2017. 鼠疫耶尔森菌赫氏培养基的影响因素及优化研究概述. 中国媒介生物学及控制杂志, 28(1): 93-95.

龚玉姣, 张晶, 周勇, 等. 2016. 布鲁菌实验室检测技术进展. 感染、炎症、修复, 17(3): 189-192.

古文鹏, 景怀琦. 2010. 耶尔森菌致病机理研究. 中国人兽共患病学报, 26(9): 862-866.

顾为, 马晓芸, 刘家阔, 等. 2017. 炭疽致死因子抑制剂的设计、合成与活性评价.中国药物化学杂志, 27(2): 89-98.

郭素芳, 王俊瑞, 范文兵, 等. 2017. 以血培养为基础的布鲁菌快速鉴定方法研究. 中华地方病学杂志, 36(5): 382-385.

何冬梅, 柯碧霞, 邓小玲, 等. 2012. 2010 年广东省沙门菌监测及其病原学特征分析. 中华预防医学杂志, 46(5): 424-429.

何建, 李艳君, 祁芝珍, 等. 2011. 对 1 株疑似鼠疫耶尔森氏菌的系统鉴定. 中国人兽共患病学报, 27(4): 355-358.

胡寿奎, 徐建国. 2014. 螺杆菌属及其致病性研究. 疾病监测, 29(4): 321-326.

卡哈尔曼·依不拉音. 2017. 羊腐败梭菌病诊断. 新农村(黑龙江), 20: 162.

康涵, 吴文娟. 2012. 丝氨酸/苏氨酸蛋白激酶在结核分枝杆菌致病机制中的作用. 微生物与感染, 7(1): 56-61.

李存香, 冯建萍, 李得恩. 2017. 鼠疫耶尔森菌培养基在鼠疫防控领域中的应用.青海畜牧兽医杂志, 47(5): 63-65.

李达, 汤德元, 曾智勇, 等. 2015. 猕猴魏氏梭菌病的诊断. 畜牧与兽医, 47(7): 144.

李丹, 刘宇, 王岩, 等. 2013. 貂奇异变形杆菌病的诊断与防制. 经济动物, 10: 189.

李静, 姚文海, 张蕊. 2013. ATB NEW 细菌鉴定仪对布鲁杆菌病诊断的局限性.东南大学学报(医学版), 32(2): 230-231.

李兴芳. 2010. 结核分枝杆菌的生物学特性与致病机制研究. 甘肃医药, 29(5): 496-499.

李长安, 王正园, 常顺兰, 等. 2012. 牛魏氏梭菌病概述. 畜牧兽医杂志, 31(6): 48-52.
梁旭东, 于德山, 吕卫民, 等. 2017. 炭疽防控存在的问题及对策建议. 疾病监测, 32(4): 278-281.
刘东立, 朱妮, 马国柱, 等. 2017. 陕西省炭疽流行病学回顾性分析及防治对策探讨. 中华疾病控制杂志, 21(1): 52-55.
刘思娣, 吴安华. 2016. 艰难梭菌毒力与芽孢研究进展. 中国感染控制杂志, 15(6): 436-440.
刘兴, 李宁沙, 陈立华. 2014. 长沙地区宋内志贺菌的耐药性及毒力基因分析. 中国感染控制杂志, 13(11): 596-600.
刘泽文, 袁芳艳, 田永祥, 等. 2014. 猪变形杆菌病的研究进展. 安徽农业科学, 42(12): 3578-3579.
卢艾玲, 卢正刚. 2014. 浅谈羊快疫的诊断和防控措施. 甘肃畜牧兽医, 44(8); 41-42.
马青, 李世军, 刘英, 等. 2014. 贵州省 2006—2011 年炭疽芽孢杆菌检出情况与致病性研究. 中国人兽共患病学报, 30(6): 632-635.
孟霞, 孙翠平, 唐娜, 等. 2015. 一株山羊魏氏梭菌的分离鉴定及其致病性研究.中国畜牧兽医, 42(7): 1905-1909.
秦绍斌. 2016. 兔大肠杆菌的综合防治方法分析. 疫病控制, 22:126.
师润, 陈陆, 王川庆, 等. 2012. 志贺菌致病的分子机制. 中国人兽共患病学报, 28(10): 1044-1054.
苏文莉, 陈琛, 王中强, 等. 2013. 北京地区福氏志贺菌 Xv 新亚型毒力基因与致病力研究. 中华流行病学杂志, 34(1): 57-60.
苏永波, 司民真, 张德清, 等. 2012. 三种致病性细菌的 SERS 光谱研究. 光谱学与光谱分析, 32(7): 1825-1828.
孙化露, 姜逸, 李树纯, 等. 2012. 动物源性沙门菌的血清型、生物被膜形成能力和耐药性分析. 畜牧兽医学报, 43(10): 1630-1638.
孙竞. 2010. 鼠疫耶尔森氏菌逃避机体天然免疫作用研究进展. 郧阳医学院学报, 29(2): 199-201.
腾宏琴. 2014. 结核分枝杆菌诊断技术研究进展. 中国冶金工业医学杂志, 31(5): 512-514.
田克恭, 贺争鸣, 刘群, 等. 2015. 实验动物疫病学. 北京: 中国农业出版社: 528-753.
田亚楠, 邹月丽, 钱丽花, 等. 2014. 结核分枝杆菌耐药分子机制及应对策略. 中国现代神经疾病杂志, 14(8): 671-675.
汪琼. 2014. 鼠疫菌质粒间互作及其与致病性的关系研究. 合肥: 安徽医科大学硕士学位论文.
王国富, 白丽. 2011. 志贺菌的致病机制研究进展. 国际流行病学传染病杂志, 38(2): 137-139.
王虹, 彭爽, 陈德芳. 2017. 链球菌毒力因子溶血素 S 的研究进展. 中国人兽共患病学报, 33(3): 287-292.
王洪光, 袁方, 汤德元, 等. 2014. 贵州省某野生动物园黑熊魏氏梭菌病的诊断.畜牧与兽医, 46(8): 127.
王梅, 唐新元, 王祖郧. 2014. 鼠疫菌素及特异基因的研究概述. 中华地方病学杂志, 33(5): 580-582.
王欣, 吴玲, 邹凤梅, 等. 2017. 兰州市 30 例布鲁菌感染血培养特性分析. 中国卫生检验杂志, 27(13): 1970-1971.
韦蝶心, 宋志忠. 2010. 鼠疫耶尔森菌遗传学研究进展. 中国媒介生物学及控制杂志, 21(1): 80-83.
邬博, 张万江. 2014. PhoPR 双组份系统在结核分枝杆菌致病机制中的研究进展.中国人兽共患病学报, 30(10): 1062-1065.
肖春霞, 赵鸿雁, 侯临平, 等. 2015. 全自动微生物分析系统对布鲁杆菌属和种鉴定效果的研究. 中华地方病学杂志, 34(6): 416-442.

徐欣欣, 杨玲, 康建强, 等. 2016. 哮喘合并呼吸道肺炎链球菌感染与定植小鼠模型的建立和评价. 医学研究生学报, 29(6): 587-592.

阳幼荣, 吴雪琼, 张俊仙, 等. 2014. 两种结核分枝杆菌抗原在结核病血清学诊断中应用价值的比较. 临床和实验医学杂志, 13(17): 1406-1408.

杨华明, 高季鸿. 2001. 结核分枝杆菌医源性感染及其消毒方法. 中国消毒学杂志. 18 (2): 104-108.

杨婧, 任晓庆, 褚美玲, 等. 2012. 细菌自动鉴定仪 3 例布鲁氏菌误鉴定及文献复习. 国际检验医学杂志, 33(20): 2491-2494.

姚玉峰, 张舒林. 2012. 结核分枝杆菌致病机制及结核病新型诊断技术研究. 上海交通大学学报(医学版), 32(9): 1141-1144.

于新友, 李天芝, 沈志强. 2017. 猪增生性肠炎的诊断与防控措施. 养猪, 2: 123-125.

张爱萍, 徐娟, 杨本付. 2014. 结核病遗传易感性的研究进展. 中国免疫学杂志, 30(10): 1419-1423.

张成林, 刘燕, 赵京, 等. 2011. 草食偶蹄动物魏氏梭菌病及预防. 野生动物, 32(6): 336-342.

张东超, 林静, 杨宁宁, 等. 2016. 鸡传染性支气管炎继发感染大肠杆菌病的鉴别诊断. 中国家禽, 38(2): 56-59.

张磊, 屈平华, 吴尚为, 等. 2016. 24 株布鲁菌的种型鉴定和流行病学分析. 中华地方病学杂志, 35(4): 251-255.

张丽, 邓丽华, 蒋新颖, 等. 2016. 苏北地区 3 9 例布鲁菌病的临床与实验室分析.国际检验医学杂志, 37(15): 2052-2054.

张亚楠, 赵钢, 范明慧. 2016. 2010—2014 年内蒙古长爪沙鼠鼠疫自然疫源地鼠疫监测结果分析. 中华地方病学杂志, 35(5): 357-360.

张燕, 阎峰, 赵宝华. 2006. 腐败梭菌危害及防治的研究进展. 河北师范大学学报(自然科学版). 30(5): 499-592.

章黎华, 董凤丹, 江岑, 等. 2012. 院内感染艰难梭菌的毒素检测及核糖体分型研究. 上海交通大学学报(医学版), 32(11): 1436-1439.

赵国财. 2017. 牛炭疽的病理学和病原学诊断.畜牧兽医科技信息. 9:83.

赵远, 杨凤梅, 陈丽雄, 等. 2012. 人工哺育期腹泻婴猴奇异变形杆菌的分离与鉴定. 中国比较医学杂志, 22(4): 19-22.

中国农业科学院哈尔滨兽医研究所. 2013. 兽医微生物学. 2 版. 北京: 中国农业出版社: 128-261.

祖菲, 段纲, 项勋, 等. 2015. 牛链球菌的分离鉴定及生物信息学分析. 中国畜牧兽医, 42(11): 2902-2908.

Bouzianas DG. 2010. Current and future medical approaches to combat the anthrax threat. J Med Chem, 53(11): 4305-4331.

Dash N, A1-Zarouni M, Rattan A, et al. 2012. Misidentification of *Brucella melitensis* as *Bergeyella zoohelcum* by MicroScan WalkAway: a case report. Med Princ & Pract, 21(5): 495-497.

Fox JG, Anderson LC, Otto GM, et al. 2015. Laboratory Animal Medicine. 3rd ed. Oxford: Academic Press.

Fox JG, Cohen BJ, Loew FM. 1992. 实验动物医学. 萧佩蘅, 刘瑞三, 崔忠道, 等译. 北京: 农业出版社:

760-795.

Hashemi SA, Azimian A, Nojumi S, et al. 2015. A case of fatal gastrointestinal anthrax in north eastern Iran. Case Rep Infect Dis, 2015: 1-2.

Meena LS, Rajni. 2010. Survival mechanisms of pathogenic *Mycobacterium tuberculosis* H37Rv. Febs J, 277(11): 2416-2427.

Tian C, Jian-Ping X. 2010. Roles of PE_PGRS family in *Mycobacterium tuberculosis* pathogenesis and novel measures against tuberculosis. Microb Pathog, 49(6): 311-314.

第五章 实验动物病毒性疾病

在实验动物疾病中，病毒性疾病占有重要的地位。病毒性传染病暴发流行可导致动物繁殖性能下降，种群覆灭或淘汰，造成巨大的经济损失。目前世界上有 200 多种动物传染病通过动物或动物产品直接或间接传染给人类。一些动物感染人兽共患病病毒后，如患流行性出血热、狂犬病等，可同时引起人和动物发病，威胁实验人员的健康和安全，危害性极大；某些动物间传播的烈性传染病，如鼠痘、兔痘等，可引起动物发病，出现临床症状和病理改变，甚至引起动物大量死亡，使实验中断，造成人力、物力和时间的极大浪费。某些病毒，如小鼠肝炎病毒、仙台病毒等多呈隐性感染，虽不引起动物死亡，但可影响动物自身的稳定性和反应性，受实验环境和处理影响产生应激反应，降低动物对疾病的抵抗力，诱发隐性感染疾病的暴发，或与其他病原微生物具有协同或拮抗作用，干扰动物实验结果；部分动物的组织被用作诊断、治疗用生物制品的原材料，如有潜伏或隐性感染，可导致整批生物制剂的废弃，甚至危害人类的健康安全。

本章选择实验动物常见的病毒性疾病，主要从人兽共患的病毒性疾病、对动物健康造成严重危害的病毒性疾病、影响实验结果的实验动物疾病三个方面进行阐述。

第一节 人兽共患的病毒性疾病

人兽共患病是一类严重威胁人类和动物健康的疾病，该类疾病会给人类社会和经济发展带来灾难性的影响。如何有效预防、控制和消灭该类疾病已成为人类社会面临的重大挑战。由病毒引起的人兽共患病较难诊治，是人类健康的最大危害之一。

一、狂犬病

狂犬病（rabies）是狂犬病毒引起的一种急性传染病，又称恐水病、疯狗病等。1709 年首次报道该病，巴斯德于 1885 年第 1 次分离出狂犬病毒（rabies virus，RV）。该病主要分布在亚洲、非洲和拉丁美洲等的发展中国家。2000 多年前，我国就有关于狂犬病的记载，目前我国是世界上受狂犬病危害最为严重的国家之一。

（一）病原特性

1. 病原

狂犬病毒属于弹状病毒科，狂犬病毒属。病毒粒子长 170 ~ 180nm，直径约 70nm，呈子弹状，有囊膜及纤突。核衣壳为圆柱状，螺旋对称。外膜内部为间质蛋白，病毒中央为不分节段的单股负链 RNA 和 5 种结构蛋白组成的核衣壳。

狂犬病毒属包括狂犬病毒、拉各斯蝙蝠病毒（Lagos bat virus）、莫科拉病毒（Mokola virus）、杜文黑基病毒（Duvenhage virus）、澳大利亚蝙蝠病毒（Australia bat virus）、欧洲蝙蝠病毒（European bat virus）（1 型和 2 型）7 个血清型。从自然病例分离到的狂犬病流行毒株称为“街毒”（street virus），巴斯德将“街毒”经家兔脑内多次继代，使其对家兔潜伏期缩短，对原宿主（犬）的毒力下降，但仍保持免疫原性的毒株称为“固定毒”。

2. 生物学特性

狂犬病毒能在鸡胚成纤维细胞、鸡胚绒毛尿囊膜、小鼠和仓鼠肾上皮细胞、BHK-21 细胞等中增殖，并在一定条件下可形成噬斑。具有凝集鹅和 1 日龄雏鸡红细胞的血凝特性。

3. 理化特性

狂犬病毒对酸、碱、苯酚、甲醛、升汞等消毒药物敏感，也可被紫外线、1% ~ 2% 肥皂水、70%乙醇、0.01%碘液、丙酮和乙醚等灭活。病毒不耐湿热，在 56℃ 15 ~ 30min、100℃ 2min 可灭活。在冻干状态下可长期保存，50%甘油缓冲液中或 4℃下存活数月至 1 年。

（二）病因及发病机制

1. 病因

狂犬病主要在动物间传播，患狂犬病的动物俗称疯狗、疯猫、疯狼等。人可能因被其咬伤、抓伤而感染狂犬病毒，并因此患病。人患病后，会出现一系列精神症状，并逐渐出现咽喉肌肉痉挛、流口水、瘫痪、呼吸和循环麻痹等症状。

（1）传染源

患病的和健康携带病毒动物如犬、猫是主要的传染源。野生动物如狼、狐、臭鼬和蝙蝠等是自然储存宿主，尤其蝙蝠是重要的宿主之一。

（2）传播途径

主要的传播方式是直接接触传播，被患病动物咬伤或伤口被含有病毒的唾液污染而引起感染。此外，人和动物都有经呼吸道、消化道和胎盘等非咬伤途径感染的病例。

（3）易感宿主

几乎所有温血动物均易感，自然宿主包括狼、猴、蝙蝠等野生动物。且与动物年龄（幼龄更易感）、病毒变异、病毒感染量及咬伤部位等有关。家猫和其他猫科动物等均为高度易感动物。

2. 流行特征

呈全球性分布，只有南极洲和少数岛国（日本、新西兰等）无狂犬病发生。本病的发生还有明显的年龄、性别特征和季节性，温暖季节发病较多。

（三）临床表现

1. 动物

不同动物感染发病后症状大致相同，包括前驱期、兴奋期和麻痹期。

犬的潜伏期为10天~2个月，有的甚至可达1年或多年。病犬具有明显的前驱期、兴奋期和麻痹期。

（1）前驱期

持续1~2天，主要表现为拒食、精神沉郁，行为异常，呼唤无反应，出现不安，躲避人员，喜在暗处，反射机能亢进，受刺激或被抚摸时，表现惊慌或突然跳起，食欲异常，好食毛发、干草等异物，感染局部或全身瘙痒，自咬或用舌舔舐局部。

（2）兴奋期

持续2~4天，主要表现为狂躁不安，攻击性强，咬人或自咬躯体各部位，应激性增强，见水或听到水声呈现癫狂发作（即“恐水症”），兴奋与沉郁交替出现。

（3）麻痹期

持续1~2天，主要表现为精神高度沉郁，从头部肌肉开始出现麻痹，下颌因麻痹而下垂，流涎，舌脱出口外，随之后肢麻痹，行走摇晃，卧地不起，最后因呼吸麻痹或极度衰竭而死亡，病程6~9天。

2. 人

人的狂犬病又称“恐水症”，潜伏期一般为20~90天，少数病例可达6年以上，典型病例的临床表现同动物一样，分为前驱期、兴奋期和麻痹期。

（1）前驱期

持续1~4天，多数患者出现头痛、发热、恶心、乏力、全身不适等症状，对外界刺激如声、风和光等敏感，伤口部位及附近麻木、发痒、刺痛。

（2）兴奋期

持续1~3天，患者大多神志清楚，表现兴奋，极度恐惧、烦躁，对水声、风等刺激敏感，呼吸困难等。继而出现大汗、流涎，体温高达40℃以上，瞳孔扩大。随着兴奋加重，部分患者出现精神失常、幻觉。病程进度很快，患者多死于呼吸或循环衰竭。

（3）麻痹期

持续6~18h，患者逐渐安静，痉挛减少或停止，出现瘫痪，多出现肢体瘫痪。呼吸慢且不整，心搏微弱，神志不清，因呼吸麻痹和循环衰竭死亡。

除典型病例外，也有少数出现以瘫痪为主要特征的安静型或麻痹型狂犬病，也称哑型狂犬病，该型狂犬病较为少见。最初出现高热、头痛和呕吐等，继而肢体软弱瘫痪，无明显兴奋期或恐水现象。

（四）病理特征

1. 大体解剖

本病无特征性剖检变化，常见尸体消瘦，体表有伤痕，口腔和咽喉黏膜充血或糜烂，胃内空虚或有异物，胃肠道黏膜充血或出血。急性脑脊髓炎，脑组织肿胀，硬脑膜有时充血、淤血。

2. 镜下观察

有非化脓性脑炎和神经炎变化。在大脑海马角、大脑或小脑皮质等处的神经细胞中可见嗜酸性核内包涵体——内氏小体（Negri's body），血管周围有明显的血管套现象和神经胶质细胞增生。

（五）诊断

根据流行病学、临床特征及病理组织学变化可做出初步诊断。确诊必须进行病原分离鉴定。具有可能与患病动物接触的历史，具有明显的前驱期、兴奋期和麻痹期，攻击人员，舔咬伤口，死后大脑海马角病理组织学检查有内氏小体、非化脓性脑炎和神经胶质细胞增生。进一步诊断包括免疫组化法、血清学试验、小鼠接种试验、病毒分离、RT-PCR方法等。

（六）鉴别诊断

与犬瘟热后期感染具有相似症状，可通过狂犬病有喉头、咬肌麻痹症状和具有攻击性与犬瘟热区别。

（七）治疗

无有效治疗方法。

（八）预防

根据狂犬病的流行特点，预防控制措施应包括以下几个方面。

1）建立严格的饲养管理、卫生消毒和操作规程。

2）加强平时的饲养管理和防疫卫生，重视动物生存的小环境。外购动物笼具进入饲养室内必须严格消毒，室内笼具也应坚持定期消毒，饲养室内外应消灭野鼠，防止流浪犬、猫和其他野生动物进入饲养区域。

3）如需外购种用和实验动物，必须了解该动物种群的健康状况。引种必须严格隔离检疫 2～3 周，并进行病毒检测，确认无此病方可混群，遇有可疑病例应立即报告主管部门和使用部门，同时对种群进行检疫、停止流动，及时送检样本，尽快做出诊断，及时隔离可疑动物，清除阳性动物。

4）根据需要，选择合适的免疫程序对动物种群进行狂犬病疫苗免疫，定期监测狂犬病血清抗体滴度。

二、猴痘

猴痘是由类天花病毒感染引起的一种烈性人兽共患病，又称猴天花。1958 年首次从猴中发现，主要分布于西非和中非刚果盆地等的国家和地区，1970 年首次在中非的刚果民主共和国发现人感染此病。

（一）病原特性

1. 病原

猴痘病毒属于痘病毒科，正痘病毒属，具有正痘病毒的典型形态。外形为砖形或卵圆形，直径为 200 ~ 450nm，外被脂蛋白膜或封套，核心如哑铃形，中间凹陷，两侧各有一个侧体，双层外膜包裹核心。猴痘病毒的基因组为双股 DNA，长约 197kb，基因组末端包含一个相同但方向相反的末端反向重复序列。

2. 生物学特性

猴痘病毒能在小白鼠、地鼠和兔等动物原代和传代细胞中繁殖，并产生明显的细胞病变。在 HeLa、Vero、BSC-1 和 RK-13 等细胞培养中出现的细胞病变比天花病毒快，产生的空斑比痘苗和牛痘病毒小。有血凝素，可凝集鸡红细胞。

痘病毒在鸡胚细胞中繁殖时，细胞质内形成 A 和 B 两种包涵体，猴痘病毒产生 B 型包涵体。病毒株不同，感染鸡胚绒毛膜后病毒能增殖的上限培养温度不同，猴痘病毒培养的上限温度为 35℃，在鸡胚绒毛膜上形成大小为 1mm、不透明、白色、扁平的痘斑，33 ~ 35℃培养时，可有红细胞积在绒毛膜表面。

3. 理化特性

猴痘病毒耐乙醚，但易被阳光、紫外线、乙醇、氯仿、苯酚和甲醛等灭活。在低温干燥下较稳定，4℃和−70℃均可长期保持活力，但−20℃下存活期较短，56℃加热 30min 易使其灭活。

（二）病因及发病机制

1. 病因

（1）传染源

病猴和携带病毒的猴是本病的主要传染源，另外感染的啮齿动物、其他动物和感染的人也是传染源。

（2）传播途径

主要通过动物传播，人类被携带病毒的动物咬伤或直接接触被病毒感染动物的血液、体液和皮疹等而感染猴痘。直接接触病毒污染的物品如衣服和被褥也可传播，人与人可通过长时间近距离飞沫传播，也可通过空气中悬浮颗粒传播。

（3）易感宿主

猴痘病毒的自然宿主主要为非洲松鼠，但其他啮齿动物包括冈比亚大鼠、小鼠和象鼩，以及哺乳动物包括兔、猴和猪均易感。人工实验可感染猫、兔、鼠等多种动物。已证实的猴痘病毒的实验动物宿主见表 5-1。

2. 流行特征

主要分布于非洲中西部雨林国家，刚果民主共和国、利比里亚、喀麦隆、科特迪瓦、塞拉利昂等国都曾报告发生，特别是 1996 年 2 月至 1997 年 10 月在刚果发生了最大的一次疫情暴发，确诊病例达 511 人。2003 年美国因从非洲引进野生啮齿动物，而引起威斯康星州、印第安纳州、伊利诺伊州、密苏里州、堪萨斯州和俄亥俄州等的疫情发生。

表 5-1　已证实的猴痘病毒的实验动物宿主

目/科	种	已证实传染人
灵长目/人科	黑猩猩	否
	猩猩	是
灵长目/猕猴亚科	食蟹猴，加纳长尾猴，肯尼亚长尾猴，白鼻长尾猴，	是
	小白鼻长尾猴，黑长尾猴，短肢猴，敏白眉猴	否
灵长目/疣猴亚科	西方红疣猴	否
偶蹄目/猪科	家猪	否

（三）临床表现

1. 动物

自然感染的有两种类型，急性仅见于食蟹猴，其面部水肿并向后颈部延伸，最终窒息而死亡，全身多个部位皮肤出现皮疹，口腔黏膜溃疡。丘疹型仅在面部和四肢皮肤出现丘疹，早期为弥散性的，直径 1 ~ 4mm，丘疹附近发红，化脓后流出灰色脓汁，一般 7 ~ 10 天后消退，瘢痕组织愈合，严重的可导致死亡。

人工感染的，经皮内、肌内或静脉途径接种猴痘病毒，猴发热持续约 1 周，8 ~ 10 天后皮肤出现痘疹，病毒血症从 4 ~ 6 天开始，持续到痘疹破溃后 4 ~ 5 天。

2. 人

人感染后临床疾病症状类似天花，但是通常比较轻，潜伏期一般为 1 ~ 2 周，平均病程 2 ~ 4 周。病死率为 1% ~ 10%，低于天花死亡率（天花为 30%），但儿童死亡率可高达 17%。

（1）前驱期

一般为 2 ~ 5 天，出现发热、头痛、肌痛、背痛、淋巴结肿大、全身不适和疲乏，类似流感症状，偶尔发生腹痛或有咽部疼痛等。

（2）出疹期

1 ~ 3 天后全身出现类似天花样皮疹，皮疹多而散，直径 1 ~ 4mm，通常发生在眼睑、颜面、躯干、四肢、掌、足和生殖器，皮疹数目多少不定，但可同时发生。形态可从斑疹发展至丘疹，变白亮透明，出现水疱、疱液混浊，形成脓疱、脐样坏死样溃疡，结痂脱落后有瘢痕。

（3）恢复期

皮疹消退，症状渐好转。猴痘的临床特征与普通型天花非常接近，只是猴痘可能会有更多的淋巴结肿大。

（四）病理特征

1. 大体解剖

自然感染的，皮肤表面有弥散性天花样痘疹，消退后形成瘢痕组织。人工感染的，皮肤表面有小斑疹，周围有少许渗出物，迅速形成丘疹和水泡，肺部还可发现纤维性坏死支气管肺炎，以及出现坏死性皮炎、淋巴结坏死及淋巴组织缺失性脾炎。

2. 镜下观察

表皮增生肥厚，生发层特别是棘细胞层细胞水泡变性，细胞肿大成海绵状，内含大量液体，部分呈大空泡或液化的多室空腔。痘疹部位细胞间充满浆液，痘疹下部细胞损伤明显，可延至真皮层。脓疱液中混有大量的中性粒细胞。变性、坏死的基底细胞层细胞和棘细胞层细胞质内可见大小不一的嗜酸性包涵体。形成痂皮后，充血及皮下水肿消退，上皮组织再生。有的基底细胞层细胞和棘细胞层发现细胞凝固性坏死，不出现脓疱。

肺组织出现痘疹样变化，痘疹内的肺泡上皮呈立方形或菱形，向肺泡内突出。支气管黏膜上皮增生，呈乳头状向管腔内突出，带有圆形嗜酸性包涵体的巨噬细胞胞质浸润增生的上皮细胞。淋巴组织可见淋巴小结生发中心坏死，部分病例可见脑组织脱髓鞘病变或睾丸组织局灶性坏死。

（五）诊断

根据流行病学、临床特征及病理组织学变化可做出初步诊断。确诊必须进行病原分离鉴定。具有可能与患病动物接触的历史，具有发热、头痛、肌痛、背痛等类似流感症状，以及特征性皮疹和淋巴结肿大体征。进一步确诊包括血清学方法如病毒中和试验和血凝抑制试验、分子生物学方法如 PCR 试验。

（六）鉴别诊断

本病需与猴 B 病毒感染、猴免疫缺陷病毒、猴反转录病毒病鉴别诊断。

（七）治疗

目前对于猴痘尚无特效疗法，主要采用对症支持治疗和护理，采用抗生素防继发感染。

（八）预防

根据猴痘的流行特点，预防控制措施应包括以下几个方面。

1）建立严格的饲养管理、卫生消毒和操作规程。

2）加强平时的饲养管理和防疫卫生，重视动物生存的小环境。外购动物笼具进入饲养室内必须严格消毒，室内笼具也应坚持定期消毒，饲养室内外应消灭野鼠，防止其他野生动物进入饲养区域。

3）如需外购种用和实验动物，必须了解该动物种群的健康状况。引种必须严格隔离检疫 2 ~ 3 周，并进行病毒检测，确认无此病方可混群，遇有可疑病例应立即报告主管部门和使用部门，同时对种群进行检疫、停止流动，及时送检标本，尽快做出诊断，及时隔离可疑动物，清除阳性动物。

4）如有需要，可接种天花疫苗，但由于猴痘十分罕见，天花疫苗的免疫作用并不十分确定。

三、猴 B 病毒感染

猴 B 病毒感染是由猕猴疱疹病毒Ⅰ型引起的一种人兽共患病，临床表现近似于生殖疱疹病毒感染，致病因子为疱疹病毒，但在恒河猴中不表现疾病症状，Sabin 等将其命名为 B 病毒。1934 年首次从被猴咬伤的人体内分离到，人感染后造成神经损伤或致命性的脑脊髓炎，多数患者死亡。

（一）病原特性

1. 病原

B 病毒属于疱疹病毒科，单纯疱疹病毒属，B 病毒粒子呈球形，直径 180 ~ 200nm，主要由髓芯、衣壳和囊膜组成，基因组为双股线状 DNA，具有不同基因型。1 个血清型，抗原性稳定，不易发生变异。与人单纯疱疹病毒 1 型、人单纯疱疹病毒 2 型和非洲绿猴疱疹病毒具有密切的抗原关系。

2. 生物学特性

B 病毒能在犬、兔、鸡胚、猴等原代肾细胞及人 HeLa 细胞和 Vero 细胞中增殖，以兔肾细胞最易感，但在 MDCK 细胞中几乎不增殖。在猴肾细胞中培养时易形成散在坏死灶，病变细胞多个融合形成多核巨细胞，在兔肾细胞中培养时细胞变圆、坏死、脱落，在鸡胚绒毛尿囊膜细胞、兔肾细胞、原代猴肾细胞及 Vero 细胞中形成大小不一的空斑和嗜酸性包涵体。也可在鸡胚绒毛尿囊膜上生长，形成痘斑。

B 病毒在不同细胞中增殖快慢不同，在 Vero 细胞中增殖时，早到感染后 4h 就能检测到传染性子代病毒，感染后 4 ~ 6h 在细胞外首次检测到传染性子代病毒，感染后 24 ~ 36h 细胞内和细胞外病毒滴度达到高峰，之后开始下降。

3. 理化特性

B 病毒对乙醚、脱氧胆酸盐、氯仿等脂溶剂敏感。对热敏感，50℃ 30min 可杀灭，X 射线和紫外线具有杀灭作用，–70℃可长期保存。部分酶类如胰蛋白酶、碱性磷酸酶、磷脂酶 C 和链霉蛋白酶可使病毒囊膜变性，进而阻止病毒侵入易感细胞。

（二）病因及发病机制

1. 病因

（1）传染源

病猴和健康带毒猴是主要的传染源，猴眼部、口部和生殖道分泌物，以及神经组织和脊髓液均具有潜在的感染性，猕猴肾组织的原代细胞培养物也具有潜在的感染性。

（2）传播途径

病毒通常通过动物咬伤或抓伤感染，破损的皮肤或黏膜直接或间接接触染病组织或液体也可感染。生殖器官分泌物 B 病毒含量较高，交配也是病毒的主要传播途径之一。

人感染 B 病毒主要是通过直接或间接接触猴的含有病毒的唾液、组织培养物，以及通过污染的空气、器具刮伤、刺伤。也曾有 1 例人传人的病例报道。

（3）易感宿主

猴（恒河猴和食蟹猴）是 B 病毒的自然宿主，感染率可达 10%~60%。实验动物中家兔对 B 病毒最易感，任何途径接种均可感染发病。另外大鼠、豚鼠和鸡均有不同程度的易感性。

人对 B 病毒普遍易感，但感染者多为动物饲养人员和研究人员。

2. 流行特征

B 病毒感染多发于阴雨潮湿季节，建场时间、地理环境、猴的来源和防疫管理制度等与 B 病毒感染率密切相关。人感染多为散发，具有职业相关性。

B 病毒感染在猴群中非常多见，且多是潜伏感染，不伴有临床症状，多数情况下呈良性经过，仅在口腔黏膜或/和生殖器黏膜出现疱疹和溃疡，之后病毒可长期潜伏在三叉神经节和腰骶神经节。猴通常在性成熟期间感染，随着年龄增长血清学抗体阳性比率逐渐增加，成年猴可达 80%~100%。

（三）临床表现

1. 动物

恒河猴感染后潜伏期不定，一般为 1 天至几周，有的甚至数年。由于 B 病毒已适应恒河猴宿主，一般无明显不适，饮食正常，仅引起口部轻微病变，易被人忽视。

发病初期在舌背面和口腔黏膜与皮肤交界的口唇部及口腔内其他部位出现充满液体的小疱疹，这些疱疹最终破裂形成溃疡，表面覆盖着纤维素性坏死性痂皮，常在 7~14 天自愈，不留瘢痕。有时可见病变区出现继发的细菌和霉菌感染，偶尔可见到严重程度不等的 B 病毒相关性结膜炎。

2. 人

人感染的主要表现为脑脊髓炎症状，潜伏期为 2 天~5 周，大多数为 5~21 天，病程数天至数周。早期局部疼痛、发红、肿胀、出现疱疹，有渗出物，并出现流感症状，如肌肉疼痛、疲乏、头疼，其他症状还包括淋巴腺炎、淋巴管炎、恶心呕吐、腹痛等，病毒感染中枢神经系统时，出现感觉过敏、共济失调、复视、双重影像及上行性松弛麻痹，死亡率高达 70%，死亡原因多为上行性麻痹引起的呼吸衰竭，且幸存者多预后不良，多存在神经后遗症。

（四）病理特征

1. 大体解剖

在组织学上，口腔病变与体外感染培养细胞所致病变相似，由气球样细胞变性和合胞体形成。口腔病变常伴发肝实变、肾间质的灶性炎症和坏死。

2. 镜下观察

疱疹部位的上皮细胞出现空泡和坏死，伴有核内包涵体，嗜酸性核内包涵体出现于多核的上皮细胞、巨噬细胞及血管内皮细胞中。肝实质细胞灶性坏死，白细胞和单核细胞浸润汇管区血管周围。中枢神经系统出现神经细胞坏死和胶质细胞增多及轻度的血管周围淋巴细胞管套。神经胶质细胞和神经元中可见核内包涵体，病灶最常见于三叉神经降支、面神经和听神经起始部。

（五）诊断

根据流行病学（被猴咬伤、抓伤、与猴接触史）、临床症状和病理学组织变化做出初步诊断，确诊还须采用病毒分离试验、血清学试验和分子生物学方法进行。鉴于 B 病毒的致病性，含有感染性材料的试验须在生物安全三级实验室（BSL-3）中完成。

（六）鉴别诊断

本病需与猴痘、猴免疫缺陷病毒、猴反转录病毒病鉴别诊断。

（七）治疗

目前尚无特效治疗方法，主要采取支持疗法和对症处理。

（八）预防

根据猴 B 病毒的流行特点，预防控制措施应包括以下几个方面。

1）建立严格的饲养管理、卫生消毒和操作规程。

2）建立管理人员预防猴 B 病毒的引种、生产、繁育和使用及处理等准则，出现异常情况及时报告。

3）加强平时的饲养管理和防疫卫生，重视动物生存的小环境。外购动物笼具进入饲养室内必须严格消毒，室内笼具也应坚持定期消毒，饲养室内外应消灭野鼠，防止其他野生动物进入饲养区域。

4）如需外购种用和实验动物，必须了解该动物种群的健康状况。引种必须严格隔离检疫 2～3 周，并进行病毒检测，确认无此病方可混群，遇有可疑病例应立即报告主管部门和使用部门，同时对种群进行检疫、停止流动，及时送检标本，尽快做出诊断，及时隔离可疑动物，清除阳性动物。

四、流行性出血热

流行性出血热（epidemic hemorrhagic fever）是由肾综合征出血热病毒（汉坦病毒）引起的烈性传染病，又称肾综合征出血热（hemorrhagic fever with renal syndrome，HFRS），是危害人类健康的重要传染病。人临床上以发热、出血、充血、低血压休克及肾损害为主要特征。

（一）病原特性

1. 病原

肾综合征出血热病毒属于布尼亚病毒科，汉坦病毒属，病毒粒子呈多形性，如圆形、椭圆形或不规则形状，直径 80～120nm，双层脂蛋白囊膜，表面有纤突，病毒成熟方式为芽生。

根据抗原性不同，可将其分成 6 个型，分别为姬鼠型、家鼠型、棕背鼠型、田鼠型、Maazi 型和 Leaky 型，在我国流行的主要是姬鼠型和家鼠型。

2. 生物学特性

病毒可在多种细胞中生长，包括 A549、VeroE6、LLC-MK2、BHK-13 和 2BS 等传代细胞，以及人血管内皮细胞、鼠巨噬细胞和人外周血白细胞等原代细胞，最常用的是VeroE6、A549 和 LLC-MK2 细胞。病毒在 VeroE6 和 2BS 细胞中培养时可产生细胞病变，VeroE6 细胞可产生空斑和细胞融合。感染细胞时，细胞质可见嗜酸性包涵体，包涵体呈颗粒状或丝状。

3. 理化特性

病毒对脱氧胆酸盐和脂溶剂敏感，紫外线照射可迅速灭活。不耐酸，pH2～3 条件下 1h 可失去感染性，γ 射线照射可完全灭活，上述方法灭活猴病毒仍具有抗原性。病毒血凝素不稳定，56℃ 30min 可被破坏，甲醛也可破坏血凝素。病毒在 4～20℃条件下较为稳定，56℃ 30min 可灭活 90%的病毒，60℃ 1h 可完全灭活病毒。

（二）病因及发病机制

1. 病因

（1）传染源

携带病毒的老鼠为主要宿主及传染源，黑线姬鼠为姬鼠型流行性出血热的主要传染源，褐家鼠为家鼠型流行性出血热的主要传染源，大鼠为实验动物型流行性出血热的主要传染源。

（2）传播途径

主要为动物源性传播，可经伤口、呼吸道和消化道感染，也有试验证实可通过两种螨（革螨和恙螨）叮咬感染和经胎盘传播。人工感染后 10 天，动物可从尿、粪便和唾液向外排毒，尿中排毒可达 2 年以上，粪便和唾液排毒可持续 30 天。动物感染后，病毒主要分布于肺，感染 150 天后能检测到病毒，病毒在肾、肝和唾液腺内也可存活 30 天以上。宿主动物排泄物可通过污染尘埃、食物及破损皮肤引起人的感染。实验动物主要通过吸入由污染的尘埃飞扬形成的气溶胶感染。

（3）易感宿主

自然宿主包括小型啮齿动物，如姬鼠属、家鼠属、鼾属、田鼠属、仓鼠属和小鼠属。目前我国已有 40 种哺乳动物（包括大鼠、小鼠、猫、狗和兔等）自然携带肾综合征出血热病毒抗原或抗体。

易感人群主要为接触鼠类较多的人群，如农村主要劳动人群、动物学家、实验动物饲养管理人员、实验研究人员。

2. 流行特征

流行性出血热的疫源地分布于6大洲78个国家，但仅46个国家报告发生。该病在我国具有地区性、季节性、普遍易感性等特点，与主要宿主鼠的带毒率和密度关系密切，因此要加强对实验鼠的管理，防止感染。

（三）临床表现

大鼠感染后一般不出现临床症状，也不死亡。乳大鼠和成年大鼠对野鼠型肾综合征出血热的部分毒株具有抵抗力，乳大鼠对家鼠型易感，接种后180天，检查肺、肝、脾、肠和脑等仍发现病毒。

乳小鼠易感，经脑或腹腔接种可引起乳小鼠感染，可引起严重脑炎，使乳小鼠发病死亡，存活乳小鼠可带毒180天以上。用环磷酰胺处理金黄仓鼠，经腹腔内、皮下或脑内接种，可感染发病，感染后7～9天死亡。病鼠出现被毛逆立、身躯蜷曲、活动减少、反应迟钝等临床症状，出现症状后24h死亡。

人感染后症状不一，一般短时间发热，而后发生休克、出血和急性肾功能衰竭等症状。家鼠型症状较轻、野鼠型较重。临床上分为5期，即发热期、低血压休克期、少尿期、多尿期和恢复期。

（四）病理特征

大鼠感染多无病理特征。黑线姬鼠和褐家鼠感染后出现轻度肺部炎症反应。乳小鼠、乳长爪沙鼠人工感染后，组织广泛性充血、出血、渗出、变性和坏死，肺和肾充血、出血最为严重，肾、肝、脑等器官实质细胞变性、坏死最为严重。乳长爪沙鼠感染家鼠型后，脑组织出现典型炎症反应，小血管明显充血，周围炎性细胞浸润。

（五）诊断

由于大鼠感染后多无临床症状和病理特征，必须结合流行病学特点和定期进行血清学试验等实验室检查了解感染情况，必要时采用病毒分离试验和分子生物学方法确诊。

（六）鉴别诊断

人感染后应与其他病毒性出血热，如埃博拉出血热、登革热、拉沙热等，以及疟疾和细菌感染等区别。

（七）治疗

目前尚无特效治疗方法，主要采取支持疗法和对症处理。

（八）预防

根据流行性出血热的流行特点，预防控制措施应包括以下几个方面。

1）建立严格的饲养管理、卫生消毒和操作规程。

2）加强平时的饲养管理和防疫卫生，重视动物生存的小环境。外购动物笼具进入饲养室内必须严格消毒，室内笼具也应坚持定期消毒，防止野鼠和其他野生动物进入饲养区域。

3）如需外购种用和实验动物，必须了解该动物种群的健康状况。引种必须严格隔离检疫 2～3 周，并进行病毒检测，确认无此病方可混群，遇有可疑病例应立即报告主管部门和使用部门，同时对种群进行检疫、停止流动，及时送检标本，尽快做出诊断，及时隔离可疑动物，清除阳性动物。

4）根据需要，可选择疫苗对动物和人进行免疫。

五、淋巴细胞性脉络丛脑膜炎

淋巴细胞性脉络丛脑膜炎是由淋巴细胞性脉络丛脑膜炎病毒（lymphocytic choriomeningitis virus，LCMV）引起的实验动物中枢神经系统感染。淋巴细胞性脉络丛脑膜炎病毒能广泛地感染啮齿类动物和人，是一种重要的人兽共患病。

淋巴细胞性脉络丛脑膜炎病毒在自然状态下可感染啮齿类动物，其储存宿主是小家鼠、家鼠和仓鼠等啮齿类动物，小家鼠或仓鼠可终生携带病毒，而且可随尿液、粪便、精液及鼻腔分泌物排出体外。此类啮齿类动物遍布全球，广泛分布在人类的活动区域，并且接触患病动物的排泄物和分泌物是主要的感染途径。人类最常见的感染原因是吸入鼠类污染的尘埃和摄取被污染的食物，多数患者症状类似感冒，少数患者出现无菌性脑膜炎的表现，偶可表现为脑膜脑脊髓炎。

（一）病原特性

1. 病原

淋巴细胞性脉络丛脑膜炎病毒属于砂粒病毒科，砂粒病毒属。

2. 生物学特性

淋巴细胞性脉络丛脑膜炎病毒为单股 RNA 病毒，病毒粒子具有囊膜，呈圆形、卵圆形，直径 50～300nm。该病毒可在鸡胚绒毛尿囊膜上增殖，但不产生可见的病斑。可在 Vero 细胞中看到细胞病变。

3. 理化特性

淋巴细胞性脉络丛脑膜炎病毒对乙醚和去污剂敏感，不耐热，56℃ 20min、0.1%甲醛、紫外线可以灭活。在–70℃或冻存条件下可长期保存。

（二）病因及发病机制

1. 传染源

感染的啮齿类动物是主要的传染源。在带毒小鼠的所有器官中，终生含有高滴度的病毒。

2. 传播途径

带毒小鼠可经唾液、鼻分泌物和尿液向外排毒。可经呼吸道传播，并可通过子宫和哺乳传给后代，其后代可终生带毒。

人因食入病鼠尿、粪污染的食物或吸入被污染的尘埃而感染，主要经眼结膜、呼吸道、消化道或完整皮肤直接接触传播。

3. 易感宿主

该病是啮齿类动物间的疾病，小家鼠、家鼠和仓鼠等啮齿类动物是该病的自然宿主。人因食入病鼠尿、粪污染的食物或吸入被污染的尘埃而受染。实验室工作者也可感染，人感染后可出现流感样症状，发热，头痛，部分严重者可出现脑炎。

（三）临床表现

小鼠感染淋巴细胞性脉络丛脑膜炎病毒后的临床症状受不同毒株、小鼠品系和小鼠感染时的日龄影响而有所变化，根据小鼠品系不同，成年鼠感染 LCMV 后的临床症状有的表现为不发病，有的发病甚至死亡，然而无症状感染最为普遍。感染该病毒的临床症状可以分为两大类。

1）急性感染：此类临床反应主要发生在出生一周之后被感染的小鼠，表现为病毒血症。要么在数天内死亡，要么在清除病毒后恢复。由于很少有关于淋巴细胞性脉络丛脑膜炎病毒在小鼠群内自然感染和暴发的报道，此类临床症状数据主要由实验室经脑内、皮下、腹腔或静脉注射等非自然感染途径获得。

2）持续耐受感染：主要经胎盘感染或出生后一周内感染引起。终生毒血症并持续扩散病毒。此途径感染的小鼠出生后的前 3 周内发生暂时性发育不良，感染鼠表现正常但生长缓慢。感染后 7 ~ 10 个月发生免疫复合物肾小球肾炎并伴随消瘦、被毛凌乱、弓背、腹水和死亡等症状。

仓鼠感染后通常为亚临床症状。但研究曾报道仓鼠感染后由于病毒血症，常导致肾小球肾炎和产仔减少。其他先天感染淋巴细胞性脉络丛脑膜炎病毒的动物也表现为发育不全。

（四）病理特征

1. 大体解剖

小鼠感染淋巴细胞性脉络丛脑膜炎病毒可见肺出血、实变、水肿，肝质地变脆，脾肿大，胸腹腔有浆性渗出液。

2. 镜下观察

大脑基部、脉络丛和室管膜可见大量淋巴细胞浸润，肺、肝、肾上腺和肾可见大量淋巴细胞浸润。肝偶见脂肪变性。对于迟发型病理反应，肾的肾小球和脑的脉络丛受到的损害最为严重。浸润的细胞成分包括淋巴细胞、浆细胞和单核细胞。

（五）诊断

现在对淋巴细胞性脉络丛脑膜炎病毒主要的检测方法是血清学方法，然而，在人类器官移植感染该病毒的案例中发现 RT-PCR 方法和免疫组化方法比血清学检测更可靠。因此在实验动物引种、交流的过程中使用 RT-PCR 方法和免疫组化方法检测，以提高淋巴细胞性脉络丛脑膜炎病毒检出率。

（六）鉴别诊断

本病须与小鼠肝炎病毒感染进行鉴别诊断，可通过病理学、血清学方法确诊。

（七）治疗

多不采取治疗措施，发现病鼠及时淘汰。动物设施彻底消毒，淋巴细胞性脉络丛脑膜炎病毒可经胎盘垂直传播，一般不选择剖腹产方式净化。

（八）预防

动物饲养室被淋巴细胞性脉络丛脑膜炎病毒污染的可能途径有：由野鼠污染饲料引起，由肿瘤移植实验等途径感染，由不同机构间动物交流或进出动物房人员引起，以及动物运输过程中的感染。但随着对实验动物设施和运输方式的有效管理和改善，淋巴细胞性脉络丛脑膜炎病毒经传统途径感染实验动物的概率非常小，被污染的笼具、垫料、饲料和进出人员成为淋巴细胞性脉络丛脑膜炎病毒感染实验动物的主要原因。

对实验动物设施和管理的改善是保障实验动物淋巴细胞性脉络丛脑膜炎病毒感染率下降的主要因素。

第二节 对动物健康造成严重危害的病毒性疾病

动物在健康状态下，机体与其环境之间保持一种动态平衡，机体的结构和功能处于正常状态，疾病则使这种平衡受到破坏。若损伤大于机体的防御能力，则疾病恶化，甚至死亡，如机体康复，也可能遗留某些不良后果。

一、鼠痘

鼠痘（mouse pox）是由鼠痘病毒引起的实验小鼠的一种烈性传染病，又名脱脚病，大部分为隐性感染。本病多呈暴发性流行，致死率极高。本病遍及全世界。1951 年中国首次报道了本病。在 20 世纪 80 年代和 90 年代初，中国不同地区均有鼠痘流行，主要呈地方性散发性流行。

（一）病原特性

1. 病原

鼠痘病毒属于痘病毒科，脊索动物痘病毒亚科，正痘病毒属。鼠痘病毒不传染给人，其与天花病毒是近亲。

在电镜下病毒粒子呈砖形或卵圆形，病毒粒子长约 250nm，宽约 180nm，病毒粒子由 1 个核心、两个侧体和两层脂外膜组成，病毒的核心呈两面凹陷的哑铃状结构，是由

DNA 和蛋白质组成的核衣壳。核衣壳和侧体由脂蛋白性表面膜包围，又称为外膜，其间充满可溶性蛋白。细胞外的病毒粒子表面还有一层来自宿主细胞膜的囊膜，囊膜表面含有病毒特异性蛋白质。

2. 生物学特性

鼠痘病毒在鸡胚绒毛尿囊膜生长良好，能感染 HeLa 细胞、小鼠成纤维细胞及鸡胚成纤维细胞。鼠痘病毒可在 Vero 细胞、HeLa 细胞、仓鼠细胞中生长。

3. 理化特性

病毒对乙醚、苯酚有抵抗力；可被氯仿、甲醛灭活，在 0.1%甲醛液中 48h 即能失去活力，对酸（pH3.0）敏感，55℃ 30min 即能被灭活。

（二）病因及发病机制

1. 病因

鼠痘流行与发生主要涉及传染源、传播途径和易感宿主三个方面。

（1）传染源

本病的传染源主要是病鼠和隐性带毒鼠，经皮肤病灶和粪尿向外排毒，污染周围环境。

（2）传播途径

传播方式为直接接触传播。病毒可经皮肤伤口侵入机体，也可经呼吸道或消化道和胎盘垂直传染。自然暴露多是发生了皮肤小擦伤。

（3）易感宿主

本病的自然宿主为小鼠，不同品系小鼠的易感性差异很大。昆明小鼠，ICR/DBA、C3H 和 BALB/c 等品系最为易感，C57BL/6 品系对本病的抵抗力强，呈隐性感染，是主要的潜在疫源。

2. 流行特征

鼠痘一年四季均可发生，饲养管理不当（如营养不良、温度骤变、拥挤、潮湿、长途运输等）及卫生消毒、隔离检疫制度不严等因素都会促使本病的发生。现在国内已取消普通级小鼠的生产，大大减少了此病的发生和流行。

（三）临床表现

鼠痘的临床症状分为三种，症状的轻重与宿主有很大关系，如年龄、动物品系和感染途径等。幼年和老年小鼠比青壮年小鼠更易感。高度易感的动物在发生皮疹前多发生急性感染而死亡，有抵抗力的小鼠品系大多发生无症状的感染，易造成传播。

1. 急性型

此型死亡率高，多见于初次发生此病的鼠群，病鼠被毛蓬松、无光泽、厌食，常于 4 ~ 12h 迅速死亡。感染鼠痘的幼鼠死亡率明显高于成年鼠。

2. 慢性型

耐过急性感染的小鼠，此类型病程缓慢，死亡率和发病率下降，常发生红疹或痘疹，在身体任何部位均可发生。皮疹可单发，也可连成片状。病鼠口鼻及脸部肿胀、破溃；

四肢及尾部肿胀，并有浆液性渗出物，触之敏感，尤以脚掌为甚，随后患处结痂，由于血液供应中断而发生坏疽，1～2 天坏疽部脱落，病鼠不愿行走或拖地而行。眼球下陷，一侧或两侧眼睛流泪，部分可见角膜溃疡穿孔，孕鼠流产，一般在数天内逐渐恢复。痘疹可在几周内消退，但常可见动物痘疹部位无毛发生长。

3．无症状型

无明显的临床症状，部分动物患慢性肠道感染，可成为长期带毒小鼠，是鼠群的重要传染源。

（四）病理特征

1．大体解剖

皮肤受损后，开始感染过程，3～4 天内可以累及脾和肝。急性期肝表面可见白色坏死灶，脾坏死先于肝，严重程度与肝类似。病鼠鼻、面部肿胀，患眼睑炎、结膜炎，尾部皮肤表面出现小结节或红肿，溃疡糜烂，最后坏死脱落。病鼠感染 6～8 天后皮肤可见皮疹、破溃、结痂。

2．镜下观察

鼠痘病毒在胞质内增殖，可产生两种类型的包涵体，即嗜酸性包涵体和嗜碱性包涵体。嗜酸性包涵体主要见于皮肤和黏膜的上皮细胞，嗜碱性包涵体可见于被病毒感染的所有细胞内。

1）皮肤：皮肤丘疹部表皮局限性增生，呈空泡变性，皮下组织水肿、充血、坏死。病变区周围表皮细胞质内可见嗜酸性包涵体，多呈圆形或椭圆形，大小不等，周围多有亮晕。这是鼠痘的特征性病变。

2）肝：肝肿大，具有油腻感，质脆易碎。表面散在大小不等的灰白色或淡黄色坏死灶，外观呈花斑状。显微镜下可见肝细胞变性，坏死，肝坏死通常缺乏炎性反应，此为鼠痘肝坏死的特点；另一特点是在变性、坏死灶内或边缘的肝细胞胞质中可见嗜酸性包涵体。

3）脾：脾呈灶性、融合性、弥漫性坏死。早期脾肿大，颜色变化不明显，但后期颜色变淡。

4）肺：肺细支气管、小叶间及肺泡壁等肺间质充血水肿。淋巴细胞、单核细胞浸润，伴有纤维素样物质渗出，因而肺泡壁明显增厚。肺泡腔内有少量浆液渗出。肺泡壁及肺泡腔可见巨噬细胞。肺泡上皮细胞胞质内出现成群的嗜酸性包涵体。

5）肾：肾小管上皮细胞颗粒变性；肾上皮细胞核淡染；肾小体血管球上皮细胞肿胀。胞质内可见嗜酸性包涵体。

6）肠道：肠道多发性出血，肠壁变薄。显微镜下肠黏膜灶性坏死，灶内肠黏膜上皮细胞及肠腺上皮细胞质内出现嗜酸性包涵体。

7）神经系统：神经细胞溶解、皱缩、坏死，周围小胶质细胞浸润。

（五）诊断

主要特征为头面部肿胀、睑缘炎、脚肿、断尾或脱脚，可以做出初步诊断。进一步确诊需用其他检测方法，包括病理组织学检查、免疫组化法、血清学检查、动物接种、病毒分离、PCR 方法、电镜检查等。病理检查最为可靠和特异，一旦在显微镜下找到鼠痘的特异性嗜酸性包涵体，在电镜下观察到痘病毒颗粒，即可做出诊断。

（六）鉴别诊断

需要与小鼠肺炎、小鼠肝炎、泰泽氏菌病和呼肠孤病毒感染等传染性疾病进行鉴别诊断。这些疾病都表现为实质器官坏死，但可通过病理学、血清学检测进行鉴别诊断。皮肤损害要与真菌、螨虫、动物咬伤相区别。

（七）治疗

一般不进行治疗，一旦流行鼠痘，立即淘汰病鼠群，使用漂白粉、甲醛、过氧乙酸等消毒药品，彻底消毒房舍、笼具用品等。并且要反复进行，避免遗漏和存在死角。对血清学检查阳性的小鼠和外观不健康的小鼠可以处死，将鼠群尽量缩小，然后进行痘苗病毒的免疫，并采取隔离措施，对动物严密观察。对于稀有品系动物，可采用紧急免疫和注射鼠痘高免血清。

（八）预防

1）鼠群要做到无鼠痘传染，应建立严格的饲养管理、卫生消毒和操作规程。

2）如需外购种鼠和实验鼠，必须了解该鼠群健康状况，凡有流行病史者，绝对不能引进；引种必须严格隔离检疫 2 ~ 3 周，并进行病毒检测，确认无此病方可混群，遇有可疑病例应立即报告主管部门和使用部门，同时对鼠群进行检疫、停止流动，及时送检标本，尽快做出诊断。

3）加强平时的饲养管理和防疫卫生，强化管理制度，严禁外来人员，控制饲养密度；对生产动物的群体，严格限定生育胎次，在搞好环境卫生方面，更应重视动物生存的小环境。外购动物笼具进入饲养室前必须坚持严格消毒，室内笼具也应坚持定期消毒，饲养室内外应消灭野鼠及蚊蝇、昆虫等。

4）鼠群要定期进行病毒、细菌检测，发现阳性动物及时淘汰。

二、小鼠肝炎

小鼠肝炎（mouse hepatitis）是由小鼠肝炎病毒（mouse hepatitis virus, MHV）所致的一种特有的传染病，带毒小鼠分布于全世界，临床表现主要为肝炎和脑炎，中国于 1979 年在裸鼠中发现小鼠肝炎，并分离获得病毒。

（一） 病原特性

1. 病原

小鼠肝炎病毒属于冠状病毒科，冠状病毒属。为单股 RNA 病毒，是已知冠状病毒科中体积最大的一个。病毒粒子呈球形，直径 80 ~ 220nm，外有囊膜。冠状病毒的特征是外包膜突起呈放射状排列。小鼠肝炎病毒只在胞质内发育，并向胞质内出芽。该病毒有 3 个主要的结构蛋白，分别是核心蛋白、跨膜蛋白和表面蛋白。病毒分为呼吸株（respiratory MHV strain）和嗜肠株（enterotropic MHV strain）两型。呼吸株病毒在易感动物鼻黏膜部位复制后，向不同靶器官扩散，可在肝、神经系统中进行复制，表现为肝、神经系统病变。常见的呼吸株病毒主要有 MHV1、MHV2、MHV3、MHV-S、MHV-JHM 等。嗜肠株病毒选择性感染小肠黏膜，极少扩散到其他组织，包括 MHV-Y、MHV-RI、DVIM 等。

2. 生物学特性

适宜体外培养的小鼠肝炎病毒株可在 DBT 细胞和 L929 细胞中繁殖。

3. 理化特性

小鼠肝炎病毒于 56℃ 30min 灭活。对乙醚和氯仿敏感。对脱氧胆酸钠有中等程度的抵抗力。在–76℃或低压冻干后能长时间存活。

（二）病因及发病机制

1. 病因

小鼠肝炎病毒只感染啮齿类动物，自然感染只限于小鼠。小鼠肝炎病毒的流行与发生主要涉及传染源、传播途径和易感宿主三个方面。

（1）传染源

病毒存在于小鼠血液和内脏，特别是肝和肾，也见于动物的粪尿和鼻咽黏液中，体外能存活数天，动物经口鼻、消化道感染。本病的传染源主要是病鼠和感染鼠的粪便、鼻咽渗出液和尿液。含小鼠肝炎病毒的鼠排泄物污染尘埃后形成的气溶胶颗粒经呼吸道途径传播；直接接触含小鼠肝炎病毒的鼠排泄物污染的食物、水等，经消化道途径传播。感染孕鼠患病后可经胎盘途径垂直传播给胎儿。

（2）传播途径

传播方式为直接接触和空气传播。病毒可经皮肤伤口侵入机体，也可经呼吸道或消化道和胎盘垂直传染。自然暴露多是发生了皮肤小擦伤。

（3）易感宿主

本病的自然宿主为小鼠，不同品系小鼠的易感性差异很大。DBA、C57BL/6 和 BALB/c 等品系较为易感，A/J 品系对本病的抵抗力较强，呈隐性感染。

2. 流行特征

多数情况下呈隐性感染，在应激因素刺激下可发展成为急性致死性疾病。本病毒对使用小鼠进行研究有着潜在的影响，它可以影响动物的免疫反应，抑制免疫或者刺激免疫应答，污染可移植肿瘤，严重影响实验动物健康和动物实验结果。许多品种小鼠感染小鼠肝炎病毒后发病与否和众多因素有关，如巨噬细胞抑制病毒复制再生能力、促进干扰素再生能力及细胞免疫能力的大小等。实验动物感染小鼠肝炎病毒后各免疫应答参数会发生改变，导致实验动物体液免疫应答变弱。急性感染时，小鼠肝炎病毒可增强或抑制小鼠对致敏红细胞（SRBC）的抗体应答；慢性感染时，小鼠血清免疫球蛋白水平可显著降低，脂多糖和表面免疫球蛋白生成细胞（SIBC）的抗体应答受到抑制，巨噬细胞的数目、吞噬活性和杀伤肿瘤细胞活性等均会受到影响，增强自然杀伤 T 细胞活性。

（三）临床表现

小鼠肝炎病毒感染的临床体征受许多因素影响，包括小鼠的年龄、品系、病毒株、饲养环境等。发病和传播无季节性，可见肝炎、肠炎、胸腺退化。在幼鼠中多见急性型，成年小鼠可无症状，多在动物血清学检测中发现。临床上通常分急性型和神经型。

1. 急性型

乳鼠患自发性肝炎时，发病急、病程短、能致死，其发病率和死亡率很高。乳鼠急性感染后，小鼠表现为精神沉郁、食欲废绝、被毛粗乱、营养不良、腹泻、脱水和消瘦等症状。

小鼠肝炎病毒对幼鼠、裸鼠有高度的传染性，成年鼠一般只有在应激因素作用下会发生肝炎，病鼠血清谷丙转氨酶和谷草转氨酶急剧升高，经 2 ~ 4 天死亡。裸鼠感染弱毒株后，常呈亚急性或慢性肝炎变化，甚至死亡。MHV3 嗜肝性病毒感染 BALB/C 系小鼠后表现暴发性肝炎，感染离乳小鼠偶见肝腹水，感染成年小鼠常见肝腹水。

2. 神经型

小鼠发病后两后肢松弛性麻痹，结膜炎，全身抽搐，转圈运动，2 ~ 4 天内死亡。不同小鼠肝炎病毒毒株的嗜器官性、致病性和抗原性存在差异。MHV2 株对 3 ~ 4 周龄小鼠的感染发病率为 100%，病死率为 98%；8 ~ 9 周龄小鼠的发病率为 88%，病死率为 50%。其他品系小鼠的感染性较低。MHV-JHM 为较强嗜神经性株，感染时中枢神经系统发生病变，人工感染非人灵长类动物时，可引起急性脑脊髓膜炎和脱髓鞘。

（四）病理特征

1. 大体解剖

以肝病变为主，出现多点状白色坏死病变，直径 0.1 ~ 0.3cm。MHV1 株致死的乳鼠，肝呈现黄色或褐色，并有出血斑点；肾肿胀而苍白。MHV3 株对成年鼠可引起腹水。感染 MHV-JHM 株时主要症状是后肢的迟缓性麻痹。

2. 镜下观察

急性初期主要变化为血管周围淋巴细胞和组织细胞浸润，血管内皮细胞和库普弗细胞出现核浓缩、破碎，细胞质红染。也可出现局灶或融合性坏死。MHV4 株能引起小鼠的脱髓鞘性脑脊髓炎，并伴发局限性肝坏死。血管内出现多核巨细胞。肝组织逐渐出现大量的淋巴细胞及少量的中性粒细胞的浸润，肝小叶结构明显破坏，出现肝细胞水肿、气球样变、点状坏死、局灶状坏死。可在肠黏膜、脾、胃、淋巴结和胰腺检查到坏死与合胞体。在裸小鼠的许多组织中出现合胞体，可能出现肝广泛性坏死。

（五）诊断

小鼠肝炎病毒感染的临床症状和流行病学特征对本病的诊断不具有特异性。诊断方法很多，包括病毒分离、血清学检测、分子生物学、电镜、胶体金技术等。经典方法为病毒的细胞分离培养和病理学诊断，伴有坏死或不伴有坏死的合胞体形成是小鼠肝炎病毒感染的显著特征。

1. 血清学检测

主要针对抗体检测，有酶联免疫吸附试验（ELISA）、间接免疫荧光检测试验（IFA）、免疫酶试验（IEA）。由于 MHV 不同毒株间抗原存在一定差异，在检测过程中常使用多价抗原。

2. 分子生物学检测

对于免疫缺陷动物，可通过反转录聚合酶链反应（RT-PCR）对小鼠粪便或血清进行定点检查做出诊断。

（六）鉴别诊断

本病应与可以引起动物腹泻、僵化和死亡的疾病进行鉴别诊断，包括新生小鼠流行性腹泻、鼠痘、呼肠孤病毒、泰泽氏菌病。神经性体征，须与小鼠脑脊髓炎进行鉴别诊断。

（七）治疗

实验动物发现此病，一般不进行治疗，而是将患病动物处死，并将患病动物的种群进行隔离。彻底消毒动物设施、笼具用品等。对周边动物采取血清学监测，对污染环境和设备进行彻底消毒。对新引进的小鼠要隔离观察 2～3 周，健康者方能继续饲养繁殖。

（八）预防

应用屏障设施进行小鼠饲养。对鼠群应定期通过血清学或 PCR 方法进行监测，及早发现并采取相应措施。

三、仙台病毒感染

由仙台病毒（Sendai virus）引起啮齿类实验动物发生呼吸系统疾病，可影响幼鼠生长发育和降低成年鼠的繁殖率。1952 年日本仙台 Tohoku 大学医院最早发现感染仙台病毒的新生婴儿，其死亡病例的肺可感染小鼠引起死亡和肺实变，1953 年由 M. Kuroya 分离到仙台病毒，其具有融合各种细胞的能力。

啮齿类是仙台病毒的自然宿主，仙台病毒感染（Sendai virus infection）是小鼠最难控制的病毒感染之一。此病毒可存在于小鼠、大鼠、豚鼠和猪中，也从人体中分离到了与仙台病毒具有交换抗原的病毒（HA2 等）。

（一）病原特性

1. 病原

仙台病毒属于副粘病毒科，副粘病毒属，有具细胞融合活性的包膜。为单股 RNA 病毒，相对分子量为 6×10^6～7×10^6，直径 100～200nm，具有相对坚固的核衣壳，外面包有布满长 8～15nm、宽 2～4nm 纤突的含脂囊膜。可在鸡胚、各种动物肾培养细胞的细胞质中增殖，该病毒在鸡胚中繁殖较快，以羊膜腔途径接种最为敏感，尿囊腔传代接种生长良好。可凝集所有种类的红细胞，且有溶血性。

2. 生物学特性

灭活的仙台病毒无感染力，但有抗原性。仙台病毒可在猴肾细胞、人肺纤维细胞、猪乳细胞、BHK-21 细胞、Vero 细胞中增殖，红细胞吸附现象是病毒增殖的最早标志。

3. 理化特性

仙台病毒对乙醚及热敏感，pH3.0 条件下易灭活。56℃ 10min 可灭活病毒的血溶性。仙台病毒在室温条件下可凝集多种动物的红细胞，以鸡红细胞的凝集效价最高。该病毒还可溶解多种动物红细胞，以小鼠和豚鼠红细胞最敏感。

（二）病因及发病机制

1. 病因

（1）传染源

感染动物的粪便、鼻咽渗出物、尿液是主要的传染源。

（2）传播途径

直接接触和空气传播是仙台病毒主要的传播和扩散方式。实验条件下，小鼠可经空气接触传染。一年四季均可发生，气温骤降、忽冷忽热等环境因素变化可加剧本病的发生。

（3）易感宿主

仙台病毒的自然宿主包括啮齿类动物和人，12 岁以下儿童易感。自然条件下，仙台病毒可感染小鼠、大鼠、仓鼠和豚鼠。以未感染过仙台病毒的易感鼠群、新生乳鼠和未成年小鼠最为易感，常发生严重的肺炎，3～4 天内死亡；不同品系小鼠对仙台病毒的易感性明显不同。较易感的小鼠品系有 NIH、SSB、129/J、DBA/2、C3H/Bi 等；抵抗力较强的品系有 SJL/J、RF/J、C57BL/6、AKR/I、BALB/C 等。

2. 流行特征

在感染过仙台病毒的鼠群，母鼠血清内常有较高滴度的母源抗体，因此不易感。离乳后，由于母源抗体水平逐渐下降，小鼠抵抗力降低，易感性增加。实验小鼠感染仙台病毒可使动物肺部正常抗菌能力减弱，从而使小鼠易继发细菌性肺炎，如感染肺支原体、嗜肺巴斯德菌等，可能原因是仙台病毒可抑制肺泡吞噬细胞对细菌的吞噬作用，促使细菌附着于呼吸道上皮细胞。该病毒可对实验造成严重干扰。

（三）临床表现

小鼠仙台病毒很难控制，常呈隐性感染，对实验研究产生严重干扰，可改变体液和细胞介导的免疫应答。临床表现主要有以下两种病型。

1. 急性型

多见于离乳小鼠，主要表现呼吸道症状，类似感冒，眼角有分泌物，被毛粗乱，发育迟缓，体重下降，易继发支原体感染，新生乳鼠死亡率高。

2. 慢性型

病毒在小鼠群中长期存在，多数情况下呈隐性感染，有时可引起肺炎，实验大鼠仙台病毒感染多数情况下呈亚临床经过，症状不明显。

（四）病理特征

1. 大体解剖

主要见于呼吸道和局部淋巴结。病鼠肺常实变，切开时有泡沫状血性液体流出。病变多见于尖叶、膈叶和心叶。

2. 镜下观察

仙台病毒感染小鼠的病理特征过程分为 3 个阶段。

（1）急性阶段

急性阶段的特征是对病毒的炎症反应和靶细胞溶解。感染早期，肺细支气管黏膜固有层、肺泡和肺泡管中的中性粒细胞浸润，肺泡毛细血管充血，细支气管周围和血管周围结缔组织水肿，随后上皮细胞坏死、脱落。

（2）修复阶段

修复阶段的特征是细支气管和肺泡内有高度嗜碱性的、较矮的立方样细胞或扁平样细胞增生，这些细胞表现高度分裂象，迅速修补损伤了的细支气管和肺泡。有时可见立方上皮沿肺泡隔增生，围绕终末细支气管形成一种局部腺泡样或腺瘤样排列。

（3）恢复阶段

恢复阶段的特征是肺实质瘢痕化，它们在体内终生存在。

（五）诊断

根据临床症状和病理特征可做出初步诊断。确诊需进行病毒分离和血清学诊断。

1）病毒分离与鉴定：鸡胚尿囊腔培养病毒分离鉴定。

2）血清学试验：以酶联免疫吸附试验（ELISA）和间接免疫荧光检测试验的敏感性和特异性较好。

3）动物实验：应用患病鼠鼻腔、支气管分泌物悬液接种健康小白鼠。

4）分子生物学：PCR 检测和核酸杂交试验。

（六）鉴别诊断

本病需与小鼠病毒性肺炎感染进行鉴别诊断，可通过血清学和分子生物学方法确诊。

（七）治疗

实验动物发现此病，不进行治疗，将患病动物处死，发现患病动物的种群进行隔离。对特殊品系动物，可采用剖腹产技术进行净化，获得无病的后代。

（八）预防

定期进行免疫监测，发现病鼠马上淘汰。对无仙台病毒感染的鼠群，新引进的动物必须经过严格检验。

四、呼肠孤病毒感染

呼肠孤病毒感染是由呼肠孤病毒（reovirus）感染引起动物发生的一类疾病。20 世纪 60 年代初，从人和动物的呼吸道或肠道中分离出这类病毒，取其感染组织呼吸道和肠道二词的首字母及表示病原性不明（orphan 孤儿）的首字母连缀而成，全称是 respiratory enteric orphan virus。其包括了许多影响胃肠道系统的病毒，部分呼肠孤病毒科病毒会导致呼吸系统感染。

（一）病原特性

1. 病原

呼肠孤病毒属于节肢介体病毒类，是具分节段的双股 RNA 基因组的一类病毒，分布广，该科病毒粒子呈球形，为 60～80nm 大小的等轴对称的二十面体结构，外观往往呈球形，无包膜，病毒衣壳由 1～3 层蛋白外壳所组成，该属病毒分布极广，包括能感染人、脊椎动物、昆虫、植物的 5 个属。其中能使人、畜致病的主要有轮状病毒、鸡法氏囊病毒、羊蓝舌病病毒、非洲马瘟病病毒等。所属病毒包括人呼肠孤病毒 1 型、2 型、3 型，鸟呼肠孤病毒，牛呼肠孤病毒等。

哺乳动物呼肠孤病毒分为 3 个血清型，即呼肠孤病毒 1 型、2 型、3 型，正呼肠孤病毒的外衣壳比较脆弱，易被热和胰凝乳蛋白酶（chymotrypsin）等蛋白水解酶破坏，内衣壳却很稳定，不仅对热和胰凝乳蛋白酶处理具有较大的抵抗力，而且能耐高浓度的尿素、二甲基亚砜（DMSO）和十二烷基硫酸钠（SDS）的处理。呼肠孤病毒可在体外培养的敏感细胞内形成胞质内包涵体，包涵体内具有许多结晶状排列的病毒粒子。将提纯的病毒粒子置于蒸馏水中，可使外衣壳结构疏松，病毒粒子的直径增大。也常见到呼肠孤病毒的空衣壳，这是由于病毒粒子中缺乏核酸。小鼠呼肠孤病毒 3 型属于呼肠孤病毒科，正呼肠孤病毒属，为双股 RNA。

2. 生物学特性

呼肠孤病毒可在许多种类的培养细胞中增殖，包括原代猴肾细胞、KB 细胞、HeLa 细胞、人羊膜细胞及 L 细胞等，并于 7～14 天内产生细胞病变，主要是在感染细胞内形成嗜伊红性胞质内包涵体。这些包涵体的特征是形成于胞核附近的胞质内，并在感染过程发展时散布于整个胞质内。电子显微镜检查可在包涵体内看到完全和不完全的病毒粒子。这些病毒粒子经常呈结晶状排列，并常连接于胞质内的梭形微管上。感染细胞最后崩解，病毒被释于细胞外。哺乳动物呼肠孤病毒虽可在鸡胚内增殖，但不呈现规律性。来源于人的呼肠孤病毒株通常不能在鸡胚卵黄囊内增殖。

1）人轮状病毒：能引起 2 岁以下的儿童严重腹泻，有时导致脱水死亡。已知有 3 个血清型，能在爪哇猴肾原代细胞 MA104 和猴肾传代细胞 LLC-MK2 等细胞中培养。大多数成年人都有抗体。人和动物的轮状病毒具有相同的形态结构和部分共同抗原。

2）人呼肠孤病毒：广泛存在于人肠道或咽喉中，也能从患呼吸道感染或胃肠炎的患者分离到，但不能肯定其致病作用。呼肠孤病毒 3 型（Reo3）最初是从一个表现有咳嗽、发热、呕吐、扁桃体肿大和双侧支气管肺炎症状的澳大利亚儿童的粪便中分离出来的。

3）羊蓝舌病病毒：又名绵羊卡他热病毒、嘴疼病病毒、草原强直症病毒。环状病毒属的代表种，有 21 个血清型，可在鸡胚卵黄囊和 Vero 细胞中培养。脑内接种小鼠能发病。病毒由夜间活动的库蠓传播，侵害绵羊羔，其症状为发热、口腔周围糜烂、结痂、发绀、头颈水肿。牛多为无症状感染。发生于非洲、中东、东南亚、大洋洲、美国。多价弱毒疫苗和灭活疫苗可以预防本病。

4）非洲马瘟病病毒：有 9 个血清型，能在鸡胚和鸡胚成纤维细胞及多种传代细胞中培养繁殖。由蚊蠓传播给单蹄兽类，以马最易感。临床表现为急性发热、皮下组织及肺水肿、内脏出血、体腔浆液储集，病死率可高达 90%。有灭活疫苗和弱毒疫苗，一般用多价疫苗预防效果良好。该病主要分布于非洲、中东和南亚次大陆，中国无此病。

5）禽呼肠孤病毒：1982 年，国际病毒分类委员会报告将鸡传染性法氏囊病毒剔除出呼肠孤病毒科，另列 1 个组。此病毒专门侵害 3 ~ 4 周龄幼鸡的重要免疫器官——法氏囊，从而损害鸡的免疫反应。此病的分布几乎是世界性的，中国也有。该病毒可在鸡胚绒毛尿囊膜上培养，在鸡胚成纤维细胞中能形成空斑。已有疫苗可以预防。

6）小鼠呼肠孤病毒 3 型：是实验小鼠较重要的病毒病。可以从多种动物分离到该型病毒，人、非人灵长类、鸡、猪、马、羊等均能检出抗体。小鼠常见呼肠孤病毒 3 型感染，临床表现以油性被毛效应和脂肪型下痢为特征，病理特征主要表现为肝炎、脑炎和胰腺炎。

3. 理化特性

正呼肠孤病毒对脱氧胆酸盐、醚和氯仿具有很大抵抗力，能耐 56℃ 2h 或 60℃ 30min 的加热，在 4℃条件下，其传染性至少可维持 2 个月。在有 1 ~ 2mol/L $MgCl_2$ 存在的情况下，50 ~ 55℃加热 5 ~ 15min，可以明显提高正呼肠孤病毒的感染力。在冰冻的病毒液中加入上述浓度的 $MgCl_2$，能使病毒明显灭活。用胰凝乳蛋白酶处理病毒标本，有提高其感染力的作用。正呼肠孤病毒可被某些染料的光动力作用所破坏，包括常用于蚀斑试验的中性红。紫外线也有破坏病毒的作用，但是已经在紫外线灭活的病毒标本内多次发现多数感染复活现象。正呼肠孤病毒在 pH2.2 ~ 8.0 的广泛酸碱范围内保持稳定。在室温条件下，能耐 1% H_2O_2、3%甲醛、5%来苏儿和 1%苯酚 1h。但在 70%乙醇中较长时间作用后使其灭活，过碘酸盐也可迅速杀死呼肠孤病毒。

（二）病因及发病机制

1. 传染源

感染动物的粪便、尿液或鼻咽分泌物是小鼠感染呼肠孤病毒 3 型的主要传染源。

2. 传播途径

主要通过呼吸道和消化道传播。

3. 易感宿主

呼肠孤病毒 3 型具有广泛的宿主范围，如人、非人灵长类、犬、猪等动物。实验小鼠、地鼠、豚鼠、鸡均易感。2 岁以下的儿童易感。

（三）临床表现

1）哺乳动物呼肠孤病毒感染：小鼠类能发生呼肠孤病毒 3 型的自然感染，有时称肝脑脊髓炎，其临床表现为黄疸，可出现在耳朵、足、鼻子和尾巴。部分小鼠可见神经症状，运动失调。可见以油性被毛、生长发育迟缓、脂肪型下痢为特征。最早期的症状是明显的腹部膨胀。呼肠孤病毒 1 型的实验室感染可发生黄疸。呼肠孤病毒对大鼠、小鼠还有致畸变作用。呼肠孤病毒 1 型和 2 型感染小鼠，病毒可通过怀孕鼠的子宫垂直传播，致胎儿或新生儿死亡。其他哺乳动物和人的呼肠孤病毒感染大多呈无症状经过。

2）禽呼肠孤病毒感染：流行于鸡、火鸡、鸭、鹦鹉和其他禽类，可水平传递，亦可经卵垂直传递。已由多种疾病分离出该类病毒，包括病毒性关节炎、腱鞘炎、矮小综合征（stunting syndrome）、呼吸道病、肠病（enteric disease）、吸收不良综合征（malabsorption syndrome）和骨质疏松（osteoporosis）等。患禽生长受阻，发生心包炎、心肌炎、心包积水、肠炎、肝炎，腔上囊和胸腺萎缩，骨短粗或出现急慢性呼吸道病。呼肠孤病毒也能加剧由其他病原，如鸡贫血因子、大肠埃希氏杆菌和新城疫病毒引起的疾病。由于感染了呼肠孤病毒，机体的免疫功能降低，导致对其他传染性病因的易感性增加。此外，在临床上未感染的鸡也常发现病毒。急性感染时，可见跛行，有些鸡发育不良。

3）羊蓝舌病病毒感染：蓝舌病病毒主要感染绵羊，特别是羔羊。潜伏期约一周。蓝舌病是绵羊的一种急性传染病，其特征是颊黏膜和胃肠道黏膜严重的卡他性炎症。病羊发热，大量流涎，精神沉郁，食欲丧失，随后出现口鼻部典型的“蓝舌”病变。并由鼻孔流出多量浆液性或黏液性鼻涕，干燥后结痂于鼻孔周围。在发热后 5～7 天检查口腔，可见黏膜上有多数糜烂，并常因胃肠道发生病变而出现血样下痢。舌、齿板、齿龈和颊黏膜充血肿胀，并出现瘀点，此后变为青紫色，蓝舌病的名称即由此而来。并常因蹄部知觉层发生病变而出现跛行。病羊被毛断裂，甚至全部被毛脱落。乳房和蹄冠等部位也常出现病变——上皮脱落，但不发生水疱。急性期的死亡率为 20%～30%，该病的严重性依据病毒毒株、绵羊品种和局部生态学条件而不同。除绵羊外，牛及其他反刍兽也罹患本病，但症状较轻，死亡率也低。

（四）病理特征

1. 大体解剖

1）哺乳动物呼肠孤病毒感染：肝肿大、色暗，心外膜可见环状病灶，肺偶见出血，脑可能肿胀和充血，小肠扩张，内容物呈柠檬色。慢性感染可见消瘦、黄疸、油性被毛等。

2）禽呼肠孤病毒感染：最常见的症状是前胃的膨大，伴有出血或坏死性病变、卡他性肠炎。此外，可能有因关节炎和骨质疏松症而产生的跛行。病毒性关节炎和腱鞘炎的自然感染鸡可见到趾屈肌和跖伸肌腱肿胀。踝关节常含有枯草色或带血色的渗出液，有些病例有多量脓性渗出物，踝上滑膜常有出血点。腱区炎症发展为慢性时，腱鞘硬化并融合在一起。胫跗远端的关节软骨出现小的凹陷溃疡，溃疡增大后融合在一起并侵害到下面的骨组织。吸收不良综合征的主要病变是腺胃增大，并可能有出血或坏死，卡他性肠炎。此外还可能有关节炎和骨质疏松。

2. 镜下观察

1）哺乳动物呼肠孤病毒感染：实验室感染第 4 天肝可见被膜下和靠近小叶中央静脉的地方有单核细胞不多的中性白细胞聚集，可见肝细胞的嗜酸性变性。之后几天可见肝细胞的坏死。实验室感染第 8 天，肝细胞肿胀，库普弗细胞增生。胰腺和唾液腺发生腺泡坏死，第 9 天中枢神经元开始变性，脑干和大脑半球最明显。小鼠呼肠孤病毒 3 型感染病理特征主要表现为肝炎、脑炎和胰腺炎。

2）禽呼肠孤病毒感染：组织学变化包括伴发局灶性坏死的前胃炎、心肌炎、法氏囊萎缩、卡他性肠炎和胰腺炎。股骨生长板有横向和纵向断裂，以及软骨坏死和骨质表面的破碎。小肠绒毛常见淋巴细胞浸润、萎缩。

（五）诊断

1）哺乳动物呼肠孤病毒感染：根据小鼠油性被毛和脂肪痢发病症状可初步做出判断，可通过病毒分离、ELISA 抗体检测、间接免疫荧光检测试验、分子生物学检测进行确诊。

2）禽呼肠孤病毒感染：根据症状和病变可做出病毒性关节炎的初步诊断。主要受害部位是跖伸肌腱和趾屈肌腱，心肌纤维之间有异嗜细胞浸润。用免疫荧光法查到腱鞘有呼肠孤病毒，或用鸡胚或鸡胚肝细胞培养分离病毒阳性，可进一步确诊。病毒的致病性可通过接种 1 日龄易感雏鸡的足垫得到证实，致病株在接种后 72h 引起显著炎症。

（六）鉴别诊断

小鼠呼肠孤病毒 3 型感染需与小鼠肝炎病毒感染进行鉴别诊断。

（七）治疗

实验动物发现此病，不进行治疗，将患病动物处死，发现患病动物的种群进行隔离。对特殊品系动物，可采用剖腹产技术进行净化，获得无病的后代。

（八）预防

1）如需外购种鼠和实验鼠，必须了解该鼠群健康状况，凡有流行病史，不能引进；引种必须严格隔离检疫 2 ~ 3 周，并进行病毒检测，确认无此病方可混群，遇有可疑病例应立即报告主管部门和使用部门，同时对鼠群进行检疫、停止流动，及时送检标本，尽快做出诊断。

2）1 日龄雏鸡对呼肠孤病毒最易感，是导致禽呼肠孤病毒无所不在的原因，而至 2 周龄时雏鸡已开始建立年龄相关抵抗力，所以疫苗接种的目标是提供早期保护。加之该病毒对环境的抵抗力强和既可垂直传播又可水平传播的特点，使得消除鸡群的感染十分困难。在将感染鸡群清理后，鸡舍的彻底清洗消毒有利于防止以后鸡群的感染。

3）加强平时的饲养管理和防疫卫生，强化管理制度，严禁外来人员，控制饲养密度；对生产动物的群体，严格限定生育胎次，在搞好环境卫生方面，更应重视动物生存的小环境。外购动物笼具进入饲养室前必须坚持严格消毒，室内笼具也应坚持定期消毒，饲养室内外应消灭野鼠及蚊蝇、昆虫等。

4）鼠群要定期进行病毒、细菌检测，一旦流行呼肠孤病毒，将病鼠群立即淘汰，使用漂白粉、甲醛、过氧乙酸等消毒药品，彻底消毒房舍、笼具用品等。并且要反复进行，避免遗漏和存在死角。对血清学检查阳性的小鼠和外观不健康的小鼠可以处死，将鼠群尽量缩小，并采取隔离措施，对动物进行严密观察。

五、兔痘

兔痘（rabbit pox）是由兔痘病毒（rabbit pox virus）引起家兔的一种热性、急性、高度接触性、致死性传染病，以发热、皮肤出现红斑与丘疹，淋巴结肿大，眼炎，鼻眼内流出多量分泌物，以及内脏器官出现结节性坏死为特征。

（一）病原特性

1. 病原

1932年首次发现兔痘，兔痘病毒属于痘病毒科，脊索动物痘病毒亚科，正痘病毒属，大小为300nm×250nm×200nm，电镜下为卵圆形或砖形的颗粒。病毒主要存在于肝、脾、血液、尿液、眼鼻分泌物等组织器官。

2. 生物学特性

兔痘病毒可在多种培养细胞中生长，包括HeLa细胞、张氏肝细胞、大鼠成纤维细胞、人心肌细胞、KB细胞（人上皮细胞）、FL细胞（人羊膜细胞）、PK-2A（猪肾细胞）、中国地鼠成纤维细胞、中国地鼠上皮细胞、兔肾细胞、牛胚肾细胞等，产生嗜酸性胞质内包涵体，并引起细胞核变化。也可于10～14日鸡胚绒毛尿囊膜增殖，并产生白色浑浊痘斑或出血性痘斑。

3. 理化特性

该病毒耐干燥和低温，但不耐湿热，于–70℃可以存活多年，于干燥条件下，可耐受100℃ 5～10min，但在潮湿条件下，60℃ 10min即可被破坏。对紫外线和碱敏感，对常用的消毒剂、乙醚和脱氧胆酸盐具有较强的抵抗力，但75%乙醇和0.05% $KMnO_4$可在1h内便使其灭活。本病毒在室温条件下可存活几个月。

（二）病因及发病机制

1. 传染源

病兔的肝、脾、血液、尿液、眼鼻分泌物等均含有病毒，是主要的传染源。

2. 传播途径

病兔的肝、脾、血液、尿液、眼鼻分泌物等均含有病毒，尤其鼻腔分泌物中含有大量病毒，污染环境，通过呼吸道、消化道、皮肤创伤和交配而感染。

3. 易感宿主

本病只有家兔能自然感染发病，不同品种的易感性不同，各年龄家兔均易感，但幼兔和妊娠母兔致死率较高。本病在兔群中传播极为迅速，常呈地方性流行或散发。幼兔死亡率可达 70%，成年兔死亡率为 30% ~ 40%。

（三）临床表现

本病流行初期潜伏期较短，后期较长，多为 2 ~ 14 天。病毒最初感染鼻腔，在鼻黏膜内繁殖，后期在呼吸道淋巴结、肺和脾中繁殖。通常有眼炎、角膜炎和脓性结膜炎。

病初发热至 41℃，流鼻液，呼吸困难。1 天后可出现全身淋巴结尤其是腹股沟、腘淋巴结肿大坚硬。一般感染后 5 天，皮肤出现红斑，发展为丘疹，丘疹中央凹陷坏死呈脐状，最后干燥结痂，病灶多见于耳、口、腹背和阴囊处。结膜发炎，流泪或化脓；公、母兔生殖器均可出现水肿，发炎肿胀，怀孕母兔可流产。通常病兔有运动失调、痉挛、眼球震颤、肌肉麻痹的神经症状。

部分超急性病例，可无出血红斑或其他皮肤变化，死前仅出现发热和厌食。

（四）病理特征

1. 大体解剖

病变主见皮肤、口腔、呼吸道及肝、脾、肺等出现丘疹或结节；淋巴结、肾上腺、唾液腺、睾丸和卵巢均出现灰白色坏死结节；相邻组织发生水肿和出血。

1）皮肤病变：最为明显，可见红斑疹或丘疹，有些可发展成片，其严重程度包括仅有少数局部斑疹到严重的、有广泛坏死和出血的皮肤损害不等。皮下水肿及口腔和其他天然孔的水肿是兔痘的常见病变。

2）淋巴结：呼吸道淋巴结、腹股沟淋巴结肿大。

3）眼睛损害：轻者流泪和发生眼睑炎，重者发生弥漫性、溃疡性角膜炎或化脓性眼炎，也可见虹膜炎或角膜穿孔。

4）胃肠道主要在腹膜和网膜上出现灶性斑疹。肺、肝、脾肿大，有肉眼可见的青白色粟粒大的结节，胆囊也有小结节。睾丸、卵巢、子宫可见白色结节。

2. 镜下观察

全身主要脏器可见坏死灶，肺部见灶性结节病变和弥漫性肺炎区。肝实质广泛变性和坏死，呈弥漫性或灶性，常累及整个器官。脾常见严重充血。

斑疹或结节的组织中央坏死，周围单核细胞浸润，相邻组织水肿或出血，或可见由大量单核细胞、坏死组织细胞、出血和水肿构成的弥漫性病变，血管上皮明显肿胀，细小血管阻塞。

肺炎以血管周围单核细胞和多形核细胞浸润为特征。骨髓内有单核细胞浸润，并伴有散在的出血和坏死。脾严重充血，红髓内有大量单核细胞浸润，脾小体水肿，甚至出现灶性到弥漫性坏死。淋巴结，特别是小肠淋巴滤泡可发生广泛性坏死。胆管区单核细胞浸润，睾丸组织有水肿坏死灶，甲状腺、肾上腺、胸腺、唾液腺和子宫细胞变性、坏死及单核细胞浸润。有时在上述各受害器官内可看到特征性的胞质内包涵体。

（五）诊断

根据症状和病理特征，可做出初步诊断。确诊需分离鉴定病毒，或进行血凝抑制试验等血清学试验。

1）病毒分离：10 ~ 13 日龄鸡胚接种，72h 后如观察到绒毛尿囊膜出现白色痘斑时，可以确诊。也可使用兔肾细胞、睾丸细胞和兔胚单层细胞进行细胞培养，如在有病变的细胞质内见到包涵体即可确诊。

2）血凝试验与血凝抑制试验：对于血凝试验阳性的样品，必须用已知的标准阳性血清进行血凝抑制试验，只有被检样品的血凝性可被特异性的阳性血清所中和者，才能判为兔痘病毒阳性。

3）观察细胞变化：间接免疫荧光检测试验检查冰冻切片上的受病毒感染细胞，或涂片，观察到胞质内包涵体即可确诊。

（六）鉴别诊断

1）与兔病毒性出血症进行鉴别诊断，兔病毒性出血症以实质器官淤血、出血为主要特征。

2）与兔多杀巴斯德菌病进行鉴别诊断，兔多杀巴斯德菌病呼吸道症状表现为鼻腔内有白色黏稠的分泌物。

（七）治疗

对本病无特效药物治疗。一旦发病，需立即采取严格的隔离措施，消毒并扑杀病兔，尸体做无害化处理。

（八）预防

主要是坚持兽医卫生制度，注意加强饲养管护，严格消毒、隔离检疫等措施。受疫情威胁时，可用牛痘苗进行预防注射，接种后很快能产生抵抗力，免疫期能达半年左右。引进种兔时要严格检疫，并隔离饲养，确定无病后，方可进场。

六、犬瘟热

犬瘟热是犬的一种高度接触传染性、致死性传染病。本病的特征为双向热、白细胞减少、急性呼吸道和胃肠道卡他性炎症，常有肺炎和神经症状并发，部分病例出现鼻部和脚垫的高度角化。该病传染性强、发病率高，对养犬业危害巨大，已呈世界性分布。

（一）病原特性

1. 病原

犬瘟热病毒（canine distemper virus，CDV）属于副粘病毒科，麻疹病毒属，核酸为单股、负链、不分节段的 RNA 病毒，病毒粒子呈圆形，有时呈长丝状，直径为 100 ~ 400nm，具有双层囊膜。与麻疹病毒和牛瘟病毒非常相似，其抗原性密切相关。

2. 生物学特性

犬瘟热病毒能在多种原代或传代细胞中生长，如犬肾细胞、雪貂肾细胞和犊牛肾细胞、鸡胚成纤维细胞、Vero 细胞和 FL 细胞等，犬肺巨噬细胞最为敏感，可形成葡萄串样的典型细胞病变。犬肾细胞培养时，产生的细胞病变包括细胞颗粒变性和空泡形成，形成巨细胞和合胞体，细胞中（偶尔在核内）出现包涵体及星形细胞。

犬瘟热病毒接种鸡胚绒毛尿囊膜，传 3 ~ 10 代后可使鸡胚产生病变，传 80 ~ 100 代后对犬和貂的毒力减弱，但可使其产生免疫力，用于弱毒疫苗生产。

3. 理化特性

犬瘟热病毒对脂溶性溶剂和紫外线敏感，甲醛、苯酚和氢氧化钠及阳光可以将其杀死。在宿主体外不稳定，对热和干燥敏感，50 ~ 60℃ 30min 可灭活，但低温下可长时间存活，2 ~ 4℃可存活数周，–60℃可存活 7 年以上，这可能是犬瘟热多流行于冬春寒冷季节的原因。冻干是犬瘟热病毒最好的保存方法。

（二）病因及发病机制

1. 病因

（1）传染源

病犬和带毒犬是主要的传染源，有些病犬可以排毒数月，其他患病和带毒动物也是传染源之一。病犬分泌物如鼻涕、唾液及泪液中存在大量病毒，其排泄物如尿液中大量含毒，能长期排毒，可污染周围环境，是最为隐性的传染源。

（2）传播途径

主要传播途径是直接或间接接触到病犬或野生动物，带有病毒的飞沫可经呼吸道感染。也有人提出其可通过胎盘垂直传播，造成流产和死胎。此外，犬瘟热病毒也可通过鼠类、禽类和吸血昆虫及风等媒介间接传播。饲养人员的衣服、手套和饲养用具等也可起到间接传播作用。

（3）易感宿主

犬科动物（犬、狼、豺、狐）和鼬科动物（貂、雪貂、白鼬、臭鼬、黄鼠狼、水獭等）是犬瘟热病毒的自然宿主。可人工感染地鼠、小白鼠、豚鼠、松鼠和猕猴等动物。所有的犬不分年龄、性别和品种都易感。不满 4 月龄、没有接受免疫接种的幼犬最易感，人工感染的发病率在 70%，死亡率高达 50%。浣熊科中浣熊、蜜熊、白鼻浣熊和小熊猫有发病报道，海狮、海豹等也可感染。

2. 流行特征

犬瘟热呈全世界分布，没有明显的季节性，一年四季均可发生，但以气温比较低的季节如冬春季多发。本病的发生具有一定周期性，每隔 2 ~ 3 年一次大流行。犬群中，自发性犬瘟热发生的年龄与幼犬断乳后母源抗体的消失有关。纯种犬和警犬比土种犬易感性更高，且病情严重，死亡率高。

（三）临床表现

犬瘟热潜伏期随传染源的不同差异较大，来源于同种动物的，通常为 3 ~ 6 天。来源于不同种动物的，需要经过一段时间适应，潜伏期可长达 30 ~ 90 天。

本病的严重程度取决于病毒的毒力、环境条件、宿主的年龄和免疫状态。重症感染多见于未接种疫苗、84～112 日龄的幼犬，可能与母源抗体消失有关。病程短的为 10 天，长的可达数周或数月；个别病例时而症状减轻，时而加重。犬瘟热为致死性疾病，即便犬只没有死亡，对其神经系统的损伤也是不可修复的，常留下永久性神经性后遗症。

1. 病初"双向热"

典型症状表现为病初出现"双向热"。第 1 次发热症状易被忽视，之后数天内不发热，出现黏液性至脓性眼屎。随后病犬再次发热，并持续 1 周以上，可见浆液性鼻液、咳嗽、无力、食欲减退和腹泻等症状。

2. 呼吸道和消化道症状

随着病情发展，病犬出现呼吸道和消化道症状，如鼻分泌物增多伴有血液，严重堵塞鼻孔，继而呼吸困难、咳嗽。随后体温升高、食欲废绝，继而出现呕吐、腹泻，粪便中伴有黏液或混有血液或气泡，最后脱水衰竭而死。并伴随白细胞减少，尤其是淋巴细胞减少。

3. 神经症状

后期病毒侵害神经系统出现中枢神经系统症状，通常在全身症状恢复后 7～21 天出现，如腿部肌肉或面部肌肉局部震颤；出现轻瘫或麻痹，后肢出现运动失调，随后呈上行性发展；出现痉挛、流涎和咀嚼运动，频繁发作。病情加重时病犬倒于一侧，四肢划动，出现大小便失禁。

根据病毒侵害中枢神经系统部位的不同，临床症状有所差异。大脑受损表现为癫痫、好动、转圈和精神异常；中脑、小脑、前庭和延髓受损表现为步态及站立姿势异常；脊髓受损表现为共济失调和反射异常；脑膜受损表现为感觉过敏和颈部强直。咀嚼肌群反复出现阵发性抽搐。病毒侵害神经和视网膜，可出现眼睛突然失明、胀大、瞳孔反射消失，炎性渗出可致视网膜分离。

4. 皮肤和足垫症状

病程末期，少数病犬可见下腹部水肿、脓性皮疹及足垫角化过度等症状。

幼犬经胎盘感染 28～42h 出现神经症状，母犬为轻微或不显症状感染。小于 7 日龄的幼犬实验感染还表现心肌病。临床症状包括呼吸困难、抑郁、厌食、虚脱和衰竭。幼犬在恒齿长出之前，感染处于生长期的牙齿釉质可造成牙釉质的严重损伤，牙齿生长不规则。

（四）病理特征

1. 大体解剖

犬瘟热病毒具有泛嗜性，对上皮细胞亲和力较强，因此病变分布非常广泛。幼年犬患犬瘟热多能见到胸腺萎缩。成年犬根据继发感染的程度不同，可能出现结膜炎、支气管炎、肠炎和皮肤疱疹。出现神经症状的可见鼻尖和足垫过度角化，是常见的病理特征。中枢神经系统症状包括脑膜充血、脑室扩张和因水肿脑脊液增加。

心肌病以心肌变性、坏死和钙化作用为特征，并伴有炎性细胞浸润。

2. 镜下观察

主要组织学病变为淋巴系统的退化性变化。弥漫性间质肺炎以肺泡隔膜增厚和肺泡上皮细胞增生为特征，肺泡内还有脱落的上皮细胞和巨噬细胞。脾淋巴窦淤血、出血，小血管内膜上有结缔组织增生，实质细胞变性、坏死。肝细胞破裂、脂肪变性、中央静脉周围细胞弥散坏死。肾出血，小管细胞脱落、变性、坏死，管内有炎性分泌物和炎性细胞。膀胱黏膜上皮细胞变性、坏死，黏膜下层和基层水肿、炎性细胞浸润。

病犬组织细胞中多产生嗜酸性包涵体，直径 1 ~ 5μm，呈圆形或椭圆形。胞质内包涵体可见于尿道、膀胱、呼吸道等黏膜上皮细胞、网状细胞、白细胞、神经胶质细胞和神经中。核内包涵体多位于被覆上皮细胞、腺上皮细胞和神经节细胞。

新生幼犬急性致死性脑炎病例，出现神经细胞和髓脂质变性或早期脱髓鞘，但无明显血管套现象。存活的动物，肥大星状细胞取代坏死区。小脑脚、第四脑室和大脑深部等中枢神经系统出现白质变化，也可见于中脑、基神经节和大脑皮质的颞叶。幼犬可见牙釉质发育不良，釉质上皮细胞变形、坏死。眼睛可见睫状体细胞浸润。

成年犬和转为慢性的病例，脑炎病变主要表现为脱髓鞘和神经元细胞变性区域可见血管周围广泛的淋巴细胞浸润。多数慢性病例中，病变以致密的星状细胞取代原有的神经细胞为特征。

（五）诊断

根据临床症状、病理解剖和流行病学资料做出初步诊断，确诊还需采取病毒分离与鉴定试验、血清学试验等进行。

（六）鉴别诊断

临床上出现典型症状时易诊断，但易与支气管败血巴斯德菌、沙门氏菌、钩端螺旋体感染，以及犬传染性肝炎、犬细小病毒病和狂犬病混淆，容易造成误诊。

可通过呼吸道、皮疹和神经症状与犬伤寒进行区别。可通过狂犬病有后头咬肌麻痹症状和具有攻击性与犬瘟热区别。可通过暂时性角膜混浊，出血后血凝时间延长，剖检后可见肝、胆囊特征病变及体腔血样渗出等症状与传染性肝炎区别。可通过呕吐次数和剧烈程度，双向热、眼鼻分泌物及鼻和足垫过度角化等症状与犬细小病毒病区别。

（七）治疗

目前没有能杀灭感染犬体内病毒的特效药物。早期可采用特异性单抗或大剂量高免血清，具有一定作用。发生细菌继发感染后，可根据情况采用抗生素进行治疗，以缓解病情，减少死亡。

（八）预防

根据犬瘟热的流行特点，预防控制措施应包括以下几个方面。

1）建立严格的饲养管理、卫生消毒和操作规程。

2）加强平时的饲养管理和防疫卫生，重视动物生存的小环境。外购动物笼具进入饲养室内必须严格消毒，室内笼具也应坚持定期消毒，防止流浪犬和其他野生动物进入饲养区域。

3）如需外购种用和实验动物，必须了解该动物种群的健康状况。引种必须严格隔离检疫 2～3 周，并进行病毒检测，确认无此病方可混群，遇有可疑病例应立即报告主管部门和使用部门，同时对种群进行检疫、停止流动，及时送检标本，尽快做出诊断，及时隔离可疑动物，清除阳性动物。

4）根据需要，选择合适的免疫程序对动物种群进行犬瘟热疫苗免疫，定期监测犬瘟热血清抗体滴度。

七、犬传染性肝炎

犬传染性肝炎（infectious canine hepatitis，ICH）是由犬腺病毒Ⅰ型引起犬等动物的一种急性败血性传染病，主要发生于犬，也可发生于其他犬科动物。犬感染后主要临床特征为肝炎和蓝眼病。

（一）病原特性

1. 病原

犬腺病毒属于腺病毒科，哺乳动物腺病毒属。形态特征与其他哺乳动物腺病毒相似，呈二十面体立体对称，直径为 70～90nm，无囊膜双股 DNA 病毒。

2. 生物学特性

犬腺病毒分为两个型，犬腺病毒Ⅱ型引起幼犬表现为呼吸道疾病和肠炎。两个型具有共同的补体结合抗原，但其生化特性和核酸同源性不同，通过血凝抑制与中和试验可区别。犬腺病毒Ⅰ型可凝集豚鼠、鸡和人 O 型血红细胞。可在犬、雪貂、豚鼠等的肾和睾丸原代细胞及 MDCK 细胞中增殖。

3. 理化特性

犬腺病毒对脂溶剂如乙醚、氯仿有抵抗力，但氯酸盐、碘酚和氢氧化钠等可杀灭病毒。pH3～9 条件下可存活，最适 pH6～8.5。4℃可存活 270 天，但在宿主体外可存活数周甚至数月，56℃ 30min 仍具有感染性。病犬肝、血清和尿液中的病毒，20℃可存活 3 天。

（二）病因及发病机制

1. 病因

（1）传染源

发病和带毒的犬是主要的传染源，其分泌物和排泄物是主要疫源，病犬通过尿液排毒可达 6 个多月，另外还包括污染的环境、饲料和用具。

（2）传播途径

主要经消化道或呼吸道感染。直接接触病犬的分泌物和排泄物如唾液、粪、尿是主要的传播途径之一，垂直传播也是一种途径，通过母源胎内感染造成新生幼犬死亡。

（3）易感宿主

犬、狐狸、山狗、臭鼬及熊等可感染发病，其他犬科动物感染但不发病。犬不分年龄、性别、品种均可发病，但 1 岁以内幼犬多发，幼犬死亡率高，可达 25%～40%，成年犬较少出现临床症状。人工感染时大剂量接种可使豚鼠染病，但雪貂、猫、兔和大鼠等均不感染。

2. 流行特征

犬传染性肝炎呈世界分布，主要发生于澳大利亚、丹麦、加拿大、挪威、美国和英国。本病无明显流行季节，但冬季多发。

（三）临床表现

潜伏期为 4～9 天，从轻微发热到死亡，程度不一。发病初期体温可升高至 40℃以上，持续 1～6 天，呈双向热，心跳过速。随着体温升高，血液白细胞减少。

1. 最急性

一般出现呕吐、腹痛和腹泻等症状后数小时内死亡。

2. 急性

症状为体温升高，怕冷，精神沉郁，食欲废绝，喜饮水，呕吐，腹泻，粪便伴有血液。

3. 亚急性

典型症状为角膜水肿，即“蓝眼病”，表现为眼睑痉挛、畏光和出现浆液性分泌物。病犬临床症状轻微，出现咽炎和喉炎，扁桃体肿大，颈淋巴结发炎引起头颈部水肿。角膜混浊通常从边缘向中心蔓延，角膜完全混浊后疼痛逐渐减弱，进而会发展成为青光眼或角膜穿孔。慢性病例多发于老疫区或流行后期，少死亡，可自愈。

（四）病理特征

1. 大体解剖

主要表现为全身性败血症变化，多种器官如胃浆膜、淋巴结、胸腺、胰腺及皮下组织有大小不等的出血斑点。浅表淋巴结和颈部皮下组织水肿、出血，腹腔内充满清亮、浅红色液体。肝肿大，呈斑驳状，表面有纤维素附着。常见肾皮质有灰白色的坏死灶，胆囊壁水肿增厚，灰白色，半透明，胆囊浆膜被覆纤维素性渗出物，胆囊变化具有诊断意义。眼睛以肉芽肿性虹膜睫状体炎为特征，伴随角膜内皮损伤和角膜水肿。

2. 镜下观察

急性病例细胞广泛性坏死，正常细胞与小叶内病变分界明显，严重的整个肝小叶发生凝固性坏死，库普弗细胞最早出现核内包涵体，随后肝实质细胞出现。

亚急性和慢性可见弥散肝细胞坏死，肝间质组织中大量中性粒细胞纤维化，并导致肝硬化。胆囊上皮细胞完整，黏膜下层水肿。肾小球毛细血管内皮细胞最早出现肾包涵体，随后肾小管上皮细胞出现，大量中性粒细胞和单核细胞浸润间质组织，间质组织纤维化。淋巴器官如淋巴结、扁桃体和脾充血，淋巴滤泡中心坏死，血管内皮细胞发现核内包涵体。虹膜及睫状体血管充血、炎性细胞浸润。

（五）诊断

可根据发病特点、凝血时间延长等临床症状，以及流行病学特点初步判断，确诊还需病毒分离、间接免疫荧光检测试验等进一步实验室诊断。

（六）鉴别诊断

本病的早期症状与犬瘟热相似，不易区分。可通过暂时性角膜混浊，出血后血凝时间延长，剖检后可见肝、胆囊特征病变及体腔血样渗出等症状与犬瘟热区别。

（七）治疗

严重病犬可采取输血疗法，同时静脉注射 5%的糖盐水。配合抗生素治疗，防止继发感染。

（八）预防

根据犬腺病毒感染的流行特点，预防控制措施应包括以下几个方面。

1）建立严格的饲养管理、卫生消毒和操作规程。

2）加强平时的饲养管理和防疫卫生，重视动物生存的小环境。外购动物笼具进入饲养室内必须严格消毒，室内笼具也应坚持定期消毒，防止流浪犬和其他野生动物进入饲养区域。

3）如需外购种用和实验动物，必须了解该动物种群的健康状况。引种必须严格隔离检疫 2～3 周，并进行病毒检测，确认无此病方可混群，遇有可疑病例应立即报告主管部门和使用部门，同时对种群进行检疫、停止流动，及时送检标本，尽快做出诊断，及时隔离可疑动物，清除阳性动物。

4）根据需要，选择合适的免疫程序对动物种群进行犬腺病毒疫苗免疫，多采用犬腺病毒Ⅱ型弱毒株，免疫后可以保护两型病毒引起的感染，又不出现角膜混浊和尿中排毒。定期监测犬腺病毒血清抗体滴度。

八、细小病毒病

（一）小鼠微小病毒病

小鼠微小病毒（minute virus of mice）病是由小鼠微小病毒引起的一种具有高度传染性、广泛存在于实验小鼠和野生小鼠中的疾病。

1. 病原特性

（1）病原

小鼠微小病毒属于细小病毒科，细小病毒属。核酸为单股线性 DNA，病毒核衣壳为等轴立体对称的二十面体，无囊膜，直径 20～25nm，只有 1 个血清型。

（2）生物学特性

小鼠微小病毒可在大鼠和小鼠胚细胞中生长，培养 7～13 天后可出现细胞病变，并产生血凝素。另外，大鼠脑胶质瘤细胞 C-6 和人胚肾细胞（NBK）也可用于小鼠微小病毒的培养。细胞培养时可产生 3 种不同病毒粒子，即感染性病毒、空壳病毒和缺陷病毒粒子。可凝集多种哺乳动物的红细胞，对豚鼠红细胞作用最好。

（3）理化特性

小鼠微小病毒可抵抗外界不良环境，极耐干燥。可耐受脂溶剂和较高温度条件，对乙醚、氯仿、醇类和脱氧胆酸盐有抵抗力。

2. 病因及发病机制

（1）传染源

病鼠和携带病毒的健康鼠是主要的传染源。

（2）传播途径

主要通过带毒小鼠的粪便和尿液向外排毒，直接接触及粪尿污染均可使该病毒在感染动物和易感动物之间传播，也可经胎盘垂直传播，但不能通过空气传播。

（3）易感宿主

实验小鼠和野生小鼠是小鼠微小病毒的自然宿主，在实验条件下可感染大鼠和仓鼠。实验条件下，经颅内或腹腔接种新生乳鼠多不引起死亡，但生长发育迟缓，病毒大量存在于脑、肠和尿液中。怀孕母鼠感染小鼠微小病毒，病毒可在母体胎盘和胎儿体内大量复制，但不引起组织学改变。试验感染新生大鼠可形成病毒血症，脑、肝、小肠和尿液中可检出病毒，脑室管膜、脉络膜轻度坏死，坏死细胞可见核内包涵体。

（4）流行特征

小鼠中普遍存在，呈地方流行，随年龄不同感染率不同。在肿瘤细胞系和经小鼠传代的白血病病毒中普遍存在。

3. 临床表现

自然条件下，小鼠感染后不表现任何症状，但带毒时间长，病毒在小鼠体内广泛分布。初生乳鼠因 60 ~ 90 天后母源抗体保护力减弱，易感性增强。实验条件下，大鼠呈亚临床感染。哺乳仓鼠人工感染 5 ~ 8 天内发病，病鼠发育迟缓、个体矮小。小剂量小鼠微小病毒人工感染仓鼠，部分仓鼠感染后可耐过，临床表现先天愚型。

4. 病理特征

（1）大体解剖

无明显的病理改变。初生小鼠感染时，偶尔发生小脑的损害。成年小鼠感染可引起病毒血症，但未发现病理改变。病毒也可在胎儿组织中复制而不引起病变。

（2）镜下观察

人工感染的小鼠，可见小脑外层生发层坏死，感染部位可见细胞核内包涵体。人工感染大鼠的病理损伤局限于室管膜和脉络膜，在病灶部位可见典型的细胞核内包涵体和细胞溶解现象。

5. 诊断

鉴于感染后无特定临床症状和病理特征，一般通过血清学方法检测鼠群中抗体，确定是否感染小鼠微小病毒。

6. 治疗

一般不予以治疗，感染后直接淘汰感染群。

7. 预防

根据小鼠微小病毒感染的流行特点，预防控制措施应包括以下几个方面。

1）建立严格的饲养管理、卫生消毒和操作规程。

2）加强平时的饲养管理和防疫卫生，加强饲料、垫料、用具和周围环境的消毒措施。外购动物笼具进入饲养室内必须严格消毒，室内笼具也应坚持定期消毒，防止野鼠进入饲养区域。

3）如需外购种用和实验动物，必须了解该动物种群的健康状况，并进行抗体检测，确认无此病方可混群。

4）一旦发现感染，应立即淘汰感染群，重新引种，建立新种群。珍贵品系可选择血清学阴性的种鼠剖腹取胎，结合屏障隔离措施，净化种群。

（二）小鼠细小病毒1型病

小鼠细小病毒1型（mouse parvovirus 1）病是由小鼠细小病毒引起的一种无临床症状，但能引起小鼠胎儿流产、死胎、幼鼠肠炎和骨髓病相关的疾病。

1. 病原特性

（1）病原

小鼠细小病毒属于细小病毒科，细小病毒属。小鼠细小病毒无囊膜，不含脂质和糖类。细小病毒属病毒虽能自我复制，无需辅助病毒的帮助，但增殖取决于细胞的生理状态，适合于在具有旺盛增殖能力并处于有丝分裂过程中的细胞中增殖。

小鼠细小病毒有三种血清型（MPV1、MPV2、MPV3），目前只分离出细小病毒1型（MPV1），与小鼠微小病毒有相似的非组织蛋白结构，血清学实验中可发生交叉反应。

（2）生物学特性

只能在处于有丝分裂状态下的细胞生长，感染后主要侵害动物快速分化或分裂迅速的组织，如胎盘、胎儿，幼鼠的肠上皮细胞及骨髓。

（3）理化特性

细小病毒属在干燥和 pH2～11 条件下可存活，可抵抗氯仿、乙醚和乙醇，但甲醛、β-丙内酯、氨水和氧化剂等可将其灭活。90℃ 2h 和 40℃ 60 天后仍具有感染性。

2. 病因及发病机制

（1）传染源

病毒通过尿液、粪便和呼吸道排出，在外界环境中的持久性和稳定性很高，易接触传染。

（2）传播途径

小鼠细小病毒为高接触传染病毒，感染后排毒时间不确定。可直接接触感染病毒，已感染的动物通过尿液、粪便和口鼻分泌物排出病毒，尿液和粪便是主要的传播途径。被污染的鼠类生物制品也容易引发感染。病毒能够在外界环境中持续存在，接触已感染动物的粪便、尿液和其他材料很易感染。

（3）易感宿主

小家鼠和实验用小鼠是小鼠细小病毒 1 型和小鼠微小病毒的自然宿主。

（4）流行特征

小鼠细小病毒为小鼠群体和生物制品中存在的最普遍的病毒，呈隐性感染，无临床症状，很难分离到病毒。

3. 临床表现

小鼠感染后无临床症状，在免疫缺陷小鼠中也不表现临床症状。病毒在胰脏、小肠、淋巴器官和肝脏中复制几周，随尿液、粪便和口鼻分泌物排出。生长期胎儿和初生幼鼠试验性感染易引发多种器官损伤。小鼠微小病毒和小鼠细小病毒都偏好攻击淋巴组织，并能够改变 T 淋巴细胞的功能，或引起肿瘤移植排斥反应，从而影响相关试验研究的进行。

4. 病理特征

不引起组织病理学损伤。

5. 诊断

鉴于小鼠呈隐性感染时无临床症状，也无病理形态学的改变，且很难分离到该病毒，一般采用血清学试验和分子生物学方法诊断。

6. 鉴别诊断

可采用血清学方法和 PCR 方法来鉴别小鼠微小病毒和小鼠细小病毒 1 型感染。

7. 治疗

一般不予以治疗，感染后直接淘汰感染群。

8. 预防

根据小鼠细小病毒感染的流行特点，预防控制措施应包括以下几个方面。

1）建立严格的饲养管理、卫生消毒和操作规程。

2）加强平时的饲养管理和防疫卫生，加强饲料、垫料、用具和周围环境的消毒措施。外购动物笼具进入饲养室内必须严格消毒，室内笼具也应坚持定期消毒，防止野鼠进入饲养区域。

3）如需外购种用和实验动物，必须了解该动物种群的健康状况，并进行抗体或 PCR 检测，确认无此病方可混群。

4）一旦发现感染，应立即淘汰感染群，重新引种，建立新种群。珍贵品系可选择血清学阴性的种鼠剖腹取胎，结合屏障隔离措施，净化种群。

（三）大鼠微小病毒病

大鼠微小病毒（rat minute virus）病是由大鼠微小病毒引起的一种大鼠的传染病，感染后无临床症状和病理组织变化。

1. 病原特性

（1）病原

大鼠微小病毒属于细小病毒科，细小病毒属。病毒无囊膜，不含脂质和糖类。

（2）生物学特性

目前仍无法实现该病毒的体内培养，动物的实验感染也正处于研究中。

（3）理化特性

细小病毒属在干燥和 pH2 ~ 11 条件下可存活，可抵抗氯仿、乙醚和乙醇，但甲醛、β-丙内酯、氨水和氧化剂等可将其灭活。90℃ 2h 和 40℃ 60 天后仍具有感染性。

2. 病因及发病机制

（1）传染源

野生大鼠、已感染的动物和已被污染的鼠类生物制品是主要传染源。

（2）传播途径

直接接触发病动物的口鼻分泌物和粪便是最主要的传播方式。已污染的食物和垫料也可能传染，但目前还未证实。

（3）易感宿主

实验用大鼠和野外大鼠是自然宿主。

3. 临床表现

无临床症状。

4. 病理特征

无组织病理学损伤。

5. 诊断

鉴于大鼠呈隐性感染时无临床症状，也无病理形态学的改变，且很难分离到该病毒，一般采用血清学试验和分子生物学方法诊断。

6. 治疗

一般不予以治疗，感染后直接淘汰感染群。

7. 预防

根据大鼠微小病毒感染的流行特点，预防控制措施应包括以下几个方面。

1）建立严格的饲养管理、卫生消毒和操作规程。

2）加强平时的饲养管理和防疫卫生，加强饲料、垫料、用具和周围环境的消毒措施。外购动物笼具进入饲养室内必须严格消毒，室内笼具也应坚持定期消毒，防止野鼠进入饲养区域。

3）如需外购种用和实验动物，必须了解该动物种群的健康状况，并进行抗体或 PCR 检测，确认无此病方可混群。

4）一旦发现感染，应立即淘汰感染群，重新引种，建立新种群。珍贵品系可选择血清学阴性的种鼠剖腹取胎，结合屏障隔离措施，净化种群。

（四）大鼠细小病毒 1 型病

大鼠细小病毒 1 型（rat parvovirus 1）病是由大鼠细小病毒 1 型（rat parvovirus 1）引起的一种大鼠的高度传染性疾病，感染后无临床症状和组织病理学变化。

1. 病原特性

（1）病原

大鼠细小病毒 1 型属于细小病毒科，细小病毒属。病毒粒子为立体对称的二十面体，直径 18 ~ 23nm，为单股负链 DNA 病毒，无囊膜，基因组约 5kb。大鼠细小病毒包括 RPV-1、RV（KRV）、H-1 三个血清型，每个血清型包含多个分离株。

（2）生物学特性

大鼠细小病毒 1 型可在人类胚胎肾细胞（324K 细胞）中生长良好，接种细胞 4 天后，出现细胞病变。但在 NRK 细胞中不易生长，很少观察到病毒阳性细胞。

（3）理化特性

大鼠细小病毒可抵抗干燥、氯仿、乙醚、乙醇，在 pH1 ~ 12 范围内可存活。室温下可被紫外线灭活，但对超声波、RNA 酶、DNA 酶、木瓜蛋白酶胰岛素类有抵抗力。对外界理化因子抵抗力非常强，对热抵抗力强，80℃ 2h、40℃ 60 天以上、室温 1 年后仍有感染活性，–40℃可存活 180 天以上。

2. 病因及发病机制

（1）传染源

大鼠细小病毒普遍存在于实验大鼠、野生大鼠和环境中。粪便和口鼻分泌物污染的仪器、生物材料和鼠源性生物制品是病毒传播的主要来源。

（2）传播途径

接触野生大鼠或感染的实验大鼠感染病毒。接触污染的饲料和垫料是可能的途径，但是还未证实。

（3）易感宿主

大鼠是仅有的自然宿主，不感染小鼠和人。

（4）流行特征

大鼠细小病毒 1 型具有器官趋向性，病毒在有丝分裂活跃的组织中复制，如胃肠道、淋巴细胞、肿瘤，常侵蚀大鼠的内皮和淋巴组织。

3. 临床表现

自然和人工感染，即使幼鼠和严重免疫受损的大鼠，也观察不到明显的临床症状。

4. 病理特征

自然或人工感染，不同日龄大鼠均未见病理学和组织学损伤。

5. 诊断

鉴于感染后无特定临床症状和病理特征，一般通过血清学方法检测鼠群中抗体，确定是否感染大鼠细小病毒 1 型，也可采用分子生物学方法如 PCR 检测病原。

6. 治疗

一般不予以治疗，感染后直接淘汰感染群。

7. 预防

根据大鼠细小病毒感染的流行特点，预防控制措施应包括以下几个方面。

1）建立严格的饲养管理、卫生消毒和操作规程。

2）加强平时的饲养管理和防疫卫生，加强饲料、垫料、用具和周围环境的消毒措施。外购动物笼具进入饲养室内必须严格消毒，室内笼具也应坚持定期消毒，防止野鼠进入饲养区域。

3）如需外购种用和实验动物，必须了解该动物种群的健康状况，并进行抗体或 PCR

检测，确认无此病方可混群。

4）一旦发现感染，应立即淘汰感染群，重新引种，建立新种群。珍贵品系可选择血清学阴性的种鼠剖腹取胎，结合屏障隔离措施，净化种群。

（五）犬细小病毒病

犬细小病毒（canine parvovirus，CPV）病是犬的一种急性烈性病毒传染病，又称犬病毒性肠炎（canine viral enteritis）。临床上表现以急性出血性肠炎和非化脓性心肌炎为特征，发病率与死亡率不定。

1. 病原特性

（1）病原

犬细小病毒分类上属于细小病毒科，细小病毒属，猫细小病毒亚群，与犬细小病毒相关的还有猫泛白细胞减少症病毒、貂肠炎病毒和浣熊细小病毒等。病毒粒子呈圆形，直径 21～24nm，呈二十面体立体对称，无囊膜的单股 DNA 病毒。

该病毒具有 CPV-1 和 CPV-2 两个型，两型在致病性和抗原性上有显著差异，CPV-2 主要引起犬的出血性肠炎和幼犬的心肌炎，具有很高的发病率和死亡率，CPV-1 可能引起怀孕母犬的胎儿吸收和流产。CPV-2 只有 1 个血清型，但毒株间的抗原性有所差异。

（2）生物学特性

CPV-2 可在多种细胞如猫原代胎肾、肺细胞，犬原代胎肠细胞，MDCK 细胞、CRFK 细胞和 FK81 细胞等细胞中繁殖。4℃条件下，犬细小病毒可凝集猪和恒河猴的红细胞，其他动物如犬、猫、羊等的红细胞不发生凝集作用。

（3）理化特性

CPV-2 对不良环境的抵抗力非常强，在宿主体内可存活数年。4～10℃存活 180 天，37℃下存活 14 天，56℃下存活 24h，80℃下存活 15min。室温下 90 天感染性轻微下降，粪便中可存活数月至数年。对多种理化因素和常用消毒剂都具有较强的抵抗力，但甲醛、次氯酸钠、β-丙内酯、羟胺、氧化剂和紫外线均可将其灭活。

2. 病因及发病机制

（1）病因

1）传染源：病犬和带毒犬是重要的传染源，感染后 7～14 天粪便可向外排毒。发病急性期，呕吐物和唾液中也含有病毒。

2）传播途径：本病主要经口感染，病犬可通过粪便连续排毒 2 周。直接接触病犬、犬的毛发、足，或通过污染的饲料、水、笼具、鞋或其他物品可感染。有证据表明，人、苍蝇和蟑螂等也可携带病毒。

3）易感宿主：犬、狼等犬科动物自然宿主。所有犬只，无论年龄、品种和性别都易感。以小于 4 月龄，特别是没有接种疫苗的幼犬多发。纯种比杂交品种和本地种易感。豚鼠、仓鼠、小鼠等实验动物不感染。

（2）流行特征

本病在世界各地均有发生，各种年龄的犬均可发生，以幼犬最为敏感。本病没有明显的季节性，一年四季均可发生，冬春季易多发。犬舍中饲养密度过高，气候变化时易发病。并发或继发感染可加重病情，提高死亡率。

3. 临床表现

犬感染细小病毒发病急，死亡率高，常呈暴发性流行。新生幼犬病情较严重，尤其易发生非化脓性心肌炎而突然死亡。临床上有两种形式，即肠炎和心肌炎。

（1）肠炎型

自然感染潜伏期为 7 ~ 14 天，人工感染 3 ~ 4 天。病初期发热，病犬表现为厌食、嗜睡及迅速脱水。病犬初期多有呕吐症状，有时严重，持续时间长。24 ~ 48h 动物出现腹泻，粪便稀软，带有血丝或血便，直至康复或死亡。粪便中含血量较少则表明病情较轻，恢复的可能性较大。病犬快速康复或死亡，迁延性病程不常见。大多数死亡病例发生于临床症状出现后 48 ~ 72h。近年来发病率下降，但仍有发生，8 ~ 12 周龄幼犬感染后死亡率仍很高。

（2）心肌炎型

多见于 4 ~ 8 周龄幼犬，感染后突然发病，继而突然衰弱、呼吸困难，出现心肌炎并突然死亡。

（3）慢性型

多见于成年犬或免疫过的犬，主要表现为精神沉郁、食欲下降甚至废绝，呕吐和腹泻频繁。

4. 病理特征

（1）大体解剖

1）肠炎型：主要侵害小肠，特别是空肠和回肠最为严重，肠道不同程度充血。肠壁增厚无弹性，黏膜破损，内容物液化、恶臭，伴有上皮碎屑的絮状物或血块，肠道呈弥漫性或局灶性出血。肠系膜淋巴结肿大、脾肿大。

2）心肌炎型：主要病变为肺水肿，局部充血、出血、呈斑驳状。心肌和心内膜出现非化脓性坏死灶，纤维变性、坏死、出血性斑驳。

（2）镜下观察

1）肠炎型：主要病变见于肠道、淋巴结、胸腺和膈肌，空肠和回肠最严重。黏膜上皮部分脱落，未脱落的细胞着色模糊。细胞界限不清，核浓染。隐窝高度扩张，腔内充满坏死细胞碎片，上皮不同程度坏死脱落，未脱落上皮细胞核内可见包涵体，多呈圆形、边缘整齐，包涵体周围有一亮圈或部分透明区域。固有层充血、出血、淋巴细胞浸润。胸腺皮质细胞减少，胸腺小体玻璃样变，间质疏松水肿。肾小管上皮颗粒变性。膈肌斑点状出血，肌原纤维排列疏松。

2）心肌炎型：心肌纤维缺失、水肿、炎性细胞浸润（以淋巴细胞和单核细胞为主），慢性可见纤维变性。肿大的心肌细胞内有数量、大小不等的包涵体。

5. 诊断

根据临床上出现的呕吐、血痢、体温升高和淋巴细胞减少等特点初步诊断。确诊还需从粪便中分离到病毒或在电镜下观察到病毒，以及进行间接免疫荧光检测试验或血凝试验鉴定。

6. 鉴别诊断

可用电镜负染犬细小病毒与非致病性犬微小病毒和犬腺病毒区别，或粪便中加适量犬细小病毒阳性血清，进行免疫电镜观察。可通过呕吐次数和剧烈程度，以及双向热、眼鼻分泌物及鼻和足垫过度角化等症状与犬瘟热区别。

7. 治疗

目前没有能杀死病犬体内病毒的特效药物。临床上主要对病犬迅速补液，防止脱水，并控制呕吐及腹泻，防止继发感染。注射阿托品及抗生素等，可有效控制病情。治疗应持续 3 天，优先静脉注射补液治疗，病犬注意保温，与其他犬隔离饲养。

8. 预防

根据犬细小病毒感染的流行特点，预防控制措施应包括以下几个方面。

1）建立严格的饲养管理、卫生消毒和操作规程。

2）加强平时的饲养管理和防疫卫生，重视动物生存的小环境。外购动物笼具进入饲养室内必须严格消毒，室内笼具也应坚持定期消毒，防止流浪犬和其他野生动物进入饲养区域。

3）如需外购种用和实验犬，必须了解该犬种群的健康状况。引种必须严格隔离检疫 2 ~ 3 周，并进行病毒检测，确认无此病方可混群，遇有可疑病例应立即报告主管部门和使用部门，同时对种群进行检疫、停止流动，及时送检标本，尽快做出诊断，及时隔离可疑动物，清除阳性动物。

4）根据需要，选择合适的免疫程序对动物种群进行犬细小病毒疫苗免疫，定期监测犬细小病毒血清抗体滴度。

九、猴水痘

猴水痘是由猴水痘病毒（simian varicella virus，SVV）感染引起的一种发疹性急性传染病，临床上以发热和皮肤黏膜分批出现迅速发展的斑疹、丘疹、疱疹和结痂为特征，为自限性疾病，多自愈。

（一）病原特性

1. 病原

猴水痘带状疱疹病毒属于疱疹病毒科，水痘病毒属，与人水痘带状疱疹病毒同属，两者具有密切的抗原关系。具有典型的疱疹病毒的形态和结构特征，病毒粒子为 170 ~ 200nm，双股 DNA，核衣壳为对称二十面体，衣壳表面具有双层脂质囊膜。

2. 生物学特性

可在多种细胞中培养生长，一般采用非洲绿猴肾细胞（如 Vero 细胞和 BSC-1 细胞）。细胞培养时可产生细胞病变，特征为细胞变圆、肿胀，邻近多个细胞易形成多核巨细胞，最终溶解凋亡。对细胞溶酶体酶敏感，易在胞质中被分解，因此培养液中有感染力的病毒较少。病毒培养多采用感染细胞，冻存时也采用感染细胞保存。

3. 理化特性

猴水痘病毒对脂溶剂如乙醚、氯仿特别敏感，常用消毒剂可将其灭活。不耐受高温和低 pH 条件，湿热 50℃或干燥 90℃ 30min 即可将其灭活，pH6.2 ~ 7.8 条件下易感，可长期保存于–70℃或液氮中。

（二）病因及发病机制

1. 病因

（1）传染源

病猴和携带病毒的健康猴是主要传染来源，病猴的血液、疱浆液和口腔分泌物中含有大量病毒，传染时间一般从皮疹出现前 1 ~ 2 天至疱疹完全结痂为止，处于免疫低水平的病猴，在病程中一直具有传染性。

（2）传播途径

主要经呼吸道传播，吸入带有病毒的飞沫即可感染，直接接触病猴的皮肤受损或黏膜疱疹溃疡的部位也可能感染。

（3）易感宿主

猕猴和食蟹猴易感，自然宿主目前还不清楚，虽然最初在绿猴体内发现，但绿猴不被认为是其自然宿主。也有人认为猕猴属可能是自然宿主。人工养殖条件下，非洲的赤猴和绿猴，亚洲的食蟹猴、猕猴和豚尾猴有自然感染的报道。

2. 流行特征

猴水痘呈全球性分布，主要分布于非洲和亚洲，其种属特异性强，目前尚未有感染人或其他实验动物的报道。猴水痘病毒感染在野生群中发生率较低，人工繁殖和饲养环境，猴水痘自然发生，呈散发小规模或暴发流行。

（三）临床表现

首次发生时多为隐性感染，仅表现为血清抗体转阳，个别出现临床症状，以发热和皮肤及黏膜分批出现迅速发展的斑疹、丘疹、疱疹和结痂为特征。潜伏期为 1 ~ 2 周，早期腹股沟首先出现皮疹，伴有局部充血。充血性皮疹迅速发展至全身，包括面部、胸腹部和四肢，但掌心、足底部和坐骨胼胝部皮肤除外。皮疹分批出现，表现为 2 ~ 4mm 的红斑、斑丘疹和疱疹，口唇、口腔牙龈和舌部也可出现疱疹。一般第 11 ~ 13 天达到高峰，第 14 ~ 18 天开始消退，皮损结痂自愈后无瘢痕。

急性感染的，出现中度发热、厌食、倦态、血清转氨酶增高等症状，重症的还表现为全身出血性疱疹，并伴发肝炎和肺炎，死亡率很高。多数动物感染 3 周后恢复，不留后遗症，但病毒留在中枢神经系统的感觉神经节内，当宿主免疫力下降后或处于应激状态时，易重新发病。

（四）病理特征

上呼吸道上皮细胞最先感染，随后病毒进入血液循环导致病毒血症，持续 1 周，并通过血液扩散至皮肤、黏膜、肝、脾和淋巴结，严重可感染至消化道、肾和骨髓等组织器官。

1. 大体解剖

大量的单个或合并的疱疹、隆起，呈向心性分布于体表，疱液呈浅黄色，破裂后形成溃疡，有的为出血性疱疹。位于皮肤和黏膜交界处的疱疹稍大，但不透明、易破溃。口腔的齿龈、舌、颊囊、硬腭和咽部均可出现严重的黏膜损伤、表面溃疡。食管、胃、小肠和大肠等消化道部位也可出现溃疡，肠腔内可见淤血块。重症者心外膜、肝脾包膜、肾上腺皮质还可呈现多灶瘀点和瘀斑样出血，肝脾包膜下出现多发 0.5 ~ 1mm 大小的浅色坏死灶。淋巴结肿大、出血，肺呈实质性变，表面苍白并伴有许多 1 ~ 4mm 大小的隆起斑块。

2. 镜下观察

疱疹部位上皮细胞变性、坏死，表皮各层细胞分离，真皮层水肿，出现嗜酸性核内包涵体和多核巨细胞。轻者可见肺部水肿，重者可见多发性炎症、充血、出血、肺泡壁坏死和增厚及纤维素沉着。肝组织多个小灶性出血，肝细胞气泡样变性和坏死，伴有中性粒细胞浸润。感染的肺泡壁细胞和肝细胞内可见特征性核内包涵体。另外，消化道黏膜及肾、脾等器官组织可出现炎症和出血。

（五）诊断

临床上根据皮疹的特征，如分批出现的斑疹、丘疹和疱疹，呈以腹部为主的向心性分布，可做出初步诊断，确诊还需进行病毒分离试验、血清学试验、组织病理学和分子生物学试验。

（六）鉴别诊断

与其他发疹性疾病鉴别，如麻疹、B 病毒感染等。

（七）治疗

对于急性感染的病猴及时隔离、加强护理、使用非激素类消炎药物及其他支持疗法，对于症状较重者应选用抗病毒药物进行治疗。

（八）预防

根据猴水痘感染的流行特点，预防控制措施应包括以下几个方面。

1）建立严格的饲养管理、卫生消毒和操作规程。

2）加强平时的饲养管理和防疫卫生，重视动物生存的小环境。外购动物笼具进入饲养室内必须严格消毒，室内笼具也应坚持定期消毒，防止其他野生动物进入饲养区域。

3）如需外购种用和实验动物，必须了解该动物种群的健康状况。引种必须严格隔离检疫 1 ~ 3 月，并进行病毒检测，确认无此病方可混群，遇有可疑病例应立即报告主管部门和使用部门，同时对种群进行检疫、停止流动，及时送检标本，尽快做出诊断，及时隔离可疑动物，清除阳性动物。

4）有条件的养殖场应终止引进外来动物，将猴水痘列入常规检疫计划，彻底清除猴水痘病毒感染。

第三节 对实验结果造成影响的病毒性疾病

实验过程中，如果出现有基础病的动物用于实验，很可能达不到预期的实验效果，很难对实验结果进行验证，或实验结果重复性差。

一、猴免疫缺陷病毒病

猴免疫缺陷病毒病为非人灵长类动物感染猴免疫缺陷病毒（simian immunodeficiency virus, SIV）所致的一种高度致死性传染病。此病的临床表现与人感染人类免疫缺陷病毒（human immunodeficiency virus, HIV）而发展成获得性免疫缺陷综合征（acquired immunodeficiency syndrome, AIDS）（即艾滋病）颇为相似，被称为猴艾滋病（SAIDS）。猴免疫缺陷病毒的自然宿主为非洲绿猴等非洲灵长类动物，也称非洲绿猴病毒（African green monkey virus）。

（一）病原特性

1. 病原

1985 年 Dauiel 等从患猴艾滋病的动物中分离到 1 株反转录病毒。猴免疫缺陷病毒属于反转录病毒科，慢病毒亚科，慢病毒属，具有潜伏期相对较长的特点。猴免疫缺陷病毒粒子为球形，直径为 80 ~ 100nm，主要由核壳体、衣壳、基质和包膜组成。具有典型的慢病毒的形态特征，即月牙形出芽，无胞质内 A 型颗粒。未成熟病毒粒子的核心为月牙形，成熟病毒粒子的核心为圆柱状。

已分离到多个毒株，包括 SIVmac、SIVagm、SIVsmm、SIVmne 等。这些毒株对其自然宿主无致病性，但实验感染恒河猴均能诱发 SAIDS，并引起严重疾病和死亡。

2. 生物学特性

猴免疫缺陷病毒广泛存在于病猴的血浆、血清、尿、唾液、泪液、乳汁、阴道分泌物，以及脾、淋巴结、外周血淋巴细胞和吞噬细胞中，猴群通过打斗、抓咬等，相互间通过体液和血液而传播。猴免疫缺陷病毒感染猴后，外周血 T4 和 T8 细胞数量下降，但 T4 与 T8 细胞比率未倒置，多核白细胞的趋化运动和细胞变形能力丧失，吞噬和杀伤功能也降低。血中免疫球蛋白水平降低；$CD4^+$ T 细胞数量急剧减少，成为猴艾滋病病程观察的窗口。

猴免疫缺陷病毒可在培养的猴巨噬细胞中生长，也可在人 T 淋巴细胞株内及原代培养的人或猴外周血单核细胞中增殖。被该病毒感染的细胞可相互融合形成多核巨细胞，病变细胞最终会逐渐死亡。猴免疫缺陷病毒容易感染猴肾细胞、成纤维细胞和 Raji 细胞等细胞系，造成培养的细胞废弃。

3. 理化特性

猴免疫缺陷病毒的抵抗力不强，病毒对热、脂溶剂及甲醛敏感。56℃ 30min 可将其灭活，高压灭菌 20min 可杀灭病毒。在 10%漂白粉液、0.5%次氯酸钠、50%乙醇、0.3%过氧化氢等消毒液中，室温 10min 可完全将其灭活。但紫外线照射不影响病毒的传染性。

（二）病因及发病机制

1. 病因

（1）传染源

健康带毒的非洲猴和人工饲养感染的亚洲猕猴是该病重要的传染源，病毒可从这些动物的血液、唾液、精液及阴道分泌物中排出，通过动物的皮肤创伤，或生殖、交配等途径感染周围动物。

（2）传播途径

病毒主要通过动物间抓伤、咬伤、性接触等途径感染健康动物，也可通过母婴传播。

（3）易感宿主

猴免疫缺陷病毒的自然宿主为非洲猴类和非洲猿类等非洲灵长类动物，亚洲猴种不是该病毒的自然宿主，但人工感染可发病，最终发展成猴免疫缺陷综合征而死亡。

2. 流行特征

不同于人类免疫缺陷病毒对人体的感染，猴免疫缺陷病毒对其天然宿主的感染在很多情况下不具有致病性。对白顶白眉猴的广泛研究已经证实，即使 SIVsmm 病毒感染了这种动物且循环病毒量很高，也不会使它们染上任何疾病。然而，如果该病毒感染了亚洲猕猴，则将会在感染后期发展成猴艾滋病（SAIDS）。最近的一项研究显示，若野生黑猩猩感染了 SIVcpz 病毒，则也会像被 HIV-1 所感染的人一样，患上一种类似于艾滋病的疾病。

（三）临床表现

试验感染的动物，有些可表现为急性发病，感染动物在 3 ~ 6 个月内发展为免疫缺陷综合征而死亡。有些动物则表现为慢性发病，于感染 1 年后开始陆续出现免疫缺陷综合征。

与人艾滋病很相似，基本特征是持续性全身淋巴结肿大，伴有体重下降，皮肤水肿、坏死、溃疡，严重者可见深达肌肉或骨膜的脓肿；齿龈、口腔黏膜和食道可见溃疡。脾肿大，中性粒细胞减少，淋巴细胞减少，外周血中有异常的单个核细胞，贫血，骨髓增生，特征性淋巴结组织损伤，体重下降，持续发热，持续性腹泻，抗菌治疗无效的慢性感染。条件性感染巨细胞病毒病、隐孢子虫病、卡氏肺孢子虫病、结核病；严重的坏死性牙龈炎或胃肠炎；引发淋巴肉瘤、皮下纤维肉瘤等。猴患猴艾滋病后常由于条件感染、败血症、恶病质、坏死性小肠炎等而死亡。

1）急性期：主要表现为病毒血症，感染动物在 3 ~ 6 个月内发展为免疫缺陷综合征而死亡。

2）无症状期：可表现为无临床症状，持续时间不同，有些动物偶有症状轻微的疾病发作。

3）慢性进行性发病期：感染动物于 1 年后发展为免疫缺陷综合征，动物常见死于免疫抑制剂引起的感染。

（四）病理特征

1. 大体解剖

全身淋巴结肿大及皮肤红斑疹，体重下降，胃黏膜轻度炎症，小肠肠黏膜可见溃疡灶，大肠可见卡他性结肠炎或坏死性、脓性结肠炎；肝肿大，表面可见灰白色坏死灶。25%~50%的感染动物可伴发亚急性脑炎，表现为炎症遍布整个大脑，多见于大脑白质和脊髓灰质。

2. 镜下观察

疾病早期淋巴结内滤泡增生，T 细胞增多，淋巴滤泡边界不清，滤泡内 T8 抑制性细胞增多，浆细胞少；在疾病的晚期，脾和淋巴结的淋巴滤泡中 T 细胞、B 细胞大部分消失。皮质区被淋巴母细胞或组织细胞取代，甚至仅残存网状结构，残存的淋巴滤泡发生玻璃样变或崩解。胸腺皮质明显萎缩，胸腺小体有轻微的破坏，骨髓增生。其余脏器均有不同程度的炎症反应。

（五）诊断

结合临床检查，以及酶联免疫吸附试验（ELISA）、免疫斑点试验、蛋白质印迹法（Western blotting）、间接免疫荧光检测试验（IFA）、病毒分离等。以 ELISA 和 IFA 作为初筛，进行蛋白质印迹检测特异性抗体和 RT-PCR 检测病毒的 RNA/DNA 才能确诊。

（六）鉴别诊断

本病需与猴 B 病毒感染、猴痘、猴反转录病毒病鉴别诊断，采用 ELISA 和 RT-PCR 检测进行确诊。

（七）对实验的影响

亚洲猕猴一旦感染猴免疫缺陷病毒，可引发一系列类似人艾滋病的临床表现及免疫学变化，也会造成该疾病在猴群中的传播，影响动物健康。在进行艾滋病动物模型研究的过程中，实验猴要排除猴免疫缺陷病毒（SIV）、猴反转录病毒（SRV）、猴 T 细胞白血病病毒 1 型（STLV-1）等病毒，否则会影响实验数据的准确性。

（八）治疗

目前尚无有效的治疗方法。对新进猴需进行严格检疫，定期进行血清学和病毒学检测，阳性动物及时淘汰，剔除传染源，切断传播途径。

（九）预防

猴免疫缺陷病毒感染猴一旦发病，无有效治疗措施。人感染 HIV 后，目前所有的治疗方法都只能减慢或抑制病毒在体内的扩散。鸡尾酒疗法可大幅降低死亡率，但不良反应大，不可能用于 SAIDS 猴的治疗。阳性猴进行隔离，症状严重者执行安乐死，尸体进行无害化处理，猴舍进行彻底消毒。

二、猴反转录病毒感染

猴反转录病毒（simian retrovirus，SRV）是引起猴获得性免疫缺陷综合征（simian acquired immunodeficiency syndrome，SAIDS）的病原之一，该病毒是非人灵长类动物传染病病原，不仅严重威胁猴的健康，还可感染接触它的饲养人员和科研人员，并严重干扰试验结果，因此成为灵长类实验动物必查的传染病。

（一）病原特性

1. 病原

猴反转录病毒包括内源性和外源性两种，同属于反转录病毒科，肿瘤病毒亚科的 D 型病毒。基因组为单负链 RNA，内含反转录酶，病毒粒子呈球形，直径 80～200nm。囊膜上缺乏明显的纤突，感染细胞质内的病毒为 A 型颗粒，细胞外未成熟病毒的核心为圆形，成熟病毒的核心为圆柱状，病毒以出芽的方式从细胞膜上释放。外源性病毒已被证实可以使宿主致病，但内源性病毒致病未被证实。

目前已发现 5 个血清型，即 1～5 型，其中 1～3 型的前病毒 DNA 已全基因克隆并序列分析。其他反转录病毒如狒狒、长尾叶猴和松鼠猴的内源性和外源性猴反转录病毒 6 和 7 型也已报道发现，但与上述 1～5 型相差较远。

2. 生物学特性

猴反转录病毒可在多种猴的细胞中生长，包括猴的 B 细胞、T 细胞、成纤维细胞、唾液腺上皮细胞、胰腺细胞等。还能感染人的 T 细胞系 Hut-78 和 H-8、人成髓白血病细胞系 K562、人 B 淋巴细胞系 Raji、恒河猴肺成纤维细胞及肾细胞。猴反转录病毒感染后，除引起 Hut-78、Raji、人和恒河猴的成纤维细胞相互融合形成合胞体外，其他细胞不产生细胞病变。

3. 理化特性

氯仿、苯酚、1%漂白粉、70%乙醇、紫外线和高压灭菌等，均可灭活病毒。含有 10% 血清的培养液可在−70℃长期保存。

（二）病因及发病机制

1. 病因

（1）传染源

传染源主要是病猴和携带病毒的健康猴。

（2）传播途径

传播方式主要为直接传播，水平传播通过相互撕咬使唾液中的病毒进入伤口传播，分泌物和排泄物，如唾液、尿、血、眼分泌物、脑脊液和乳汁中含有大量的病毒，唾液中病毒含量最高。污染的器具如标记针、胃管和牙具能传播病毒。也可通过性传播和胎盘传播。

（3）易感宿主

猴是猴反转录病毒的自然宿主，且流行率很高，一旦暴发可能导致整个猴群大批死亡。对不同年龄的猴致病性有差异，3 岁以上的猴抵抗力较未成年猴强，6 月 ~ 2 岁半的猴最为易感。雄猴和雌猴均易感染，但雌猴病例较多。

2. 流行特征

猴反转录病毒一般在野生的猕猴群和饲养的猴群中呈地方性流行。1、3、5 型主要在恒河猴中流行，2 型主要在东南亚食蟹猴和豚尾猴中流行。4 型很少流行，也很难确定。

（三）临床表现

猴反转录病毒感染临床上可以长期携带病毒而没有临床症状或没有抗体应答，或严重免疫缺陷和病毒血症伴随或不伴随抗体应答，或合适的抗体应答清除感染，或发生腹泻、体重减轻、贫血、脾肿大、淋巴结病、中性粒细胞减少症、表皮纤维瘤和腹膜后纤维瘤等。

有报道证实人感染猴反转录病毒 2 型后无任何临床症状，可产生血清中和抗体，但不能分离出病毒，PCR 检测也呈阴性，可推测人即使感染也能有效控制病毒的感染。

（四）病理特征

1. 大体解剖

不同血清型导致不同的增生性病变。2 型主要引起腹膜后纤维瘤，表现为回盲肠交接处、肠系膜根部、淋巴结和胃肠道出现多小节或聚集物。病变包括腹膜表面出现小斑或结节，胃肠道外表面出现大的纤维物质。1 型主要引起皮下纤维素瘤，主要表现为皮下和口腔多小结节。通常是与腹膜纤维素瘤疱疹病毒（retroperitoneal fibromatosis herpesvirus，RFHV）共同感染。

2. 镜下观察

增生性病变表现为多血管的纺锤形细胞沿着浆膜表面浸润，包围着正常的腹膜组织，通常伴随着淋巴浆细胞炎症。免疫严重抑制的动物，主要表现为脾、胸腺和淋巴结正常结构变薄，同时淋巴组织缺失。肾玻璃样化的小动脉的皮质旁区和肾小囊缺失的血浆细胞和淋巴细胞被组织细胞替代。

（五）诊断

根据临床症状、流行病学和剖检变化可做出初步诊断，确诊需经过血清学试验、病毒的分离鉴定和 PCR 方法。

（六）鉴别诊断

本病需与猴痘、猴免疫缺陷病毒、猴 B 病毒感染鉴别诊断。

（七）治疗

目前没有特效药物，部分抗艾滋病药物体外具有抗猴反转录病毒的作用，但药物太昂贵，不可能用于猴，一旦发病，对症治疗无效。

（八）预防

根据猴反转录病毒的流行特点，预防控制措施应包括以下几个方面。

1）建立严格的饲养管理、卫生消毒和操作规程。

2）加强平时的饲养管理和防疫卫生，重视动物生存的小环境。外购动物笼具进入饲养室内必须严格消毒，室内笼具也应坚持定期消毒，防止其他野生猴进入饲养区域。

3）如需外购种用和实验动物，必须了解该动物种群的健康状况。引种必须严格隔离检疫 2～3 周，并进行病毒检测，确认无此病方可混群，遇有可疑病例应立即报告主管部门和使用部门，同时对种群进行检疫、停止流动，及时送检标本，尽快做出诊断，及时隔离可疑动物，清除阳性动物。

4）根据需要，选择合适的免疫程序对动物种群进行免疫，具有一定作用。

三、猴 T 细胞白血病病毒感染

猴 T 细胞白血病病毒感染是非人灵长类动物（NHP）感染了猴 T 细胞白血病病毒（STLV）导致的疾病。该病毒主要存在于所有的旧大陆猴和类人猿，仅少数自然感染的 NHP 可发展成为 T 细胞恶性淋巴瘤。

（一）病原特性

1. 病原

猴 T 细胞白血病病毒是外源性病毒，属于反转录病毒科，致病性反转录病毒属。该病毒为致瘤性 RNA 病毒，病毒呈球形，直径约 100nm，由单股 RNA、核蛋白及围绕在外面的二十面体蛋白衣壳组成，蛋白衣壳含有 P18 和 P24 两种结构蛋白，直径约 50nm，最外层为病毒囊膜，其表面嵌有糖蛋白。

该病毒与人 T 细胞白血病病毒 1 型（HTLV-1）的相关抗体有交叉反应。猴 T 细胞白血病病毒前病毒基因组全长大约 9kb，具有反转录病毒的典型结构。

2. 生物学特性

猴 T 细胞白血病病毒根据前病毒基因组及血清学反应分为 3 型：STLV-1、STLV-2、STLV-3。它们具有相似的形态学、抗原性、遗传学和生物学特征，被统称为灵长类 T 细胞白血病病毒（PTLV）。其中 STLV-1 感染分布广泛，呈世界性，非洲和亚洲的多种 NHP 易感，非洲绿猴、狒狒、食蟹猴、恒河猴都有较高的感染率，目前已分离出 4 个亚型；STLV-2 和 STLV-3 仅发生在非洲 NHP。

3. 理化特性

猴 T 细胞白血病病毒抵抗力不强，常用的脂溶剂、氯仿、苯酚、75%乙醇等，均可以破坏该病毒的包膜，使其灭活。该病毒对热敏感，巴氏消毒即可以将存在于血浆中的病毒灭活。紫外线、X 射线、高压灭菌均可将其杀灭。该病毒在低温环境下稳定，在–70℃冰箱内可长期保存。

（二）病因及发病机制

1. 病因

（1）传染源

猴 T 细胞白血病病毒广泛存在于病猴或健康带毒者的淋巴细胞和非淋巴细胞内，除血液外，体液也可能是传染源。

（2）传播途径

病毒主要通过血液传播，可由带毒动物通过咬伤、抓伤传染给健康猴，也可以通过性接触和母婴途径传播。

（3）易感宿主

猴 T 细胞白血病病毒可在 NHP 不同种属间传播，主要通过动物间攻击或猎食行为而感染。STLV-1 和 STLV-3 最常感染恒河猴，STLV-2 最常感染食蟹猴和南方豚尾狝猴。

2. 流行特征

该病毒与人 T 细胞白血病病毒（HTLV）极为相似，这两种病毒均是高度依赖于细胞的病毒，传播感染需要细胞间接触，病毒通过胞间“病毒突触”进入被感染细胞。猴 T 细胞白血病病毒在体内主要感染 $CD4^+$ T 淋巴细胞，当宿主细胞分裂增殖时，前病毒 DNA 也随着宿主细胞的 DNA 而复制。这种病毒增殖特性决定了该类病毒基因组的高度稳定性。

猴 T 细胞白血病病毒与 NHP 的 T 淋巴白血病和淋巴肿瘤有关。猴 T 细胞白血病病毒感染流行的另一个重要特征是可导致恶性淋巴瘤暴发，该病毒感染非自然宿主的易感动物时致瘤性增强，容易导致感染细胞恶变，引起受感染细胞无限增殖而诱发癌症。

（三）临床症状

在大多数猴群中自然感染率为 5% ~ 50%。非人灵长类动物感染后常呈潜伏状态，终生带毒，大多无临床症状，部分动物可表现为猴获得性免疫缺陷综合征（典型特征是广泛性淋巴结肿大，可见不成熟的 $CD4^+$ T 淋巴细胞和 $CD8^+$ T 淋巴细胞），纤维瘤病，持续性的淋巴结肿大等。自然感染大多发生在性成熟的动物，随着动物年龄的增长，猴 T 细胞白血病病毒的感染率逐渐增长，病毒载量随着感染时间延长而增加。

（四）病理特征

1. 大体解剖

长期感染猴 T 细胞白血病病毒的动物常伴有慢性肠炎的发生。发生 T 细胞恶性淋巴瘤的动物，可见淋巴结、肝、脾肿大，在胃肠道可见纤维化的肿瘤，在皮下组织和口腔内也发现有纤维肉瘤的存在。

2. 镜下观察

发生 T 细胞恶性淋巴瘤的动物，病变主要发生在外周血淋巴细胞，多型核淋巴细胞是该病特征之一，淋巴结、骨髓、皮肤活检可见淋巴瘤细胞浸润，少部分可出现在生殖器官和周围神经组织。

（五）诊断

NHP 感染猴 T 细胞白血病病毒大多是隐性潜伏感染，无临床症状，需要进行实验室检测才能确诊。

1）病毒核酸检测：采用聚合酶链反应（PCR）检测外周血单核细胞中病毒 DNA，是诊断该病毒感染的最直接证据。该方法相比其他方法更加敏感、可靠。

2）抗体检测：因人 T 细胞白血病病毒（HTLV）的相关抗体与猴 T 细胞白血病病毒有交叉反应，故使用商品化的 HTLV 病毒抗原来检测 STLV 抗体。主要方法有间接免疫荧光检测试验（IFA）、酶联免疫吸附试验（ELISA）、蛋白质印迹法（Western blotting）等方法。其中 ELISA 方法有很高的灵敏性和特异性，常用于检测抗体。WB 方法由于特异性高，经常被用作其他检测方法的验证方法。IFA 方法灵敏性和特异性较高，但需用活病毒制作抗原片，需要在生物安全实验室内进行，且观察需要使用荧光显微镜，限制了该方法的使用。

（六）鉴别诊断

猴 T 细胞白血病病毒感染须与猴反转录病毒感染进行鉴别诊断，可通过病毒抗体和核酸检测确诊。

（七）对实验的影响

NHP 与人类相似的生物学和行为学特征，使其成为研究人类疾病的动物模型。NHP 感染猴 T 细胞白血病病毒，可使动物的细胞因子和血液学指标发生改变，增加动物的发病率和死亡率。由于该病毒主要侵犯动物的免疫系统，使用感染阳性的动物将增加对实验结果的判断难度。

目前很多疫苗类生物制品需要使用猴的组织作为细胞基质，如恒河猴肾细胞（RMK）用作脊髓灰质炎减毒活疫苗生产的细胞基质，非洲绿猴肾细胞（Vero）用作狂犬病疫苗生产的细胞基质。STLV-1 与 HTLV 极为相似，可感染人的 $CD4^+$ T 淋巴细胞，增加人类感染 HTLV 的风险。

（八）治疗

目前没有有效药物进行治疗。

（九）预防

随着生物技术和医学的发展，对 NHP 的需求量逐年上升，同时对用于实验的动物也提出了严格的检疫要求。我国实验动物国家标准（GB/T 14926.63—2001）中规定，猴 T

细胞白血病病毒是无特定病原体（SPF）猴体内应排除的病毒之一。考虑到该病毒感染具有潜伏性的特点，猴繁殖单位每年应定期（一般间隔 6 个月）对繁殖猴种群进行筛查，发现 STLV 阳性的动物及时隔离，防止其继续传染其他猴，逐步形成无猴 T 细胞白血病病毒的猴群。外来引进的猴应进行血清学筛查，选择阴性的动物。

人员在进行 NHP 动物饲养和实验操作时，应注意个人防护，减少人员感染 T 细胞白血病病毒的可能性。

四、猴泡沫病毒感染

泡沫病毒（foamy virus，FV）在自然界广泛存在，有着较广泛的宿主范围，包括人类、非人灵长类、牛、猫、狗、仓鼠、海狮等均可感染，病毒在多种细胞单层上引起融合呈泡沫样病变而得名。

猴泡沫病毒感染是非人灵长类动物（NHP）感染猴泡沫病毒（simian foamy virus，SFV）而引起的疾病，NHP 是反转录 RNA 泡沫病毒的天然宿主，猴泡沫病毒可感染旧大陆猴及新大陆猴，包括黑猩猩、绿猴、恒河猴、蜘蛛猴等。在猴群中自然感染率可达 70%，成年猴和老龄猴感染率最高。

NHP 可终生无症状携带病毒，感染的动物可将猴泡沫病毒传染给人类，与 NHP 密切接触的人员感染率不断增加。人类感染后多为隐性感染，但可诱发中枢神经的退行性疾病。

（一）病原特性

1. 病原

泡沫病毒属于反转录病毒科（Retrovidae），泡沫病毒亚科（Spumavirinae），泡沫病毒属（Spumavirus）。猴泡沫病毒可分为 11 个不同的血清型，其中 1 ~ 3 型、9 型、10 型可从旧大陆猴中获得，4 型、6 型可从新大陆猴中获得，11 型可从猩猩及大猩猩中获得。

猴泡沫病毒呈球形，二十面体结构，有囊膜的单股正链 RNA 病毒，是迄今发现的基因组最长的反转录病毒。病毒直径 100 ~ 140nm，内含直径 30 ~ 50nm 的核心，外膜上有 5 ~ 15nm 放射状纤突。猴泡沫病毒与猴免疫缺陷病毒（SIV）的结构极为相似。

2. 生物学特性

无血凝活性，不能凝集非洲绿猴、绵羊、兔和人的红细胞。猴泡沫病毒感染成纤维细胞后，可以诱发内质网水肿和细胞质空泡化，并形成泡沫状的合胞体。可在原代猴肾细胞、人胚肾细胞中增殖。

3. 理化特性

猴泡沫病毒对氯仿、乙醚敏感，在 pH3.0 或 56℃ 30min 可丧失活性。

（二）病因及发病机制

1. 病因

（1）传染源

感染猴泡沫病毒的 NHP 动物的血液、体液中的病毒主要通过黏膜、伤口传播给人和其他动物，唾液是导致该病毒在人类和 NHP 之间传播的主要传染源。

（2）传播途径

猴群中动物打架咬伤，也可造成本病的传播。由于猴泡沫病毒具有物种间交叉传播的特性，人类可以通过被 NHP 动物抓伤、咬伤造成感染。

（3）易感宿主

猩猩、狒狒、非洲绿猴、猕猴、蜘蛛猴是猴泡沫病毒的自然宿主。在自然界中高等的灵长类动物如猩猩和狒狒的感染率明显高于猕猴。该病毒可实验性感染小鼠、兔和猕猴。NHP 动物饲养和实验人员属于易感人群。

2. 流行特征

被感染的 NHP 动物的唾液中病毒含量很高，猴泡沫病毒在口腔黏膜细胞内大量繁殖，口咽部是病毒复制的重要部位。实验性感染 NHP，猴泡沫病毒可在宿主多种组织、单核细胞及 B 淋巴细胞内定植。病毒基因与宿主细胞基因整合，复制传代，持续终生。在动物个体内病毒与抗体同时存在。

感染细胞的细胞病变为自发形成的泡沫样空泡化合胞体，此特征是胞质内空泡的积累和内质网的膨胀所致。

（三）临床表现

病毒在体外、体内复制给机体造成一定损伤，宿主处于隐性感染状态。人和 NHP 感染无明显的临床症状。动物感染猴泡沫病毒后，宿主虽有免疫应答，但仍能引起动物低水平持续感染，直至终生，不表现任何病理损伤。

（四）病理特征

NHP 感染猴泡沫病毒后，不表现任何病理损伤。

（五）诊断

1）病毒分离：可以从动物的很多组织中分离到猴泡沫病毒。猴肾组织培养物中出现泡沫样或多核巨细胞样病变。

2）血清学检测：主要采用间接免疫荧光检测试验和中和抗体试验，通过检测动物血清中抗猴泡沫病毒的 Gag 蛋白 IgG 水平来判断动物是否感染病毒。

3）分子生物学检测：可采用巢式 PCR、RT-PCR 检测载量。

（六）鉴别诊断

NHP 感染猴泡沫病毒后，不表现任何临床症状，须与猴免疫缺陷病毒（SIV）感染进行鉴别诊断。猴免疫缺陷病毒感染动物有临床症状，可通过病毒分离、分子生物学检测确诊。

（七）对实验的影响

1955 年人们观察到泡沫病毒能引起灵长类动物培养细胞的污染。泡沫病毒虽能引起培养细胞产生合胞体病灶蚀斑，但其致病性仍不明确。咽上皮、淋巴细胞是猴泡沫病毒的主要富集处。

目前很多疫苗类生物制品需要使用猴的组织作为细胞基质，如恒河猴肾细胞（RMK）用作脊髓灰质炎减毒活疫苗生产的细胞基质，非洲绿猴肾细胞（Vero）用作狂犬病疫苗生产的细胞基质。世界卫生组织（WHO）第 49 次生物标准化专家委员会会议对脊髓灰质炎疫苗规程作了补充，要求用于疫苗生产的猴肾细胞应是来自隔离猴群泡沫病毒抗体阴性的猴体。虽然人感染猴泡沫病毒没有明显的临床症状，但与人类免疫缺陷病毒联合感染可以加重 HIV 患者的病情。

（八）治疗

可采用反转录酶抑制剂（如 AZT）进行治疗，该药物主要用于治疗人类免疫缺陷病毒感染和用作艾滋病患者联合用药的基准药物。

（九）预防

1）动物预防：猴群中猴泡沫病毒感染率高达 70%，定期筛查猴群，对 SFV 阳性的个体进行隔离，逐渐形成抗体阴性的种群。采取措施减少猴群中猴间打架、撕咬。保持饲养笼具和饲养环境的清洁卫生。

2）人员预防：为了防止猴泡沫病毒在人群中传播，从事 NHP 饲养和实验的工作人员在与动物接触时，应严格按照防护和操作要求，防止被动物抓伤、咬伤。接触动物血液、体液的物品，要按照医疗废物进行无害化处理。加强实验用猴和猴来源的生物制品的病毒检测不仅可以保证疫苗等生物制品的安全性，同时也减少了人类反转录病毒的感染率。

五、小鼠白血病

小鼠白血病是由鼠白血病病毒（murine leukemia virus, MLV）和鼠肉瘤病毒（murine malignant tumor virus, MuSV）引起的以淋巴、造血系统细胞肿瘤化为特征的一种小鼠恶性增殖性疾病。

（一）病原特性

1. 病原

鼠白血病病毒和鼠肉瘤病毒均属于哺乳动物 C 型反转录病毒属肿瘤病毒亚属，两种病毒结构和形态极其相似。鼠白血病病毒为完全病毒，基因组为单股 RNA，有 *gag*、*pol* 和 *env* 3 种结构基因。鼠白血病病毒呈圆形或椭圆形，直径 90 ~ 110nm，有囊膜和纤突。鼠肉瘤病毒呈圆形，直径 100 ~ 150nm。

2. 生物学特性

小鼠、野鼠易感。可经消化道、呼吸道传播，也可通过生殖细胞垂直传播。鼠肉瘤病毒可在大鼠、仓鼠的胚胎细胞中增殖，并使细胞发生转化。

3. 理化特性

鼠白血病病毒对脱氧胆酸盐和乙醚敏感，鼠白血病病毒和鼠肉瘤病毒在 pH4.5 以下和 56℃环境下 30min 能灭活病毒，使用 0.5%苯酚和甲醛等常用消毒剂有效。鼠白血病病毒对紫外线和 X 射线有抵抗力。

（二）病因与发病机制

1. 病因

（1）传染源

感染病毒的小鼠是主要的传染源。

（2）传播途径

鼠白血病病毒可经子宫和乳汁传播，也可经气溶胶传给健康小鼠。

（3）易感宿主

本类病毒可感染啮齿类等小型哺乳类动物及鸟类，大多数小鼠的近交系品系对鼠白血病病毒较为易感，无品种和性别差异，小鼠中幼鼠比成年鼠更易感染。

2. 发病机制

小鼠白血病通常由两种病毒感染，分别是鼠白血病病毒和鼠肉瘤病毒。鼠白血病病毒不带有癌基因，能自身复制，为复制非缺陷病毒。鼠肉瘤病毒为免疫缺陷病毒，只有在鼠白血病病毒的协助下才能在细胞中复制，为复制缺陷性病毒。它和鼠白血病病毒结构和形态极其相似，在鼠肉瘤病毒分离物中均有鼠白血病病毒的出现。

克隆中的白血病细胞失去进一步分化成熟能力而停滞在细胞发育的不同阶段。鼠白血病病毒复制过程中产生过量结构蛋白，未组装进病毒粒子，因而在感染动物的血浆、组织液和感染细胞的细胞膜、细胞质中含有大量游离病毒蛋白。鼠白血病病毒核心蛋白有群特异性，是本病临床诊断和流行病学调查的主要目标抗原。

（三）临床表现

动物感染病毒后潜伏期约 2 个月，主要症状表现为骨髓及其他造血组织大量无核细胞出现无限增殖，病鼠通常呈现不同程度的贫血、出血、嗜睡、食欲减少和消瘦，血检发现白细胞异常增多等症状。

（四）病理特征

本病靶器官为胸腺、脾脏、淋巴结、骨髓和肝脏。

1. 大体解剖

剖检时可见肝脏、脾脏和淋巴结进行性肿大；肠系膜淋巴结、淋巴集结、胃肠道壁及肝脏、脾脏和肾脏有淋巴瘤浸润；肿瘤组织代替胸腺，甚至在整个胸腔充满肿瘤。可分为 4 个类型：消化器官型、胸型、多中心型、白血病型。

2. 镜下观察

可见多中心型和胸型淋巴瘤的细胞主要为T细胞，消化器官型淋巴瘤的细胞主要为B细胞。淋巴结肿瘤中有大量含核仁的淋巴细胞。胸腺受害时，在胸水中出现大量未成熟的淋巴细胞。骨髓外周血液受害时，能见到大量淋巴细胞浸润。

（五）诊断

通过临床症状结合实验室检查（病毒分离、血清学检查）进行诊断。

1）病毒分离：取病鼠淋巴组织和血液淋巴组织细胞，与鼠的淋巴细胞系或成纤维细胞进行同步培养，再用中和试验和免疫荧光抗体技术鉴定病毒。

2）血清学检查：间接免疫荧光检测试验可检测病鼠血液中病毒抗原和血清抗体，有很高的特异性。ELISA法可大规模检测血清抗体，但必须经IFA法验证。

（六）鉴别诊断

本病需与小鼠其他内脏肿瘤进行鉴别诊断。

（七）对实验的影响

实验动物感染此病后会对实验研究产生干扰作用，动物体重下降、贫血、恶病质，实验处理后可导致动物死亡率增加，对动物的生理、生化和免疫系统产生影响。骨髓瘤细胞系、杂交瘤细胞及其培养上清液和腹水中常见该病毒。鼠白血病病毒对人源性细胞具有感染能力，对利用单抗制品治疗疾病可能存在潜在危害。

（八）治疗

发现此病的小鼠种群应进行隔离，种群可通过剖腹产或胚胎移植的方式进行净化。

（九）预防

本病防治主要依靠定期检测微生物，加强检疫、隔离和淘汰，培养无白血病的健康鼠群，加强饲养管理，搞好环境卫生。

六、小鼠乳酸脱氢酶增高病毒感染

小鼠乳酸脱氢酶增高病毒感染是小鼠感染了小鼠乳酸脱氢酶增高病毒（mouse lactate dehydrogenase elevating virus，LDHV）引起的疾病。该疾病宿主单一，在小鼠中不常见，多呈隐性经过，感染小鼠无临床症状，但乳酸脱氢酶（LDH）增高，对实验研究产生干扰。

（一）病原特性

1. 病原

小鼠乳酸脱氢酶增高病毒属于动脉炎病毒科，动脉炎病毒属，单股RNA病毒，病毒粒子呈圆形或椭圆形，直径 40 ~ 70nm，有囊膜。病毒粒子中央为一定形的类核体，直径 25 ~ 33nm，外由致密的双层膜所围绕。

2. 生物学特性

小鼠乳酸脱氢酶增高病毒在未稀释的小鼠血浆中最为稳定。该病毒只能在正常小鼠的原代组织中培养复制。小鼠的脾脏、骨髓和胚胎的原代培养物可使病毒增殖，但不产生细胞病变。该病毒不能在大鼠原代细胞、人腹膜巨噬细胞、鼠肿瘤细胞系和猴肾细胞中复制。

3. 理化特性

该病毒在 4℃条件下 32 天可失去感染能力，在−70℃可长期保存。易被加热所灭活，58℃ 1h 可以将其完全灭活。最适 pH 为 6.0 ~ 8.0，在 pH3 的环境中迅速灭活。培养基中盐分的变化和各种化学药物的处理均可将其灭活。该病毒对乙醚、丁醇、氯仿及非离子性洗涤剂敏感，对胰蛋白酶和木瓜蛋白酶的消化作用有抵抗力。

（二）病因及发病机制

1. 病因

（1）传染源

这种病毒可在迄今为止所有品系的小鼠体内快速复制，并产生一种持久的感染。感染小鼠通过粪便、尿、乳汁、唾液向外排毒。

（2）传播途径

主要通过感染的肿瘤、细胞系及其他小鼠衍生的生物制品传播，动物也可通过咬伤或交配感染。在实验小鼠中，实验操作可能是主要的传播方式，使用同一个针头给几只小鼠注射，也可能是该病毒在实验动物中传播的重要原因。

（3）易感宿主

就目前所知，小鼠乳酸脱氢酶增高病毒只感染小鼠，各品系小鼠皆易感。

2. 流行特征

小鼠乳酸脱氢酶增高病毒可在网状内皮细胞系统的细胞中迅速复制，有报道认为，病毒干扰网状内皮结构的清除功能是血液中血清乳酸脱氢酶（LDH）水平升高的一个重要因素。

（三）临床表现

小鼠感染小鼠乳酸脱氢酶增高病毒通常不引起临床症状，可导致终生病毒血症。主要表现在血清乳酸脱氢酶水平升高，药品或免疫系统异常等因素可引起免疫缺陷鼠瘫痪。

（四）病理特征

小鼠乳酸脱氢酶增高病毒减少小鼠自身抗体的产生，引起一过性胸腺坏死和淋巴细胞减少，抑制细胞介导的免疫应答，以及增强或抑制肿瘤生长。

（五）诊断

小鼠感染后产生抗体，并以抗原-抗体复合物的形式存在，在血液中不易测到游离的抗体。即使血液中一直表现出很高的感染滴度，通常也观察不到感染 LDHV 的小鼠有临床疾病的表现。

1）血清乳酸脱氢酶检测：小鼠乳酸脱氢酶增高病毒感染的特点是一定的 LDH 水平增高，可通过检测血清里 LDH 水平进行筛查，LDH 水平通常与病毒滴度相一致，所以血清中 LDH 的增高可用来滴定小鼠的感染力。

2）分子生物学检测：可使用 PCR 检测血清或组织中病毒拷贝数量，因为感染是持续的，所以效果很好。

（六）鉴别诊断

与实验导致的小鼠血清乳酸脱氢酶水平升高进行鉴别诊断。

（七）对实验的影响

1）可对小鼠免疫系统产生影响：由于该病毒在巨噬细胞中繁殖，在感染的早期，可引起免疫抑制，病鼠对抗体产生的应答反应和细胞免疫功能降低，在慢性感染的小鼠肾小球内可见大量免疫复合物沉积，但不显示免疫复合物疾病的症状。

2）可污染生物材料和移植肿瘤，影响机体的免疫功能，对研究结果产生干扰。

3）可影响其他血清酶的变化：在正常情况下血清酶水平的升高是细胞损伤的结果。在小鼠发生 LDHV 感染后，有些血清酶（异柠檬酸酸脱氢酶）升高 5 ~ 10 倍，有些血清酶（苹果酸脱氢酶、天冬氨酸转氨酶、谷草转氨酶）升高 2 ~ 4 倍。但上述酶水平的升高并不伴有组织损伤。

（八）治疗

发现阳性感染的动物及时隔离，对已感染小鼠乳酸脱氢酶增高病毒的小鼠种群，可通过剖腹产或胚胎移植的方式进行净化。肿瘤瘤株内的病毒可以在裸大鼠内传代，经过 3 代可以清除。

（九）预防

小鼠和野鼠是小鼠乳酸脱氢酶增高病毒的唯一宿主，因此防止野鼠进入动物设施，是保障实验动物的环境稳定的最有效的措施。

小鼠乳酸脱氢酶增高病毒主要通过肿瘤瘤株、细胞系和鼠相关的生物制品传播到实验动物，因此相关产品应在使用前进行 PCR 检测，合格后方可使用。

七、新生小鼠流行性腹泻

新生小鼠流行性腹泻（epizootic diarrhea of infant mice，EDIM）是小鼠感染了轮状

病毒（rotavirus，RV）引起的一种高度接触性肠道传染病。多发生在第一胎的仔鼠。病毒感染对宿主的范围有高度的限制性。

（一）病原特性

1. 病原

轮状病毒属于呼肠孤病毒科，轮状病毒属。病毒为双股 RNA，相对分子量为 15×10^6。电镜观察可见两种形态，一种为有外衣壳的完整颗粒，直径 75～80nm；另一种为没有外衣壳的不完整颗粒，直径为 65nm。外衣壳具有区别于其他轮状病毒的一个或多个型特异性抗原。从小鼠体内分离出的病毒是同源性病毒，从人、猴、猪等动物体内分离出的非鼠源的轮状病毒则为异源性病毒。

2. 生物学特性

该病毒无血凝素，不能在体外细胞培养中传代，不能在鸡胚中生长。有报道称，该病毒可在猴肾细胞中生长，但不能连续传代。可以采用血清中和试验与其他轮状病毒相鉴别。

3. 理化特性

病毒在 pH3～9 条件下稳定，对乙醚、氯仿有抵抗力，对蛋白水解酶敏感。对热敏感，70℃ 15min 可完全灭活。在 4℃保存 1h 仍具有感染力，–70℃至少可保存 4 周。

（二）病因及发病机制

1. 病因

（1）传染源

病鼠和隐性感染的成年小鼠是主要传染源，可不断向外排毒，人和节肢动物可能成为传播者。

（2）传播途径

主要传播途径是消化道和呼吸道。可通过直接接触污染材料或吞咽被污染的食物传播，在设施内的鼠群发生流行，基本上是通过空气间接发生，本病毒不能垂直传播。

（3）易感宿主

小鼠是该病毒的唯一自然宿主。各年龄均可感染，但随年龄增长感染率下降，成年小鼠常呈隐性感染。

2. 流行特征

在小鼠被轮状病毒攻击后，病毒最早出现在小肠近端（十二指肠），随着时间的推延逐渐往小肠远端（空肠、回肠）蔓延，病毒在小肠上皮细胞内复制，轮状病毒抗原主要存在于小肠绒毛上部 2/3 部位，在绒毛下部 1/3 部位及隐窝细胞中都无法被检测出。

轮状病毒在小鼠体内复制呈现宿主限制性特点，即同源轮状病毒在小鼠肠组织中的复制能力远远超过在其他组织和器官中的复制能力，同时也超过异源复制能力。同源轮状病毒远比异源轮状病毒具有更高的感染性，只需少量的病毒攻击，小鼠就可以出现腹泻等症状。而在小鼠肠系膜淋巴结中的复制并不存在宿主限制性。

轮状病毒可导致成年和乳鼠产生病毒血症，已经证实除肠道以外，肠系膜淋巴结是该病毒在体内进行复制的第二个靶组织。轮状病毒通过肠系膜淋巴结进入其他组织、器官并进行复制，最后进入血液循环系统。可以明确轮状病毒在肠道内和肠道外的组织和器官中的复制共同导致病毒血症的发生。

（三）临床表现

腹泻是本病的主要症状，多见于第一胎仔鼠。严重程度取决于小鼠的年龄和免疫状况。15 日龄以下小鼠最易感染，均可出现腹泻、脱水、精神萎靡、发育不良等症状，在肛门周围和尾部，部分在腹部，可见淡黄色稀便。急性感染可见死亡，轻型无并发症时，小鼠在 2 ~ 5 天后康复，后期可发展为便秘，但常出现生长迟缓。超过 15 日龄小鼠感染则不会出现腹泻症状，离乳后一般不表现腹泻，成年鼠大多呈隐性感染。随着年龄增长而感染率下降。

不同品系的小鼠对本病易感性不同，C3H 小鼠最易感，C57BL 对其有抵抗力。成年小鼠不出现腹泻症状，轮状病毒可导致成年鼠和乳鼠产生病毒血症，持续时间为 4 天。

（四）病理特征

1. 大体解剖

病变多数局限在小肠，15 日龄以下幼年小鼠肠道内呈现液状或黏稠状粪便，结肠和盲肠内常有气体，肠腔扩张，肠壁菲薄，胃内充满凝固的奶块，后期肛门有阻塞物，常可见胸腺萎缩。成年小鼠不出现腹泻症状，但也有部分小鼠小肠近大肠 1/3 ~ 1/2 处有不成形的粪便，颜色较正常粪便浅，在盲肠部分没有堆积大量粪便，且这些表现会随攻击病毒剂量的增加而更加明显。

2. 镜下观察

以小肠绒毛上皮细胞大量空泡化为特征。轻微病理改变为上皮空泡形成，较严重改变如绒毛粗短、隐窝增生，炎症反应通常轻微。RV 可以感染成年小鼠和乳鼠任何部位的小肠绒毛上皮细胞，并且以回肠中感染病毒的上皮细胞数目最多，腹泻的出现与小肠组织病理特征之间没有绝对相关性。

同源和异源轮状病毒感染乳鼠和成年小鼠小肠组织病理学变化基本一致，病变主要局限在发挥吸收作用的上皮细胞，隐窝细胞没有受损，在感染的胞质中可见嗜伊红的包涵体，间质细胞有轻度增多，但不见明显的炎症变化。病理损伤的改变具有自愈性。

（五）诊断

根据临床症状和大体解剖观察可以做出初步判断。

1）病毒分离：因为小鼠排毒时间很短，很难在粪便中检测到病毒。可选择发病小鼠肠内容物接种给 14 日龄的无菌小鼠，3 ~ 5 天后取小肠，制成电镜切片，观察到典型的病毒颗粒即可确诊。

2）血清学检查：首选 ELISA 法，一般选择牛或猴的轮状病毒作抗原检测小鼠血清中的病毒抗体。但成年鼠感染后并不总是产生抗体，滴度也不高。通常免疫功能正常小鼠仅排毒几天，感染后容易通过血清学方法筛查。

3）组织病理学检测：小肠是唯一发生病变的部位，在靠近绒毛顶端的肠细胞内可发现包涵体，尤其是在空肠。绒毛顶端及附近的上皮细胞常见空泡化。

4）分子生物学检查：PCR 敏感性高。

（六）鉴别诊断

1）与小鼠呼肠孤病毒 3 型（Reo3）感染进行鉴别诊断：Reo3 感染后粪便中脂肪含量高，粪便污染被毛后背部光亮，这是 Reo3 感染的明显体征。

2）与仔鼠致死性肠炎（LIVIM）病毒感染进行鉴别诊断：LIVIM 感染为水样腹泻，胃空虚，后期无便秘。

3）与小鼠肝炎病毒（MHV）感染进行鉴别诊断：MHV 也是冠状病毒，主要可引起乳鼠腹泻，但其他年龄的小鼠也可发病，死亡快，一般 2～4 天发生死亡。腹泻的小鼠肝脏呈苍白色和黄色，表面有颗粒状凸起或点状坏死。

（七）对实验的影响

轮状病毒在体外具有较强的抵抗力，如果本病在鼠群中暴发流行，随后将每年连续发生。该病毒感染仅发生在第一胎小鼠，动物可自行恢复。成年小鼠不表现临床症状，给生产带来潜在危害。该动物用于实验，可干扰实验结果，产生严重影响。

（八）治疗

因接种疫苗和使用药物都会对小鼠用于动物实验产生影响，一般不采取治疗。

（九）预防

1）净化：可以通过剖腹产净化消除此病毒，净化后的动物应饲养在屏障设施中。

2）严格执行淘汰制度：一旦鼠群中有几笼出现腹泻症状，则其他动物迟早会感染，感染后的小鼠对实验和生产造成很大影响。因此发病后应立即淘汰发生腹泻的全部仔鼠和母鼠，以防循环感染。

八、小鼠肺炎病毒感染

由小鼠肺炎病毒（pneumonia virus of mice，PVM）引起的小鼠慢性呼吸道传染病，是小鼠最重要的呼吸道传染病，可对实验结果造成严重影响。

（一）病原特性

1. 病原

小鼠肺炎病毒属于副粘病毒科，肺病毒亚科，肺病毒属，单股 RNA 病毒，长度约为 15 000 个核苷酸。该病毒没有其他副粘病毒的 C 蛋白和 V 蛋白，病毒粒子有多形性，可呈丝状，直径为 100～300nm，有囊膜及纤突，含 6～10 个基因，编码 9～11 个蛋白质，分子量为 4800～25 000U。在细胞质内复制，细胞外膜出芽。人对此病毒不易感。

2. 生物学特性

病毒不经连续传代是没有毒力的，小鼠群中普遍存在着这种病毒的隐性感染。该病毒可在原代仓鼠肾细胞（HKCC）、胚细胞、BHK-21 细胞和 Vero 细胞中增殖。在室温条件下，可凝集几种啮齿类动物如小鼠、大鼠和仓鼠的红细胞。

3. 理化特性

小鼠肺炎病毒对热、乙醚、pH 等理化因素敏感，56℃ 30min 可以将其灭活，-70℃可长期保存。对干燥有抵抗力。胰酶可破坏其血凝素。

（二）病因及发病机制

1. 病因

（1）传染源

小型啮齿动物包括沙鼠、棉鼠、褐鼠、豚鼠、仓鼠、大鼠和小鼠是主要传染源，对雪貂、猴、猪可引起隐性感染。

（2）传播途径

传播途径可分为飞沫传染或经口传染，传染力较低，当动物房温度骤降、潮湿时，可诱发本病。

（3）易感宿主

自然宿主为小鼠，也容易感染裸鼠与免疫缺陷小鼠。3～4 周龄小鼠最敏感，表现急性肺炎，成年鼠多为慢性经过或呈隐性感染，可引起病毒性肺炎、中耳炎、菌血症、病毒性脑膜炎等疾病。

2. 流行特征

小鼠肺炎病毒在感染鼠的鼻黏膜、气管和肺内增殖，并由呼吸道排出，形成的气溶胶颗粒可通过飞沫、尘埃传播。据报道小鼠肺炎病毒感染小鼠，严重感染可出现类似人类婴幼儿肺炎的临床特征和炎症病理。

（三）临床表现

自然感染多无症状。实验室感染可引起多种形式的病症，发病时小鼠无症状或昏睡，被毛混乱，厌食，或有神经症状。仔鼠、幼鼠感染小鼠肺炎病毒后表现呼吸急促，呼吸音异常，前胸两侧震颤，被毛松乱，逆立汗湿，常用前爪搔鼻，食欲和渴欲降低，体重减轻，精神沉郁。免疫功能正常的大鼠和小鼠，感染持续期短，临床症状不明显。裸鼠等免疫功能不全的小鼠感染后会出现致死性慢性肺炎。人工实验感染免疫功能正常的实验小鼠，一般不表现出明显的呼吸系统症状和体征，感染后 1～2 天出现竖毛，活动抑制，7～8 天基本恢复正常。

（四）病理特征

1. 大体解剖

自然感染病例一般无肉眼可见病变。小鼠肺炎病毒呈严格的嗜肺性，实验室感染可见肺充血及部分肺肝变，肺有红灰色病灶，肺水肿，胸腔液增多，鼻腔及气管内充满黏液及散在血丝。部分可见胸膜炎和心包膜炎。

2. 镜下观察

支气管和细支气管上皮细胞变性脱落或过度增生。支气管周围出现以淋巴细胞为主的炎细胞浸润。肺泡间隔内大量淋巴细胞浸润，肺泡间隔增宽，肺泡腔变狭窄。人工感染新生鼠后 3 天肺间质炎性细胞增多，肺泡壁增厚，7 天明显增多，肺泡壁增宽，水肿，可见单核巨噬细胞、中性粒细胞、嗜酸性粒细胞。人工感染成年鼠后 3 天和 7 天均有大量炎性细胞浸润，肺泡壁严重充血、水肿，有出血点，肺泡间隔融合。

（五）诊断

根据动物临床呼吸道症状和肺脏的灶性实变可做出初步判断。通过病毒分离、酶联免疫吸附试验、间接免疫荧光检测试验等血清学方法检测，也可通过 PCR 检测方法进行确诊。

（六）鉴别诊断

本病需与小鼠仙台病毒感染进行鉴别诊断。

（七）对实验的影响

在动物受到实验处理等应激状态下，能使动物出现临床症状和病理改变，对研究造成的干扰有导致免疫抑制或免疫刺激，抑制淋巴细胞增殖反应，抑制小肠淋巴组织派尔集合淋巴结（Peyer's patch）中 B 细胞免疫球蛋白的分泌，影响动物的健康并干扰研究结果；也可直接导致动物生理生化参数的改变而影响实验结果，特别是在一些疾病的病因学研究中，是造成研究失败的主要原因。动物感染小鼠肺炎病毒会对吸入毒理学、肺细胞动力学、代谢学和免疫学等试验研究产生干扰。实验动物国家标准（GB 14922.2—2011）中明确规定，小鼠肺炎病毒是无特定病原体（SPF）级以上小鼠必须排除的病原体。

（八）治疗

处死发病动物，对动物尸体及污染废弃物进行无害化处理，对周围环境进行彻底消毒灭菌，检测同群动物血清中小鼠肺炎病毒抗体，及时发现隐性感染者，防止病原进一步传播。

（九）预防

野生啮齿类动物是小鼠肺炎病毒的自然宿主，因此利用屏障系统饲养啮齿类实验动物、杜绝野生啮齿类动物与饲养生产鼠群之间的接触是预防本病的关键。一般情况下，如果感染范围大，对已感染小鼠进行捕杀，并对动物房进行彻底消毒。由于该病毒不能垂直传播，通过剖宫产或胚胎移植的方法繁育幼鼠可以避免小鼠肺炎病毒的继续传播。

参 考 文 献

白文彬，于康主. 2002. 动物传染病诊断学. 北京：中国农业出版社.

白雪帆, 王平忠. 2011. 肾综合征出血热和汉坦病毒肺综合征研究进展. 中国病毒杂志, 1(4): 241-245.
陈国强, 张敬友. 2001. 猴痘研究进展. 中国动物检疫, 28(9): 71-73.
陈延平, 杨晓娟, 徐光华. 2004. 中国肾综合征出血热流行病学研究进展. 延安大学学报（医学科学版）, 2(2): 41-43.
程立. 1999. 小鼠白血病病毒致白血病机制的研究进展. 微生物与感染, (5): 10-13.
崔玉秀, 侯铁永, 胡菊, 等. 2014. 小鼠肺炎病毒在严重呼吸道病毒感染中的研究进展. 医学综述, 6: 1003.
费恩阁, 李德昌, 丁壮. 2004. 动物疫病学. 北京: 中国农业出版社.
高一彤, 曲京华, 赵玫. 2006. 灵长类泡沫病毒的调查研究及现状. 医学动物防制, 22(3): 183-184.
李雨函, 魏强. 2013. 淋巴细胞脉络丛脑膜炎病毒感染实验动物的情况概述. 中国比较医学杂志, 23(1): 46-49.
刘剑郁. 2007. 犬细小病毒诊断研究进展. 养犬, 66(2): 8-10.
卢耀增, 吴小闲, 符林春, 等. 2007. 猴免疫缺陷病毒感染的猴自身抗体和自身免疫. 中国医学科学院学报, (l)29: 379-383.
马玉复. 2013. 兔瘟的临床症状和剖检特征. 经济动物, (11): 211.
毛永杨, 杨晓花, 张其艳, 等. 2008. 猴 B 病毒的现状与研究. 中国畜牧兽医学会兽医公共卫生学分会第一次学术研讨会论文集: 103-105.
秦川. 2016. 实验动物学词典. 北京: 中国质检出版社, 中国标准出版社.
唐东杰, 代解杰, 陈元鼎. 1999. 泡沫病毒的研究进展. 中国实验动物血杂志, 9(1): 53-57.
田克恭, 贺争鸣, 刘群, 等. 2015. 实验动物疫病学. 北京: 中国农业出版社.
王芸, 吕龙宝, 马玉华, 等. 2012. 猴 D 型猴反转录病毒的研究进展. 上海畜牧兽医通讯, 6: 14-15.
魏焕辉. 2016. 兔瘟的诊断方法及防控措施. 临床兽医, (22): 148.
向志光, 佟巍, 刘先菊. 2012. 小鼠仙台病毒 ELISA 抗体检测规范化试剂盒的研制与应用. 中国比较医学杂志, 22(11): 41-45.
杨蒙蒙, 张琰, 刘新友. 2011. 轮状病毒感染小鼠模型研究进展. 实验动物与比较医学, 31(5): 399-402.
杨妍梅, 冯若飞, 马忠仁. 2013. 动物医学进展, 34(8): 102-106.
叶俊华, 刘清津, 李刚. 2007. 犬细小病毒病研究进展. 全国养犬学术研讨会: 60-67.
张婧. 2010. 狂犬病研究进展. 中国动物保健, 12(2): 42-45.
张利先, 陈朝银, 艾军, 等. 2011. 猴嗜 T 淋巴白血病病毒研究进展. 中国畜牧兽医, 38(2): 174-177.
赵婷婷, 赖国旗. 2017. 小鼠肝炎病毒研究进展. 第十届中国实验动物科学年会论文集.
郑世军, 宋清明. 2010. 现代动物传染病学. 北京: 中国农业出版社.
曾瑞红, 李彩霞, 海燕, 等. 2012. BALB/c 小鼠对肺炎病毒感染的炎症应答. 2012 全国临床微生物与感染免疫学术研讨会论文集.
周涛, 贾怀杰, 何小兵, 等. 2012. 中国人兽共患病学, 28(2): 159-166.
Anderson LC, Otto G, Pritchett-Corning KR, et al. 2015. Laboratory Animal Medicine. 3rd ed. Burlington: Elsevier Inc.
Ball-Goodrich LJ, Johnson E. 1994. Molecular characterization of a newly recognized mouse parvovirus. Journal of Virology, 68(10): 6476-6486.

Baric RS, Sims AC. 2005. Development of mouse hepatitis virus and SARS-Cov infection cDNA construct. CTMI, 287: 229-252.

Bmwnstein DG, Bhatt PN, Jacob RO, et al. 1989. Mousepox in inbred mice innately resistant or susceptible to lethal infection with Ectromelia virus V: genetics of resistance to the Moscow strain. Archive of Virology, 107: 35-41.

Chapman JL, Nichols DK, Martinez MJ, et al. 2010. Animal models of orthopoxvirus infection. Veterinary Pathology, 47(5): 852-870.

Estebanl DJ, Buller RM. 2005. Ectromelia virus: the causative agent of mousepox. Journal of General Virology, 86: 2645-2659.

Gowtage-Sequeira S, Banyard AC, Hubert TB, et al. 2008. Epidemiology, pathology, and genetic analysis of a canine distemper epidemic in Namiba. Journal of Wildlife Diseases, 45(4): 1008-1020.

Gray WL. 2008. Simian varicella in old world monkeys. Comp Med, 58(1): 22-30.

Gray WL. 2010. Simian varicella: molecular virology. Curr Top Microbiol Immunol, 342: 291-308.

Huff JL, Barry PA. 2003. B-virus (Ceropithecineherpesvirus 1) infection in humans and macaques: protential for zoonotic disease. Emerging Infection Diseases, 9(2): 246-250.

Joshi NN, Blackwood AC, Dale DG. 1961. Chronic murinepneumonia: a review. Can J Comp Med Vet Sci, 25: 269.

Morton WR, Agy MB, Capuano SV, et al. 2008. Specific pathogen-free macaques: definition, history, and current production. IIAR Journal, 49(2): 137-144.

Neubaue H, Pfeffer M, Maeyer H, et al. 1997. Specific detection of mousepox virus by polymerase chain reaction. Laboratory Animals, 31: 201-205.

Pace D. 2008. Review of Varicella zoster virus: from epidemiology to prevention. Malta Medical Journal, 20(3): 7-11.

Pal M, Mengstie F, Kandi V. 2017. Epidemiology, diagnosis, and control of monkeypox disease: a comprehensive review. American Journal of Infectious Diseases and Microbiology, 5(2): 94-99.

第六章　实验动物寄生虫疾病

实验动物微生物等级的划分，对于提高动物实验结果的准确性、可靠性及重复性具有重要作用。寄生虫是除细菌和病毒外，实验动物另一种需要分等级排除的病原体。除了影响动物实验结果以外，很多实验动物寄生虫疾病还是人兽共患病，严重危害并影响人类健康。因此预防与控制实验动物寄生虫疾病是确保科研工作顺利进行的重要条件之一。

随着动物实验硬件条件的不断提高及兽医管理制度的完善，目前实验动物寄生虫疾病的早期诊断和治疗方法已经非常有效，但仍然不能完全消除寄生虫疾病对动物实验结果的影响；主要原因在于，寄生虫疾病的传染源、传播途径和易感群体三大环节中，任一环节没有得到有效控制都有可能造成疾病的发生和传播。根据实验动物寄生虫疾病的感染特点，本章主要从形态学分类、流行病学、致病性及诊断、预防与控制，以及影响动物实验结果等 5 个方面来叙述实验动物常见寄生虫疾病。

第一节　实验动物寄生虫疾病概论

一、实验动物寄生虫分类

（一）实验动物寄生虫生活史

实验动物寄生虫的生活史主要指其生长发育并繁殖下一代的过程，这种生命周期以多种形式出现，并且整个过程中需要其他生物为其提供营养和生存环境，即宿主动物。为完成这种生命周期需要感染多个宿主动物的过程称为间接型生活史，而那些仅感染单个宿主动物就完成其生命周期的过程称为直接型生活史。

根据寄生虫感染宿主的类型，可将其分为三类：如果一种寄生虫生活史的某个阶段必须营寄生在某种特定生物中才能完成整个生命周期，我们将其称为专性寄生虫；某些寄生虫除寄生在宿主中也可在外界环境中营自生完成生命周期，这种寄生虫称为兼性寄生虫；还有一些寄生虫出于一个偶然机会进入非正常宿主体内寄生，但并不能完成其生命周期，称为偶然性寄生虫。

有些寄生虫的生活史非常复杂，在其生活史的每一个阶段都需要寄生在不同的宿主中，因此就出现了不同类型的宿主。寄生虫成虫或有性繁殖阶段寄生的宿主称为终末宿主；在中间宿主体内寄生虫不发生有性繁殖，但会发展到一个新的阶段以完成其生活史，有些寄生虫仅需要一个中间宿主，有些则需要两个中间宿主；在寄生虫生活史中还可能存在转续宿主，即某些寄生虫的幼虫侵入非其生活史所必需宿主后不能够正常完成发育，但是仍然保持着对其正常宿主的感染性，一旦有机会进入正常宿主便可以发育完成其生活史。

（二）实验动物寄生虫分类

实验动物寄生虫有多种分类方法，如上所述可以根据其生活史和宿主类型进行分类。随着基因工程和基因检测技术的发展，寄生虫分类已取得很多有意义的新进展，但仍不能忽略传统形态学分类方法所奠定的基础，根据动物分类系统可以按照界、门、纲、目、科、属、种进行分类。参照寄生虫的形态和细胞结构还可以将其分为原虫、蠕虫和节肢动物。

原虫类寄生虫为单细胞生物，主要包括：鞭毛虫、纤毛虫、顶复类原虫（即孢子虫）、阿米巴原虫及小孢子虫。这一类寄生虫的生活史主要包括滋养体和包囊两个阶段。滋养体作为其发育和繁殖的阶段，主要存在于宿主的组织中或在肠道中随粪便排出，当外界环境发生改变时可形成包囊，以保护其个体。

蠕虫类寄生虫为多细胞生物，在以往的生物分类中，其作为一个独立的类别存在。在当今的生物学分类中蠕虫属于多个无脊椎动物门，主要包括扁形动物门、环节动物门、纽形动物门、袋形动物门、棘头动物门、须腕动物门、毛颚动物门。对动物实验结果影响较大的蠕虫类寄生虫主要包括：吸虫、绦虫、线虫、棘头虫和蛭类生物。

节肢动物类寄生虫大部分为实验动物的体外寄生虫，主要包括蛛形纲动物、昆虫及舌形虫纲。舌形虫是实验动物体内寄生的节肢动物，通常寄生在动物的呼吸道和皮下组织，同时舌形虫病也是人兽共患寄生虫病。

二、实验动物寄生虫致病机制

实验动物感染寄生虫后是否发病并影响动物实验结果及具有传染性，均与寄生虫感染强度和宿主类型密切相关。当寄生虫感染强度不大，或者感染动物并不是最终宿主时，动物机体并不产生疾病状态，仅作为病原体的携带者。当寄生虫感染超过一定强度或感染了终末宿主，才会使动物机体出现明显的临床症状。动物实验研究过程中，很多携带寄生虫的动物虽无明显的临床症状，但是会对动物实验结果的准确性产生影响。寄生虫对动物机体的影响主要表现在以下几个方面。

（一）摄取宿主动物营养

寄生虫与宿主最基本的关系就是，寄生虫营寄生生活需要摄取宿主的营养以维持其生长发育和繁殖活动。这种关系最突出的体现就是肠道寄生虫，其直接以宿主消化或半消化的食物为食，与宿主形成营养吸收竞争关系。还有一些寄生虫，如钩虫、鞭虫、血吸虫等以吸取宿主血液来维持寄生生活，而疟原虫在红细胞外期主要以肝细胞的细胞质为营养来源，当进入红细胞内期时由于疟原虫很少能存储糖原，主要通过从宿主的血浆中不断获得葡萄糖以获得能量，同时其蛋白质代谢也主要来源于宿主红细胞内血红蛋白的水解产物。寄生虫不但摄取宿主营养，还对维生素 B_{12} 及铁等微量元素进行掠夺，迫使宿主动物出现发育迟缓和营养不良等症状。一些体外寄生虫，如虱、虻、蜱等，则主要以通过宿主的皮肤吸食血液为生。

（二）毒性作用与炎症反应

寄生虫的分泌物、排泄物和死亡虫体的分解物对宿主动物都具有毒性，这种毒性作用是寄生虫危害宿主的主要方式之一。例如，溶组织内阿米巴的滋养体通过凝集素吸附在肠黏膜上，同时分泌穿孔素和蛋白酶以溶解和破坏肠黏膜上皮屏障和穿破细胞，杀伤宿主肠上皮细胞和免疫相关细胞，能够引起肠道溃疡和肠外感染。另外，寄生虫的代谢产物和死亡虫体的分解物又都具有抗原性，可使宿主动物致敏，引起局部或全身变态反应。例如，血吸虫卵内活毛蚴不断地分泌一种可溶性虫卵抗原，经卵壳微孔渗透到周围组织，致敏 T 细胞，诱导迟发型超敏反应；当再次遇到相应抗原刺激后，宿主 T 细胞会产生多种淋巴因子使一些粒细胞、巨噬细胞和成纤维细胞聚集到虫卵周围并形成肉芽肿，对宿主动物产生危害。

（三）对动物机体造成物理性损伤

寄生虫对宿主动物的机械损伤是最直观的危害方式，这些损伤常可以诱发炎症，从而发展为结缔组织增生或组织变性，甚至出现瘤性增生。寄生虫可压迫、侵蚀和损害宿主的组织器官。例如，大量的蛔虫寄生于宿主动物肠道可以导致肠梗阻，当蛔虫在体内移行时可以导致组织器官穿孔并造成严重的多器官损伤。大部分体外寄生虫都会导致宿主皮肤或黏膜的破损，这为其他病原体入侵机体创造了条件。某些体内寄生虫可导致体内组织黏膜的损伤，例如，钩虫和鞭毛虫会造成宿主动物的肠壁破损，从而引发肠道溃疡。

三、实验动物寄生虫对动物实验结果的影响

（一）改变宿主动物的免疫系统

宿主动物的免疫系统是抵抗寄生虫入侵的主要防御手段之一。当寄生虫感染宿主动物时，其抗原物质刺激宿主的免疫系统，宿主动物产生免疫应答，识别寄生虫，启动抵制和清除程序，同时寄生虫通过免疫逃避方式来抵抗宿主的清除机制。这种寄生虫与宿主免疫系统的对抗过程由多种免疫活性细胞和免疫分子参与，可使宿主动物相关抗体水平、补体和细胞因子出现变化。例如，宿主动物感染寄生虫早期，血液中 IgM 水平会出现升高，随着感染进程的发展 IgG 水平会随之上升。不同免疫球蛋白指标的异常往往预示着不同类型的寄生虫感染。例如，蠕虫感染时 IgE 会升高，而肠道寄生虫感染会导致分泌性 IgA 水平升高。

（二）造成宿主动物正常生理指标的改变

大部分寄生虫感染宿主动物后，会导致嗜酸性粒细胞增多，尤其是血液寄生虫，如血吸虫、肺吸虫、丝虫等感染的时候更加明显。蠕虫在感染宿主动物时不断释放抗原物质，会导致宿主肥大细胞和 T 细胞活跃，同时其嗜酸性粒细胞趋化因子也会引起宿主嗜酸性粒细胞增加。寄生虫侵袭还会导致宿主动物出现贫血症状，主要表现为血红蛋白含量、红细胞计数和红细胞比容的降低。有研究发现，钩虫感染后导致的贫血与铁代谢有关。

（三）降低宿主动物营养水平，影响动物健康

寄生虫感染宿主动物后，虫体可以摄取宿主营养并影响宿主健康。宿主营养水平的下降，会直接影响动物实验结果的准确性和可靠性。充足的营养是动物保持机体正常生理指标和维持健康状态的基础，但在很多科学研究过程中营养因素往往是被忽略的。疾病因素导致的动物营养缺失，会直接引起动物机体生物学特性的改变，如体重、肠道菌群、器官比重的改变，还可造成糖代谢异常和脂肪代谢异常，以及对外界刺激的敏感性发生变化等。

四、实验动物寄生虫疾病的诊断与防治

（一）寄生虫疾病特点

寄生虫疾病相对于其他实验动物疾病具有其自身的特点，主要表现为以下几方面。

1）隐性感染是寄生虫疾病的主要特征之一，由于感染寄生虫数量较少或没有明显临床症状，很容易被忽视，但当机体出现免疫力低下或存在外界刺激时，会导致寄生虫大量增殖，其致病力亦会提高，影响动物健康或导致其死亡。

2）寄生虫种类丰富，一种动物机体可以同时存在两种或两种以上寄生虫营寄生生活，这种多寄生现象在大部分实验动物品种和品系中都比较常见。

3）寄生虫的寄生部位可以是机体内各种器官或组织，但是有些情况下寄生虫会引起非寄生部位的病变，即异位寄生。

4）寄生虫的生活史复杂多样，当一些蠕虫的幼虫侵入到非正常寄生宿主内并不发育为成虫，而是移行到动物体各个部位，导致器官或组织的病变，这种现象称为幼虫移行症。

5）被寄生虫感染的动物常常会出现嗜酸性粒细胞增多及 IgE 水平上升，这种疾病反应过程在导致机体损伤和发生超敏反应的同时，可以使机体调节免疫系统，杀伤或辅助攻击外来入侵的病原体。

（二）实验室诊断手段

随着科技水平的提高，实验动物寄生虫的诊断方法经历了从最早的形态学观察到免疫学方法的普遍采用，直至发展到现在常用的分子生物学方法；每一项技术的发展都建

立在生物学整体研究水平提高的基础上。

形态学观察主要对动物的粪便、血液及组织进行采集处理后，通过肉眼或显微镜对虫卵、幼虫或成体进行观察，以判断寄生虫的存在和种类。针对体表寄生虫可以采集动物皮屑、毛发进行观察或直接观测蜱、螨、虱、蚤等体积较大的寄生虫。

免疫学的诊断方法主要包括变态反应、沉淀试验、凝集试验、补体结合试验、免疫荧光抗体技术、酶联免疫技术、放射免疫技术及免疫印迹技术等。

随着生物技术研究手段的发展，分子生物学技术也逐步应用到寄生虫疾病的诊断过程中，如 PCR 技术、基因芯片技术等具有方便、快捷、所需样本量少等优势。

寄生虫疾病的诊断并不能仅通过某种单一方法来得出结论，需要根据动物机体的实际情况结合多种诊断方法才可以得出最终结论。

（三）预防措施与控制手段

根据寄生虫疾病的流行特点，针对传染源、传播途径及易感动物三个环节，制订相应的环境和生物防治措施、消灭传染源是寄生虫疾病防控的首要环节。在实验动物设施内，必须将患病动物与健康动物和饲养人员进行隔离；动物引入时实施严格的隔离检疫制度，这些都是控制传染源的有效手段。传播途径主要指寄生虫在感染期能够进入宿主动物的途径。不同的寄生虫有不同的传播途径，需针对传播途径的特点，逐一进行切断。例如，严格进行饲料、饮水的质量控制，对野鼠和蚊虫进行杀灭，对人员进出实施严格管理，这些举措都能够有效切断寄生虫疾病的传播途径。针对易感动物，必须对实验动物进行严格的饲养管理和健康状态监控，这是实验动物寄生虫疾病防控的基础。

第二节　人兽共患的寄生虫疾病

一、弓形虫

（一）基本概念

弓形虫（*Toxoplasma gondii*），是一种人兽共患寄生原虫，属于球虫亚纲，真球虫目，肉孢子虫科，弓形虫属。虽然其终末宿主为猫，但是可以感染包括人类在内的大部分温血动物。目前全世界只有刚地弓形虫一个品种的一个血清型，但是根据地理位置、气候变化及社会文化的不同，弓形虫出现了不同的毒株，如强毒株 RH 株、弱毒株 Beverley 株。弓形虫是一种专性细胞内寄生虫，寄生在几乎全部的有核细胞内，但是不包括红细胞。弓形虫感染所引发的多组织器官炎症及神经、免疫系统病变，对相关动物实验过程影响严重。正常情况下，机体外周组织中的 T 细胞和各亚群细胞数目相对稳定，当发生弓形虫感染时这种稳定状态将会被打破，对机体的免疫应答产生影响。弓形虫感染还可以影响眼科疾病及内分泌、消化、心血管和呼吸系统等疾病模型的动物实验过程和实验结果。

（二）病原特性

弓形虫的生活史包括有性生殖和无性生殖两个阶段，有性生殖阶段只在终末宿主猫体内进行，在其生活史过程中有以下 5 种不同的形态。

1）滋养体（速殖子）：这个阶段虫体迅速增殖，因此又称速殖子。外形为新月形，一端尖锐，一端钝圆，大小为（4～7）μm×（2～4）μm。通过吉姆萨染色或瑞氏染色，胞质为淡蓝色，核为紫红色。当滋养体在寄生的细胞内增殖到一定程度时，被细胞膜包裹，称为假包囊，假包囊破裂后滋养体释放出来侵袭其他细胞。

2）包囊：为圆形或椭圆形，直径为 5～100μm，最外层为虫体分泌的一层具有弹性的坚韧囊壁。囊内为增殖缓慢的缓殖子，内含数个至数百个虫体，在一定条件下可破裂，缓殖子释放出来，重新进入其他细胞内增殖。

3）裂殖体：在猫小肠上皮细胞内寄生，成熟的裂殖体为长椭圆形，内含 4～20 个裂殖子，直径为 12～15μm。裂殖子的形态为新月形，与滋养体一样前端尖锐后端圆钝，但是较滋养体小。

4）配子体：由游离的裂殖子侵入另一个肠上皮细胞发育形成配子母细胞，进而发育为配子体，有雌雄之分。雌配子体呈圆形，成熟后发育为雌配子，其体积可不断增大达 2～10μm；雄配子体数量较少，成熟后形成 12～32 个雄配子，其两端尖细，长约 3μm，电镜下可见前端有 2 根鞭毛。雌雄配子受精结合发育为合子，最后发育成卵囊。

5）卵囊：为椭圆形，大小为（11～14）μm×（7～11）μm。每个卵囊具有两个孢子囊，每个孢子囊内有 4 个子孢子，子孢子为新月形，一端尖，一端钝。在外界环境中，卵囊具有较强的抵抗力，能够长时间存活，可以污染动物饮水及食物。

（三）病因及发病机制

弓形虫为重要的水源性和食源性人兽共患的寄生虫，在世界范围内分布广泛。大部分感染动物的肉制品及被污染的水源都有可能引起人类群体感染。据统计结果显示，全球约有 30%的人口可能感染了弓形虫，且大部分为隐性感染。作为唯一的终末宿主，猫在弓形虫传播过程中具有重要作用，伴随其粪便排出的卵囊为主要的传染源。此外，水生哺乳动物感染弓形虫的报道也有很多，已经成为引起某些水生动物死亡的主要原因。弓形虫几乎能够感染所有的温血动物，如猪、牛、羊、鸡、犬和猫等。弓形虫在猫体内进行有性生殖。当猫吞食了弓形虫包囊或者卵囊后，在其肠中释放出子孢子，侵入回肠末端黏膜上皮细胞并进行裂殖生殖，细胞破裂后释放出裂殖体，侵入附近的细胞，继续其裂殖体增殖，部分则发育为雌雄配子体，进行配子增殖，形成合子，最终产生卵囊。卵囊被猫随其粪便排放到外界环境中，经过 2～4 天的发育，成为具有感染性的卵囊。具有感染性的卵囊被中间宿主摄入后进入小肠，子孢子穿过肠壁，随血液或淋巴循环播散至全身各组织细胞内，以纵二分裂法进行增殖，在细胞内可形成多个虫体的集合体，即假包囊，囊内的个体即滋养体，宿主细胞破裂后，滋养体散出再次侵犯其他组织细胞，如此反复增殖，可致宿主死亡，但更多见的情况是宿主产生免疫力，使原虫繁殖减慢，其外有囊壁形成包囊，囊内有缓殖子。包囊在中间宿主体内可存在数月、数年，甚至终生。

（四）临床表现

弓形虫常呈隐性感染，猫感染后最典型的临床症状是肺炎，表现为精神沉郁，食欲不振，呼吸困难及发热。

（五）病理特征

弓形虫在宿主细胞内寄生，损害宿主细胞并破坏组织器官，可以引起组织炎症、水肿、坏死和炎症细胞浸润等病理变化。肺脏常见弥漫性水肿、充血及塌陷。肝脏最常见的病变是弥漫性坏死性肝炎。眼部病变主要包括葡萄膜炎和视网膜脉络膜炎。弓形虫也可以感染脑组织，引起神经胶质瘤和坏死性囊肿等神经系统疾病。弓形虫滋养体还可以通过母婴传播，导致感染并出现流产或者胎儿畸形。

（六）诊断

弓形虫病不存在特异性临床症状，很容易与其他疾病的症状混淆，因此必须通过血清学检测和病原学检测方法予以确诊。血清学检测因其敏感性和特异性强、方法简易、快速等优点，目前已被广泛应用于弓形虫病的诊断中，并且已拥有多种商业化的血清学诊断试剂盒。常用的血清学诊断方法如直接或间接凝集试验，除此之外，ELISA、胶体金标记免疫层析及 PCR 检测方法等也可以用于弓形虫的实验室诊断检测。

（七）预防与治疗

在实验动物设施周边对野猫进行限制是弓形虫病防控的重点，严防猫粪污染水源和动物饲料；开放环境中饲养的实验动物应避免与猫直接接触。定期对实验动物种群进行健康监测，对疑似感染动物进行隔离检疫，确诊后应及时治疗或杀灭。弓形虫病治疗以磺胺嘧啶和乙胺嘧啶联合用药为主。阿奇霉素对弓形虫的滋养体和包囊均有很好的杀灭作用。可以通过对易感动物进行免疫接种的方式预防弓形虫病。主要疫苗种类包括：全虫灭活疫苗、弱毒活疫苗、减毒活疫苗、虫体特异组分疫苗、基因工程疫苗、核酸疫苗等。

二、疟原虫

（一）基本概念

疟原虫（*Plasmodium*）属于顶复门，孢子虫纲，血孢子虫目，疟原虫科，疟原虫属。疟原虫引起的疾病称为疟疾（malaria），是影响包括人类在内所有灵长类动物的主要寄生虫疾病。疟原虫感染导致的贫血、IgM 升高及对肝和脾的损伤，都可以影响动物实验数据的准确性，例如，贫血可以导致肿瘤动物模型对化疗药物的反应敏感性，使化疗药物对细胞的毒性作用明显增强。

（二）病原特性

疟原虫在宿主动物体内的发育分为无性繁殖和有性繁殖两个阶段，非人灵长类为中间宿主，按蚊为终末宿主。无性繁殖阶段发生在非人灵长类体内，在干细胞内的发育为红细胞外期，在红细胞内的发育为红细胞内期；在红细胞内也可以形成配子，为开始进行有性繁殖做准备。

1）红细胞外期：子孢子随着按蚊叮咬动物进入其血液循环，经过 30min 左右到达肝细胞，形成红细胞外期裂殖体，裂殖体再分裂形成裂殖子，肝细胞破裂后，裂殖子进入血液循环，开始红细胞内寄生。

2）红细胞内期：在红细胞内裂殖子发育成为环状体（小滋养体），细胞质出现疟色素。红细胞由于裂殖子寄生出现膨胀，且染色变淡，随后出现能够被染成红色的大滋养体；滋养体最终发育为裂殖子，红细胞破裂后裂殖子可侵入新的红细胞继续发育。

3）配子体：经过多次裂殖生殖后的裂殖体最终发育为配子体，大配子体为雌性配子体，小配子体为雄性配子体。

4）有性繁殖阶段：主要在按蚊的胃内进行。通过蚊虫叮咬，不同阶段的疟原虫随着血液进入按蚊体内。疟原虫雌雄配子体经过消化后保留在胃内继续发育，雌性配子体发育为雌配子，雄性配子体发育为雄配子。雌雄配子经过结合形成合子。合子发育成一端尖锐一端钝圆的动合子，动合子穿过胃壁，在弹性纤维膜下形成圆形的卵囊。卵囊逐渐变大，内含有几千甚至数万个子孢子。成熟的子孢子从卵囊的微孔中逸出，随着按蚊的淋巴液流动，最终集中到唾液中。按蚊叮咬动物时，子孢子进入动物体内开始无性繁殖。

（三）病因及发病机制

疟原虫主要寄生于人及多种哺乳动物，少数寄生于鸟类及爬行类。全世界范围内已知疟原虫有 130 多种，其中感染人类的主要有间日疟原虫（*Plasmodium vivax*）、三日疟原虫（*Plasmodium malariae*）、恶性疟原虫（*Plasmodium falciparum*）和卵形疟原虫（*Plasmodium ovale*）4 种。诺氏疟原虫（*Plasmodium knowlesi*）是寄生在非人灵长类的主要疟原虫，主要分布在东南亚地区，能够感染食蟹猴、豚尾猴及黑背叶猴，诺氏疟原虫也被公认为能够感染人类的第五种疟原虫。食蟹猴疟原虫（*Plasmodium cynomolgi*）也是一种主要感染非人灵长类的疟原虫，可以感染多斑按蚊和迷走按蚊。中美和南美大陆分布的巴西疟原虫（*Plasmodium brasilianum*）则主要感染吼猴、蜘蛛猴、卷尾猴、秃猴、狨猴和鼠猴等新大陆非人灵长类。英氏疟原虫（*Plasmodium inui*）是分布于亚洲的非人灵长类三日疟型的疟原虫，一般不通过按蚊传播，主要感染黑顶猿、猕猴和叶猴等旧大陆非人灵长类。

（四）临床表现

有规律发热是动物感染疟原虫后出现的典型症状，疟原虫感染后贫血是动物出现的主要症状。患病动物还可见昏睡、食欲不振和寒战等症状。

（五）病理特征

重度感染除导致严重贫血外，还可见皮肤苍白及腹泻。感染还会导致动物脾功能亢进及肿大，肝肿大，机体 IgM 水平出现增高。

（六）诊断

依据临床症状可以对疑似患病动物进行初步诊断。疟色素在脾红髓巨噬细胞、肝库普弗细胞及骨髓巨噬细胞聚集亦是诊断的主要依据之一。通过吉姆萨染色和瑞氏染色血涂片查找疟原虫，是实验室确诊疟原虫感染的可靠依据。疟原虫感染的免疫学检测方法包括：间接免疫荧光检测试验、间接血凝试验和酶联免疫吸附试验等，也可以使用 PCR 结合核酸探针的分子生物学方法进行诊断。

（七）预防与治疗

加强卫生管理及杀灭蚊子是疟原虫的主要防控措施。药物治疗主要包括对红细胞内和肝内感染的虫体进行抑制和杀灭。口服或肌肉注射磷酸氯喹对红细胞内期的感染有效，7mg/kg 剂量连用 5 天；也可以使用甲氟喹单次给药 20mg/kg。对肝内的感染可以使用伯氨喹啉 0.75mg/kg 连用 14 天。

三、溶组织内阿米巴

（一）基本概念

溶组织内阿米巴（*Entamoeba histolytica*）属于内阿米巴科（Endamoebidae），内阿米巴属（*Entamoeba*）。主要寄生在大肠，能够引起肠黏膜的糜烂和溃疡，因此也称为肠阿米巴病。其偶尔也寄生于肝，引起肝囊肿，即肝阿米巴病。大鼠、犬、猫、猪和非人灵长类都可以感染，它是一种人兽共患病原体。

（二）病原特性

溶组织内阿米巴在生活史的不同阶段其病原体会出现不同的形态，主要包括滋养体和包囊两种形态。滋养体分为大滋养体和小滋养体。大滋养体为致病性滋养体，大小为 10 ~ 60μm，主要存在于肠道和粪便中，可形成短而钝的伪足，形态多变，具有强的运动性。经过苏木素染色后，可清晰观察到泡状细胞核。核膜内缘有一圈染色质粒，其中央有一颗细小的核仁。小滋养体又称肠腔滋养体，大小为 7 ~ 20μm，运动性差。在大滋养体的食物泡中常含有红细胞，在小滋养体内则无，只含有细菌。小滋养体为非致病性，主要存在于无临床症状的宿主正常粪便中。包囊呈圆形或椭圆形，直径为 5 ~ 20μm。经过碘液染色后为黄色，外包一层透明的囊壁，内含 1 ~ 4 个核，各有一颗位于核中央的核仁。未成熟的包囊含有 1 ~ 2 个核，常见含有糖原泡和杆状的染色体；成熟的包囊含有 4 个核，糖原泡和拟染色体不易见。通过苏木素染色，可见核的构造与滋养体阶段相同，拟染色体为黑色，呈两端钝圆的杆状。包囊对低温有很强的抵抗力，室温下可在粪便中成活 2 周，在水中可存活 30 天，在冷冻情况下可存活 5 周。包囊对热比较敏感，在 40℃以上就会死亡，干燥情况下也不容易存活。

（三）病因及发病机制

溶组织内阿米巴可感染犬、猫、猪及非人灵长类等实验动物，大鼠、小鼠及豚鼠可以作为储存宿主存在。并且可以从蟑螂和蝇类的排泄物中检测出虫体。带有包囊的动物和粪便是主要的传染源，同时还可以通过水、食物、昆虫媒介及接触等途径传播。溶组织内阿米巴感染主要通过粪便中的四核包囊感染期虫体经口粪途径感染宿主。包囊在宿主小肠内接受消化液的作用，囊壁被消化，虫体释放出来，并分裂为 4 个小的滋养体，移行到回盲部滞留，以宿主肠黏液、细菌及已经消化的食物为营养，并以二分裂方式不断繁殖。滋养体可在大肠黏膜的隐窝中存活和繁殖，消耗淀粉和黏膜分泌物，并干扰肠道的代谢过程。在肠腔内繁殖的滋养体，一部分随宿主肠内容物向下移动，随着下移过程中肠道内环境的改变，滋养体停止活动，排出未消化的食物，虫体团缩，分泌一层较厚的外壁形成包囊。

（四）临床表现

入侵虫体在肠壁上形成溃疡，通过黏膜下入侵血管，随着血流移行至宿主动物其他器官，如肝、肺和皮肤等，并造成局部感染。溶组织内阿米巴主要寄生在肠腔，对肠道组织损伤较小。对宿主能否造成损伤取决于虫株的毒力、宿主的年龄和免疫状况，以及是否存在其他肠道疾病等多种因素。

（五）病理特征

最直接的损伤是对宿主动物肠道完整性造成破坏，一般发生在盲肠和结肠，可见溃疡及黏膜坏死等不同程度的损伤。严重感染时可波及整个肠道。若同时并发其他肠道细菌感染则更为严重，可以导致肠壁破溃，造成腹膜炎。阿米巴病还可以造成身体其他器官的损伤，其中肝是最易受侵害的器官。一般先寄生于肠道后，形成阿米巴脓肿，然后虫体随血液循环进入肝，形成肝脓肿。脓肿从针尖大到葡萄大小不等。脓肿中心液化，脓肿一旦破溃进入腹腔，可造成其他器官组织的感染，同时引起腹膜发炎。肺阿米巴病常见，它可由肝阿米巴病转移而来，也可出现原发病灶。其他常见发病部位是脑、皮肤和阴茎。而肾、脾、生殖腺和心包膜等为不常见发病部位。

（六）诊断

根据流行病学特点、临床症状和病理变化可以做出初步诊断，进一步确诊需要通过实验室的病原学和血清学检测。病原学检测主要通过在粪便中检测滋养体和包囊，采用镜检和碘液染色的方法。病理学检查主要通过直肠直接获取病变组织，或从剖检动物肠道内直接采集溃疡病变，涂片后染色镜检。观察黏膜组织内和肠道内容物中的滋养体和包囊。也可以采用血清学检测方法，通过间接血凝试验、补体结合试验和免疫电泳试验等方法进行检测。接种动物可以对难以诊断的病例进行动物模型分析，帮助确诊。

（七）预防与治疗

消灭传染源和切断传播途径是主要预防和控制手段。例如，加强粪便管理、及时清理排泄物、对动物群体进行定期筛查、注意公共区域卫生和饲养人员健康状态等都是有效防控手段。对阿米巴病可用药物进行治疗，如甲硝唑就是一种常用的治疗药物。

四、犬钩口线虫

（一）基本概念

犬钩口线虫（*Ancylostoma caninum*）是一类钩口科线虫的总称，具有发达口囊是其主要形态学特征。犬钩口线虫对人类危害较大，它寄生在人类消化道中可以使人体长期慢性失血，并可出现贫血等相关症状。

（二）病原特性

犬钩口线虫的雄性成虫长 9 ~ 12mm，雌性成虫略长，可达到 15 ~ 18mm。虫体为半透明的肉红色。虫体前端较细，顶端有一个发达的口囊，成虫拥有一个球形的颊腔，每边有 3 颗发育良好的牙齿，并且向内呈钩状弯曲。虫体背侧中央有一半圆形深凹，两侧微呈突起，有 1 对中侧齿排列于凹陷两侧。虫卵为椭圆形，壁薄，大小为（55 ~ 72）μm ×（34 ~ 45）μm。粪便中虫卵一般为 2 细胞到 8 细胞阶段。

（三）病因及发病机制

犬钩口线虫在全世界范围内分布广泛，最适宜于钩虫发育的温度为 25 ~ 30℃，相对湿度为 60% ~ 80%，因此热带和亚热带地区为疾病高发地区，尤其是经济卫生条件差的地区，据不完全统计，世界范围内钩虫感染者约 10 亿人，占全球人口的 1/5，但有明显症状者仅约占 1%。犬钩口线虫属于土源性线虫，虫卵随粪便排出体外，在适宜的外界环境中经过 12 ~ 30h 孵育成为幼虫，幼虫再经过 1 周左右时间进一步蜕化为具有感染性的幼虫。犬是最常见的终末宿主，通常情况下幼犬和成年犬通过吞食具有感染性的虫卵而感染犬钩口线虫。幼虫可通过肺、肝及皮肤感染宿主动物，并在小肠内进一步发育成熟，具体过程为：通过口感染，幼虫通过食道黏膜进入血液循环，然后经呼吸道、喉头和咽，最终到达小肠并发育成为成虫；经过皮肤感染宿主动物钻入血管，通过血流到达心脏，再通过血液循环到达肺，穿破毛细血管及肺组织，移行到肺泡和支气管，经支气管和气管进入痰液，吞咽后进入小肠发育成为成虫；还有一个渠道就是在怀孕期的宿主动物感染幼虫后，通过肺部移行，进入血液循环，然后通过胎盘感染胎儿；也可以通过哺乳，母体将乳汁中的幼虫传播给新生宿主动物。

（四）临床表现

临床症状主要在年幼的宿主动物中出现，早期的症状包括咳嗽及鼻腔分泌物增加，通常在 3 周后消退。严重感染可以导致宿主动物出现呕吐、厌食、黏液样腹泻、虚弱、生长滞缓及过敏性瘙痒，伴有口腔异味。有时宿主动物也会出现癫痫症状和死亡病例，但不常见。

（五）病理特征

幼年宿主动物死亡往往是由肠道慢性出血所致，犬钩口线虫感染后可以导致雌性怀孕宿主动物出现死胎现象。钩虫对消化道的损伤主要是以慢性出血为主，其分泌的抗凝血物质可以使肠道损伤部位持续渗血，从而使宿主动物铁和蛋白质不断损耗，造成宿主动物贫血。

（六）诊断

实验室病理解剖可以发现，患病动物肺部出现明显的病变，轻度感染可导致肺轻度淤血，重度感染将引起肺炎；胃部、胆管和腹腔可找到移行的虫体；严重的患病动物会出现黏液性肠炎；移行过程中的虫体有时在组织中停留，可以形成明显的肉芽肿。实验室诊断主要通过在粪便中寻找虫卵以确定感染的发生。

（七）预防与治疗

犬钩口线虫可通过胎盘传播，必须通过严格的隔离检疫制度，以及定期的检查与驱虫工作来控制感染的发生。对孕前和怀孕期的动物可以实施伊维菌素的预防性治疗，以防止通过胎盘感染胎儿。同时需要采取保持饲养环境的干燥、及时清理粪便、对环境进行定期消毒等措施，以避免感染的发生。可采用盐酸左旋咪唑片剂对犬钩口线虫进行治疗，按照 8mg/kg 给予患病犬一次口服；也可以使用丙硫咪唑按照 10mg/kg 剂量一次给药口服，同时也可以使用阿苯达唑作为驱虫药物。

五、猴克氏锥虫

（一）基本概念

克氏锥虫（*Trypanosoma cruzi*），也称枯氏锥虫，是美洲锥虫病（American trypanosomiasis），或称恰加斯病（Chagas disease）的病原体。克氏锥虫属于肉足鞭毛门，鞭毛亚门，动鞭毛纲，动基体目，锥虫属。克氏锥虫病可感染松鼠猴、卷尾猴、狨猴、蜘蛛猴等新大陆灵长类，以及狒狒、猕猴、大猩猩等旧大陆灵长类；它也是感染人类的重要寄生虫疾病，在过去数十年间，美国、加拿大、许多欧洲国家和西太平洋国家都发现该病，并且输入性病例比例逐步增多。由于克氏锥虫病传播途径的特点，该病主要在热带地区流行，夏季和秋季为高发季节；随着输入病例的增加，目前已呈全年发病趋势。

（二）病原特性

在其生活史中有三种不同的形态，即无鞭毛体、上鞭毛体和锥鞭毛体。在宿主动物组织中存在两种形态的虫体：在血液中为锥虫样鞭毛体；在组织假性囊肿中为无鞭毛体形态。虫体在宿主体内一般为首尾相接的环形，通过这种形态特征可与其他锥虫区别。

（三）病因及发病机制

克氏锥虫的生活史需要锥蝽为传播媒介。当锥蝽叮咬宿主动物时，吸入含有锥鞭毛体的血液，经过数小时后，锥鞭毛体脱去游离的鞭毛变为无鞭毛体，并在细胞内以二分裂法增殖。无鞭毛体变为球鞭毛体进入宿主肠道发育成上鞭毛体。上鞭毛体以二分裂法增殖并移行至直肠，附着于上皮细胞上。在锥蝽体内经过 8 ~ 10 天的发育，发育成循环后期鞭毛体，并随着锥蝽的粪便排出体外。当感染锥虫的锥蝽吸血时，或宿主动物的外伤创口接触含有锥虫的粪便，后循环锥虫可以穿透皮肤，进入宿主动物组织细胞内转变为鞭毛体，随着鞭毛体的增殖形成假性包囊，假性包囊破裂，锥鞭毛体进入血液或侵入其他细胞，变为锥型虫。克氏锥虫感染也可以通过输血、母婴及交配行为传播。克氏锥虫存在众多储存宿主，可以感染 150 多种哺乳动物，如犬、猫、小鼠、大鼠及豚鼠等都可以感染。

（四）临床表现

猕猴感染通常不具有明显的临床症状，患病动物有时候会出现嗜睡、食欲不振及抑郁等临床表现。

（五）病理特征

新大陆灵长类动物感染的病理变化主要为：心肌细胞内出现假性囊肿的无鞭毛体导致心肌炎，并有以淋巴细胞和浆细胞为主的炎性浸润；患病动物可出现充血性心力衰竭及心律失常等症状，严重时会出现心肌传导中断，导致死亡。

（六）诊断

在患病动物组织及血液中鉴定出锥虫以诊断疾病的发生，或通过血涂片使用吉姆萨染色，镜检发现锥虫以确诊；也可以通过血液培养和动物接种诊断。实验检测方法还包括 ELISA 法检测或者通过免疫层析试纸检测阳性病例。还可以通过检测美洲锥虫病心肌损伤的生物标志物进行辅助诊断，包括心肌蛋白（肌球蛋白轻链 2 和肌球蛋白重链 2），以及纤维蛋白溶酶原水平的检测。

（七）预防与治疗

对环境进行综合整治，通过喷洒拟除虫菊酯类杀虫剂，可有效控制锥蝽滋生。严格筛查动物实验中使用的血液制品，可以有效降低感染率。在人类相关疾病治疗中，2017 年 9 月，美国 FDA 批准苄硝唑（benznidazole）可用于 2 ~ 12 岁患者恰加斯病的治疗。苄硝唑或硝呋莫司（nifurtimox）治疗本病，仅对患病初期有效，治疗效果非常有限，特别是在慢性感染中。

六、纤毛虫

（一）基本概念

纤毛虫（ciliate）属于纤毛门，小袋虫科，纤毛虫属，能够感染动物和人的纤毛虫为小袋纤毛虫（*Balantidium coli*），它所引发的疾病，称为小袋虫病。小袋纤毛虫是动物体及人体最大的寄生原虫，寄生部位主要在结肠，因此又被称为结肠小袋纤毛虫。

（二）病原特性

纤毛虫全身被有纤毛，并借助纤毛的摆动促进虫体运动。虫体前端有一个凹陷的胞口，主要通过胞口周围的纤毛将食物吞入。在虫体的中、后部有伸缩泡的结构，主要用于调节虫体的水盐平衡（渗透压）。纤毛虫滋养体发育过程中可以形成两种类型的核，称为大核和小核。通常大核为多倍体，主要负责支持虫体的正常功能；小核为二倍体，主要参与遗传功能并发育成生殖细胞系，小核是纤毛虫接合生殖所必需的。

（三）病因及发病机制

结肠小袋纤毛虫在热带及亚热带地区分布广泛，猪的感染率最高，可以达到 20%以上，甚至 100%。人主要通过摄取被感染性包囊污染的食物或水源而感染结肠小袋纤毛虫。大部分纤毛虫的生活史与感染豚鼠的肠袋虫类似，主要存在滋养体和包囊两个阶段。结肠小袋纤毛虫可以对人和其他灵长类动物致病，其滋养体主要寄生在结肠部位，侵袭结肠黏膜，引起溃疡或结肠黏膜脱落。

（四）临床表现

重度感染的动物可出现消化功能紊乱、急性痢疾等临床症状。

（五）病理特征

低倍显微镜暗视野观察，能够观察到大量小袋虫，虫体既有滋养体，又有包囊。苏木素染色可以清楚区分大核和小核，使用酸性甲基绿染色可凸显大核。镜下包囊体常呈圆形，胞质深染、致密；滋养体常呈椭圆形，胞质疏松，着色较淡。

（六）诊断

粪便涂片检查滋养体及包囊是确诊结肠小袋虫病的主要方法。

（七）预防与治疗

结肠小袋纤毛虫是人兽共患的寄生虫，加强饲养环境卫生，及时清除动物排泄物并进行无害化处理，是消灭其传染性包囊的主要手段。对动物进行定期健康监测是杜绝群体感染的有效手段。

第三节 对动物健康造成严重危害的寄生虫疾病

一、微小膜壳绦虫

（一）基本概念

微小膜壳绦虫（*Hymenolepis nana*）属于膜壳科，膜壳属，是小鼠常见的体内寄生虫。成虫主要依靠顶突结构附着在宿主动物的小肠绒毛上，并以组织间液为生。导致感染动物体重下降和发育延迟是微小膜壳绦虫影响动物实验的主要因素，同时由于抗原刺激过频，可干扰机体的免疫应答反应，影响动物实验结果。

（二）病原特性

微小膜壳绦虫的个体为细长结构，长 25～40mm，只有 1mm 左右宽。头节为球形，有 4 个吸盘及 1 个可以自由伸缩的顶突，在顶突上有 20～27 个小钩。颈节为细长型，链体由 100～200 个节片组成，成熟的节片呈梯形，孕节片要大于其他节片，节片的生殖腔全部位于个体的同一侧。虫卵为椭圆形，无色透明，长 44～62μm，宽 33～55μm。壳膜较薄，其内有透明胚膜，两端略凸起并发出 4～8 根丝状物，弯曲延伸在卵膜和胚膜之间，胚膜内含有 1 个六钩蚴。

（三）病因及发病机制

微小膜壳绦虫常寄生在啮齿类动物的小肠内，小鼠和仓鼠是其主要宿主动物，大鼠也有可能被感染。不同品系小鼠的易感性各不相同，C57BL/6 小鼠相对于 C3H 小鼠对微小膜壳绦虫的感染反应更迅速，更易感染。其生活史有直接和间接两种方式，并且是唯一一种可以通过直接方式传播的绦虫。在直接生活史过程中，脱落的孕节或虫卵通过粪便传播给易感宿主，然后在宿主小肠内经消化液作用孵育出六钩蚴，侵入小肠绒毛，经过 4～5 天发育成囊尾蚴，囊尾蚴重新回到肠道并附着在肠壁上，经过 10～11 天发育为成虫，整个生活史过程的完成需要 14～16 天。在间接生活史过程中，微小膜壳绦虫卵最初在杂拟谷盗、面粉甲虫及蚤等昆虫肠道内孵育，其六钩蚴穿透昆虫体腔发育为囊尾蚴，宿主动物通过摄取这些昆虫而感染。间接生活史的长短随着外界温度的不同而发生变化。微小膜壳绦虫成虫的生命周期通常只有几周时间，若成虫在体内停留时间较长，则可以在同一宿主体内完成其生活史，即自体感染。自体感染发生的概率在直接生活史过程中并不高，因为初次感染后，虫卵在机体组织内孵育和生长可使机体获得免疫力，所以自身感染的概率下降。但是在间接生活史过程中，初次感染时虫卵的孵育和生长过程在中间宿主体内，终末宿主没有建立对寄生虫的免疫机制，因此容易发生自体感染。

（四）临床表现

微小膜壳绦虫感染后的临床症状为：患病动物体重下降，有可能出现肠梗阻。通过大鼠实验发现，在感染初期的 20 天内，血清蛋白数量普遍减少，嗜酸性粒细胞增多，并伴随γ球蛋白升高，这预示着机体免疫机制的建立。随着驱虫过程的实施，血清蛋白将恢复到正常水平。其他变化还包括血清葡萄糖和总蛋白的下降，血脂浓度上升；肠道内组织蛋白和脂质浓度下降，以及组胺和组胺类化合物浓度上升。

（五）病理特征

微小膜壳绦虫感染动物后，可见的病理变化为：严重感染时引发卡他性肠炎，慢性感染时可导致肠系膜淋巴结出现囊肿或局灶性肉芽肿。

（六）诊断

微小膜壳绦虫的实验室诊断可通过在粪便中寻找含有六钩蚴的虫卵，或解剖宿主动物肠道寻找成虫的方法；通常将切开的小肠放入盛有温水或生理盐水的平皿中，待成虫爬出进行观察。诊断过程中需将其与缩小膜壳绦虫区分，微小膜壳绦虫的虫卵小于缩小膜壳绦虫，且其成虫具有顶突钩结构。

（七）预防与治疗

定期消毒实验动物设施和及时处理（热处理）污染垫料，对预防微小膜壳绦虫病的发生非常重要。同时也需要加强饲养管理，控制野鼠和昆虫进入动物设施，控制传染源。治疗方案包括：吡喹酮的单次口服灌胃给药，小鼠 25mg/kg，大鼠 10mg/kg，单次给药 10～14 天，间隔 10 天后再次给药同样时长，可以获得较好的治疗效果。也可以将吡喹酮预混在饲料中对动物进行进食给药。但最好的控制方法是将患病小鼠杀灭或净化后再引入实验。

二、兔球虫

（一）基本概念

兔球虫病是由孢子虫纲（Sporozoa）真球虫目（Eucoccidiorida）艾美尔科（Eimeriidae）艾美尔属（*Eimeria*）的一种或几种艾美尔球虫寄生于兔体内引起的一种以腹泻为主要症状的疾病。兔球虫病是对家兔饲养危害较大的一种寄生虫疾病，感染率和死亡率高是球虫感染未成年家兔的主要发病特点。根据宿主种类不同，兔艾美尔球虫分为 65 种，但对家兔有确定影响的共有 11 种，其他种类艾美尔球虫主要影响野兔或稀有品系兔种。这 11 种艾美尔球虫的寄生部位各不相同，除斯氏艾美尔球虫（肝艾美尔球虫）寄生于胆管上皮细胞感染肝外，其他艾美尔球虫均寄生于肠上皮细胞内。兔球虫病容易导致轮状病毒和大肠杆菌等肠道病原菌的继发感染，使肠炎加重。肠球虫病和肝球虫病不仅严重影响家兔的生产性能，而且导致血液生化指标和肝功能指标发生明显改变，严重影响动物实验结果。

（二）病原特性

肝艾美尔球虫的卵囊含有 4 个孢子囊，每个孢子囊内含有 2 个子孢子。卵囊为细长的卵形或椭圆形，淡黄色，大小为（28～42）μm×（2～16）μm，并且拥有一个 6μm×

10μm 的卵孔。孢子囊大小为（8 ~ 10）μm ×（17 ~ 18）μm，很难被观察到。

艾美尔球虫的繁殖发育需经过裂殖生殖、配子生殖及孢子生殖 3 个阶段。除肝艾美尔球虫前两个阶段在胆管上皮内发育外，其他品种球虫都在肠上皮细胞内发育；孢子生殖在外界环境中进行。家兔吞食孢子化的卵囊，在肠道胆汁或胰酶的作用下，子孢子进入胆管上皮或肠上皮，发育成圆形的滋养体，然后发育成裂殖子。裂殖子可发育成大配子体形成大配子，也可发育成小配子体形成小配子；大小配子生成合子，合子周围再包裹有卵囊壁，可形成卵囊，卵囊随粪便排出体外。在湿度 55% ~ 75%、温度 20℃的外界环境中，2 ~ 3 天就可发育为具有感染性的卵囊。卵囊对低温和化学消毒药物抵抗力很强，大多数卵囊可以越冬。

（三）病因及发病机制

兔摄取具有感染性的卵囊，在十二指肠中脱去囊膜，子孢子钻入肠黏膜进入血液循环，通过门静脉或淋巴管进入肝，到达肝后进入淋巴管上皮细胞，通过数代裂殖生殖，发育成裂殖体，以上事件发生在感染后的 3 ~ 6 天之内。成熟的裂殖子大小一般为 15μm×18μm。感染后的 11 天就可出现明显的配子，配子形成合子后再发育为卵囊，并脱离胆管上皮和肝，通过胆汁进入肠道，排出体外形成孢子。兔肝球虫病的潜伏期一般为 14 ~ 18 天，疾病开放期为 21 ~ 37 天。

各品种、性别和年龄的兔都易感，幼龄家兔为最易感群体，主要危害 4 ~ 12 周龄幼兔。成年兔一般不发病，但其为球虫病原体的携带者和传播者。带虫兔和病兔是球虫病的主要传染源。球虫生活史过程中无中间宿主，传播方式简单，兔因吞食成熟卵囊而感染。兔球虫病多发生于温暖多雨的潮湿季节，呈地方性流行，6 ~ 8 月为兔球虫病的高发月份。除外部环境影响外，断奶、变换饲料、营养不良及细菌感染等都可诱发本病。艾美尔球虫进入宿主细胞的方式为主动侵入，从子孢子的前端伸出细长的突出物进入细胞，其进入细胞的时间是很短暂的。

（四）临床表现

临床症状程度与食入卵囊数量、兔球虫种类及兔年龄有关。临床症状取决于兔感染肠球虫的致病性和数量。腹泻和出血是所有兔肠球虫感染的共同临床症状，腹泻的排泄物一般为黑色水样或黏液样物质，并伴有恶臭。根据感染球虫品种不同，有的感染可以在腹泻粪便中看到明显的出血，有的感染粪便则潜血试验为阳性结果。由于细胞功能受到抑制导致肠蠕动受到影响，肠绒毛萎缩，可导致肠吸收功能减退、电解质失衡、贫血、低蛋白血症和脱水等一系列症状，甚至出现死亡。兔肝球虫病的临床症状主要表现为厌食、嗜睡、黄疸、腹泻及腹部肿胀。通过 B 超等影像学检测可见肝及胆管肿大，肝肿大可以导致体重增加 20%。8 ~ 12 周的幼年家兔感染后可能会导致死亡。

（五）病理特征

肠球虫感染的病理解剖可以观察到肠壁出血、上皮脱落和溃疡，甚至出现肠套叠。组织切片镜检可以观察到肠绒毛萎缩、肠上皮细胞肿大或坏死、白细胞渗出，以及处在不同生殖时期的肠球虫。

肝球虫感染的病理解剖可见肝肿大、褪色，出现大小不一、呈淡黄色或白色的结节状损伤病灶。这些病灶突出在肝包膜表层，有些病灶呈扭曲的索状形态。切开肝表面可以明显观察到损伤病灶贯穿整个肝实质，里面填充了胆管渗出液、胆汁或胆管上皮碎片。胆管上皮出现乳头瘤状增生，伴随着淋巴细胞、浆细胞、中性粒细胞和巨噬细胞的炎性浸润。镜下可见胆管上皮组织中有不同时期的球虫卵囊。胆管黏膜的损伤可导致内容物流出，引起严重的肉芽肿性炎症；感染严重时胆管周围有明显的纤维化病变。

（六）诊断

目前针对兔球虫病的诊断主要有形态学诊断方法及分子生物诊断方法。在实验室可以从粪便中检测球虫卵囊作为判定标准，也可以取病变部位的组织碎片进行病理染色，再镜检裂殖子或裂殖体等以进行判定。由于在急性感染时，粪便中不一定会检测出卵囊，因此粪检应结合病理剖检的结果，进行综合判定。采用 PCR 的方法也可以准确地对兔艾美尔球虫进行诊断，一般采用 18S rRNA 基因序列通过分析种属差异设计引物来检测不同的艾美尔球虫。

（七）预防与治疗

应采取综合措施对兔球虫病进行控制，严格控制动物饮水、饲料及饲养环境的洁净度。加强饲养管理，可以将幼兔和成年兔分开进行饲养，将易感动物和传染源分开。对新引入的兔及患病动物进行严格的隔离检疫和治疗。患病动物可以采用药物治疗，主要是以磺胺类药物，如磺胺嘧啶和磺胺喹恶啉，通过饮水添加 0.01% ~ 0.02%或饲料添加 0.03% ~ 0.1%，可以有效地预防球虫感染。也可以通过疫苗注射的方式来预防兔球虫病。

三、犬复孔绦虫

（一）基本概念

犬复孔绦虫（*Dipylidium caninum*）属于多节绦虫亚纲，圆叶目，双壳科，复孔属。犬复孔绦虫在世界范围内分布广泛，主要寄生在犬、猫的小肠及一些野生食肉动物体内。人类也可被感染，通常儿童感染的可能性较大。

（二）病原特性

成虫长度根据成虫群体密度有所变化，一般长 20cm 以上，宽 0.3 ~ 0.4cm。体节呈黄瓜籽形状，因此也称为“瓜实绦虫”。头节有 4 个吸盘及 1 个棒状、可以伸缩的顶突，顶突上有刺状的小钩。每个节片有雌性和雄性两套生殖系统，对称排列。孕节为细长的筒状，长 8 ~ 12μm，宽 2 ~ 3μm，内部充满了卵囊，每个卵囊含 3 ~ 20 个虫卵。虫卵为圆形或椭圆形，长 31 ~ 50μm，宽 27 ~ 48μm，实际体积与卵囊内所含虫卵数量密切相关；密度越大，体积越小。当孕节随粪便排出体外时，颜色从白色变为粉红色，并排出卵囊和卵。

（三）病因及发病机制

犬复孔绦虫生活史需要跳蚤或虱作为中间宿主，但是虱作为中间宿主情况并不多见。孕节从宿主体内随粪便排出到外界环境，并沿地面蠕动。犬复孔绦虫的虫卵可以在干的孕节或卵囊中存活 1～3 个月之久。孕节破裂后释放出卵囊，跳蚤幼虫食入卵囊后，卵囊在其肠内孵育出六钩蚴，然后钻破肠壁进入血腔内发育，经过 30 天，当跳蚤幼虫发育为成虫时，六钩蚴发育为似囊尾蚴。跳蚤在犬、猫体表活动时由于温度适中，似囊尾蚴进一步发育成熟，并具有完全的感染性。当跳蚤被犬、猫舔食后，囊尾蚴在宿主动物的小肠内被释放出来，经过 2～3 周发育为成虫。

（四）临床表现

犬复孔绦虫感染通常没有临床症状。严重感染或幼虫感染时可出现呕吐、软便或腹泻，引起营养不良及碳水化合物流失，导致机体虚弱和消瘦。食欲不规律也是临床症状之一，有时食欲会增加。某些病例也会出现癫痫和抽搐等神经症状。孕节体积较大，肉眼可见患病动物排出的孕节，孕节有时蠕动到外界环境，有时黏附在肛周附近，导致动物瘙痒，表现为患病动物舔咬尾根部。

（五）病理特征

犬复孔绦虫感染后，宿主的病理特征主要表现为小肠黏膜损伤。由于虫体移行，所引起的黏膜损伤会出现在肠道的多个部位，严重的犬复孔绦虫感染可以导致动物的出血性肠炎。

（六）诊断

一般感染时临床症状并不明显，需通过检测粪便或肛周附近的孕节及卵囊以确定是否感染，肉眼观察到排出的绦虫节片也可以作为诊断依据。

（七）预防与治疗

犬、猫饲养应定期灭蚤、灭虱和驱虫，对粪便及时进行清理和无害化处理。需要接触实验用犬的工作人员，应尽量避免与宠物犬和猫过分亲昵，减少携带病原体的概率。常见的驱虫药主要有吡喹酮（5mg/kg，一次食物混合给药）、氯硝柳胺（100mg/kg）、阿苯达唑（成年犬 30mg/kg，幼犬 15mg/kg，猫 12mg/kg，每天食物混合给药 1 次，连续 3～5 天）、氢溴酸槟榔素（1～2mg/kg，一次性食物混合给药）。

四、犬恶丝虫

（一）基本概念

导致犬恶丝虫病的病原体是丝虫目双瓣科恶丝虫属的犬恶丝虫（*Dirofilaria immitis*）。犬恶丝虫是寄生于犬、猫和其他犬科动物，以及家畜动物甚至人类的一种体内寄生虫。犬恶丝虫病是全世界范围内常见的体内寄生虫疾病。在有的国家或地区，犬类该种疾病感染率高达 30%～60%。除了犬、猫等动物感染外，免疫力低下的人也可以感染该病病原体。由于蚊子为犬恶丝虫病的中间宿主，因此蚊虫活跃的季节为该病高发季节。犬恶丝虫感染病例可出现血细胞减少，严重病例会出现血细胞压积降低，并伴有嗜酸性粒细胞增多和白蛋白含量降低。心内膜炎及心脏肥大也是影响动物实验的主要因素。

（二）病原特性

雄性虫体长 12～16cm，尾翼较窄，末端有 11 对乳突，其中 5 对在泄殖孔前，6 对在泄殖孔后。拥有两根不等长的交合刺，左侧长度为右侧的 2 倍，尾部呈螺旋形弯曲。雌性虫体长 24～30cm，阴门常开口于食道的后端。整个虫体常缠绕在一起，呈团状。虫卵孵化出的微丝蚴长约 0.3mm，逐渐发育变为白色、细长的成虫。

（三）病因及发病机制

雌性与雄性成虫交配后，受精卵在雌性虫体的子宫内可以发育为微丝蚴，微丝蚴被释放到血液中后，经过蚊虫叮咬，然后进入中间宿主体内。经过在蚊虫体内 2 周左右的发育，成为具有感染性的成虫，此时的成虫较小，当蚊虫再次叮咬宿主动物时，可以将具有感染性的成虫释放入健康动物的皮孔中。此时成熟子虫可以在皮下结缔组织、肌肉和脂肪组织内发育。经过 3～4 个月后，发育为未成虫进入血液循环，通过静脉进入右心室。再经过 3～4 个月的发育，发育为成熟的成虫。

（四）临床表现

犬恶丝虫感染初期的 6 个月以内一般不出现临床症状，随着虫体在宿主体内发育和移行，可以出现咳嗽、疲劳、食欲不振、被毛粗乱、瘙痒和脱毛等症状，同时也可能会出现贫血的症状。随着病情进一步发展，感染动物会出现四肢浮肿、腹水、胸腔积水、心包积液及肺水肿的症状。

（五）病理特征

患病动物尸体解剖可观察到心内膜炎、心脏肥大和右心室扩张等病理症状。

（六）诊断

根据患病动物的临床症状及通过超声波和 X 射线检查肺部和心脏的病灶，都可以基本确诊是否发生犬恶丝虫感染。针对犬恶丝虫微丝蚴的检测，传统方法主要是通过血液涂片镜检，镜下可见环形运动或缠绕在一起的微丝蚴，血涂片中没有检测到微丝蚴并不能说明没有发生感染。使用 ELISA 方法，检测虫体在血液中寄生时引起机体体液免疫产生的抗体，通过抗原、抗体的特异性反应来进行免疫学诊断。随着分子生物学检测方法的发展，也可以通过 PCR 的方法，特异性地扩增微丝蚴或成虫的 DNA 特异性片段，对是否发生感染做出诊断。

（七）预防与治疗

杀灭蚊虫对犬恶丝虫病防控有着重要意义，以消灭传染源为目的，需对新引入的动物进行健康监测，并对现有的动物种群进行定期驱虫处理。对动物群体的驱虫和预防药物主要使用大环内酯类药物，其中伊维菌素、塞拉菌素、莫西菌素及克拉霉素对不同时期的微丝蚴和成虫都有很好的杀灭和抑制作用。治疗患病动物也可以使用美拉索明和氟安定合剂（又名盐酸灭来丝敏），以 2.2mg/kg 剂量间隔 3h 两次腰部肌肉注射后，对 4 个月大的雄性和雌性虫体均有很好的杀灭作用。硫胂铵钠以 2.2mg/kg 的剂量静脉注射，2 次/天，连用 3 天，对犬恶丝虫的成虫有较好的杀灭作用。乙胺嗪 22mg/kg 的剂量口服，3 次/天，连用 7 天，对犬恶丝虫的微丝蚴有强大的杀灭作用。

五、毛首鞭形虫

（一）基本概念

毛首鞭形虫（*Trichuris trichiura*）简称鞭虫，属于毛首科，毛首属。热带及亚热带地区为毛首鞭形虫高发地区，其主要感染人类和灵长类，食蟹猴发病率为 5% ~ 58%，日本猕猴发病率为 29%，台湾猕猴发病率为 86%，黑猩猩的发病率为 28%，狒狒发病率可以达到 100%。

（二）病原特性

成虫虫体前端为一串单细胞围绕形成的细长的食道部分，后端为肠道和生殖器官，形态粗短；食道部分占整个虫体的 3/5。雄性虫体长 30 ~ 45mm，尾端钝圆；雌性虫体长 35 ~ 50mm，尾端卷曲，有一根交合刺。卵为纺锤形或腰鼓形，具有两极，大小为 50μm × 22μm，棕黄色。

（三）病因及发病机制

其生活史为直接发育型，雌性成虫产卵量 1 天可以达到 2000 枚。虫卵随着粪便从宿主动物体内排出，在外界环境中经过 10 天的发育，成为具有感染性的成虫。虫卵内的幼虫在宿主动物吞食虫卵后脱掉外壳而释放出来，幼虫在宿主肠道进入小肠黏膜，2 ~ 10 天后移行到盲肠，在盲肠经过 70 ~ 90 天的发育最终发育为成虫。成虫的主要寄生部位为盲肠，当感染严重时，也可以寄生在结肠、直肠及回肠下端。成虫在动物体内存活时间较长，可以从几个月到几年，长期影响宿主动物健康。

（四）临床表现

轻度感染时无明显临床表现，重度感染时可以导致宿主动物出现肠炎、食欲不振、黏液性腹泻和直肠脱出等症状，甚至死亡。

（五）病理特征

病理解剖可见肠壁出血、水肿及慢性炎症；也有病例出现肠壁增厚和肉芽肿现象。

（六）诊断

除了用病理解剖方法来确诊感染，还可以通过检测粪便来确诊。如果发现虫卵，可以做诊断性驱虫，当发现成虫时，就可以确诊感染的发生。

（七）预防与治疗

毛首鞭形虫的虫卵在外界环境中生命力极强，如果在动物设施中发生感染，则应该对饲养环境进行彻底清洗和消毒。为避免虫卵散播，饲养管理中必须对动物排泄物进行消毒处理。患病动物应该及时治疗，具体药物包括噻苯咪唑、羟嘧啶及丁苯咪唑等。

六、螨

（一）基本概念

螨虫（mite）属于节肢动物门蛛形纲广腹亚纲的一类体型微小的动物，身体大小一般在 0.5mm 左右，有些小到 0.1mm，大多数种类小于 1mm。螨虫与人和动物的健康关系非常密切，如痒螨、蠕形螨、疥螨等均可叮咬动物，吸血，侵害皮肤，引起各种临床症状，甚至严重危害动物的身体健康。

（二）病原特性

螨虫和蜘蛛同属蛛形纲，成虫有 4 对足，一对触须，无翅和触角，身体结构有别于昆虫。虫体分为颚体和躯体，颚体由口器和颚基组成，躯体分为足体和末体。螨虫躯体和足上有许多毛，有的毛还非常长。前端有口器，食性多样，如头皮屑等。

疥螨属于疥螨科（Sarcoptidae），疥螨属，虫体为圆形，白色泛黄，体表多皱纹，雌螨大小为（0.3～0.5）mm×（0.25～0.4）mm；雄螨为（0.2～0.3）mm×（0.15～0.2）mm。不同动物体表寄生的疥螨有所不同，但在形态上却极为相似，可以作为同一种疥螨对待。

痒螨呈圆形，体长 0.5～0.9mm，体表肉眼可见。雄性有尾突，腹面后端两侧有两个吸盘。雌性在腹部靠前有产卵孔，后端有纵裂的阴道，阴道背侧有肛孔。

蠕形螨虫体为蠕虫样，半透明乳白色，体长为 0.17～0.44mm，宽 0.045～0.065mm。虫体分为颚体、足体和末体 3 个部分。雄性个体的生殖器官由足体背面突出，雌性个体的阴门为位于腹部的狭长裂缝。

（三）病因及发病机制

疥螨发育过程属于不完全变态反应发育，其全部发育过程都不离开宿主体表。整个过程包括虫卵、幼虫、若虫和成虫 4 个阶段。疥螨的整个发育过程主要是成年疥螨在宿主动物体表啃凿的隧道中完成，以皮肤角质和渗出的淋巴液为食。疥螨若虫分为大、小两种，小型若虫最终发育为雄性成虫，大型若虫最终发育为雌性成虫。螨的寿命周期为4～5周，雄虫在交配后死亡，雌虫在产卵后死亡，虫卵发育为成虫的周期平均为15天。痒螨有刺吸式口器，通过宿主的皮肤吸取渗出液为食。雌性个体在宿主皮肤上产卵，经过3天孵育，发育成幼螨，采食进入静止期，经过蜕皮成为第一若螨；再次采食24h，经过静止期发育为第二若螨或雄性个体，第二若螨经过再次蜕皮发育为雌性个体。痒螨的发育周期为10～12天。蠕形螨主要寄生在动物的毛囊和皮脂腺，全部发育过程都在宿主体进行。雌性个体在毛囊内产卵，孵化为幼虫，幼虫为3足形式，再经过蜕化形成4足的若虫，最后蜕变为成虫。

（四）临床表现

兔疥螨主要感染部位为嘴角、鼻孔及脚部。受感染动物主要表现为不停啃咬脚部及抓挠口鼻处。患兔脚部黄色结痂，嘴唇肿大，影响正常采食。

兔痒螨主要感染部位为耳部，引起外耳道炎症，感染初期，可导致耳部皮肤出现浅红色或淡黄色的小水泡，当水泡破裂、渗出物干燥后形成黄色痂皮，像卷纸一样，可以堵塞耳道。兔被感染后常表现为耳部变重、下垂，有不断摇头现象。严重感染的动物，病变可能蔓延至脑部，导致癫痫发作。

犬蠕形螨主要感染部位为面耳部，重症时可导致身体各部感染。感染初期，在毛囊周围有红润突起，随着病程发展常继发葡萄球菌和链球菌感染，随后变为脓包。临床症状表现为脱毛和皮脂溢出，银白色具有黏性的表皮脱落，并散发臭味。严重感染时可因贫血和中毒死亡。

（五）病理特征

蠕形螨感染主要导致患病动物毛根处皮肤肿起，无皮下组织增厚，轻微脱毛，银白色皮屑具有黏性。疥螨感染时，毛根处皮肤不出现肿起，但有严重脱毛现象，表皮红而有疹状突起，皮下组织不增厚，无白磷皮屑，有黄色结痂，动物出现严重瘙痒症状。

（六）诊断

痒螨引起的明显局部病变很容易诊断，但症状不明显的患病动物则需要采取感染部位痂皮，检查有无虫体才能够确诊。蠕形螨诊断主要通过对皮肤结节或脓包中的内容物做涂片镜检，如发现病原体即可确诊。通过临床症状诊断，则需与疥螨加以区别。

（七）预防与治疗

动物饲养设施定期消毒并对患病动物及时隔离，是防控螨的主要措施。患病动物治疗主要通过伊维菌素皮下注射，以及溴氰菊酯（0.05%）药液喷洒的方法。对症治疗是治疗螨疾病的主要方法，对感染局部进行消毒清创。皮下注射伊维菌素可以有效杀虫。病变部位消毒可使用碘甘油、10%的除虫精乳剂等。伊维菌素注射治疗效果较好，多疗程给药是治疗蠕形螨疾病的有效给药手段。用14%的碘酊或25%的甲酸苄酯乳剂涂抹患处，可以有效缓解症状。

七、蚤

（一）基本概念

蚤（flea）属于昆虫纲，蚤目（Siphonaptera），在全世界范围内有 2000 多个品种，是哺乳动物和鸟类主要的体外寄生虫。蚤个体呈红棕色或棕黄色，以吸血为生，吸血过程中可引起宿主动物过敏和瘙痒，并传播多种疾病。蚤体型细小且扁平，有坚硬的外骨骼及不同发达程度的鬃、刺等衍生结构，体壁光滑且肢体发达，善于跳跃。

（二）病原特性

成年蚤体长 1 ~ 4cm，雄性个体略短于雌性个体。蚤类动物的许多形体特征在节肢动物中是特有的。其头部与胸腔直接相连，导致头部转动受限。蚤具有刺吸式口器，其头部有触角窝，长有细小的触角。有些蚤类在触角窝前长有单眼；有些蚤类在头部有许多鬃，根据生长部位分别称为眼鬃、颊鬃及后头鬃等；有些蚤类颊部边缘具有若干粗壮的棕褐色扁刺，排成梳状，称为颊栉；有些蚤类由前胸背板的粗壮梳形扁刺形成胸栉；有些蚤类还具有刚毛结构。胸栉和刚毛结构使蚤更适于在宿主动物毛发间跳跃穿行。

（三）病因及发病机制

蚤可以通过犬、猫、家畜或者实验大鼠、小鼠传播给人类。蚤作为体表寄生虫，只有在吸血的时候侵袭宿主动物，在其他时间长期存在于宿主动物的生活环境中，如犬和猫的窝垫，小鼠或大鼠的做窝材料中。也有一些蚤类会穿透宿主皮肤成为皮内寄生虫。蚤类宿主较为广泛，它们是很多传染性疾病的传播媒介和储存宿主，如鼠疫及斑疹伤寒等；也可以作为中间宿主传播犬复孔绦虫及微小膜壳绦虫等寄生虫疾病。

蚤的发育过程属于完全变态发育。成年雌性每天产卵 15 ~ 20 枚，一生可产卵 500 枚。蚤主要在宿主动物体表产卵，当宿主动物移动时将卵掉落到地面。蚤类的宿主主要为犬和猫，因此在犬与猫的窝垫、其活动范围的地板缝隙及地面空隙中存在大量的蚤卵。蚤的虫卵为椭圆形，直径 0.4 ~ 1.0mm，白色有光泽，在适宜的温度和湿度下，经过 4 ~ 5 天可以孵育为幼虫。幼虫为白色，无腿和眼睛，有粗乱的毛发环绕身体。幼虫有用于咀嚼的口器，主要以富含蛋白质的碎屑为食，特别是在成虫的粪便中可以吸取部分血液成分。由于幼虫不能够关闭气门，因此对温度和湿度的变化比较敏感。幼虫经过 2 ~ 3 周发育及蜕皮 2 次后，可发育为成熟的幼虫。成熟幼虫再经过做茧和第三次蜕皮，形成蛹。大部分蚤类的发育周期为 20 ~ 75 天，但在低温环境下蛹期可以长达 200 天甚至 1 年。因此，长期被封闭的空间再次启用时会有可能出现蚤的暴发，使用前应全面清洗和消毒。有些蚤类可以在不吸血情况下存活 125 天。已有实验表明，通过周期性的饲喂，蚤可以在无宿主的温湿环境中存活超过 3 年。因此这就有可能使蚤类长期携带感染源，在适当的时候再感染动物或人。

（四）临床表现

蚤叮咬宿主动物时，在吸血的同时会分泌具有毒性及变态反应产物的唾液，引起动物强烈的瘙痒症状，最终导致叮咬部位出现丘疹和红斑，即过敏性皮炎症状。蚤主要寄生在犬与猫的耳郭下、肩胛部、臀部或腿部内侧。在小鼠及大鼠，蚤主要存在于其颈部、背部皮毛。严重感染的动物会出现脱毛、皮屑脱落及结痂等症状，有些病犬的背部中线皮肤会出现类似煤焦样颗粒的蚤的排泄物。有些动物由于蚤的长期叮咬会出现贫血的症状。

（五）诊断

在宿主动物体表或毛发间发现蚤成虫和粪便，或对宿主动物进行蚤抗原的皮内反应实验，即可做出诊断。也可以通过血清学检测评估 IgE 的水平来诊断。由于蚤也是很多寄生虫的中间宿主，因此通过观察犬复孔绦虫节片的存在也可以判断蚤的感染。

（六）预防与治疗

加强饲养环境的卫生和消毒工作是预防蚤侵袭动物的主要手段。患病动物可以用塞拉菌素和福莱恩（主要成分为非泼罗尼、甲氧普希）等效果较为显著的体表喷剂杀虫，伊维菌素亦有一定的驱虫作用。杀虫同时可给予抗生素和止痒药物来消除皮肤感染和瘙痒症状。针对环境的消毒也可以使用鱼藤酮粉。

八、虱

（一）基本概念

虱（louse）是哺乳动物和鸟类的永久性体表寄生虫，与实验动物有关的虱品种包括小鼠锯齿鳞虱、大鼠棘鳞虱、大腹兔虱、犬毛虱、猪虱及猴虱等。猴虱又可分为多个品种，存在于不同品种的非人灵长类体表。

（二）病原特性

一般体长为 2.5 ~ 10mm 不等。外表呈深褐色，腹背扁平。身体坚硬且具有韧性，腿粗壮。在嘴角的凹陷处有短小的触角。部分品种的虱有翅膀，有些品种则在其生命周期的某一阶段具有翅膀结构。

（三）病因及发病机制

大鼠和小鼠的鳞虱主要生活史包括卵、若虫和成虫三个阶段。小鼠和大鼠鳞虱的生活史分别为 13 天及 26 天。虱终生寄生在大鼠及小鼠体表，以吸血为生，平均存活天数为 28 ~ 35 天。虱主要通过直接接触传播，因此很难通过哨兵动物检测群体中虱的存在。

（四）临床表现

大鼠及小鼠感染虱后，出现躁动不安，开始有抓咬动作，长期感染可出现表皮角质化、过敏性皮炎及贫血等症状，个别病例会引起死亡。虱也是附红细胞体病、土拉热、败血症和菌血症的潜在媒介，可导致动物感染其他疾病。

（五）病理特征

虱感染初期，大鼠及小鼠主要出现皮肤增厚和皮下出血等病理变化，并伴有嗜酸性粒细胞和淋巴细胞渗出。长期感染会导致皮肤增生及单核细胞增多。

（六）诊断

对毛发或皮肤上寄生的成虫或幼虫进行观察来用于虱病诊断。通过用黏性玻璃纸黏皮肤活毛发，再通过放大镜或显微镜观察虫体进行诊断。

（七）预防与治疗

虱病主要通过输入性感染途径传播，因此对新引入动物必须进行隔离检疫。定期消毒饲养环境并对患病动物进行适当治疗可以控制虱的暴发。虱的杀灭和治疗与其他动物体表寄生虫基本相同。

九、蜱

（一）基本概念

蜱（tick）根据生物学分类主要包括硬蜱和软蜱。所有的蜱生活史包括卵、幼虫、若虫和成虫 4 个阶段。根据品种不同，蜱的生命周期从几个星期到几年不等。除个别蜱为专性寄生虫外，大部分蜱都可以寄生在任意、适宜的宿主身上。蜱的许多行为都由激素控制，信息素是影响蜱聚集及繁殖的主要因素，尤其是蜱的繁殖过程主要由信息素进行调控。硬蜱分布广泛，已知世界上有 800 多种硬蜱，主要包括：花蜱属、盲花蜱属、血蜱属、革蜱属、扇头蜱属、暗眼蜱属、璃眼蜱属、牛蜱属和牛壁蜱属。软蜱主要指隐喙蜱科，常见品种有 160 种，包括：锐缘蜱属、钝缘蜱属、耳疥癣虫属。

（二）病原特性

硬蜱为红褐色，假头位于身体前段，背腹扁平，背侧有大的骨片（盾板），能够覆盖大部分身体，存在于潮湿环境中。有的品种具有眼部结构并位于背侧骨片上。硬蜱的雌性个体大于雄性个体，骨片也不能覆盖整个身体。大部分硬蜱在骨片或身体的后缘有方块形的缘垛。身体具有生殖孔及气门等结构。硬蜱具有消化系统、生殖系统、呼吸系统、循环系统及神经系统。软蜱与硬蜱的主要区别为：软蜱假头在身体前部腹面头窝处，从背侧无法观察到假头。软蜱身体由皮革样表皮覆盖，不存在骨片结构，腹侧也不存在腹板结构，大多数软蜱无眼。雌性软蜱的生殖孔为横沟状，雄性软蜱则为半月状。幼蜱和若蜱的形态与成虫相似，且有 3 对足结构，但相比成虫并不存在生殖孔。

（三）病因及发病机制

雌性硬蜱根据品种不同，个体可以产卵 100 枚到 2 万枚，虫卵小，呈卵圆形，黄褐色。通常经 2～3 周或 1 个月以上孵出幼虫。幼虫爬到宿主体上吸血，经过 2～7 天吸饱血后，落到地面，经过蜕化变为若虫。饥饿的若虫再次侵袭动物，寄生吸血后，再落到地面，蛰伏数天至数十天，蜕化变为性成熟的雌性或雄性成蜱。多数硬蜱在动物体上进行交配，交配后吸饱血的雌蜱离开宿主落地，爬到缝隙内或土块下静伏不动，一般经过 4～8 天待血液消化和卵发育后，开始产卵。雌蜱产卵后 1～2 周内死亡，雄蜱一般能活 1 个月左右。硬蜱分为单一宿主、双宿主及三宿主 3 个品种。其中幼虫、若虫和成虫发育过程分别寄生在三个宿主的硬蜱种类最多。软蜱的生活史与硬蜱相似，大多数为多宿主蜱。

（四）临床表现

严重蜱感染会导致宿主皮肤疾病、继发性感染、虚弱和贫血等临床症状。有些蜱会优先寄生在宿主动物的耳部并吸血，称为耳蜱，耳蜱会引起内耳感染或耳外部结构损伤。当蜱寄生在颅底时会引起蜱性麻痹，此麻痹主要由蜱分泌的唾液引起，蜱被消除后，症状即可缓解。除了直接伤害宿主外，蜱还是很多寄生虫、细菌、病毒和立克次氏体疾病的传播媒介，可以将这些病原体传播给宿主动物。

（五）预防与治疗

采取综合防治措施来防治实验动物蜱虫感染。严格进行环境消毒，已感染动物必须进行隔离。化学杀虫剂虽然常用于蜱的防治，蜱类栖息及越冬场所可喷洒马拉硫磷等药物，随着人们对药物残留和环境污染的关注，以及很多蜱的耐药性虫株产生，目前免疫预防及生物防治方法已经被广泛研究。

第四节　对实验结果造成影响的寄生虫疾病

一、鼠四翼无刺线虫

（一）基本概念

蛲虫（oxyurid，也称 pinworm）主要寄生在草食动物和杂食动物体内，在肉食动物体内很少存在。感染大鼠及小鼠的蛲虫主要包括四翼无刺线虫、隐匿管状线虫、鼠管状线虫、鼠膀胱线虫等。根据不同寄生虫对肠道寄生部位的不同，小鼠可以同时感染两种蛲虫，由于这两种蛲虫并不存在直接的环境因素竞争关系，因此可以长期共存；在这种情况下，四翼无刺线虫由于其存活期较长，在宿主体内存在的数量可能要多于其他种类的蛲虫。

（二）病原特性

四翼无刺线虫在形态上与隐匿管状线虫相似，主要区别在于其具有较宽的颈部翼膜、椭圆形的食道球及条纹状的角皮。雌性成虫长 3 ~ 4mm，宽 215 ~ 275μm，同时具有 445 ~ 605μm 圆锥形的尾部，其阴门位于身体中间靠前的部位。雄性成虫长 2 ~ 4mm，宽 120 ~ 190μm，其圆锥形的尾部长 117 ~ 169μm。雄性个体缺少交合刺和乳头状凸起。四翼无刺线虫的虫卵长 70 ~ 98μm，宽 29 ~ 50μm，呈对称的椭圆形。

（三）病因及发病机制

小鼠为四翼无刺线虫常见的终末宿主，其他啮齿类动物也会感染。其生活史中不需要中间宿主，虫卵通过粪便直接排出体外，这与隐匿管状线虫和鼠管状线虫虫卵常存在于肛门周围皮毛处不同。每个雌性个体平均每天可排出虫卵 17 个，虫卵排出体外后常存在于粪便的黏液中，经过 5 ~ 8 天后才具有感染性。易感动物通过吞噬粪便后感染，通常潜伏期为 21 ~ 25 天。虫卵在宿主动物的盲肠孵育，幼虫迁移至前侧结肠，成年的雌性与雄性个体交配后，雌性个体移行至结肠后端产卵。如此一个周期即为四翼无刺线虫的生活史。四翼无刺线虫的受精卵随粪便排出体外后 5 ~ 8 天才具有感染性，一旦宿主动物感染后潜伏期为 21 ~ 25 天。

（四）临床表现

宿主动物感染蛲虫后会影响生长发育，尤其对断奶前的小鼠影响较严重，但多数蛲虫感染并不产生明显的临床症状，因此蛲虫感染的诊断缺乏明显的体表症状和特征，只有通过病原检测才可以准确诊断。

（五）诊断

主要检测手段包括：粪便漂浮实验、棉拭涂片法、ELISA 方法和 PCR 方法。由于虫卵是间歇性随受感染动物的粪便排出，可以在多个时间点或同一时间点对多个动物的粪便进行检测，以便实施更有效的监测。通过 ELISA 的方法可有效地检测蛲虫虫体抗原血清抗体；PCR 方法则越来越多地用于病原体检测中，在蛲虫感染的诊断中可以通过将特定的蛲虫基因做成基因芯片，将寄生虫 DNA 经过 PCR 扩增后与芯片的探针进行杂交，然后通过扫描图像对结构进行分析判定。

（六）预防与治疗

蛲虫防治需要以其流行病学特征为基础，严格控制传染源和传播途径，才能有效控制疾病的发生和其对实验动物的影响。对蛲虫感染的动物需要及时进行清除和隔离，杜绝其与健康动物进行接触；对新引入的动物需执行严格的隔离检疫制度，避免带虫动物进入常规饲养群体，以控制传染源。蛲虫虫卵可以通过飞沫渠道传播，应及时对饲养环境、笼具、设备和实验器具进行清洁和消毒，更换房间及换笼工作台的高效过滤器，以切断其传播途径。蛲虫虫卵对干燥环境和很多消毒剂都具有抵抗性，因此较难清除，但是其对高温环境较敏感。对蛲虫感染动物的治疗主要使用芬苯达唑（fenbendazole），由于芬苯达唑不溶于水，因此无法通过饮水添加进行给药，通常采用营养果冻添加的给药方式，推荐使用 150ppm 浓度添加。

（七）对动物实验结果的影响

蛲虫感染对免疫功能健全的宿主动物的生理机能影响较小，但可导致免疫系统功能紊乱及自发性肿瘤。因此在免疫学及肿瘤相关研究中应避免蛲虫病的发生，减少其对动物实验结果的影响。

二、鼠隐匿管状线虫

（一）基本概念

隐匿管状线虫属于尖尾科，蛲虫属，成虫细小，乳白色线状。主要寄生在啮齿类小鼠的肠道内。

（二）病原特性

雌性成虫长3.4～5.8mm，宽240～400μm，尾部长530～675μm，阴门位于身体前端。雄性成虫长1.1～1.5mm，宽120～140μm，尾部只有130μm长。雄性个体还具有68～90μm长的交合刺，并且在尾部腹侧呈现多个乳头状凸起，用于交配时抓住雌性个体。隐匿管状线虫卵为椭圆形，长111～153μm，宽33～55μm，比四翼无刺线虫大，但不对称。

（三）病因及发病机制

小鼠为隐匿管状线虫的主要宿主动物，大鼠等其他啮齿类动物亦属于易感动物，人类可感染但并不常见。其生活史同样不需要中间宿主，虫卵被排放在宿主动物肛门周围的皮毛，经过数小时后即具有感染性；易感动物舔食虫卵或摄入被污染的食物和饮水而感染，一般感染的潜伏期为11～15天。在宿主体内虫卵发育至幼虫，并寄生在盲肠或前侧结肠，以肠道细菌为生，雌性个体发育待受孕后再移行至肛门附近排卵，排卵一般发生在夜晚。隐匿管状线虫的受精虫卵排出成虫体外5～20h后即具有感染性，宿主动物在感染隐匿管状线虫后潜伏期一般为11～15天。

（四）临床表现

隐匿管状线虫感染一般为亚临床症状，严重感染时有可能出现直肠脱出、肠套叠、便秘、体重下降和被毛杂乱等临床症状，但这些症状也可能是由其他病原体所致。

（五）诊断

实验室诊断主要采用将肛周透明黏性拭纸黏于肛门周围，然后在显微镜下寻找虫卵的方法，这种方法可以达到60%～70%的检出率，通过解剖动物在肠道内寻找成虫的方法也可以达到80%左右的检出率，而通过粪便寻找虫卵的方法检出效率极低，不建议使用。针对易感动物检测的最佳年龄在4～5周龄，可能随着年龄的上升，检出率有所下降。通过成虫形态、身体结构及虫卵大小可以区分隐匿管状线虫、四翼无刺线虫和鼠管状线虫。

（六）预防与治疗

隐匿管状线虫的防治措施与四翼无刺线虫一致，也可以采用芬苯达唑进行治疗，同时应该注意对实验动物环境的消毒，避免环境中的病原通过飞沫传播给健康动物。

（七）对动物实验结果的影响

隐匿管状线虫对实验的影响与四翼无刺线虫类似，严重感染时可以引起卡他性肠炎、肝肉芽肿及肛周瘙痒等疾病，从而改变动物正常的生理功能，影响动物实验结果。

三、鼠贾第鞭毛虫

（一）基本概念

鼠贾第鞭毛虫（*Giardia muris*）也称蓝氏贾第鞭毛虫（*Giardia lamblia*），属于动鞭毛虫纲，双滴虫目，六鞭毛科，贾第虫属，可以引起动物的贾第虫病（giardiasis），患病动物以腹泻为主要症状。大鼠、小鼠和仓鼠均是鼠贾第鞭毛虫的宿主动物。

（二）病原特性

鼠贾第鞭毛虫主要发育过程中包括滋养体和包囊两种形态，滋养体通常在小肠黏膜中被发现，形态为两侧对称的梨形，拥有 4 对鞭毛，长（7 ~ 13）μm×（5 ~ 10）μm。虫体左右对称，有 1 对卵圆形泡状细胞及两个很大的核仁，且具有 1 对平行而粗壮的轴柱；在光学显微镜下，类似一副“幽灵”的面孔。包囊为卵圆形，成熟包囊的囊内有 4 个核，大小为 15 ~ 17μm。通过苏木素染色可以观察到囊壁不着色，细胞核内的核仁清晰可见，位于轴中部半月形的中体形态，称为副基体结构。

（三）病因及发病机制

鼠贾第鞭毛虫的生活史为直接型的简单生活史。滋养体通过腹侧的吸盘吸附在宿主动物的小肠黏膜上，通过吸收肠道营养营寄生。其繁殖过程为纵向二分裂方式，通过这种方式可以快速蓄积大量的滋养体。在滋养体通过肠道移行的过程中，可以形成包囊；包囊对外界恶劣环境具有抵抗力，可以保护滋养体。正常粪便中只能够找到包囊，但是在腹泻的排泄物中可以找到滋养体，这个时期的成熟四核包囊和滋养体处于典型感染阶段，滋养体可以在包囊内进行二分裂。易感动物摄取包囊后可以发生感染，包囊在小肠内脱去囊膜释放滋养体，进入新的繁育阶段。有研究表明，雄性动物比雌性动物能够将更多的包囊排放到外界环境中。

（四）临床表现

感染鼠贾第鞭毛虫后，免疫系统健全的小鼠无明显的临床症状；免疫缺陷或断奶前小鼠则可能会出现体重下降或发育滞缓现象。与其他哺乳动物不同，小鼠感染鼠贾第鞭毛虫后基本不出现腹泻症状。小鼠感染鼠贾第鞭毛虫后，依靠体内的 IgA 可产生免疫力。小鼠体内的细胞免疫系统和内在的免疫因子都能对清除鼠贾第鞭毛虫感染起到一定作用。

（五）病理特征

光学显微镜下，可以在十二指肠或空肠提取的新鲜样本中观察到滋养体的“落叶”式运动；通过瑞氏染色或吉姆萨染色可以清楚地观察到滋养体的“幽灵”表面；也可以通过碘液染色或三色染色观察到典型的成熟包囊的四核结构。显微镜下可观察到十二指肠和空肠肠黏膜上滋养体的存在。

（六）诊断

实验室诊断主要通过鉴定滋养体和包囊来确诊。也可以采用 PCR、ELISA、间接免疫荧光检测试验的方法进行检测。

（七）预防与治疗

针对鼠贾第鞭毛虫感染，采取剖腹取胎或胚胎移植的方式进行生物净化是清除感染的最佳选择。人感染鼠贾第鞭毛虫后常使用甲硝唑或阿苯达唑进行治疗，但是这些药物对小鼠的治疗并不理想，有研究表明，口服给药甲硝唑，再通过检测小肠内滋养体存在的情况，被发现对小鼠只有 58.3%的治愈率。包囊对含氯消毒剂及臭氧的抵抗性较强，但是对高压灭菌较敏感。因此感染动物使用过的笼具及垫料，可以通过高压灭菌的方式清除病原体。

（八）对动物实验结果的影响

鞭毛虫感染可以导致宿主动物肠道菌群的紊乱，造成肠道细胞生物力学改变并影响肠道上皮细胞一些因子分泌，从而影响相关的动物实验结果。鞭毛虫感染还能够改变宿主动物的免疫系统，导致 T 细胞反应延迟；也可以导致宿主动物对某些药物反应出现异常，不能客观反映药物的作用效果及毒理作用。

四、鼠六丝鞭毛虫

（一）基本概念

鼠六丝鞭毛虫（*Spironucleus muris*）属于动鞭毛虫纲，双滴虫目，六鞭毛科，六前鞭毛虫属。啮齿类大鼠、小鼠均易感染鼠六丝鞭毛虫，免疫缺陷动物或辐照造模后的大鼠和小鼠，感染后容易造成慢性肠炎及体重下降。

（二）病原特性

鼠六丝鞭毛虫的滋养体细长呈梨形，（10 ~ 15）μm×（3 ~ 4）μm。有两个前核，在身体前段八字排列，还有两个独立的轴杆。它拥有 2 组前鞭毛，分别在身体两侧，每组有 3 根鞭毛为自由形态，而第 4 根鞭毛则通过身体作为后鞭毛。其包囊为椭圆鸡蛋形，大小为（7.5 ~ 13）μm×（4.5 ~ 6）μm。在新鲜的包囊中可以观察到两个核，如果包囊内滋养体开始二分裂，则可以观察到两个滋养体和 4 个成熟的核。

（三）病因及发病机制

鼠六丝鞭毛虫为直接方式的简单生活史，宿主动物排出包囊后，易感动物摄取包囊或被污染的食物而感染。包囊在宿主体内脱去囊膜，并将滋养体释放在小肠后段绒毛根部的上皮下陷处，即隐窝处。滋养体繁殖以纵向二分裂的方式进行，滋养体在肠道内移行，最终以包囊的形式排出体外。一个包囊就能导致小鼠感染，其潜伏期为 2 ~ 8 天。

（四）临床表现

小鼠及大鼠感染后通常无明显症状，免疫缺陷小鼠及断奶前小鼠一般会出现急性腹泻、被毛杂乱、体重下降、腹胀及蜷缩一团的症状，偶尔会出现死亡的病例。老年动物一般为慢性感染，会出现精神沉郁和体重下降，但很少出现腹泻和死亡。感染鼠六丝鞭毛虫动物的肠绒毛和微绒毛变短，肠上皮细胞更新频率加快，上皮淋巴细胞的数量也会增加。

（五）病理特征

光学显微镜下可观察到“之”字形快速运动的虫体，虫体没有吸盘和波浪膜，通过这个特征可以与贾第鞭毛虫区别。在大肠和粪便的病料中，镜下可见鸡蛋形的包囊，其包囊比贾第鞭毛虫小。

（六）诊断

实验室诊断主要通过粪便漂浮法来确诊，在显微镜下观察虫体和虫体结构。也可以采用 PCR、ELISA、间接免疫荧光检测试验的方法进行检测。

（七）预防与治疗

采用剖腹取胎或胚胎移植方法进行净化是在动物群体内消除感染的最好办法。也可以使用二甲硝咪唑（3g/5L 饮水，14 天）、甲硝唑及磺甲硝咪唑进行治疗，但有研究表明，这些药物治疗的效果欠佳。虽然阿苯达唑可以抑制贾第鞭毛虫的微管形成，但是对鼠六丝鞭毛虫的效果则并不明显。鼠六丝鞭毛虫对 70%乙醇、漂白剂及含甲醛化合物的消毒剂都很敏感，当温度高于 45℃时也可以灭活包囊。

（八）对动物实验结果的影响

免疫缺陷动物或辐照造模后的大鼠和小鼠，感染后容易造成慢性肠炎及体重下降。感染鼠六丝鞭毛虫动物的肠绒毛和微绒毛变短，肠上皮细胞更新频率加快，上皮淋巴细胞的数量也会增加。鼠六丝鞭毛虫感染可以改变小鼠机体的免疫反应，但对大鼠免疫系统影响较小。不同近交系动物对鼠六丝鞭毛虫的感染反应也不相同，通过绵羊红细胞受体功能检测试验，发现鼠六丝鞭毛虫感染后，可降低机体 T 细胞介导的免疫应答反应，可能会间接影响某些与免疫学相关的动物实验。

五、兔豆状囊尾蚴病

（一）基本概念

豆状囊尾蚴（cysticerci of *Taenia pisiformis*）是多节绦虫亚纲带科带属的豆状带绦虫的中绦期幼虫，主要寄生在家兔及野兔的肝被膜、胃大网膜和肠系膜等部位。所引起的寄生虫疾病称为豆状囊尾蚴病。豆状带绦虫主要寄生在犬、狐狸等野生食肉动物的小肠内。家兔作为中间宿主，在吞噬了豆状带绦虫的孕节或摄取了被虫卵污染的食物、饮水后感染中绦期幼虫，由于其形态类似于豌豆，因此又称豆状囊尾蚴。兔是豆状带绦虫最常见的中间宿主，据统计，在我国，家兔的豆状囊尾蚴平均感染率高达40%，死亡率也有4.0% ~ 23.69%。野兔感染率也较高，有调查研究显示，在英国某一地区野生日本大耳白兔的感染率为31%。

（二）病原特性

豆状囊尾蚴的虫体呈囊泡状，大小如豌豆，囊内含有透明液和一个小头节。豆状囊尾蚴的头节顶突小钩为主要的侵袭器官，顶突上的齿钩都处于不同程度的运动状态，顶突前端的皮肌柱收缩时齿钩展开，大大提高了侵袭力。头节上吸盘的环状运动和纵向收缩加大了吸盘的吸力，使吸盘能够牢固地吸附在组织上。有研究报道了一种无钩的豆状囊尾蚴，其顶突较大、较厚并且表面粗糙，有助于对宿主组织的黏附，这类豆状囊尾蚴的吸盘比较发达，有利于头节对宿主组织的侵袭。

（三）病因及发病机制

犬和狐狸是豆状带绦虫的终末宿主，兔摄取了被孕卵节片或虫卵污染的水和食物感染豆状囊尾蚴。虫卵在消化道内孵出六钩蚴，六钩蚴穿过肠壁，通过血液移行，经过门静脉进入肝及其他器官。六钩蚴逐渐发育成充满液体的囊状物，即囊尾蚴，这段发育期一般为 2 ~ 4 周。囊尾蚴一般寄生在肝包膜或腹部浆膜表面，发育成具有感染性的囊尾蚴之后穿破肝包膜或浆膜进入腹腔。犬和狐狸吞食了含有豆状囊尾蚴的兔内脏后，囊尾蚴包囊进入其消化道，通过囊尾蚴头节附着于小肠壁上，经过 1 个月左右，发育为成虫。

（四）临床表现

家兔感染豆状囊尾蚴后并无明显的临床症状，多呈隐性感染。

（五）病理特征

尸体解剖可见肝、脾及肾都会有出血点，肝出现空泡化病变，肝间质可以观察到六钩蚴。经过对 1 个月感染期的患病动物进行解剖发现，可以清楚地观察到囊尾蚴的移行轨迹，肝严重空泡变性，以及间质中有未成熟的囊尾蚴。感染后期肝可出现重度颗粒变性、空泡变性及出现寄生虫性肉芽肿，这是诊断标准之一。在其他器官可以出现肾炎、肺炎及心肌纤维萎缩等病理变化。豆状囊尾蚴可以导致兔的肠黏膜上皮细胞脱落，颈黏膜上皮细胞增多，肠绒毛变短，淋巴细胞浸润，淋巴小结肿大。患病严重的动物可以引起消化不良、腹泻及免疫反应增强。

（六）诊断

除了病理解剖学观察外，还可以通过B超等影像学仪器对囊肿进行观察，同时通过血液学检查可以发现，单核细胞和嗜酸性粒细胞在感染初期会出现明显的增多，感染2个月后指标开始下降并趋于稳定。有文献报道，通过特定基因重组蛋白的方法，已建立了兔豆状囊尾蚴病斑点酶联免疫吸附试验（Dot-ELISA）诊断方法。

（七）预防与治疗

防控豆状囊尾蚴病需要对饲养环境进行定期清洗消毒，及时清理粪便；定期对兔进行驱虫，兔饲养设施内要有防蚊措施并禁止犬、猫饲养，以避免外源性病原体污染。豆状带绦虫天然抗原和六钩蚴重组抗原可用于兔豆状囊尾蚴病的预防。基因工程疫苗具有来源充足和易于推广等优势，已成功用于动物绦虫蚴病的预防。甲苯咪唑是治疗兔豆状囊尾蚴病的首选药物，一般给药方案为：35~40mg/kg连续给药3天，每天1次。吡喹酮和丙硫咪唑也可以有效控制豆状囊尾蚴的感染。

（八）对动物实验结果的影响

豆状囊尾蚴感染可以导致兔的多器官炎症反应及免疫系统反应异常，对某些疾病模型实验和使用家兔从事的抗体实验有严重影响。兔胸腔纵隔具有特殊的解剖学结构，常用于开胸和心脏实验，豆状囊尾蚴可引起心肌纤维萎缩等病变，间接影响此类实验。药物研究中兔作为药效、药代及毒理学评价的实验动物，豆状囊尾蚴对肝的侵袭和损伤将严重影响药物评价数据结果的准确性。

六、兔脑细胞内原虫病

（一）基本概念

兔脑细胞内原虫（*Encephalitozoon cuniculi*）属于小孢子虫纲，小孢子虫目，微粒子虫科，主要寄生在兔等动物的脑部和肾脏，并引起一系列慢性的原虫感染，即兔脑细胞内原虫病。兔脑细胞内原虫的宿主范围广泛，可以危害大鼠、小鼠、仓鼠、豚鼠、犬、狐狸、猫、马、猪、松鼠、猴及人类。实验动物感染后没有明显的临床症状，但兔和小鼠的感染率很高，可以严重影响动物实验结果的准确性，为清洁级实验兔的必检项目。兔脑细胞内原虫病广泛分布于世界各地。最早是1923年由Levaditi在脑炎患兔的脑内检出并命名的。兔脑细胞内原虫是一种细胞内寄生性原虫，它的宿主范围非常广泛，可以感染多种动物。可经口、鼻等途径水平传播，也可通过胎盘垂直传播。虫体寄生在脑和肾脏，在感染兔的尿中可检出虫体。虫体在寄主体内存活的时间相当长，有的甚至维持终生。兔脑细胞内原虫病是常见的亚临床疾病之一，其引起兔的脑、肾脏、肺脏及心脏的器质性病变，可以影响这些器官生理功能的研究，间接影响相关疾病模型的建立。

（二）病原特性

兔脑细胞内原虫的孢子大小为（1.5～2）μm×（2.5～4）μm，呈卵圆形，一侧扁平，含有核及空泡，壁较厚。孢子一端有极体，并发射出极丝，盘绕在孢子内壁。作为小孢子目的特征，极丝可以自发地伸出，也可以通过外界压力、加热及乙醇或过氧化氢的作用促进其生长。根据核苷酸在核糖体 RNA 基因内部转录间隔内重复的数量，以及根据电泳确定的染色体核型的变化，目前已将兔脑细胞内原虫分为三个品种：品种Ⅰ为兔源性，包括染色体核型 A、B 和 C，主要感染兔、小鼠和人；品种Ⅱ为鼠源性，主要感染小鼠和蓝狐，包括染色体核型 F；品种Ⅲ为犬源性，主要感染犬和人类，包括染色体核型 D 和 E。

（三）病因及发病机制

动物感染后，与宿主细胞接触的孢子通过宿主细胞挤压出极丝穿过细胞膜，然后将孢子排入到宿主细胞中，孢子在虫空泡中变成裂殖体，裂殖体被分化成母孢子，再形成孢子母细胞，最终形成成熟孢子。孢子随着宿主细胞破裂，从寄生的虫空泡中释放，进而感染周围的细胞，或通过血管系统散播。宿主动物摄入或吸入含有成熟孢子的排泄物或污染物后被感染。食肉动物捕食感染动物后，也可传播兔脑细胞内原虫。

（四）临床表现

兔脑细胞内原虫感染多数为轻度或慢性隐性感染，只有在严重感染时才出现明显的临床症状。患病动物出现痉挛、颤抖及头偏向一侧，或麻痹、昏睡、打滚、转圈运动和平衡失调等神经症状。年幼动物感染后会出现腹泻与腹胀的症状。

（五）病理特征

兔脑细胞内原虫入侵宿主后通过血液循环到达肾脏组织，在肾小管上皮内增殖，逐渐引起上皮细胞肿大、变形并形成假囊。当上皮细胞或假囊被破坏后，虫体进入管腔及周围组织，引起单核细胞、淋巴细胞、嗜酸性细胞及少量中性粒细胞浸润，成纤维细胞增生，最终导致间质性肾炎。兔脑细胞内原虫及其代谢产物可引起远曲小管，特别是集合管上皮细胞发生退行性变化，引起细胞凋亡。随着远曲小管和集合管上皮细胞凋亡数量不断增多，对水和钠离子的重吸收功能就会明显降低，导致大量钠离子和水作为尿液排出体外。因此在临床上患病动物常出现明显的多尿和脱水症状，病情严重者，还可出现大量蛋白尿。大脑是脑细胞内原虫侵袭的主要靶器官之一。隐性感染兔的脑组织有典型的肉芽肿形成，且多位于白质。兔脑细胞内原虫感染可引起明显的血管病理变化，出现血管内皮细胞肿胀、增生和脱落，或形成假囊；因内皮脱落、内膜粗糙而诱导形成血栓。

（六）诊断

兔脑细胞内原虫可以通过从组织切片或尿液中查到病原体而确诊，或者通过对患病动物的脑部及肾脏进行病理剖检，根据不同病灶的病理特征，很容易判定感染的发生。常规 H-E 染色切片镜下无法判断病原体的存在，但革兰氏染色、吉姆萨染色及三色染色，镜下可清楚观察到病原体。检测手段还包括：间接免疫荧光检测试验(IFA)、碳免疫测定法、补体结合试验、免疫过氧化物酶染色、间接凝集反应，以及 ELISA 反应；亦可以通过 PCR 的方法对其进行检测，检测样品可以是尿液、粪便、组织或含有病原体的细胞。

（七）预防与治疗

兔脑细胞内原虫病多为隐性，无明显临床症状感染，因此必须对兔饲养种群进行定期血清学检测，淘汰阳性兔，逐步选育消除兔脑细胞内原虫感染的健康种群。严格饲养管理制度，定期清洗和消毒；加强粪尿管理，粪便必须发酵处理。10%的甲醛、70%的乙醇、1%的过氧化氢及 1%的氢氧化钠等消毒剂都能有效杀灭环境中的病原体。药物治疗主要采用芬苯达唑 20mg/kg 的剂量进行口服给药，每天 1 次持续 4 周可以获得较好的效果。也可以使用阿苯达唑 30mg/kg 口服 4 周，然后再降低剂量，15mg/kg 口服 4 周。在急性感染时可使用 0.5 ~ 1mg/kg 的地塞米松以缓解症状。使用四环素 500mg/L 饮水添加也可以对患兔起到治疗效果。

（八）对动物实验结果的影响

兔脑细胞内原虫疾病是常见的亚临床疾病之一，其引起兔的脑、肾脏、肺脏及心脏的器质性病变，可以影响这些器官生理功能的研究，间接影响相关疾病模型的建立。它还能影响患病动物的免疫系统，有研究表明，兔脑细胞内原虫感染抑制了 IgG 对布鲁氏杆菌的反应性，但增加了 IgM 的反应性。

参 考 文 献

卢静. 2010. 实验动物寄生虫学. 北京：中国农业大学出版社.

聂奎. 2007. 动物寄生虫病学. 重庆：重庆大学出版社.

Fox J, Barthold SW, Christian N. 2006. The Mouse in Biomedical Research, Volume 2: Diseases. 2nd Edition. Amsterdam: Academic Press.

Fox JG. 2002. Laboratory Animal Medicine(American College of Laboratory Animal Medicine). 2nd Edition. Amsterdam: Academic Press.

Goodroe AE, Baxter VK, Watson J. 2016. Guidance Regarding Sample Collection and Refinement of Fecal Flotation Exam for the Isolation of *Aspiculuris tetraptera*. Journal of the American Association for Laboratory Animal Science, 55(5): 541-547.

Karen H, Colby L, Denison P. 2013. Clinical Laboratory Animal Medicine. Fourth Edition. New Jersey: Wiley-Blackwell.

Matysiak AP, Okulewicz Anna, Hildebrand J, et al. 2006. Helminth parasites of laboratory mice and rats. Wiadomooeci Parazytologiczne, 52(2), 99-102.

Suckow MA, Stevens KA, Wilson RP . 2012. The Laboratory Rabbit, Guinea Pig, Hamster, and Other Rodents (American College of Laboratory Animal). Amsterdam: Academic Press.

第七章　实验动物非传染性疾病

世界范围内的非传染性疾病死亡人数逐年增加，恶性肿瘤、心脑血管疾病和代谢性疾病等都是严重威胁人类健康的非传染性疾病。实验动物的非传染性疾病最近几年也获得了越来越多的重视，一方面控制实验动物的非传染性疾病可以提升实验动物的质量和动物实验结果的可靠性，另一方面研究实验动物的非传染性疾病可以为对人类疾病的研究提供更加可靠的动物模型。实验动物的非传染性疾病涉及范围广，疾病种类多，很难对这些疾病进行系统全面的论述。本章按照实验动物常见的肿瘤性疾病、常见的营养和代谢性疾病、常见的与年龄相关的疾病、常见的与管理相关的疾病、常见的遗传性疾病、常见的其他种类非传染性疾病这六类疾病，对大鼠、小鼠、豚鼠、地鼠、兔、比格犬、非人灵长类和小型猪等常用实验动物的非传染性疾病进行了简单的描述。在选择介绍实验动物疾病种类时，重点选择发病率高、在日常生产中较为常见和具有一定代表性的疾病。希望这些内容能够为实验动物非传染性疾病的研究提供有益的参考。

第一节　实验动物常见的肿瘤性疾病

一、乳腺瘤

实验动物的乳腺瘤通常由乳腺组织的腺上皮产生，是实验动物发病率较高的一种肿瘤疾病。由于乳腺组织在实验动物体内分布区域较大，因此乳腺瘤可能扩散到皮下区域的任何部位。乳腺瘤通常体积较大、质地柔软、呈肉质性、具有丰富的血管，肿瘤中可能含有坏死组织和充血的囊肿。

（一）小鼠的乳腺瘤

1. 病因学

引起小鼠乳腺瘤的原因有多种，包括病毒、化学致癌物、辐射、激素、基因背景、饮食和免疫状态等。某些近交系品系小鼠如 C3H、A 和 DBA/2 乳腺瘤的自然发病率高，而 BALB/c、C57BL 和 AKR 等品系的小鼠乳腺瘤的发病率较低。

在这些引起小鼠乳腺瘤的原因中，最重要的是乳腺瘤病毒。目前已知有多种病毒与小鼠乳腺瘤的发生相关，其中最主要的是小鼠乳腺瘤病毒。该病毒具有很强的致癌性，主要通过哺乳传染给子代雌鼠。感染的动物会出现预兆性的损伤，如增生性的乳腺泡结节，这种症状可以连续地进行传播。

小鼠自发的乳腺瘤具有很高的转移率，但肿瘤的转移与小鼠的品系有一定的关系，乳腺瘤主要会转移到肺脏。小鼠的乳腺瘤有些与激素相关，有些与卵巢相关，还有些与怀孕相关。与卵巢相关的乳腺瘤，包含雌激素和孕酮受体，而与怀孕相关的肿瘤包含催乳素受体。卵巢的切除，会显著降低 C3H 品系小鼠乳腺瘤的发病率。2 ~ 5 个月的成年鼠进行卵巢的切除手术后，也有可能产生乳腺瘤，但通常发病的时间要晚于普通动物。

2. 临床症状和诊断

小鼠的乳腺瘤可以发生在泌乳系统的任何部位，目前已经研究和描述得较为清楚的是乳腺小叶或乳腺泡囊瘤。乳腺瘤按照组织学方法进行分类，可以分为上皮细胞瘤、鳞状细胞分化型上皮细胞瘤和肉瘤型上皮细胞瘤。乳腺上皮细胞瘤可以分为腺瘤 A、B、C、Y、L 和 P，其中 A 和 B 是最常见的类型。A 类型的肿瘤包括腺瘤、输乳管瘤和乳腺泡瘤。B 类型的肿瘤包括从高度分化到低分化的一系列种类，其可能包括规则肿瘤细胞线、细胞片或者是乳头瘤样区。这两类肿瘤都是局部浸润性的，也可能转移到肺部。C 型肿瘤比较罕见，主要特征是有多个囊肿，这些囊肿主要通过一层较低的立方上皮与鳞状上皮细胞分开，其有着丰富的基质。Y 型肿瘤同样比较罕见，主要特征是输乳管的支管布满了立方上皮和丰富的间质。L 型和 P 型腺癌都是激素依赖型的，呈花边样形态，具有支管样结构。

乳腺瘤的控制和阻止需要明确其传播方式，有些小鼠的乳腺瘤病毒的传播方式是水平传播，而另一些病毒的传播方式是垂直传播。尽管水平传播的乳腺瘤病毒如 MMTV-S，可以通过剖腹产净化或代乳的方式清除，但体内还会残存一些内源性的病毒。幸运的是，这些内源性的病毒的致瘤能力要比 MMTV-S 弱得多。C57BL $Apc^{+/-}$雌性小鼠感染小鼠肝螺旋杆菌后，乳腺瘤的发病率增高。

（二）大鼠的乳腺瘤

1. 病因学

多数品系或品种大鼠的乳腺瘤是其发病率最高的肿瘤疾病。SD 大鼠老年雌鼠乳腺瘤的发病率超过 50%；F344 大鼠的发病率相对较低，为 25% ~ 30%；Wistar 大鼠的发病率为 30%或者更低一点。多数大鼠的乳腺瘤是纤维肿瘤，恶性肿瘤的存在比率较低。良性和恶性肿瘤都可以发生在老年雄鼠，但发病的概率只有 1%左右。

2. 临床症状和诊断

乳腺瘤在颈部到鼠蹊部的任何乳腺部位发生，有时能够达到很大的尺寸，并形成溃疡，除非用手术的方法进行切除。在大体检查时，纤维肿瘤在皮下组织可以自由移动，具有一定的局限性、比较坚硬而且具有分叶样结构。组织学上，其以高度分化的腺泡上皮为特征，周围布满小叶内和小叶间结缔组织。

（三）家兔的乳腺瘤

1. 病因学

乳腺瘤在老年的雌性家兔中非常普遍，患有子宫腺瘤的家兔常常伴有乳腺瘤的发生。

家兔乳腺瘤的危害比乳头瘤的危害要大。这种恶性肿瘤能够转移，但家兔最终的死因多是子宫肿瘤。

2. 临床症状和诊断

系列的解剖学研究结果表明，这些肿瘤最初表现为囊性乳腺病，同时在肾上腺和垂体也会发生病变。家兔如果患有分泌催乳素的垂体腺瘤，也会导致乳腺的发育不正常。

二、淋巴瘤

实验动物的恶性淋巴瘤主要来源于淋巴细胞及其前体细胞，淋巴瘤的种类较多。淋巴瘤在某些实验动物品系，如 AKR 小鼠中，存在比率非常高。淋巴瘤通常是全身性肿瘤，最常见于肠系膜淋巴结和脾脏。脾脏和肠系膜淋巴结肿大，也可能有棕褐色变色。在有些淋巴瘤病例中，肝脏或多处淋巴结也有病变。

（一）小鼠的淋巴瘤

1. 病因学

小鼠淋巴瘤的自发概率据估计为 1%～2%，但在有些近交品系，特别是为了易感某些自发肿瘤而选育的品系，淋巴瘤的发病率就高得多。小鼠白血病的发生可能是由病毒、化学或物理因素引起。小鼠与淋巴或造血组织肿瘤相关的病毒主要属于反转录病毒科（如 C 型致瘤核糖核酸病毒），这些病毒具有反转录酶。并且这些病毒对感染细胞没有致病性，小鼠的基因组正常携带这些病毒的基因序列。虽然这些病毒与小鼠的自发白血病相关，但在发病过程中其基因并不持续表达。最近的研究表明，重组病毒可以在白血病易感小鼠品系 AKR 小鼠中感染小鼠的细胞或异源性细胞，这些细胞与自发性的白血病密切相关。其表现症状与小鼠的种类密切相关。内源性的反转录病毒主要通过生殖细胞进行垂直传播，水平传播的效率较低，主要通过子宫内传播或者通过唾液、痰、尿、粪便或母乳进行传播。通常由特定病毒引起的白血病会表现一种组织学特征。TLR3、TLR7 和 TLR9 等特定核苷酸序列缺失，会导致反转录病毒血症或急性 T 淋巴细胞白血病的发生。化学致癌因素如多环碳氢化合物、亚硝基脲类和亚硝胺类，或者 X 射线等物理因素，都可以导致血液肿瘤的发生。

2. 临床症状和诊断

（1）淋巴母细胞淋巴瘤

起源于胸腺的淋巴母细胞淋巴瘤是小鼠最普遍的血液性肿瘤。疾病最初是胸腺的单侧萎缩，随后肿瘤细胞的增殖会充满整个胸腺叶。肿瘤细胞也会扩散到另一侧胸腺叶和其他造血器官，如脾脏、骨髓、肝脏和外周淋巴结。临床症状包括呼吸困难和眼睛突出，眼睛突出的症状主要是由从头部回流的静脉血挤压所致。这些肿瘤多数来源于 T 淋巴细胞或淋巴母细胞，也有些肿瘤来源于 B 淋巴细胞或 NK 细胞。来源于 B 细胞或 NK 细胞的肿瘤疾病，主要病变部位在淋巴结或脾脏，但胸腺组织通常正常。

（2）髓性白血病

小鼠的髓性白血病比较少见，主要与反转录病毒的感染相关。疾病最初起源于脾脏，最典型特征是脾脏肿大，随后肿瘤细胞可能扩散到肝脏、肺脏和骨髓等组织。在外周血中可以找到不同分化阶段的白血病细胞。在老年动物，由于髓过氧化物酶的活性，白血病细胞感染的器官可能呈现绿色，因此也被称为绿色白血病。这种绿色在与空气接触后会逐渐消退。患病动物主要表现贫血和呼吸困难症状。

（二）兔的淋巴瘤

1. 病因学

恶性淋巴瘤在家兔中的存在比较普遍，其可能在兔年龄小于 2 岁时发生，老年家兔也有患病的可能。

2. 临床症状和诊断

家兔的淋巴瘤通常表现 4 种典型的症状：肾脏肿大、脾脏肿大、肝脏肿大和淋巴结的病变。老年家兔通常表现为皮肤结节和眼睛的损伤，但家兔的淋巴瘤很少表现出白血病症状。多数家兔淋巴瘤细胞的表现更像人和小鼠的淋巴母细胞。在有些家兔品系，恶性淋巴瘤的发生率要远比其他品系高，也有些证据表明，家兔的淋巴瘤同样是由反转录病毒引起的。胸腺瘤（包括淋巴样和上皮样病变）及浆细胞骨髓瘤在家兔中比较少见。目前只报道了一种家兔的髓样白血病。

（三）金黄地鼠的淋巴肉瘤

淋巴肉瘤是金黄地鼠报道最多的恶性肿瘤之一。人们之所以对金黄地鼠的淋巴肉瘤感兴趣，是因为这种疾病可以水平传播，有些新建的近交系或随机交配种群淋巴肿瘤的发生率为 50% ~ 90%。这种疾病的主要致病因素是地鼠的多瘤病毒。这些报道一直以来受到高度重视，一方面因为这种疾病的存在对金黄地鼠实验种群来说是一种感染威胁，另一方面这种病毒在地鼠中的存在情况，是研究其他物种病毒与宿主相互作用非常好的模型。

（四）犬的淋巴瘤

1. 病因学

犬的淋巴瘤占所有犬肿瘤的 5% ~ 7%，占犬血液病肿瘤的 85%。在一些动物（如猫、鼠和鸡）中，反转录病毒的病因学已经阐述得比较清楚，但犬类的反转录病毒一直没有明确的证据。在人类，除草剂 2,4-二氯苯氧乙酸可以导致非霍奇金淋巴瘤，但利用犬类进行的实验却不能得到完全类似的结论。烟草烟雾、环境中的化学物质或者废弃排放物可能是犬类可能的致病因素。

5 ~ 11 岁犬类淋巴瘤的患病率较高，占整个犬类病例的 80%。虽然淋巴瘤在 1 岁以上的犬类多发，但也报道过 4 个月的比格犬患淋巴瘤的病例。犬类的性别对淋巴瘤的患病率没有明显的影响。

2. 临床症状和诊断

多发性恶性淋巴瘤是病例报道最多的犬淋巴瘤疾病。无论是何种级别、哪种免疫类型或者感染什么部位的多发性恶性犬淋巴瘤，通常患病的犬都感觉不到疼痛，淋巴结都会肿大，并且会出现一些非典型的症状，如厌食、体重降低、多尿、剧渴、发热或嗜睡等。当肝脏和脾脏出现症状时，通常会发生肿大，通过腹部的触诊就能明显感觉到。

少数犬类会患消化道淋巴癌、纵隔淋巴癌、皮肤淋巴瘤等外部结节性淋巴瘤。患消化道淋巴癌的犬类除了具有多发性恶性淋巴瘤症状，还会出现呕吐和腹泻。患纵隔淋巴癌的犬类，会出现呼吸道症状如呼吸困难和呼吸运动障碍，也可能会出现胸腔积水和前腔静脉综合征。高钙血症是这种淋巴瘤最常见的一种临床病症，通常会导致多尿、剧渴和衰弱。皮肤淋巴瘤是一种不太常见的嗜上皮性的淋巴瘤，它与蕈样真菌病类似，是一种 $CD8^+$ T 细胞免疫类型。皮肤淋巴瘤的症状可能是局部的也可能是全身性的，症状的表现与其他类型的皮肤炎症包括口腔黏膜损伤类似。这些症状可能表现为红斑、糜烂、鳞屑、结节、硬痂、色素沉着不足和脱毛等症状，并且大约半数的病例会出现瘙痒。犬类的其他类型的淋巴瘤也有过报道，如眼部的淋巴、中枢神经系统、肾脏和鼻腔的淋巴瘤等。这些疾病的临床症状与患病部位密切相关。

三、大鼠睾丸瘤

15 个月龄以上的 F344 大鼠，睾丸间质细胞肿瘤的患病率为 80%以上，但 Wistar 和 SD 大鼠睾丸瘤的患病率则较低。大鼠的睾丸瘤分散、柔软，颜色由黄色到棕色，并且有出血区域，可以在单侧或双侧区域多个位点发生。组织学上观察，睾丸组织的睾丸间质细胞（Leydig 细胞）的边缘非常清楚。大鼠的睾丸瘤共有两种类型的细胞，排列在基质层或以类器官的形式存在。其中一种细胞是多面体的狭长细胞，细胞内充满颗粒和空泡样的细胞质。另一种细胞是一种小细胞，具有深染的细胞核和少量的细胞质。

四、子宫腺瘤

对于实验动物子宫腺瘤的病因知之甚少，推测内分泌因素可能发挥重要的作用。子宫腺瘤在家兔和中国地鼠的发病率较高，在荷兰兔、新西兰大耳白兔和加利福尼亚兔中的发病率最高。

（一）中国地鼠的子宫腺瘤

1. 病因学

中国地鼠自发肿瘤的发生率较低，但 Ward 和 Moore（1969）报道，在 120 只中国地鼠种群内发现 30 只患有子宫腺瘤。这些肿瘤非常坚固、透明，有时可以浸透到内脏或腹膜壁层。

2. 临床症状和诊断

中国地鼠的子宫腺瘤病例中，10%的病例可以发生肺转移。根据另外一个研究报道，在 77 只中国地鼠种群内发现 11 只患有子宫腺瘤，但该报道中没有发现肿瘤的肺转移。中国地鼠的子宫腺瘤最初的症状是阴道流血。

（二）家兔的子宫腺瘤

1. 病因学

子宫腺瘤是老年雌性家兔中最常见的肿瘤，在某些家兔种群内，5 年以上家兔子宫腺瘤的患病率可以达到 79%。通常 3 岁以上家兔，患子宫腺瘤的比率为 60%左右。

2. 临床症状和诊断

子宫腺瘤通常由子宫内膜腺上皮发生，随着疾病的进程，会出现子宫内膜异位、子宫内膜炎、子宫内膜增生或内膜静脉瘤等症状。子宫腺瘤有时会出现出血或大出血症状，有时会危及生命。子宫腺瘤会转移到附近的子宫肌层和腹膜，也可以转移到远端的肺、脑、骨和肝等。

五、犬肥大细胞瘤

1. 病因学

犬的肥大细胞主要来源于 $CD34^+$骨髓祖细胞，肥大细胞的肿瘤性增殖是犬类最常见的皮肤肿瘤，约占整个皮肤肿瘤的 21%。犬的肥大细胞主要分布在皮肤、肺、肝或胃肠系统浆膜和黏膜等连接组织内。当前的研究认为，犬肥大细胞瘤的致病因素有多种，如食物因素、基因组成、慢性炎症或某些表皮生长因子 *c-kit* 的突变等。犬肥大细胞瘤通常在中年犬发生，但有时也会发生在 4～18 个月龄的犬。

2. 临床症状和诊断

高度分化的犬肥大细胞瘤通常独立存在、边界清楚、生长缓慢，在真皮或皮下组织形成 1～10cm 的结节。患病动物有时会出现脱毛现象，但溃疡比较少见。低分化的犬肥大细胞瘤生长迅速，并且会导致周围组织的溃疡、炎症和水肿。肥大细胞瘤可以在犬任何部位的皮肤组织生长，但在躯干和后腿之间的会阴和阴囊附近的皮肤区域更常见。这些肿瘤组织表面看上去是一些不连续的团块，但其通常弥散到周围组织。犬肥大细胞瘤很少涉及腹部的器官，但患病犬会表现厌食、呕吐、腹部疼痛和拉黑便等现象。肥大细胞瘤有时也会在真皮外的区域发生，如唾液腺、喉部或鼻咽部。在会阴部、阴囊和腹股沟区域发生的犬肥大细胞瘤容易复发或转移。

六、非人灵长类动物的肠道腺癌

1. 病因学

肠道腺癌是老年恒河猴最常见的恶性肿瘤，在食蟹猴中也有报道。在美国威斯康星国家灵长类中心进行的一项研究调查表明，肠道腺癌的发生率随着年龄的增长逐渐增加。13～19 岁恒河猴，肠道腺癌的发生率为 3.2%；20～25 岁恒河猴，肠道腺癌的发生率为 9.2%；26～29 岁恒河猴，肠道腺癌的发生率为 13.5%；30～37 岁恒河猴，肠道腺癌的发生率为 20.7%。威斯康星国家灵长类中心 1999～2003 年对 164 具猴尸体解剖的结果表明，在本饲养群内，30%恒河猴的死亡是由于恶性肿瘤，其中 26%死于肠道腺癌（43/164）。

导致这种现象的原因并不是很清楚，可能是由于肠道的慢性炎症。

2. 临床症状和诊断

患肠道腺癌的恒河猴会出现厌食和体重减轻等症状，并伴随便秘和便血。有时可能会触到腹部的肿块，但由于肿块的体积与恒河猴的体积相比较小，通常很难触摸到。患病动物有时会出现红细胞的血红蛋白减少性贫血、低蛋白血症或低白蛋白血症等。患病动物即使没有明显的便血症状，也会出现间歇性的粪便潜血，这可能是动物贫血的主要原因。恒河猴肠道腺癌诊断的首要原则是排除子宫内膜异位症的干扰。

恒河猴结肠、回盲部和横结肠等肠道部位恶性肿瘤的发生率较高，在回肠和远端空肠有时也能观察到肿瘤的发生。恒河猴的肠道肿瘤不仅仅是息肉，也可能是黏液性腺瘤。恒河猴的肠道腺癌有时会转移到肠系膜淋巴结，有时也会转移到肠道的肌肉层，使肠壁变硬，这种病变可以使结肠收缩，形成“餐巾小环”。肠道肿瘤的转移通常比较缓慢，如果发现较早，通过手术的方法进行切除，可以使动物痊愈。但在动物出现症状时，通常已经到了疾病的晚期。

七、非人灵长类动物的鳞状细胞瘤

1. 病因学

鳞状细胞瘤是哺乳动物最常见的皮肤恶性肿瘤。病因学主要包括：①阳光的暴晒；②乳头瘤状病毒；③在实验状态下，致癌物 *N*-甲基-*N*-亚硝基脲可以引起食管的鳞状细胞癌；④由寄生虫或其他感染物引起的黏膜表面的慢性炎症，也可以引起鳞状细胞瘤。鳞状细胞瘤的临床症状与发生部位相关，感染毛发覆盖皮肤时，可能独立存在或引起溃疡性的包团；发生部位是食管时，可以引起吞咽困难；发生部位是口腔时，可能引起口臭、肿胀或掉牙。鳞状细胞瘤可以在局部扩散，但转移速度相对较慢。

2. 临床症状和诊断

鳞状细胞瘤在组织学上由上皮细胞形成一些不规则的束或者小叶，侵入到周围组织，破坏了组织的正常结构。鳞状细胞瘤呈卵圆形，细胞质内含有大量的酸性物质，并且在细胞的中央有一个囊泡环绕着细胞核。鳞状细胞瘤经常会出现角质化，形成角蛋白珠或细胞间质的桥粒。

第二节 实验动物常见的营养和代谢性疾病

一、淀粉样变性

（一）小鼠淀粉样变性疾病

1. 病因学

小鼠淀粉样变性疾病是由于不可溶的、不正确折叠的淀粉样蛋白纤维在组织和器官中的沉积。原发性小鼠淀粉样变性疾病是由于淀粉样蛋白和免疫球蛋白的轻链混合物的沉积；继发性系统性的淀粉样变性疾病通常是由于其他原因，如炎症。继发性系统性的淀粉样变性疾病是一系列级联反应的结果，包括激活多种细胞因子，促进肝脏合成淀粉样蛋白。

原发性小鼠淀粉样变性疾病在老年小鼠内普遍存在,但在某些易发品系如A和SJL，在青年小鼠也可以观察到，在较老的C57小鼠中同样可以发现小鼠淀粉样变性疾病。但在BALB/c和C3H品系小鼠，淀粉样变性疾病就比较少见。继发性系统性的淀粉样变性疾病通常与慢性炎症密切相关，如由长期寄生的螨虫引起的慢性皮炎。继发性系统性的淀粉样变性疾病可以通过诱导的方法来实现，体内注射酪蛋白，在产生肿瘤的同时，可以在局部产生淀粉样变性疾病；而在小鼠的卵巢黄体，只产生淀粉样变性。在由活性淀粉样蛋白导致的淀粉样变性疾病中，慢性炎症可以引起血清淀粉样蛋白在小鼠、家养动物、野生动物和人的体内形成沉积。淀粉样蛋白纤维是由富含β折叠的血清淀粉样蛋白形成的，蛋白构象的改变会加速纤维的形成。最近的研究表明，淀粉样变性疾病与朊病毒病类似，具有传染性，在小鼠和其他物种都可以传染。淀粉样蛋白纤维发挥成核化作用，从而引起淀粉样变性疾病。淀粉样变性疾病可以缩短小鼠的寿命，并且可以加速一些并发症的应激反应。

2. 临床症状和诊断

组织学观察：经过苏木精和伊红染色，淀粉样蛋白呈现轻微嗜酸性、无细胞的一种间质状态。但利用刚果红染色以后，在偏振光显微镜下观察，淀粉样蛋白呈现双折射。淀粉样蛋白的沉积方式与小鼠的品系和淀粉样蛋白的种类密切相关。虽然事实上所有组织都会沉积淀粉样蛋白，但肝门三联管区、脾脏动脉周围的淋巴鞘、肾小球、肾间质、肠道的黏膜固有层、心肌、鼻腔的黏膜下层、肺泡隔、性腺、内分泌组织和大的脉管等这些区域的沉积更为普遍。

（二）金黄地鼠淀粉样变性疾病和与之相关的肾脏综合征

1. 病因学

金黄地鼠的淀粉样变性疾病产生的原因，同样是可溶性蛋白聚合形成一些不溶性的纤维，淀粉样变性疾病是长期实验中金黄地鼠死亡的主要原因。金黄地鼠的淀粉样蛋白通常由两部分组成：①淀粉样蛋白 A（AA），来源于淀粉样蛋白原纤维；②淀粉样蛋白 P（AP），有时也称为“雌性蛋白”，属于膜蛋白 pantraxin 家族的成员。多个研究表明，性激素能够调节AP的表达，雌性个体AP的水平是雄性个体的100～200倍。与雄性金黄地鼠相比，雌性金黄地鼠更容易患淀粉样变性疾病，并且疾病的严重程度高、发病时间早。淀粉样变性涉及的器官通常包括肝脏、肾脏、胃、肾上腺、甲状腺和脾脏。睾酮可能会抑制肝脏合成淀粉样蛋白 P，该蛋白在淀粉样变性中所起的作用仅仅次于淀粉样蛋白A。

2. 临床症状和诊断

淀粉样变性疾病会引起金黄地鼠的肾脏综合征，其在某些种群内的发病率可以达到6%。该疾病可以引起腹水和全身水肿，发病豚鼠通常表现出广泛性的皮下水肿，以及腹部和胸部积水。大体解剖地鼠的主要表现是肾脏呈灰白外观、肿大和变形。在 1 岁以上的患病动物中，血清白蛋白减少，但总的球蛋白的量增加。有些报道表明，患病动物尿蛋白、胆固醇、甘油三酯和肌酐的水平增高。金黄地鼠的淀粉样变性疾病导致的肾脏综合征的典型临床症状主要表现为低白蛋白、腹水和蛋白尿，与人的临床症状类似。组织学上，最初肾小球会出现特征性淀粉蛋白样沉积，随后淀粉蛋白样沉积会出现在各种组织中。上文已经提到小鼠的淀粉样变性疾病与动物的品系密切相关，因此在研究金黄地鼠淀粉样变性疾病的病因与发病机制时，应该考虑到基因因素的影响。金黄地鼠的淀粉样变性疾病有时也会被作为模型用于研究人的类似疾病，如阿尔茨海默病。金黄地鼠的淀粉样变性疾病同样可以通过实验诱导的方法进行制备，利用酪蛋白或脂多糖（LPS）皮下注射就可以成功地诱导出模型。

（三）非人灵长类动物淀粉样变性疾病

1. 病因学

在多种新大陆猴或旧大陆猴都发现过淀粉样变性疾病，该疾病可以是局部的也可以是全身性的。淀粉样变性疾病在老年的恒河猴或者狨猴中最常见。初级和次级淀粉样变性疾病是哺乳动物和非哺乳动物最常见的全身性淀粉样蛋白相关疾病，主要致病原因是血清淀粉样蛋白 N 端 76 个氨基酸片段病理性的沉积。这种分子的前体是急性期的载脂蛋白反应物，主要由肝细胞合成，该合成由多种细胞因子调控，如白介素 1、白介素 6 和肿瘤坏死因子 α 等。灵长类动物淀粉样变性疾病的病因学并不是很清楚，恒河猴全身性淀粉样变性疾病可能与肠道的炎症、慢性尿路炎症或 SRV 等引起的慢性炎症相关。患全身性淀粉样变性疾病的恒河猴胃肠道（小肠和结肠）、肝脏和脾脏会出现病变，狨猴的肾脏会出现病变，但恒河猴的肾脏很少出现病变。恒河猴的胃肠道淀粉样变性疾病，会出现吸收和消化综合征，主要表现在腹泻、体重减轻、脂腹泻和低蛋白血症，有时也会出现高球蛋白血症。如果总的血清蛋白低，全身性淀粉样变性疾病会出现周围组织和肺部组织的水肿。

2. 临床症状和诊断

对淀粉蛋白的典型和超微特征研究得比较清楚。组织学切片的 H-E 染色结果显示，淀粉样蛋白呈现轻微的嗜酸性。同样用偏振光显微镜观察时，淀粉样蛋白呈现红和绿的双折射光。在电镜下观察，淀粉样蛋白是一些直径为 10nm 左右的纤维。免疫组织化学研究表明，这些蛋白质与人的淀粉样蛋白抗体具有免疫交叉性。

二、小鼠的软组织矿物质化

1. 病因学

饮食、环境、疾病相关因素和内分泌相关因素都会影响小鼠软组织矿物质化的流行。在人和小鼠现在已经建立了皮肤和血管连接组织异位矿物质化相关的临床模型，用于研究软组织矿物质化的迁移和营养性障碍。人的弹性纤维假黄瘤是一种遗传性的异位矿物质化疾病，主要是由于 *ABCC6* 基因的突变。*ABCC6* 基因敲除小鼠，免疫组织化学和超微结构都表现出人的弹性纤维假黄瘤症状，最典型的外部特征是触须真皮鞘的矿物质化，该特征也称为组织矿物质化的典型分子标记。其他近交系小鼠如 KK/HlJ 和 129S1/SvImJ，同样可以出现触须真皮鞘的矿物质化的现象，这种现象的产生是由于 *ABCC6* 基因的一个碱基发生突变（rs32756904），导致这种基因在肝脏的表达量降低。DBA/2J 和 C3H/HeJ 小鼠 *ABCC6* 基因具有同样的多态性，并且基因在肝脏的表达水平也降低，但这两种小鼠只有饲喂高磷低镁的饲料时才发病。

2. 临床症状和诊断

在某些小鼠近交系品系解剖过程中会发现，心肌膜和心外膜等软组织自然发生矿物质化的现象比较普遍。虽然这种病理状态是在解剖过程中偶尔发现的，但不排除这种损伤严重时会影响器官，如心脏的功能。小鼠的软组织矿物质化在 BALB/c 和 C3H 小鼠中多发，而中 DBA 小鼠中的发病率更高。病变通常发生在左心室的心肌膜、心室内系统、骨骼肌、肾脏、动脉和肺脏，有时会伴随纤维化和炎性单核细胞的浸润。DBA 小鼠有时角膜和舌头也可以发生矿物质化。

三、维生素和矿物质的缺乏症

（一）小鼠的维生素缺乏症

对小鼠的维生素缺乏症的研究不是非常透彻，虽然在过去的 30 ~ 50 年时间内，做了一些研究工作，但这些工作的可靠性和特异性还存在一定的问题。

维生素 A 缺乏症会导致震颤、腹泻、被毛粗糙、角膜炎、生长缓慢、脓肿、出血及不孕和流产等。维生素 A 在动物免疫系统的发育中发挥重要作用。用基因敲除小鼠模仿人基因多态性的结果表明，限制肠道 β-胡萝卜素吸收和转化为类视色素，会影响维生素 A 在生长和繁殖中发挥的作用。

维生素 E 缺乏会导致抽搐、心脏疾病、肌营养不良和肌肉的透明性变性等。目前已经创制了两种严重维生素 E 缺乏的基因敲除小鼠，一种模型是 α-生育酚转移蛋白（α-TTP）缺失，α-TTP 蛋白主要作用是负责 α-生育酚从肝脏排除，因此能够控制血清和组织 α-生育酚的浓度。另一种动物模型 $Ttpa^{-/-}$ 小鼠，体内 α-生育酚的浓度非常低或几乎检测不到，这种模型是不孕的。这种动物的基因表型还包括神经元的退化导致的共济失调和某些年龄相关的行为缺失。

小鼠复合维生素 B 缺乏会导致一些非典型的症状，包括脱毛、厌食、生长缓慢、繁殖和泌乳能力差及神经系统异常。小鼠胆碱缺乏会导致脂肪肝、结节性肝组织增生、心肌损伤、怀孕率降低和窝内动物活力降低。食物中叶酸缺乏会导致血液中红细胞和白细胞数量的减少，以及肾脏内巨核细胞和有核细胞的消失。泛酸的缺乏同样会产生一些非典型的症状，如体重的减轻、脱毛、毛发脱色、后肢麻痹及其他一些神经系统的异常等。维生素 B_1 的缺乏，主要会引起与神经系统相关的症状，如剧烈的抽搐、持续的侧身运动及食欲的减退等。

关于小鼠食物中所需抗坏血酸（即维生素 C）的量没有明确的说明，并且在生产小鼠饲料时并不特意添加抗坏血酸。一种利用 C57 小鼠敲除古洛糖酸内酯氧化酶基因的小鼠模型（*Gulo*$^{-/-}$），需要在饲料中添加维生素 C 进行饲喂；如果饲喂不添加维生素 C 的饲料，血清中维生素 C 的含量只为野生型动物的 15%，但这也说明小鼠体内能够通过一些未知的途径合成维生素 C。*Gulo*$^{-/-}$小鼠模型现在用于研究维生素 C 在复杂疾病中发挥的作用。通过腺病毒介导的转基因的方法，可以回复 *Gulo*$^{-/-}$近交系小鼠对维生素 C 的生理性吸收。

（二）小鼠的矿物质缺乏症

对小鼠的矿物质缺乏症的描述相对较少，只对少数几种矿物质缺乏的症状进行了研究，并且这些疾病的症状与在其他物种观察到的症状类似。例如，饲料中碘缺乏症会导致甲状腺肿。饲料中镁的缺乏会导致致死性的惊厥，也会由于内耳的发育不良导致先天性的共济失调。饲料中锌的缺乏会导致动物肩部和颈部的毛发脱落、消瘦、肝脏和肾脏的代谢效率降低，以及免疫抑制等。

（三）大鼠的维生素和矿物质缺乏症

大鼠的营养缺乏症并不多见，主要有以下几个方面的原因：第一，高质量的商品饲料得到了广泛的应用；第二，大鼠能够储存脂溶性的维生素、维生素 B_{12} 和人工合成的维生素 C，能够基本满足对维生素的需求，其他一些维生素 B 可以通过食粪的特性得到补充。但是高热与潮湿，特别是高压蒸汽灭菌，很容易降低维生素的水平，特别是维生素 A、维生素 E、核黄素和维生素 B_1。饲料的长时间储存，同样会降低维生素的含量。而且，为成年啮齿类动物设计的饲料，通常不能满足正在成长的年轻动物或繁殖期动物对维生素的需要。饲料中维生素的缺乏可能会导致繁殖力降低、窝产数量少、生长缓慢和被毛稀疏。临床出现的严重维生素缺乏症状相对较少。严重的维生素 A 缺乏症，会导致唾液腺导管鳞状转移瘤；严重的维生素 K 缺乏症，会导致弥散性的出血；严重的维生素 E 缺乏症，会导致胚胎的死亡和睾丸的退化。维生素缺乏也会影响动物机体对疾病的易感性和疾病的严重程度。

另外要特别注意，饲料的质量除了要满足对热量和特殊营养成分的需求，还要考虑包含矿物质和微生态制剂，并且饲料颗粒的大小和硬度要合适。例如，饲喂粉末性饲料，动物患咬合不正的比例明显升高。

（四）豚鼠的维生素缺乏症

1. 豚鼠的维生素 C 缺乏症

（1）病因学

豚鼠的维生素 C 缺乏症，又称坏血病，是一种在少数物种（人、非人灵长类、豚鼠、蝙蝠等）中发生的一种多系统性疾病，在这些物种中缺乏编码肝脏 β -古洛糖酸内酯氧化酶的基因。这种酶能够催化 β -古洛糖酸内酯转化为异构体 L-抗坏血酸盐（AH）或 L-脱氢抗坏血酸盐酸（DAH）。维生素 C 可能在羟基化反应或酰胺化反应中发挥辅助因子的作用，为酶提供电子，从而提供还原剂，用于清除超氧化物自由基和单态氧，从而保护组织免受损伤。

（2）临床症状和诊断

豚鼠的维生素 C 缺乏症或轻微的缺乏症临床症状通常不明显，只表现出一些传染病的症状，如腹泻和上呼吸道感染等。豚鼠的维生素 C 缺乏的临近状态对于实验动物来说尤为重要，动物个体对传染病的易感性明显增强。这些动物个体还容易发生继发感染，如突然死亡、腹泻、体重减轻、肿胀、眼眶红肿、脱水和呼吸困难等。维生素 C 缺乏最明显的临床症状是小血管的脆性增加，血管破裂后会导致疼痛性的青肿，运动欲望降低，动物在抓取时会发出刺耳的尖叫，还会发生关节肿大。

豚鼠的维生素 C 缺乏症最明显的大体解剖症状是骨膜下、肾上腺皮质、骨骼肌、关节（特别是后肢膝关节和肋骨软骨的关节）及肠道的出血、胃肠道张力迟缓和充血。通过组织化学实验可以深入地观察到更多与疾病相关的现象，如连接组织中没有羟脯氨酸和羟赖氨酸；长骨的骨骺生长中心混乱，类骨质形成严重减少，软骨细胞退化及杂乱分布，骨髓腔内骨小梁明显减少，破骨能力降低而成骨能力增强，有很多的微小骨折；肌纤维断裂，线粒体肿胀；在多种组织发生出血。豚鼠的维生素 C 缺乏症中，由于氨基酸（包括酪氨酸和苯丙氨酸）的代谢障碍，成纤维细胞和骨原细胞会在细胞内产生一些不健全的架构，从而也影响了牙本质、胶原和类骨质的结构。在内皮细胞、肌肉、肝脏、连接组织细胞、毛细血管周围的纤维组织和动脉内膜等处容易发生结合部位的损伤或细胞内骨架的破坏。内皮下胆固醇的沉积增加，心肌脂质过氧化作用也增加。胃肠道吸收铁的能力和肾上腺合成类固醇的能力降低，这可能增加了巨噬细胞的细胞毒性。巨噬细胞的迁移能力和中性粒细胞的吞噬能力降低。胆固醇的代谢减慢，胆汁酸的产生减少，从而影响了脂溶性维生素的吸收，胆固醇在肝脏的积聚增加。

2. 豚鼠的其他维生素缺乏症和维生素过多症

维生素 A 缺乏症，在食草动物中比较罕见，豚鼠的维生素 A 缺乏会导致生长缓慢、角膜炎、鳞状上皮癌变、眼睑和耳郭变硬、牙齿的形成不规则等。维生素 A 过多症，可能由添加多种维生素添加剂而引起，主要会引起长骨软骨骺板退化、异常的骨修复及在胎儿发育的 14 ~ 20 天时引起畸形。

对于维生素 D 和维生素 K 在豚鼠中的作用阐述得并不是很清楚，豚鼠能够合成足够的维生素 K（及多数的维生素 B），可以很好地防止发生异常。实验性的维生素 D 缺乏会使豚鼠骺软骨板、牙釉质发育不全及体重减轻。佝偻病不是豚鼠自发的疾病，由于饲料的营养组成的不合理会引起豚鼠维生素 D 过量症，从而引起动物的厌食、体重减轻和死亡。

维生素 B_1 的缺乏会引起豚鼠中枢神经系统疾病，包括震颤和平衡失调。在维生素 B 缺乏引起的坏血病动物中，维生素 B_1 缺乏的豚鼠会发生肌肉无力。核黄素（维生素 B_2）缺乏会导致角膜血管增生、皮肤损伤和心肌出血，也会出现生长缓慢和生存困难等一般现象。烟酸的缺乏，会导致年轻豚鼠产生贫血和腹泻。吡多辛（维生素 B_6）的缺乏，会导致年轻豚鼠骨髓细胞的吞噬能力降低，同样是叶酸（维生素 B_9）缺乏，也可能引起年轻豚鼠大量流涎和终端抽搐。泛酸（维生素 B_5）缺乏导致厌食、体重减轻和肠出血，如果泛酸缺乏发生在妊娠的第 9 周和第 10 周，会导致流产和母畜的死亡。胆碱缺乏导致生长缓慢与脂肪肝。

维生素 E 和硒单独或同时缺乏引起的缺陷，在许多物种中都是相似的。豚鼠发病初期最典型特征是由肌无力或肌营养不良引起的后肢无力，以及繁殖力降低、瘫痪和死亡等症状。医源性硒缺乏和维生素 C 缺乏，会引起骨骼肌细胞的死亡。潜在的或相关的症状包括肌肉凝固性坏死、睾丸退化、输精管的退化、精子和精子细胞的减少及血清肌酸激酶升高。肌肉营养不良的产生早于睾丸变性，虚弱动物还会出现嗜睡和结膜炎。

3. 豚鼠的矿物质缺乏症

（1）病因学

对于豚鼠体内镁、钾、磷、钙和氢离子的相互作用已经描述得非常清楚。钙和磷过量增加会使机体对镁的需求增加，这是引起异常矿物质化的因素之一。豚鼠使用阳离子和磷酸盐阴离子交换以除去过量的氢离子，而不是通过排出铵离子去除质子。豚鼠钙离子的转化非常迅速。

磷酸根离子是异常矿物质化的关键原因之一。镁离子的补充是抵消高磷血症的必需因素，而高磷酸盐水平会降低血浆 pH。

钾会中和过量的磷酸盐引起的不良反应，主要是通过提供交换阳离子去除过量的氢离子。锰缺乏会导致生殖障碍和胰腺发育不全，而铜缺乏导致生长缓慢和髓鞘形成障碍。镁缺乏导致生长缓慢、脱毛和后肢无力。

（2）临床症状和诊断

1 岁以上的豚鼠的骨骼和心肌纤维可能会发生多灶矿化，但没有明显的临床症状。大体观察组织表面上有不规则的灰色斑块，用刀片切割时比较费力。后肢肌肉的组织学变化最明显，包括单核细胞浸润、矿化和纤维化。如果出现临床症状，主要表现为生长不良、脱毛、肌肉僵硬、骨畸形、肾病和死亡。然而，矿物沉积并不局限于肌肉，也发生在肾脏的收集小管、间质、卷曲小管和鲍氏囊，还发生在其他软组织，特别是肘关节和肋骨周围及肺、气管、主动脉、肝脏、胃、子宫和巩膜的软组织。

异常矿物质化的可能原因包括饲料中的钙、磷酸盐、镁和维生素 D 不平衡。矿物沉积物通常是钙、磷酸盐或碳酸盐与其他矿物质的混合物。异常矿物质化的可能原因还包括组织的 pH 过低。预防这种疾病的最基本一点是其他动物的饲料不能用来饲喂豚鼠。

（五）非人灵长类动物的维生素缺乏症

1. 病因学

坏血病是由饲料中抗坏血酸缺乏引起的疾病。大多数的哺乳动物都能在肝脏内合成维生素 C，但多数的非人灵长类动物和豚鼠由于缺乏 L-古洛糖酸内酯氧化酶，不能在体内合成维生素 C。抗坏血酸是多种羟化酶的辅助因子。维生素 C 的缺乏会降低合成羟脯氨酸所需的脯氨酰羟化酶的活力，羟脯氨酸只在胶原蛋白中存在，在其他蛋白质中几乎不存在。羟脯氨酸在胶原中能够形成内部的氢键，从而维护三维二级螺旋结构的稳定性。胶原蛋白缺乏羟脯氨酸会变得更加脆弱，使血管壁容易破裂，从而出现坏血病的临床症状。维生素 C 的缺乏还会引起类骨质和牙齿的形成缺陷及骨吸收的增加。

2. 临床症状和诊断

坏血病的临床表现主要是由于胶原合成异常，临床症状包括虚弱、抑郁、不愿意运动、牙龈出血和瘀伤。身体检查结果显示，由于骨骺骨折造成长骨的膨大和不稳定。受到影响的长骨主要包括远端股骨、肱骨近端、远端胫骨/腓骨及远端桡骨/尺骨。由于抗坏血酸在铁和叶酸的吸收过程中发挥作用，因此灵长类动物的坏血病中同时存在贫血现象。在松鼠猴中还发现头部血肿的病理现象。形态学上可以观察到骨膜下出血、骨骺骨折、骨膜骨吸收、长骨骨折和长骨骨膜抬高等。

四、豚鼠的孕期毒血症

1. 病因学

豚鼠的孕期毒血症共有两种类型，其在临床症状和病理状态方面基本一致，但在致病原因方面完全不同。虽然这两种类型都被称为孕期毒血症，但对其最好分别进行描述：一种是先兆子痫妊娠毒血症，是由血液循环系统的问题导致的，主要是由血管的异常导致子宫的缺血；另一种是饥饿性酮症，是由代谢和营养状态导致的，主要是由于机体的低血糖和高脂血症。

2. 临床症状和诊断

先兆子痫发生在妊娠晚期（最后 2 周）和产后。先兆子痫通常发生在经产、肥胖或胎儿体重过大的豚鼠，但正常体重的豚鼠也有可能发生该病。患病动物可能没有临床症状而死亡，或者产生脱水、抑郁、厌食和体重减轻等症状。患病动物尿液中的蛋白质和尿酸水平升高（pH5 ~ 6，低于正常的 pH8），血清肌酐水平升高，血浆甘油三酯水平升高或下降。与人的先兆子痫病不同（豚鼠具有与人相同的迷宫式单倍体胎盘结构），患病豚鼠出现高血压和水肿的情况比较少见。豚鼠的胎盘是一种单倍体胎盘结构，母畜的血液循环通过滋养层与胎儿的毛细血管进行连接。

饥饿性酮症在妊娠最后 45 天发生率较高，特别是在最后 1 ~ 2 周的发生频率更高。发病的动物体弱、沮丧和脱水，并可能在 1 ~ 3 天之后死亡。患病动物尿液呈酸性并含有酮体，临床上也能检测到其他化学物质的变化，包括血清葡萄糖水平的变化、血脂升高，以及碱性磷酸酶和鸟氨酸氨基甲酰转移酶水平的升高。

3. 尸检结果

两种类型豚鼠的孕期毒血症的尸检结果基本相同，但先兆子痫妊娠毒血症的尸检结果更严重一些。先兆子痫妊娠毒血症患病动物解剖结果显示，患病动物子宫、胎盘和肾上腺皮质有淤血、瘀斑性出血和局灶性坏死。胎盘易分离的附着部位也受到影响。胎儿死亡和分解。肝脏肿大，黄褐色，有坏死灶。肾脏病变包括肾包膜下出血。孕期毒血症可引起豚鼠胃溃疡。

饥饿性酮症患病动物解剖结果显示，肝脏、肾脏、肾上腺和血管壁都有明显的脂肪浸润。患病动物的子宫和胎盘都有瘀斑和瘀斑性出血，但这些器官损伤的严重程度不如患先兆子痫的动物。饥饿性酮症患病动物的肝脏很少出现病变。

4. 发病机制

先兆子痫动物模型已可以通过实验方法进行诱导，主要是通过切断或结扎动脉，限制怀孕动物腹部动脉的血液供应。但对于豚鼠的先兆子痫的致病机制，除了病因是子宫胎盘缺血，其他的知之甚少，并且与人的先兆子痫完全一致的要素也相对较少。豚鼠的先兆子痫的患病因素可能包括血小板减少、凝血酶的释放、肾素-血管紧张素系统的变化、血管收缩、纤维蛋白沉积和弥散性血管内凝血等。

人的先兆子痫疾病发生的最根本原因是血管流量不足导致胎盘的灌流不足（怀孕后期，子宫的体积只有正常体积的 40%），滋养层缺陷，缺血管内皮被沉积了纤维素样物质的血管替代。这种血管内皮的破坏反过来会导致母体对滋养层抗原的反应或者由于血管的收缩，引起由氧自由基、脂类过氧化物或蛋白酶引起的凝血级联反应。内皮细胞内的甘油三酯水平升高。这些症状的发生带有明显的遗传学倾向。

五、豚鼠的尿路结石和膀胱炎

1. 病因学

豚鼠尿道矿物质沉积和结石形成的机制并不是非常清楚，但可能涉及遗传因素，饲料中钙、镁和磷的不平衡，以及膀胱炎，肾炎或尿道环境等因素。尿流的减少、尿液 pH 的升高和尿路结石本身都可能导致膀胱炎的发生。老年豚鼠有时可能发生蛋白尿栓塞，这种栓塞物可能来源于豚鼠的精囊。

研究者曾经分离到多种与豚鼠膀胱炎相关的细菌，包括大肠杆菌、葡萄球菌属和化脓链球菌等。膀胱炎常伴有尿石症、尿路下部的感染、免疫抑制，以及由雌激素刺激引起的轻度至重度的糖尿病，急性、亚急性或慢性的溃疡。

2. 临床症状

尿路结石通常没有明显的临床症状，并发生在老年豚鼠。但是当尿路堵塞时或发生感染时，豚鼠表现为无力、体重减轻、触诊疼痛、发出叫声、紧张、无尿或排尿困难、厌食症、膀胱变小增厚和血尿等，这些症状可能持续数周。

3. 流行病学

老年（30 个月以上）雌性的豚鼠，发生尿石症的概率更高。蛋白尿栓塞疾病通常发生在老年雄性豚鼠。

4. 尸检结果

除了在膀胱、肾、输尿管、阴道和尿液中发现结石，在膀胱和尿道中可以发现大于 2cm 的结石。随着膀胱炎的发生，充尿的膀胱可能扩张并且膀胱壁增厚，钙离子通常会黏附到充血膀胱壁的黏膜上。蛋白尿栓塞会出现在雄性豚鼠的尿道或膀胱中。

持续的尿路排出不畅，会导致输尿管积水、尿路积水和肾盂积水，积水中含有白色或棕色的矿物质沉淀物和固体物质。经过分析，结石中可能含有（按频率顺序）碳酸钙、磷酸钙、六水磷酸氢镁或草酸钙。单独的结石中可能含有这些结晶的混合体。

5. 发病机制

Kok（1997）认为结石的形成是由于尿液中离子浓度饱和或过饱和，从而引起结晶成核和生长。在膀胱中，尿蛋白也可以形成晶核，从而引起结晶的形成。

6. 鉴别诊断

尿路结石的诊断主要是根据膀胱炎的临床症状和利用 X 射线或超声检查尿道系统的肿块。其他引起豚鼠尿路出血或堵塞的症状包括生殖器的感染、肿瘤或外伤。

7. 预防和治疗

尿路结石的预防手段包括选择不患结石的品系，以及给动物提供合适的饲料和充足的饮水，对于患膀胱炎的动物要及时进行临床护理。苜蓿干草和一些黑叶蔬菜可能含有较高的钙离子。尽量选择禾本科干草和其他一些富含维生素的饲料，以避免结石的产生。

六、犬的甲状腺功能减退症

虽然甲状腺功能减退的发病率在犬类并不是很高，但甲状腺激素缺乏可显著影响基础代谢和免疫功能。而这些因素能够明显影响犬类在生物医学研究中的应用，因此实验动物医师必须能够识别、诊断和治疗这种疾病。

1. 病因学

原发性甲状腺功能减退症能够直接影响甲状腺功能，而继发性甲状腺功能减退症能够间接影响垂体的功能。但这两种疾病都会导致功能性甲状腺组织的消失。大多数犬甲状腺功能减退症病例是由于淋巴细胞性甲状腺炎、自身免疫性疾病，或特发性甲状腺萎缩。在实验用比格犬中，淋巴细胞性甲状腺炎是甲状腺功能减退的主要原因，可能具有一定家族遗传性。先天性缺陷或非功能性肿瘤可能导致甲状腺功能减退，但这种情况比较少见。

2. 临床症状

由于甲状腺功能减退症影响基础代谢，因此会引起多种器官的临床症状。患甲状腺功能减退症的动物个体，可能表现一种或多种临床症状。甲状腺功能减退症会降低狗的代谢率，从而产生肥胖、嗜睡、不耐受寒冷和便秘等症状。而且甲状腺功能减退症会导致皮肤的一些异常，如非瘙痒性的双侧对称性脱毛、色素沉着过多、皮脂溢和脓皮病等。还有很多患甲状腺功能减退症的犬表现出其他一些临床病理变化。这些异常包括由于脂解作用降低和低密度脂多糖受体的减少，从而导致血清胆固醇和甘油三酯增高。在大约一半的病例中会出现正常红细胞的非再生性贫血。在相当数量的甲状腺功能减退犬中会发现血液中的碱性磷酸酶和肌酸激酶升高。甲状腺功能减退犬也会出现神经症状，包括跛行、拖脚和轻度的瘫痪，导致这些疾病的机制可能是部分神经脱髓鞘或者神经卡压和继发性的水肿。甲状腺功能减退犬会出现精神损伤或精神迟缓等症状，会继发动脉粥样硬化和大脑的黏液水肿。甲状腺功能减退犬也会涉及其他一些神经学的异常，如颈交感神经综合征、面神经瘫痪、食管扩张、喉麻痹等，但这些病症经治疗后，并不一定消失，目前也没有充分的证据证明这些神经症状与甲状腺功能减退相关。甲状腺功能减退犬相关的肌病是由Ⅱ型肌肉纤维萎缩导致的，它的症状与神经疾病症状类似。甲状腺功能减退也会导致心血管系统的异常，包括心动过缓、血管容积的增加和动脉粥样硬化，这些异常可以通过心电图检测到，结果会显示 P 波和 R 波波幅减小，而 T 波波幅增加。心电图结果的异常可能是由于 ATP 酶和钙离子通道功能的减退。

研究表明，犬的甲状腺功能减退症可能与血管性假血友病有一定的关联。但是这种联系可能是由于繁育种群的倾向性，而不是真正的联系。也有实验证实了相反的结果，甲状腺功能减退症的犬体内血管性假血友病抗原因子少或者正常，流血次数与血管性血友病没有明显差异。更重要的是，患甲状腺功能减退症的犬并不表现明显的血管性血友病症状。但甲状腺功能减退症会加重血管性血友病的亚临床症状。

3. 流行病学

甲状腺功能减退症在普通犬的发病率不足 1%，这种疾病主要发生在中老年和大型的繁育犬，也有报道表明，这种疾病在猎犬和雌性犬的发病率较高。杜宾犬和金毛猎犬与其他品种相比，甲状腺功能减退症患病率较高。在实验用比格犬种群内，也报道过几例甲状腺功能减退症。

七、非人灵长类动物的致死性脂肪肝综合征

1. 病因学

致命饥饿综合征，又称肥胖猴综合征或致死性脂肪肝综合征，是一种由多种原因引起的，在肥胖的中年雌性猕猴中最常见的急性代谢综合征。致命饥饿综合征与厌食或急性体重减轻有关，并且在几种猕猴的肥胖个体中可以观察到。虽然并不总是致命的，但是死亡率可能大于 50%。

对该病发病机制了解甚少，但是食物摄入量的减少使其将脂肪酸作为主要的能量来源，这样的转变超过了肝脏的处理能力，从而导致肝脏严重的脂肪沉积。患病的猴体重通常会减轻 8%~33%，平均只能存活 17 天。

2. 临床症状和诊断

氮质血症是一种常见的临床病理学变化。临床症状还包括厌食、嗜睡；触诊可以发现肝脏肿大。肝脏的酶、总胆红素、胆汁酸、肌酸激酶、肌酐和血尿素氮含量有可能升高。葡萄糖和白蛋白含量可能会降低。偶尔可观察到非再生性贫血，中性粒细胞增多，胆红素尿。超声检查可显示回声弥漫性增高，肝脏活检可诊断。大体解剖的结果显示肝脏肿大、呈浅黄色，肾脏灰褐色或黄色，重度脂肪肝，近端的肾曲小管充满脂肪。显微镜下可以观察到肝脏和肾脏内充满脂肪，并且会伴随着胰腺扩张、胰腺炎，或局灶性胰腺坏死。雌性比雄性更易受到影响，大量的腹部脂肪堆积可能导致动物死亡。

回顾数据表明，极肥胖的动物如果变得厌食并且每天损失的体重超过 0.1kg，动物将处于危险之中。诱发因素还包括粪便堵塞、争斗性的外伤损害或新社会群体的引入。不经过肠道的营养性支持，可能有助于症状的缓解和生存率的提高。

八、非人灵长类动物的糖尿病

1. 病因学

2 型糖尿病是一种在衰老的恒河猴中发现的，与过度肥胖有关联的常见的临床疾病。患病猕猴，特别是过度肥胖或者年龄大于 10 岁的动物，表现出一种以空腹血糖值改变、糖耐量受损、抗胰岛素性和高胰岛素血症为特征的综合征。随着 β 细胞衰竭和胰岛相关淀粉样蛋白沉积，导致空腹胰岛素水平的不断降低，有一些动物易发展为显性糖尿病。

尽管患病率难以确定，但在被人工圈养、按饲喂标准自由采食的动物中，大约 35%

将保持正常碳水化合物和血脂水平；25%将发展为明显的糖尿病；此外剩余的 40%表现代谢综合征的特征。该模型在研究视网膜疾病、周围神经疾病的发病机制，以及过氧化物酶体增殖物激活受体（PPAR）激动剂的药物评价中具有实用价值。在疾病早期，尽管出现胰岛素抵抗（IR），但动物可能没有明显的临床症状。动物会发展为空腹血糖值高于110mg/dl、烦渴、多尿和体重减轻等显性的糖尿病症状。后遗症可能包括动脉粥样硬化、肾脏疾病、神经病变、心肌病和视网膜病。动物可能更容易受到细菌感染。

T2DM 的猕猴模型的一个重要贡献是其早期胰岛素抵抗的特性与人的糖尿病综合征类似。从正常代谢到胰岛素抵抗再到最终明显的 2 型糖尿病，是一个连续的过程，大概可以分为 4 种临床症状：一是胰岛素水平和糖耐量正常，但老年动物趋近于肥胖；二是具有代偿性的高胰岛素血症（HI），但动物能够保持正常糖耐量；三是逐渐发展为糖耐量受损，表现为在利用葡萄糖饲喂后葡萄糖的代谢率下降及空腹血糖值水平中度增加；四是胰岛 β 细胞能力逐渐降低，胰岛素水平正常或降低。

2. 临床症状和诊断

胰岛素抵抗后期的动物，特别是随着糖耐量减低（IGT）的发展，会出明显的血脂异常、血液中低密度脂蛋白的浓度增加、高密度脂蛋白的浓度降低和甘油三酯浓度增加。HI/IGT 的动物可能表现出甘油三酯的浓度的适度增加。与之相反，在 IR（HI/NGT）动物的早期阶段，血液中瘦素和脂联素的增加，会使动物对炎症易感。形态学变化可能很少，但最初代偿性的高胰岛素血症会有胰岛的肥大，随后会有淀粉样蛋白沉积和胰岛的衰竭。在后期阶段，会出现空腹血糖水平升高及明显的糖尿病症状。

3. 预防和治疗

防止猕猴过胖，可能有助于减少老年猕猴 2 型糖尿病的发生。在 IR 的早期阶段，猕猴的体重减少和使用 PPAR 激动剂可能会减缓疾病的进程。在疾病的后期，每日注射胰岛素有助于缓解临床症状。

九、非人灵长类动物的低血糖症

1. 病因学

低血糖症是松鼠猴、狨猴和夜猴可能出现的一种主要的机能障碍疾病。低血糖常发生在年轻的动物，特别是幼龄期，但也可以在年老的、虚弱的动物中出现。易感因素包括基础代谢率低，身体脂肪的比例较低，有限的糖原储备，有限的糖异生酶，以及利用酮和脂肪酸的能力有限。社会群体的分离、突发的饲料剥夺、断奶期的并发症，以及动物实验中的过长研究过程、麻醉前禁食或潜在疾病状态引发的厌食症等因素，都可能导致灵长类低血糖的发生。

2. 临床症状

临床症状的严重程度与低血糖程度有关。临床症状包括虚弱、嗜睡、方向障碍、癫痫发作或意识障碍。

3. 预防和治疗

为人类糖尿病患者开发的血糖仪在诊断上很有用，因为其只需要 1～2 滴血就能快速准确地测定血糖水平。血糖水平低于 40mg/dl 的狝猴和血糖低于 50mg/dl 的夜猴被认为患低血糖症。有意识的低血糖动物可以口服葡萄糖、蔗糖溶液或果汁。另外，加热的 5%葡萄糖溶液可按 5 ~ 8ml/100g 体重静脉注射。使用浓缩葡萄糖溶液对新大陆猴进行静脉滴注是被禁止的。用约 1ml/100g 体重的 20%葡萄糖经胃管治疗无意识的松鼠猴是有效的。低血糖可能不是大型的旧大陆猴的主要疾病。体重大于 5kg 的低血糖动物推荐静脉注射 10ml 50%葡萄糖。如果外周循环和水合作用较差，则可以静脉注射 10% ~ 20%葡萄糖溶液。如果猴有良好的吞咽反射，可以提供鼻胃管或口服的解决方案。

十、猪的应激综合征

1. 病因学

猪的应激综合征主要发生在钙离子通道蛋白（Ryanodine 受体）突变的个体，患病动物会表现出一系列生理和临床症状。这种基因突变会导致过敏触发机制，在受到环境压力，如麻醉气体或其他的一些应激原刺激时，骨骼肌内质网的钙离子控制通道就会打开。在内质网和线粒体的内膜缺乏适当的钙控制，是导致应激综合征发生和产生系列症状的主要原因。患应激综合征的小型猪对其他一些刺激同样表现出过激反应，如过度 β 肾上腺素受体刺激，乳酸、丙氨酸和天冬氨酸在肝脏代谢为二氧化碳的效率低，异常的磷代谢率，以及过高的皮质醇和甲状腺素代谢率等。

Ryanodine 受体突变的猪，在世界范围内都有广泛的分布。这种突变在 5 种主要的猪种长白猪、约克夏、杜洛克、皮特兰和波中猪都存在，而且在小型猪中也存在。这种遗传是一种常染色体的隐性遗传。随着基因检测技术的进展，这种突变逐渐被从实验用猪和肉用猪的种群中剔除，但在一些观赏用猪的种群中仍然存在。但是最近在猪的肌萎缩蛋白基因中发现了一个新的突变（R1958W），与猪的运输应激综合征相关。这种运输应激综合征在狗、猫和马等动物和人中同样存在。

2. 临床症状

最初，动物表现出饥渴和便秘的症状。病情经过几天的发展，逐渐影响到中枢神经系统，患病动物会显得紧张和忧虑，竖起耳朵，眼睛盯着前方，头部微抬。紧接着会出现鼻子的抽搐、眼睛的关闭和有节奏的咀嚼等症状。有时甚至会出现眼盲和耳聋等症状。接下来，动物可能会处于濒死的状态。如果这种情况发生了盐过度的缺乏，而不是水的缺乏，还会出现腹泻和呕吐的症状。

如果已知的临床症状与脱水症状非常吻合，临床诊断就很容易判断。临床的支持症状还包括胃炎、便秘或肠炎。如果存在亚急性的临床症状，患病动物的大脑皮层可能会有损伤。动物可出现高钠血症；然而，如果动物有机会补水，这一症状将不存在。在进行鉴别诊断时，需要与猪的伪狂犬病、猪瘟病、水肿病及食物中毒等中毒病进行区分。组织学检查显示，在脑膜和脑血管有嗜酸性粒细胞的浸润。

3. 治疗

目前没有有效的治疗防范措施，有时候补液反而会加重疾病的进程。

第三节　实验动物常见的与年龄相关的疾病

一、小鼠的肾小球肾炎

1. 病因学

肾小球肾炎是小鼠常见的肾脏损伤性疾病。相对于细菌感染而言，该病更多伴随着持久性的病毒感染及免疫系统的紊乱。该病在某些品系的小鼠中的发病率接近 100%。举例来说，新西兰黑小鼠及新西兰黑白杂交的 F_1 代小鼠，可伴有复杂的免疫性肾小球肾炎，该病与以人类系统性红斑狼疮为代表的自身免疫类疾病性质相同，只不过在新西兰黑小鼠中，该病的程度相对较轻（自身免疫性溶血性贫血在新西兰黑小鼠中有较高的发病率）。

2. 临床症状

肾脏的病理性改变可能最早在 4 月龄的时候出现,但临床症状常出现在 6 ~ 9 个月的时候。该疾病通常伴有消瘦、蛋白尿和渐进性的损伤，直至死亡。组织学上，肾小球膜及毛细血管处有蛋白样的沉淀。后期，肾小管发生萎缩，蛋白样变性贯穿整个肾脏。免疫荧光法检测到免疫球蛋白和 C3 补体与核抗原在肾小球毛细血管回路形成免疫沉淀复合物。感染淋巴细胞性脉络丛脑膜炎病毒与反转录病毒的小鼠也可以引发复杂的免疫性肾小球肾炎。

小鼠也可患有慢性的肾小球疾病，该病以肾小球基膜的渐进性增厚为特征。该病的主要危害包括肾小球系膜的细胞增生，局部或者弥散的单核细胞浸润，以及组织的纤维化。严重的病例可以导致肾功能的不足或者肾衰竭。

二、小鼠的骨质疏松

骨质疏松的主要症状是骨密度降低和骨的超微结构退化，从而导致骨的脆性增加，容易发生骨折。在一些小鼠当中，随着年龄增长引起的骨质疏松或老年骨营养不良时有发生。这与严重的肾脏疾病和甲状旁腺的增生无关。几乎所有品系的小鼠随着年龄的增加都会有骨关节病，这些病通常都是非炎症性的，且发生在关节的表面，并可导致骨结构的退化。更多数的小鼠骨质疏松动物模型是通过人工方法建立的，建立方法包括卵巢切除、药物诱导和饮食限制等。利用干细胞注射的方法，可以缓解小鼠骨质疏松动物模型的症状，这些研究可能为人骨质疏松的治疗提供参考。

三、支气管上皮细胞或肺泡组织增生

（一）小鼠支气管上皮细胞或肺泡组织增生

1. 病因学

在大龄小鼠中易发生肺泡或支气管上皮细胞的增生，该病需与肺癌区分开来。该病与自发性肺损伤有相同形态学特征，肺组织细胞增多症、嗜酸性巨噬细胞肺炎和嗜酸性结晶性肺炎可能导致该病的发生。根据小鼠品系的不同，该病的发病率也有所不同，C57BL、129S4/SvJae 及 Swiss 小鼠且特别是老年鼠，是该病的易患群体。

2. 临床症状

组织学上，肺泡和细支气管中充斥着不同数量的含嗜酸性结晶物质的巨噬细胞。结晶物质由 YM1 和/或 YM2 转几丁质酶构成，且在其他组织，如上呼吸道、胃、胆囊和骨髓中也可被发现，即所谓的透明样变性。

（二）大鼠支气管上皮细胞或肺泡组织增生症

1. 病因学

肺泡组织增生症常发生在许多品系的高龄大鼠中。大鼠的肺泡组织增生症发病原因不明，但已证实该病不具有传染性。

2. 临床症状

肺泡组织增多症通常伴有胸膜表面可见的、直径为 1mm 的、白色至浅褐色的病灶。当肺部处于萎缩状态时，该病灶可略高于胸膜表面。显微镜下，成簇的肺泡丛中，常在胸膜下或邻近末端细支气管的部位发现数量增多的、大且苍白的、呈泡沫状的巨噬细胞。有时，在巨噬细胞聚集较密集处，会发现有胆固醇结晶。同时，在邻近血管的周围会有轻微的淋巴细胞的浸润，这可能是由巨噬细胞应对炎症反应释放出的调节物质所致。肺泡组织增多症不应被误诊为任何病毒引起的大鼠肺炎，因为该病中患病动物为血清阴性，同时淋巴细胞浸润程度轻微，且仅在巨噬细胞聚集的区域呈现。

四、大鼠的慢性渐进性肾病

1. 病因学

大鼠的慢性渐进性肾病(CPN)是一种重要的与年龄有关的肾脏疾病，该病又称高龄大鼠肾病。相对于雌性，雄性更易发病，且正如其名，为渐进性疾病。人们对该病的发病机制知之甚少，且该病的发病可能与许多因素有关。然而，几个主要影响因素确有记载。首先，该病的发病与品系有关，这可能说明了该病的发病具有基因倾向性。SD 大鼠及 F344 大鼠具有较高的发病率，Wistar 和 Long-Evans 品系的大鼠发病率较低。因为在应用不同品系的过程中存在地理上的差异（Wistar 大鼠多半被应用于欧洲，而 SD 大鼠则在美国），所以对报道的发病率很难进行分析，这同样可以扩展至其他因素，如居住环境和饮食，这实际上就把问题指向了：除了品系因素，还有哪些相关因素呢？举例来说，在欧洲大鼠中，报道了许多有关 CPN 发病的案例，大鼠的饲养密度为每笼 5 只这一因素相对于单只单笼饲养方式而言，导致了大鼠喂食量的下降和体重的减轻，发病率有所提高。其次，在 CPN 的发展过程中，性别被认为是一个决定性的因素。相对于雌性而言，雄性大鼠发病较早，且在任何给定的年龄段中都有着较高的发病率，同时会受到更严重的损害。最后，饲喂是一个至关重要的因素，该因素也是最应该加强管理的。相对于摄入过量的食物而言，饲喂上给予适当的限制可以大大降低 CPN 的发病率和严重程度。机制可能是：过量饮食会延长肾脏血液流动时间并提高肾小球的滤过率。这种肾小球滤过率的提高可以导致肾小球的肥大，导致高分子物质的滤过障碍，同时肾小球系膜会受到损害，还可使肾小球硬化，并导致蛋白缺乏。相对于过量饲喂，减少 25%～30%的卡路里摄入可以降低雌鼠的发病率及病情的严重程度，也可以使患病雄性大鼠的严重程度下降，同时，还提高了两种性别动物的存活率。

2. 临床症状

最早可在 6 月龄大鼠体内观察到 CPN 带来的严重损害，该病以肾皮质表面的凹陷性病斑为特征。由于肾皮质间质的纤维化，移去肾被膜可能会撕毁肾皮质的实质。一年以上的大鼠中病情会更加严重，肾皮质的表面会变为越来越不规则的苍白区域。显微镜下，肾小球的改变以基膜增厚、毛细血管丛的浓缩、鲍氏囊膜腔壁层的粘连及肾小球的部分硬化为特征。随着疾病的恶化，皮质和髓质的大量小管膨胀，且会被蛋白样物质填充。在更严重的病例中，继发的甲状旁腺功能亢进可以再引发肾功能的损害，导致广泛的营养障碍性矿化作用。

五、大鼠心肌变性和纤维化

1. 病因学

在许多品系的大龄雄性大鼠中，慢性的心肌病是导致死亡的重要疾病。无节制的饲喂可以诱发该种疾病。该病也称慢性进行性心肌病，可在早至三月龄时被发现。

2. 临床症状

该病患鼠心脏明显增大，偶尔伴有肉眼可见的白斑。心脏重量的增加与组织学检查时心脏的受损害程度有着很大的关系。显微镜下可观察到心肌纤维的坏死及间质处的单核细胞浸润。在该疾病病程的后期，纤维化更加明显。在心肌纤维处同时观察到有大的细胞核。该病的最常见发病位置有心脏的乳头肌与心室间的隔膜。如同慢性渐进性肾病一样，适度的饲喂限制可以大大降低该病的发病率。例如，减少总卡路里摄入量的 25%～30%的大鼠较自由饲喂的大鼠有较低的发病率。

六、大鼠肾钙质沉着症

1. 病因学

肾钙质沉着症是指钙磷酸盐在肾脏组织中的沉积。对于该病，人们有时还会使用一些其他术语来反映矿物质在肾皮质、肾髓质等部位的沉积。与雄性大鼠较易发病的慢性渐进性肾病对比，肾钙质沉着症更易在雌性大鼠中发病。除了与性别有关之外，该病的发病还与年龄、品系有关，在 F344 大鼠中，该病的发病可早至 7 周龄。F344 大鼠的发病率可达到 50%，而在 SD 和 Wistar 品系的大鼠中，该病的发病率可低至 0%～7%。BDIX 大鼠的发病率尤其高。肾钙质沉着症的发病率及严重程度可随着几种饲喂方式的采用而增加，这些方式包括：高钙饲喂、高磷饲喂、低钙磷比饲喂及低镁饲喂。然而，没有确凿的证据表明涉及这几种矿物质的不当饲喂就是影响该病的根本因素。

2. 临床症状

组织学研究显示，在皮质延髓的交界处、直肠周围间隙的细胞中及小管的管腔中存在较多的矿物质沉积。

七、金黄地鼠的心房血栓

1. 病因学

心房血栓是一种高龄金黄地鼠常发疾病。确切的发病率差异很大，从一个地区报道的 16%到另一个地区的发生率为 73%。雄性和雌性会受到同样影响，但雌性在更低龄的时候就有这种状况。

2. 临床症状

心房血栓形成可能最常见于仓鼠的 APA 株，伴随着年龄增长而导致心脏肥大。临床体征表现为心力衰竭，包括呼吸急促、心动过速和发绀。尸检时，血栓主要存在于左心房。一项研究还指出，心脏中存在双侧心室肥大，伴有血栓形成和房室瓣黏膜增厚。然而，无论血栓是否存在，在所有高龄仓鼠中也发现了瓣膜病变。Doi 等（1987）认为老年 APA 仓鼠的相对和绝对心脏重量增加提示心脏肥大。据推测，血栓是由局部血液瘀滞引起的，继发于心力衰竭。

八、犬的良性前列腺增生

1. 病因学

良性前列腺增生（BPH）是与雄性狗的年龄有关的疾病。前列腺腺体组织的增生是对睾丸激素和雌激素的反应。

2. 临床症状

BPH 表现通常是亚临床的。由于腺体增大影响直肠，可能会出现排便困难（里急后重）的情况。尿道分泌物（黄色变红色）和血尿也是临床症状之一。前列腺增生症早期的病理表现为前列腺腺体组织增生。这与人类的 BPH 相反，人类的 BPH 主要起源于基质。最终，增生往往是囊性的，囊肿含有黄色透明状液体。前列腺出现蜂窝状血管（导致血尿或出血性尿道分泌物），BPH 可伴有轻度慢性炎症。前列腺增生症发生于较老的雄性狗，是由于雌激素（雌酮和雌二醇）分泌增加，以及雄激素分泌的减少，使前列腺雄激素受体耐受二氢睾酮。雌激素的存在也可以增加雄激素受体的数量，并且增生性前列腺也提高了代谢睾酮成为介导 BPH 的 5α-二氢睾酮的能力。

3. 流行病学与传播

虽然腺体增生早在 3 岁时就已开始，但 BPH 通常影响年龄较大的狗（>4 岁）。大约 95%的公犬将在 9 岁后发展为前列腺增生症。

4. 鉴别诊断

BPH 是在完好的雄性犬的前列腺非对称性肿胀的情况下做出诊断的，其具有正常的血液学特征和可能出现的特征性血尿。也可以通过前列腺活组织检查进行确诊。鉴别诊断包括前列腺鳞状化增生、前列腺囊肿、细菌性前列腺炎、前列腺脓肿和前列腺肿瘤（主要是腺癌）。随着年龄的增长，这些鉴别诊断的频率也增加，并且除了鳞状化增生外，都可以在去势的狗中发生。因此，这些情况不一定会因去势而减弱或消退。

5. 预防和治疗

良性前列腺增生的第一个和最重要的治疗方式是去势。在单一的 BPH 病例中，去势术后 7 ~ 10 天内通过直肠触诊可检测到前列腺的退化。对于研究中的大多数犬，这是快速改善动物状况的可行选择。去势的替代方法是激素疗法，主要是雌激素。如果患 BPH 的犬具有一定的价值，如需要收集精液，可以用这种方法进行治疗（如某些患遗传疾病的犬）。如果研究涉及类固醇激素的功能，就没有条件也没兼容的治疗方法进行治疗。非那雄胺（一种合成的 5α-还原酶抑制剂）已被用于狗的治疗中以限制其代谢睾酮转化为 5α-二氢睾酮。口服 16 周，每日 0.1 ~ 0.5mg/kg 剂量治疗可在不影响睾丸生精的情况下减小前列腺的直径和体积。在停用非那雄胺后，前列腺通常会在几个月内恢复到预处理的大小。促性腺激素释放激素类似物，如地洛瑞林，通过对下丘脑-垂体轴的负反馈，抑制睾酮和雌激素的产生。这种可持续释放的皮下植入物已被证明在降低狗的前列腺大小方面有效。但是，药物治疗并没有去势有效。

九、幼犬多发性大动脉炎综合征

1. 病因学

幼犬多发性大动脉炎综合征（JPS）也称为类固醇敏感性脑膜炎-动脉炎，是一种由全身性坏死性血管炎引起的年轻比格犬（偶尔在其他品种中发生）的疼痛疾病。血管炎的原因尚未确定，但似乎与自身免疫介导的成分相关，可能有遗传倾向。JPS 的发病因素是未知的，曾经预想用实验室比格犬测试对不同化合物的反应，但由于比格犬是最易受到 JPS 影响的品种，可能实验结果并不可靠。由于该病的临床特征具有循环性质，并对皮质激素的治疗有反应，并且受影响的狗的 α2-球蛋白数值升高和免疫反应异常，因此怀疑免疫反应是 JPS 的发病因素。JPS 可能存在遗传倾向，因为系谱分析表明，某些公犬的后代更易受到影响，而且两只受影响的狗的繁殖后代中，7 只幼崽中，就有一只受到影响。

2. 临床症状

JPS 的临床症状包括发热、厌食、嗜睡、不愿移动头颈部。这些狗倾向于有一个驼背的姿势和/或头颈扩张。大多数狗接触时似乎有疼痛，尤其是颈部。神经系统检查可能会显示本体感受缺失、局部麻痹或瘫痪。该症状通常具有缓解和复发的过程，其特征为 3 ~ 7 天的疾病发生期和 2 ~ 4 周的缓解。有些患病犬的情况是亚临床的，没有明显的临床症状，通常比格犬死后才能确诊血管炎。

3. 病理变化

尸检的病理结果，可以在心脏冠状沟、颅内纵隔和颈脊髓脑膜中观察到出血灶。局部淋巴结可能增大并出血。在组织学上，可见到小到中等动脉的坏死性血管炎和血管周炎。这些病变在肉眼可见的病灶中最为明显，但它们也可能在其他内脏位置被观察到。也有报道称其会导致甲状腺出血和动脉毛细淋巴管炎症坏死。血管外周炎常常导致反向包绕动脉的炎性细胞结节。这些结节的细胞组成主要是嗜中性粒细胞，但其也可以由淋巴细胞、浆细胞或巨噬细胞组成（Snyder et al.，1995）。我们也观察到了受影响动脉血栓的形成。在死后的比格犬中也诊断出亚临床血管炎，目前尚不清楚这种亚临床状况是不同的疾病还是JPS 连续体的一部分。这种亚临床血管炎常常影响冠状动脉（有或没有其他部位）。

4. 治疗

治疗可以通过给予皮质类固醇来缓解临床症状。以 1.1mg/kg 口服施用泼尼松，每 12h 一次，与临床症状的快速缓解有关。在 0.25 ~ 0.5mg/kg 的隔日疗法中，可以缓解几个月的症状。但是，停用皮质类固醇治疗导致临床疾病在数周内复发。

第四节 实验动物常见的与管理相关的疾病

一、环节尾病

（一）小鼠的环节尾病

1. 病因学

小鼠的环节尾病通常在湿度较低时发病。

2. 临床症状

临床症状包括尾部甚至是脚底和足趾的环状收缩，导致局部水肿，并可发展为干性坏疽。环节尾病和干性坏疽是有区别的，暴露于低温或者环境及营养的失衡都可能导致无毛小鼠干性坏疽的发生。在哺乳小鼠中也可能发生脚底和脚趾的坏疽，其原因是一些黏性的外皮材料如棉絮等阻断了局部的血液循环。

（二）大鼠的环节尾病

1. 病因学

环境的相对湿度小于 40%，大鼠易发生环节尾病。但也存在其他致病因素，如温度、噪声、振动、光线、室内人员活动等因素。

2. 临床症状

环节尾病主要发生于幼龄大鼠，通常是在哺乳期，其特征是在尾部，偶尔在脚趾形成环状收缩。部分患肢远端受收缩影响往往易产生坏死，脱落。环节尾病应与咬伤及随着年龄增长形成的更严重的环尾进行区分。

二、豚鼠拔毛癖

1. 病因学

豚鼠的拔毛癖可能伴随皮肤的咬伤、撕裂伤。若是自体拔毛，则拔毛区域为前肩胛尾部，个体之间的竞争性拔毛则通常发生在臀部、背部和耳朵及眼睛周围。拔毛癖及皮肤的损伤通常发生在雌性动物寻找雄性动物的过程中，带崽的或不带崽的动物都可能发生，在年轻的父母带崽的过程中也会发生（在眼睛和耳朵周围拔毛），如断奶幼崽撕咬同伴的毛发。严重的撕咬会发生在同性别动物对食物、水、玩具或空间的竞争过程中，在成年动物攻击未成年动物时可能会发生撕咬现象。拔毛癖主要发生在豚鼠自己能够触碰到的区域。可以通过饲喂干草和绿色蔬菜来改善该病。

2. 临床症状

撕咬可能会导致脱毛、皮肤划伤、撕裂伤及深层伤和严重的包皮炎症。会阴部的伤处如果接触到垫料或粪便会导致感染，从而引起包皮的炎症，导致尿淋漓或尿滞留。交配时会有疼痛感，从而影响繁殖率。有些雄性动物会有沿笼底爬行的习惯，也会将垫料塞入包皮，会引起同样的症状。

3. 预防和治疗

预防豚鼠拔毛癖的方法有许多，如减小环境压力、早期断奶及将雄性分成单独的笼子或提供单独的栖息位置，以及饲喂干草。如果豚鼠是采用一雄多雌的繁殖方式，发现拔毛现象，应该及早把雌性分开。治疗包括伤口的彻底清洁，并将豚鼠放入干净的笼中。摄入一些外用抗菌药物可能有效地治疗突发的肠毒血症。

由于豚鼠妊娠的代谢需求很高，并且可能存在遗传和代谢因素，通常单独或成群饲养的繁殖母鼠往往表现出毛发稀疏。Gerold 等（1997）发现，在怀孕母鼠的笼底散布 200g 干草（包含 15.5%粗蛋白和 19.5%粗纤维），雌鼠很少发生毛发稀疏的现象。繁殖群体的脱毛一般归因于拔毛癖，当繁殖停止或笼中社会结构发生变化时，毛发会再生。

三、大鼠视网膜退化

1. 病因学

一些大鼠，特别是没有保护性虹膜色素沉着的白化病大鼠，暴露于某一阈值的环境光照水平时可能发生视网膜退化，这可能与光照强度、光照持续循环时间和动物先前受到的光照水平有关（Semple-Rowland and Dawson, 1987）。对于在光线非常暗的环境下培养的大鼠（6lx），仅用 270lx 的辐射就可使生活在白天与黑夜时长比为 12：12 的大鼠发生组织及功能的损害。除了单纯的视网膜损伤之外，每天 12h、暴露于 1600lx 非常高的光照水平下且持续 8 天，就可能会由于卟啉分泌物的光反应特性导致哈氏腺体坏死（Kurisu et al., 1996）。先前推荐的室内灯光水平为 325 ~ 400lx，高于地面 1m（National Research Council, 1991）。值得注意的是，这些所给出的距地面 1m 的标准并不一定能反映出实际的光照强度，也就是说，对于笼架上每一层的每一个独立的笼子，它们与光源设备的距离是不等的。发光源产生的光照强度与距离的平方相关，所以，在笼架顶层的大鼠受到的光照强度要远远大于底层的大鼠。这一点应该在研究中作为一个潜在的研究变量加以考虑，如果涉及视网膜功能及结构的研究的话，那么在不同实验组中动物的笼架位置需在研究的初期就应将其随机化，并在整个研究过程中充分地将笼架进行旋转。除了光照强度相关的负面影响之外，光的干扰如暗周期和持续暴露于强光可能导致乏情和其他繁殖问题。据报道，在光照周期的黑暗阶段曝光量（光污染）水平至 0.21lx 会干扰大鼠肿瘤和新陈代谢研究，并且，一些设计管理策略可以将黑暗周期中光线缺乏对生理上的危害降至最小。

2. 临床症状

先天性和基因决定的眼部缺陷在一些大鼠品系中很常见。视网膜退化是一种与年龄相关的病变，可以通过光照加速其病情发展（Lai et al., 1978）。在白化大鼠中，色素层的缺乏增加了视网膜受到的光照强度，使视网膜易发生萎缩。Fischer 大鼠（F-344）亚系的角膜矿化发生率为 10% ~ 100%不等，以钙盐沉积在角膜上皮和基质的界面为特征，在常规染色切片中可见其为嗜碱性颗粒。实验室报道大鼠的其他眼部异常包括：视网膜退化、白内障、巩膜的骨质和软骨化生及缺损。

四、豚鼠的难产

1. 病因学

难产常见于豚鼠，可能是由宫缩乏力、妊娠毒血症、胎儿太大而不能通过盆腔及髋骨分离异常等引起的，有时需要使用松弛素，释放到 2.5 ~ 3cm，使胎儿顺利生产。第一次繁殖的雌性动物（7 个月以上），如果纤维软骨与骨盆连接分离不充分，易发生难产，这时骨组织已经发育成熟，对松弛素有抵抗作用。

2. 临床症状

难产的特征为经过将近 73 天的妊娠后，纤维软骨生长仍十分狭窄，且包括紧张、抑郁症和出现阴道分泌物。预防包括在 7 个月以前进行繁殖，预防怀孕期间的肥胖和禁食，以及淘汰已知有家族病史的动物。患有难产的年轻豚鼠出现的缺氧通常是致命的。治疗包括用手指从产道取出胎儿，给雌性动物补钙，给予葡萄糖和 1 ~ 3U/kg 的催产素（仅当耻骨联合被证实是开放的时）或剖宫产。

五、豚鼠抗生素相关盲结肠炎

1. 病因学

有些豚鼠在服用抗生素的 1 ~ 5 天后，会发生肠道病变和死亡，可能是由以下原因引起的：①抗生素介导的常驻微生物群系受到抑制，如类杆菌等；②某些微生物盲肠定植特性的丧失；③替代常驻菌群的微生物（通常是能形成孢子的一种或多种艰难梭菌菌株）的定植、增殖和毒素产生。

艰难梭菌是一种常见的粪便传播的、厌氧的、革兰氏阳性的共生有机体，其子代孢子持续在环境中存在。一些艰难梭菌菌株产生蛋白质毒素（细胞毒素）A 和 B，其与上皮细胞膜受体结合。毒素 B 更具细胞毒性，但需要毒素 A（也称肠毒素）来进入黏膜细胞。毒素 A 引起液体分泌、黏膜损伤和炎症。随后发生细胞死亡。该病不建议药物预防，治疗人类病例首选的药物甲硝唑可能会加剧豚鼠的中毒。

大肠杆菌不是豚鼠肠道内正常状态下的菌种，可能在抗生素引起的菌态失调情况下增殖。最常涉及的抗生素是氨基青霉素、头孢菌素、克林霉素、链霉素和林可霉素等。低剂量的青霉素2000U或氨苄青霉素剂量超过6mg/kg连续使用8天会导致豚鼠的死亡。

2. 临床症状

抗生素相关盲结肠炎的症状随药物剂量、机会性病原菌的菌株和宿主易感性而变化，但可能包括急性嗜睡、毛发粗糙、腹泻和死亡。出血性盲肠炎的尸体解剖观察到盲肠含有血便。组织学上，黏膜固有层发生严重炎症和微小溃疡，并且有炎性细胞浸润。豚鼠抗生素相关盲结肠炎的治疗主要在饲喂方面：给予饮水，在饲料中加入增味剂，增加热量的摄入。

六、兔的毛球病

1. 病因学

致病的原因并不是很清楚。

2. 临床症状

毛栓通常是亚临床的。如果发生部分毛栓或完全堵塞，则会导致胃或肠的梗阻。由于长期厌食及代谢失衡，可使病兔发生死亡。现有的资料表明，胃肠道的阻塞主要为幽门梗阻，而不是胃部大量毛球的堆积，这可能是决定动物临床进展的关键因素。

在兔身上发现毛球病往往是在尸检期间偶然发现的。在常规尸体剖检中发现有21%的兔有胃毛栓。胃破裂也可能由阻塞型毛栓引起。

由于临床症状无特异性，疾病常逐渐发展，因此诊断往往很困难。一些涉及急性幽门梗阻的病例导致突发临床疾病和动物临床快速衰退。手动触诊可能表明头部、腹部中存在坚硬的肿块。使用造影剂可能有助于胃片诊断，但通常是通过探查性手术中做出明确的诊断。

3. 预防和治疗

处理毛栓往往很困难。已经报道的方法有给予 10ml/天矿物油的口服给药。另外，每日口服5~10ml新鲜菠萝汁已被报道为潜在治疗方法。如果上述医疗方法不能解决问题，那么应该进行胃切开术。在这种情况下，早期的手术干预非常重要，因为后续其他的代谢异常可能会迅速增加兔的手术风险。

七、兔脊椎的创伤性骨折

1. 病因学

腰椎半脱位或压缩性骨折常起因于束缚期间动物的挣扎，尤其是当兔的后躯得不到支持时。第七腰椎（L7）或其尾骨关节突被认为是最常见的骨折部位，骨折比脱臼更频发。

2. 临床症状

临床体征包括后驱轻瘫或瘫痪，后肢感觉丧失，尿或大便失禁及会阴染色。可见脊髓出血和坏死。

3. 诊断

诊断依据临床体征，最近的保定束缚、挣扎或其他创伤的记录，以及脊柱触诊或影像学分析。注意与脊髓损伤的鉴别诊断。

4. 预防和治疗

通常认为对受损伤动物进行安乐死是正当的。中度病例（半脱位伴有脊髓水肿）可能会随着时间的推移而症状消除。是否实施安乐死应基于临床症状的严重程度。支持性疗法包括膀胱的正常运行及褥疮的预防和治疗。皮质类固醇和利尿剂可能对脊髓水肿半脱位病例有效。

八、犬的肥胖症

1. 病因学

在实验室环境下，体重增加和肥胖是犬中经常出现的情况。因为肥胖可以对一些身体系统和新陈代谢产生不利影响，所以实验动物医师必须解决肥胖及其对动物福利和研究结果的潜在影响。肥胖被定义为超过目标体重的 20%～25%。一般来说，当摄入热量超过能量消耗时，就会发生肥胖，这是暴饮暴食或饮食不平衡的结果。暴饮暴食是宠物狗肥胖的常见原因，并可能由无聊、紧张或训练引发。另外，宠物经常补充高脂肪食物，也会引起不均衡饮食的影响。在实验室动物环境中，暴饮暴食的可能性低于家庭饲养的宠物，因为获得食物的限制较多，而且饮食通常是准备好的平衡食物。然而，如果没有遵循能源需求的具体指导方针，肥胖仍然是一个问题。此外，在研究环境中进行必要的犬笼养和限制锻炼可以减少能量消耗。即使遵循热量摄取和能量消耗的指导原则，犬也可能肥胖，犬患肥胖还存在其他一些很重要的因素。与人类一样，遗传在犬肥胖的发展中起着重要的作用，某些品种犬更易患肥胖。在一项对英国兽医诊所的犬的研究中，拉布拉多猎犬最有可能发生肥胖。受影响的其他品种包括凯恩犬、腊肠犬、猎犬、金毛猎犬和可卡犬。比格犬也被列为在家庭环境中易患肥胖的品种。

一些代谢或激素变化也与肥胖有关。已证实绝育可促进体重增加。在一项研究中，雌性绝育犬肥胖的可能性是未绝育犬的两倍。作者提出，雌激素的缺乏促进了食物摄入的增加。在绝育的雄性犬中也发现了类似的肥胖趋势。此外，作为临床体征之一，甲状腺功能减退和肾上腺皮质功能亢进犬可能出现肥胖症。

2. 鉴别诊断

肥胖的诊断依赖于对体重的估计，有一定的主观性。当肋骨几乎不可见，但容易在皮肤表面下触摸时，这被认为是狗的理想身体状况。当肋骨不易触及和（或）狗的正常功能受其重量影响时，动物被认为是肥胖的。建立这种诊断的客观可量化的方法很少。可以用超声对狗的皮下脂肪进行测量，也可以通过测量腰部的长度，预测全身脂肪的沉积情况。确诊肥胖后，应进行其他的诊断测试以确定肥胖的根本原因。应该进行全面的体检以寻找并发疾病的迹象，并确定肥胖是否对个体有不利的影响。应该评估血清甲状腺激素的浓度，并且血清化学可能显示与肾上腺皮质激素功能亢进相关的碱性磷酸酶是否增加。

3. 预防治疗

限制食物摄入很容易治疗肥胖，这在研究背景下很容易实现。有人建议，一个很好的减肥计划是将摄入量限制在计算能量需求的 60%以保持理想的体重。研究表明，将卡路里摄入量限制在 50%以下不会产生不利的健康影响。但是，血清总三碘甲状腺原氨酸水平与热量摄入量成正比。理想情况下，体重每周减少 1%～2%。体重减轻的程度与热量限制程度成正比，但当热量限制放松之后，个体体重有可能反弹性增加。

通过正确的饮食来鼓励减肥已经引起了人们很大的关注。同样，对于如何合理安排狗的饮食也已经开展了相关研究。如上所述，限制热量是最重要的，少摄入现有的饲料可以做到这一点。另外，还有几种犬的饲料，有证据表明这些食物优于简单的饮食限制。人们一直非常关注在食物中添加膳食纤维作为减少卡路里摄入量的方法，同时保持食物的供给量。对犬进行的饲喂实验表明，可以在犬热量限制的饲料中添加可溶性和不可溶性膳食纤维。但研究结果表明，添加膳食纤维对狗的饱腹感没有影响，在减肥方案中也没有收到有益的效果。

由于肥胖与新陈代谢的关系，在研究动物中控制体重增加是非常重要的。尽管肥胖与生殖、皮肤和肿瘤之间的问题关系已有报道，但这种关系并不总是显而易见的。特别是骨关节炎和髋关节发育不良等问题也与肥胖有关。另外，在几个实验模型中，糖尿病及高胰岛素血症都与肥胖有关。最新的一项研究表明，大约 20%的肥胖狗有代谢性疾病，最典型的是高胰岛素血症和低脂的症状。肥胖动物需要进行麻醉的研究，可能会存在更多的风险，如由于心血管等疾病，使手术风险更高而且复杂化，有时也存在高血压和呼吸道疾病。

第五节 实验动物常见的遗传性疾病

一、大鼠的肾盂积水

1. 病因学

肾盂积水是一种比较常见的大鼠先天缺陷疾病，以单侧或双侧的肾盂扩张为特征。在 Gunn 大鼠体内，它可能是单基因显性遗传的，而对于 Brown Norway 大鼠和 SD 大鼠，它是多基因遗传的。

2. 临床症状

该病中右肾受到的影响往往比左肾大。肾盂积水的严重程度可以从肾盂的轻微扩张到肾脏呈透明囊状结构的严重扩张。同时输尿管也可能受到不同程度的影响。正常年轻的动物可能出现肾盂扩张，所以，区分肾盂扩张时要十分谨慎。肾盂积水也常常被误诊为肾盂炎（肾盂炎中肿胀的肾盂通常混浊）、多囊肾、肾乳头坏死。通过培养受感染组织部位并进行组织病理学分析可以将这些疾病进行区分。

二、金黄地鼠的多囊病

1. 病因学

多囊病是一类遗传性的疾病，高达76%超过1岁的金黄地鼠的尸检中发现多囊炎症，肝脏是该病的高发部位，其他几个器官也可能受到影响，包括盲肠、肾脏、卵巢和脾脏。

2. 临床症状

肝脏损害与正常导管结构发育缺陷有关，然而其他器官的囊肿可能是由淋巴系统的肿胀发展而成。该病可能伴随着腹部的肿胀，其他临床表现均无记录。在尸检过程中，囊肿的表皮很薄，其中充满由琥珀色到绿色不等的水样液体。一项研究的结果表明，水样液体的蛋白质组分可以导致一种白色固体在盲肠内囊肿中聚集。报道发现，欧洲地鼠的腹腔囊肿发病率比金黄地鼠的高。

三、金黄地鼠的心房血栓

1. 病因学

在大龄的金黄地鼠中，心房血栓是一种常见疾病。这种疾病的实际发病率差异很大，不同群体之间的发病率可为16%～73%不等。雄鼠和雌鼠均有发病，但雌鼠的发病年龄较雄鼠小。金黄地鼠的APA品系中，心房血栓最为多发，随着患病动物的年龄增长，会伴随心肌的肥大。

2. 临床症状

该病的临床症状表现为心功能下降，包括呼吸急促、心动过速和发绀。通过尸检，我们可以得知血栓最早起源于左心房。另一项尸检研究显示，房室瓣膜的血栓形成可以导致心脏双侧的心室肥厚。然而，无论是否有血栓存在，金黄地鼠在各个年龄段都存在心脏瓣膜的损害，这说明在老龄金黄地鼠中，判断心脏重量有无相对或绝对的增加是鉴定心脏肥厚的根本根据。我们可以初步认为，血栓主要是由机体血液的瘀滞引起的，其次是由心力衰竭所致。

四、中国地鼠的糖尿病

1. 病因学

鼠类的自发性糖尿病是在1957年研究其近交的过程中被发现的。该疾病在一些方面与人类的胰岛素依赖型糖尿病相似。该疾病主要是由胰岛β细胞的脱颗粒所引发，这个过程会导致胰岛素产量的减少，相反，胰高血糖素的水平会增加。在高度近交的中国地鼠糖尿病品系中，胰岛素的水平显著下降，在胃部和胰脏中胰高血糖素的水平显著上升。随着糖尿病的严重程度提高，并发的还有乳酸脱氢酶及其同工酶含量的减少。已发现的一个决定性的因素是在肾脏中，特异性糖苷酶低于正常水平，这就导致了组织中糖蛋白的合成和转运受阻。在进行与糖尿病无关的实验时，该疾病也会在动物体内发生。由于疾病中细胞的新陈代谢会受到影响，在涉及细胞遗传的实验中可能会出现不可靠的数据。

2. 临床症状

糖尿病可以出现在中国地鼠的任何年龄段，动物最早可在18日龄时发病。该病伴随着多饮、多尿症状，在24h之内，动物的尿量可达50～70ml。在疾病的开始过程中，动物会有体重的增加，并且会伴有嗜睡，需要进行隔离管理。有的时候地鼠会发生失明、结膜炎和肉眼可见的脱毛。地鼠会对任意一种轻微的刺激非常敏感，且在搬运笼具和环境参数改变等过程中，极易引发动物的突然死亡。患有糖尿病的雌鼠不能生育，已经怀孕的雌鼠增加了流产和在分娩过程中死亡的概率。

该病为隐性遗传，且包含4个隐性遗传的基因。如果4个隐性遗传的基因中有两个为纯合，就可以导致糖尿病。这些基因的表达决定了糖尿病的持续发病和严重程度。

3. 病理变化

肉眼可见的损害主要集中在肾脏部位，糖尿病动物的肾脏会表现为轻微的扩张、松软且十分脆弱。可以观察到肾积水，其中残留的尿液澄清但是有臭味，膀胱经常伴有尿液且扩张。在其中一些发病动物的体内，肝脏会有一定程度的增大，其颜色会变成黄色或者灰色。

显微镜下，胰岛β细胞的数量减少；剩余细胞胞质中的颗粒可用嗜碱性染料染色且细胞内有空泡形成。在细胞质中，固缩的细胞核旁，会有过碘酸希夫（PAS）阳性物质堆积。肾小管中有许多蛋白质沉淀，肾小球发生硬化，其细胞显著减少。鲍氏囊会稍增大，其囊膜的黏性增加。基底膜同样存在过碘酸希夫（PAS）阳性物质，且会发生轻微的褶皱和增厚。肝脏呈现整齐的小叶排布，小叶内部的细胞核周围伴有光晕，其内部具有大量空泡。其胞质内部的物质过碘酸希夫反应阳性，但是用脂肪染色时则为阴性。在心包脂肪组织中有时也会发现PAS反应阳性物质。

4. 鉴别诊断

因为糖尿病是一种自发疾病，所以当一个群体发病时，就应该将这个群体及时地淘汰。如果动物是作为研究糖尿病的模型，那么鉴别诊断将会因实验方法的不同而不同。糖尿病不仅要在发病的初期加以诊断，同时也要在并发症阶段加以诊断。后者可根据糖尿病动物对刺激十分敏感、免疫功能受到抑制等特点加以判断。

5. 预防和治疗

以前的研究表明，在雌性繁殖过程中使用降糖药可以对维持近交链有一定的帮助。

五、兔的脑积水

1. 病因学

脑积水是指脑室的膨胀，其内部通常伴有脑脊液的潴留，有时会在新生家兔中发生。兔的一些脑积水病例被认为与一个常染色体上的隐性基因有关（*hy*/*hy*）；然而，其他异常情况的出现说明该病的遗传性比人们所认为的更加复杂。脑积水也可能与营养缺乏和维生素A的摄入过多有关。在一些病例中，该病的遗传过程中常伴有不同的肉眼可见的异常症状，这不单是一个常染色体的基因可以决定的。脑积水也作为一种先天性疾病发生于受怀孕期间维生素A缺乏影响的兔中。

2. 临床症状

患病动物脑壳的前端呈圆顶状，脑门要比普通动物的宽。通常患病动物出生后即死亡，也有些动物能够存活数周，但表现出神经症状。解剖时，会发现脑部扩大，脑室面积扩大很多并且充满了脑脊液。如果脑积水是由营养缺乏或维生素 A 过多摄入引起的，那么繁殖种群会表现出较低的繁殖力，如低受孕率、幼崽的体积小和流产等。

六、兔的牛眼症

1. 病因学

牛眼症是常染色体隐性遗传的疾病，由于疾病严重程度的不同、患病时间的不同和致病基因纯合个体不一定致病等因素，因此该病的发病率较不确定。该病常见于新西兰兔。

2. 临床症状

兔的牛眼症与人类先天性青光眼、眼积水有着相似的肉眼可见的病理改变。新生的致病基因纯合个体在一开始眼内压是正常的，但是在 1 ~ 3 月龄后眼内压增加至 26 ~ 48mmHg。无论是单侧发病还是双侧发病，眼部都表现为渐进性的积水，但是 6 ~ 10 个月之后，眼内压可以回归至正常或者比正常低的水平。典型的临床病变包括眼球的扩张；因为巩膜还未成熟，所以扩张的眼球可以导致角膜直径的增大。角膜可变为云雾状或呈淡蓝色，且会发生水肿，其形状变为扁平，其上血管会发生扩张。结构上的改变包括角度的变宽，后弹力膜的增厚，睫状肌的萎缩。在某些病例中，角膜甚至溃烂、破裂。在患病的雄性动物中，会伴有精液浓度的降低、性欲的下降和精子生成受阻等现象。

两周龄时，患牛眼症的个体小梁网异常，小梁的入口处较小，并且在 6 周之后，可以观察到大量侧向延伸的虹膜柱。大多数小梁间隙仍然呈打开状。但是由于内部的液体，相邻的小单位空间被压缩。可以通过观察临床症状和测量眼内压的方法对该病进行诊断。

3. 预防和治疗

对兔的牛眼症的具体治疗方法尚无记载；但是，患病个体不应用于繁殖。

七、兔的补体缺乏症

1. C3 补体缺乏症

科学家在一种品系的兔中发现了遗传性的 C3 补体缺乏症，这种品系的兔同样也表现为 C8 α - γ 补体缺乏。在这种兔的体内，血清中 C3 的浓度、血液中 C3 的活性和血液中总的补体活性都显著下降。在这些兔中，血清中 C3 水平的低下不是由于 C3 编码基因的突变、C3 的抗原性变化、C3 抑制剂的存在与否及 C3 是否过度代谢分解，而是由常染色体的异常所致。在 3 月龄的时候，染色体异常的兔的存活率比正常兔的存活率低很多。

2. C6 补体缺乏症

在兔中，这种补体的缺乏具有典型的特征。在 1964 年的一篇报道中首次指出，一种品系的兔体内的溶血补体系统缺乏第 6 种成分。在玻璃或者塑料的器皿中，患病动物的整体血液凝固时间延长，血液中凝血因子的活性下降。其他血液凝集的参数均正常，包括促凝血酶原激酶、特异的凝血因子的活性，血小板因子Ⅲ的功能，血小板数量，以及出血时间。血小板反应过程的异常也是该病的一大特征。在与正常机体有着相似胆固醇水平和脂蛋白水平的情况下，C6 补体缺乏的兔可以免受饮食介导的动脉粥样硬化的威胁。在与 C6 正常动物的比较过程中，动脉粥样硬化情况下的血小板结构差异肉眼可见：在 C6 正常的兔体内，广泛的主动脉血管损伤清晰可见，但在 C6 缺乏的个体中未发现损伤。该症状的遗传方式为常染色体隐性遗传。

最近在 C6 补体成分缺乏的动物体内还发现了并发的神经系统症状，这种症状以亚急性的运动神经异常为特征。病理学研究显示，受影响的动物表现为：①主要包括运动纤维在内的坐骨神经轴突的严重衰退；②有时也会有外周轴突的扩大；③在神经系统中心和外周的有髓纤维内部存在异样物质；④在中枢神经系统的灰质内存在广泛的轴突营养缺乏。通过超微结构的检查，缺乏营养的轴突内部充斥着微管泡，这些稠密的物质与在人类神经轴营养不良（NAD）中所产生的十分相似。这也可以说明 C6 补体成分缺乏的兔可以作为研究人类 NAD 的动物模型。

3. C8 补体缺乏症

补体中 C8 成分 α 、 γ 亚单位的缺失是在新西兰兔的一个亚系中发现的。缺陷兔的免疫血清中缺少与免疫有关的功能性的 C8-α-γ-亚单位物质。该症状是常染色体隐性遗传的。患有该病的兔较正常兔身体小，体重轻。此外，病兔较健康兔在头三个月的存活率低。所有的 C8 缺乏的兔较同窝出生的兔个头会越来越小，举个例子：在刚出生的时候，有 86%的兔可以达到正常的大小，在 35 日龄的时候，57%的兔能达到正常大小。C8 缺乏常伴有矮小症。矮小症基因（*dw-2*）与 C8 的编码基因在位置上是分离的，位点并不相连。C8 缺失和 *dw-2* 双基因纯合的兔比其中一种基因纯合的个体还要小，几乎所有体型特别小的兔都在出生后的 35 日龄内死亡。C8 缺乏兔胸腺的绝对或者相对重量较健康兔会不断减轻，但对其胸腺进行组织学检查时并未发现任何异常。C8 缺乏的兔产仔能力强，但是 C8 缺乏的母兔若与 C8 缺乏的公兔或者患有侏儒症的公兔交配则生产率会下降。

八、灵长类动物的反应性关节炎

1. 病因学

对于人类，炎症性或者糜烂性的关节炎可以分为腐败性关节炎、风湿样关节炎、反应性关节炎和炎症性脊椎关节病。在人类中可以清晰地对其进行区分，但是在非人灵长类中这种区分的清晰程度较低。这些情况可以出现在一个小的关节处，包含脊柱的每一个关节。动物经常会出现急性或者慢性的小肠结肠炎。这种情况在恒河猴、大猩猩、狒狒属和长臂猿中均有出现。

反应性关节炎是在恒河猴中一种很好识别的症状。它日益增加的患病风险与人类特殊的 MHC 种类（HLA-B27）有关，但这在非人灵长类中并没有被证实。恒河猴的 *Mamu-A*12* 等位基因可能对该病具有保护作用。

2. 临床症状

反应性关节炎在动物体内可以呈现严重的非体重承受性跛行，这种跛行可以影响单一关节或者一侧肢体，如果不加以治疗，就会变为慢性、全身性的关节炎。在急性的病例中，单一关节的关节炎在触诊过程中会表现为肿胀和发热。在发病初期的 3 ~ 4 周内，患病动物及其同笼的其他动物会伴有一段时间的胃肠炎。动物经常表现为食欲减退，发热，但对皮质类固醇物质反应灵敏。如果不加以治疗的话，动物会伴有进一步的厌食，体重大幅减轻，不愿移动且肌肉组织开始发生萎缩。可以通过使用关节穿刺术以达到观察关节液的量或者进行辅助性诊断的目的。在慢性病例中，使用 X 射线技术可能看上去更加直观，但是该技术不能作为明确的诊断方法，也不能区分不同类型的关节炎。

关节液的细胞学分析显示黏度下降，白细胞增多。关节液中不能培养细菌。关节液的细胞学鉴定对及时诊断反应性关节炎及将其与腐败性关节炎加以区分至关重要。对于慢性的反应性关节炎，病理变化不具有特异性。通过最新病例的尸检可以观察到关节表面的糜烂，并有淋巴细胞、血浆细胞和巨噬细胞的混合液渗入滑膜。

3. 预防和治疗

使用高剂量的泼尼松龙进行快速治疗可以使临床症状缓解，2 ~ 3 个月内可以康复。对于急性的病例在早期给药动物反应明显，可以恢复到正常状态。慢性病例的治疗相对困难，如果延误了治疗的时机，或者关节的表面已经有明显损害，则药效不明显。

第六节 实验动物常见的其他种类非传染性疾病

一、咬合不正

（一）小鼠的咬合不正

1. 病因学

咬合不正的发生主要是由于门牙的生长过于迅速，从而导致上槽牙和下槽牙不能很好地对齐。

2. 临床症状

小鼠咬合不正的发生较为普遍，多发生在断奶之后体型偏小或者恶病质的小鼠中。在牙齿不断生长过程中，会伴随着门牙尤其是下门牙的对不齐，这会导致骨髓炎、软组织的脓肿和唇或口的洞样坏死。根据小鼠品系的不同，遗传性咬合不正的发病率也有所不同。大龄鼠的咬合不正可能是由外伤或者口部的坏死所致。在外伤所致的咬合不正中同时会伴有臼齿的过度生长。

（二）豚鼠的咬合不正

1. 病因学

草食性豚鼠的饲养过程中，豚鼠牙的生长可以被研磨物质不断地限制，但是当牙齿的咬合面不齐的时候，牙齿就会出现畸形、过度生长和不对称的情况。上颌骨的短小、下颌骨距上颌骨空间的异常狭窄、营养缺乏或外伤、牙周病所致的牙齿的损坏和偏离均可以导致豚鼠的咬合不正。牙齿根部的脓肿可以延伸至下颌骨或者上颌骨部位的静脉窦，导致眼球突出。咬合不正经常出现在前后臼齿，但有时也在门牙中出现。

2. 临床症状

临床症状包括食欲不振、体重下降、多涎、口部的裂伤和流血及口闭合困难，甚至导致死亡。尸检发现牙齿过度生长，有牙周炎，在上颌骨牙齿的唇侧和下颌骨颊部牙齿的舌侧均有锋利的边缘和突起。细长的牙冠呈拱形，抑制舌头的移动，使嘴被迫张开。

3. 诊断和治疗

通过临床的症状或者嘴部的检查可以进行诊断，对动物进行麻醉，配合使用钢笔形的小电筒和小镜子更易于检查。其他可能引起豚鼠咬合不正的原因包括叶酸缺乏、慢性氟中毒、热力因素、维生素 C 缺乏和齿部的溃烂。对于牙齿过度生长的治疗，可以使用高速牙钻或者骨钳修整掉齿龈以上 2 ~ 3mm 过度生长的牙齿，并将表面打磨锋利，该过程必须在动物处于麻醉的状态下进行。蛀牙应当拔去，将里面的脓汁排出，并给予适当量的抗生素。然而，因为颌骨牙槽的空间十分狭小且器具很难进入，所以使用器具拔牙是十分困难的。因为该病具有遗传特点，所以咬合不正的豚鼠不适于用来进行繁育。

（三）兔的咬合不正

1. 病因学

下颌骨的前突是家兔最常见的遗传病，该病为常染色体隐性遗传。

2. 临床症状

与下颌骨凸颌有关的咬合不正可在早至 2 ~ 3 周龄时观察到明显的临床症状，断奶后的成年兔更为明显。临床症状包括食欲减退和体重减轻。若足够严重或者不予治疗，则病兔可能会因为不能很好地进食而饿死。

3. 流行病学

正常情况下，下半部分的切牙与上半部分的切牙相咬合，第二对小的切牙会与上颌骨的第一切牙的尾部直接接触。在正常的咀嚼过程中，下面的切牙会与上面的切牙相碰撞，因为两侧牙齿的牙釉质较细，所以后面的牙齿的移动速度较快。患病动物在牙齿运动方式上还是正常的。

下颌骨凸颌的最显著的异常是，上颌骨较长度正常的下颌骨短。所以，虽然为下颌骨凸颌，但是真正的问题出现在上颌骨。兔的牙是终生生长的，举例来说，门牙的生长速度为每周 2.0 ~ 2.4mm。当咬合正常的时候，牙和牙之间紧密对齐，并且保持着正常的长度。当下颌骨凸颌导致牙齿咬合出现异常时，牙齿会因为未受到正常的磨损而长得很长。在患病动物中，下面的牙齿会先于上面的牙齿生长并且突出于嘴部外面，而上面的切牙也长到下牙部位并往口腔内部卷曲。在一些病例中，上牙可以卷曲到口腔的上颚，并划破黏膜，这种病例中可能出现继发感染和脓肿。

4. 预防和治疗

每 2～3 周就应对过度生长的牙齿进行一次修整，如果必要的话，可以增加修整的频率。使用牙钻可以在修整的过程中避免牙齿的碎裂。该病具有遗传性，不可将患病动物用于繁育。

二、黑线仓鼠的脑出血

1. 病因学

脑出血的起因尚未证实，但可能是与脑动脉的炎症和变性有关。在野生型黑线仓鼠的尸检中，没有发现脑出血的存在。

2. 临床症状

在实验仓鼠的慢性 ^{131}I 中毒实验中，20%的个体有脑出血现象，动物会在 1～2 年内出现死亡。显微镜下观察显示，出血是由动物大脑动脉的膨胀和坏死所致。病变的血管中存在 PAS 反应阳性物质。在慢性病例中，血管壁会异常增厚。

三、豚鼠横纹肌瘤病

1. 病因学

豚鼠横纹肌瘤与人的横纹肌瘤类似，是心肌的错构瘤而非真正的肿瘤，可能是由心肌细胞衍化而来。

2. 临床症状

横纹肌瘤病通常发生在豚鼠的左心室中，该病表现为粉红色或苍白色的病灶，病灶具有模糊的边界。在犬、猪和人中也可以出现横纹肌瘤病。肌肉上的条纹代表了糖原在肌纤维中的积累，先天性的糖原代谢异常可以引起发病。使用乙醇固定病理样本并用希夫试剂染色可以很好地观察样本的病理变化。该病不会引起明显的心肌损伤。

四、豚鼠的骨关节病

1. 病因学

在 1997 年，Jimenez 等在雄性 Dunkin Hartley 豚鼠的后肢膝关节和其他关节处发现了自发性的骨关节炎。该病可在早至 3 月龄的时候被发现，在 22 月龄的时候会变得尤为严重。

2. 临床症状

软骨组织中蛋白多糖水平升高，胶原含量下降。组织学的异常包括骨赘、关节侧支韧带的钙化和关节表面的异常。遗传因素、关节损伤、维生素 C 缺乏和肥胖可以导致骨关节病。科学家在 1998 年对该病的发病机制进行了深度研究，认为机械负重和物理环境的硬度过高是该病发病的直接原因。

五、兔的子宫积水

1. 病因学

子宫积水是兔临床病理体征中的一种，所有的子宫积水病例都出现在用于实验中生产血清抗体且未交配的兔中。

2. 临床症状

临床表现为腹部膨胀、呼吸急促。该病以膨胀的子宫角渗出液体为特征。有些病例会伴有子宫扭转。可以使用利尿的治疗方法对该病进行治疗。

六、兔的肝片扭转

1. 病因学

肝片扭转通常是发生在尾状叶，也有个别病例发生在左肝叶。许多肝片扭转的病例是在尸检的过程中附带发现的。在三只患有巴斯德菌病的成年新西兰兔的尸检中也发现伴有肝片扭转。2009 年，Wenger 发现了 3 例宠物兔的肝片扭转。

2. 临床症状

所有的病兔都表现为严重的昏睡、厌食、腹痛、黄疸和黏膜发白。个别兔同时伴有血尿。其他肝片扭转的病例中还发现有贫血和丙氨酸氨基转移酶水平的升高。在所有的临床病例中，兔均被施以安乐死，或在术后的恢复期中死亡。

七、外伤

（一）犬的外伤

1. 病因学

在实验环境中，大多数外伤的伤口小且易被发现。有时，犬可能会在运输的过程中受到少量的外伤，或者是在运输结束时在笼中被发现伴有之前未发现的慢性小外伤。在集中饲养的情况下，犬可能在其早期阶段受到咬伤。所以根据以上情况，在初期采用合适的治疗可以减少伤口治疗过程中的困难。若伤口不能被及时发现或不遵守伤口治疗的基本原则，则会继发伤口恶化和伤口感染。

2. 临床症状

外伤的外观和特征要与受伤的起始和持续过程中的特征相区分。小量的出血伤和组织的破裂伤包括擦伤、切伤和部分较深的皮肤伤。刺伤虽然表面的伤口很小但伤及深部的组织，且可能有潜在的感染。皮肤遭受剧烈的分离则造成撕裂伤，可能会伤及深部的组织。重伤以组织出血、被锋利边缘划破或者失去活力为特征。其感染程度大小不一。慢性伤不呈现明显的出血且通常为曲形和圆形的伤口，这类伤通常伴有组织坏死和伤口感染。

3. 预防和治疗

对于外伤的治疗已发展形成了几种不同的分类体系。曾经，伤口治疗方法的选择在很大程度上是取决于自受伤起的时间长短，或者是所谓的“黄金时间”。现在，人们认识到，比起初期的伤口护理，有几个重要的因素更应该优先考虑，包括伤口的种类和大小、伤口的感染程度和机体防御系统的反应能力。一种应用最广泛的分类系统是基于伤口的感染程度，把伤口分为清洁、轻度感染、感染和重度感染。

在实验室环境下可见的大量伤口都会被归到清洁级伤口和轻度感染伤口的类别中，这些伤都可以通过基本的伤口护理和在早期及时的包扎得到处理。感染和重度感染的伤口需要更大程度的治疗。早期治疗过程中，手术后的感染和并发症应被视为重度感染的伤口。如果有伤口不能得到很明确的分类，那么要假定它为最严重的那一类，这样才能保证得到最优的治疗，同时也会避免并发症的发生。

在伤口治疗的初期，不论它的伤口级别是什么，都应该采用一样的治疗手段。最初，在伤口得到治疗之前，都应用无菌纱布将其包扎，对伤口进行直接按压以控制出血，应避免使用止血带，因为不恰当的粘贴止血带会引起继发感染。在进行进一步的伤口处理（清创、冲洗）之前，应尽量避免使用局部消毒剂。在必要时，可根据伤口的大小、位置和临床医师的个人偏好使用麻醉剂和镇静剂。如果伤口感染或者重度感染，开始滋生好氧或厌氧的细菌，那么就应该使用麻醉剂和镇静剂了。在去除表面毛发的过程中，可以直接向伤口注入水溶性的润滑凝胶，以防止更进一步的感染。在剪毛的时候应将剪毛的范围向外扩大一点，且将伤口的外周进行擦洗。外周表面的消毒通常选用碘酒或水溶氯已定葡糖酸盐。对于只有一小部分皮肤层发生的简单的擦伤，可以不进行更进一步的治疗。伤及整个皮肤层的伤口则需要进一步的治疗，如利用压力装置向其中冲入大量的液体。科研工作者之前推荐了几种冲洗时用到的溶液，但是选取溶液种类这一因素并没有冲洗时的压力和体积那么重要。要让患处得到充分的清洗，最好采用 380Pa 的压力，并使用装有 18 号或 19 号针头的容量为 35ml 的皮下注射器。

对于感染和重度感染的伤口，在早期治疗中使用清创术是十分重要的。清创术通常从浅至深。将明显坏死的组织进行分离。虽然经常有说法称最好将出血点处的皮肤与出血点分离，但这不适用于四肢上的大面积伤。同时要注意水肿或机体的血容量不足也可以使出血量减少。如果是在缺少皮肤组织处不能对皮肤的组织活性加以判断，那么皮肤是可以被保留的，失活的区域会在 2 ~ 3 天内与具有活性的区域呈明显的不同。尽可能将坏死的脂肪切除，因为其在坏死后因得不到大量的血液供应而为细菌提供了生存的环境。切除皮下脂肪还可以将清创冲洗步骤中无法除去的溃烂组织和毛发一并除去。受到损伤的肌肉组织也要彻底清除。在进行清创术的过程中，要频繁冲洗，且当清创术完成后，需再冲洗一遍。

在进行完最初的伤口治疗之后，需要谨慎考虑选用伤口缝合的方法，可以参考一些文章中很好的外伤处理的基本方法。在早期对伤口进行缝合适用于清洁级和轻度感染等级的伤口。小心地使两端组织紧密闭合，避免中间夹杂坏死的区域。如果伤口中仍然存在坏死的区域，就需要用到引流装置了。皮下缝合应该使用可吸收的缝线，如聚二恶烷酮或聚乙醇酸。尽可能少地使用缝线，避免伤口内停留过多的缝线。人们也逐渐使用尼龙线进行缝合。

当坏死的部分无法一次性清除时，应避免或推迟伤口的缝合。在清创和冲洗后，应使用绷带将伤口包扎。可以使用有凡士林涂抹的绑带包扎伤口。患处使用羊毛垫料覆盖，绷带外覆以支持层和保护层。根据伤口渗出的排泄物的量，选择一到两天换一次绷带。在受伤的 3～5 天之内缝合伤口（先于肉芽组织形成）视为早中期缝合。如果在受伤的 5 天之后缝合，那么就视为中期缝合。其目的是使伤口在没有外科干预的情况下自行痊愈。该方法通常用于四肢的治疗，因为在四肢处，没有足够面积的皮肤可用于完全缝合。该处有一点应该引起重视，那就是不缝合治疗方法要比外科缝合法伤口的恢复时间长，同时，在大面积皮肤损伤的病例中，所花费的包扎材料的费用更加高昂。

在外伤中使用抗生素时应考虑以下几点因素：伤口的部位和等级，机体的抵抗力，以及患病动物用于何种研究。当伤口为清洁级或轻度感染级时，除非机体面临较大的受感染可能，否则没有必要使用抗生素。当伤口处于感染或者重度感染时，抗生素的采用就变得很有必要，且抗生素种类的选择会影响最终的治疗结果。选取抗生素时要对症下药。在轻度感染时可以局部使用杆菌肽、新霉素和多黏菌素 B 制品。在大面积皮肤伤的情况下应着重针对葡萄球菌属，在咬伤的情况下应着重针对巴斯德菌属。如有必要使用全身性抗生素，头孢菌素类、阿莫西林类和磺胺类在早期抗生素治疗过程中都是好的选择。

要达到一个很好的饲养标准，应该在早期排查出潜在的可能致伤设备或一些锋利的表面。在治疗过程中临床手法的优化和良好的早期伤口护理可以减少伤口的继发感染。

（二）非人灵长类的外伤

1. 病因学

在群居的灵长类动物中，外伤是一种常见病。动物相互之间的攻击可以致伤或导致死亡。外伤包括皮肤损伤及皮下组织的损伤。可能引起的需要治疗的并发症包括组织的冲击伤、脓毒血症或多个器官的衰竭。严重受伤的动物需要悉心的照料，如进行静脉输液或者采用电解质疗法。

2. 临床症状

咬伤是常见皮肤伤的一种，因为其没有明显的撕裂痕迹且出血量较小或根本没有出血现象，咬伤经常被忽略，从而引起伤病的扩散。发病几天后可出现以干裂、发黑和皮肤失活为特征的局部的缺血性坏死。深部组织也可以发生失活，需要采用清创术治疗。该病经常伴有中期的感染，在严重的病例中深部组织的损伤可引发肾脏的肌红蛋白尿，同时可以引发严重的致死性肾脏疾病。在疾病早期对于伤口的破坏情况和液体的性质做出准确的诊断，可有效地遏制以上并发症的发生。

在群居的猴中，尾部的咬伤最为常见。有时，一个群体的猴中，有一或两只会咬伤其他同伴的尾部。一旦尾部受伤、感染，猴就会以自残的行为试图摆脱伤病的困扰。尾部的血液供应减少，就会继发坏疽和感染。所以，尾部受伤也可能是自身造成的。同时，当猴的牙齿发生伴有脓疮的疾病或其他齿部疾病时，就会去咬食尾巴以减缓疼痛。可采用断去感染尾部的方法处理重伤或已感染的尾巴。

八、犬的褥疮

1. 病因学

褥疮，又称压疮，是指在长期的饲养居住环境中，动物皮肤长期与坚硬的物体表面接触的一种疾病。褥疮多发生在骨的突起部位，如肘部、踝部和腕部。与坚硬表面长期压迫的软组织会导致血管闭塞、局部缺血，最终会导致组织坏死。几个增加单位面积压力的因素和/或影响皮肤完整性的因素会使皮肤易发生压疮，包括：卫生条件差、自残、低蛋白饮食、肌肉萎缩、垫层不完整和笼具参数与实际不符。该病通常在大型繁育犬中发生，但是任何种类的犬都有发生。

2. 临床症状

起初，皮肤会变红。经过一段时间之后，皮肤的每一层都会出现异常且会发生深部组织的坏死。根据伤口的深度和从表面的皮肤到深部的骨骼所涉及的组织不同，褥疮的严重程度从 1 级到 4 级不等。

3. 预防和治疗

在该病的预防和控制中，弱化和消除致病因素显得尤为重要。如果犬长期处于躺卧的姿势，那么就一定要准备好垫料和垫层。理论上对于侧卧的动物应在每 2h 将其进行移动，防止特定区域继发症状的发生。在预防和处理褥疮的过程中，重视皮肤卫生至关重要。在任何时候，皮肤都应保持干爽、清洁。采用合理的饲喂方式以维持体重可以减少褥疮的发生。

褥疮的治疗过程包括伤口的护理和重视致伤因素。在早期对伤口护理的程度在很大程度上取决于伤口的深度。对于简单的擦伤和只涉及皮肤表面的小伤，简单的伤口清理和护理足矣。当伤口涉及更深层的组织，包括脂肪、筋膜和骨，就需要进行更大程度上的诊断和治疗。通过 X 射线观察患处骨组织的结构，并对伤口进行处理。受损组织必须进行清创且需遵循基本伤口护理原则：当整个伤口开始形成肉芽组织时，就可以进行伤口的缝合了。这适用于大面积损伤和皮肤组织的错位损伤。

在所有类型的伤口治疗中，都应进行包扎。但是要时刻牢记，使用不合适的绷带包扎或包扎不充分将会使病情恶化。伤口本身的空隙不可大量填充，伤口应轻轻地用药用棉覆盖，并用合适的绷带或者毛巾盘绕。这么做是将患处组织所承受的压力分散给健康组织。同时用绷带固定住盘绕的物体。如果处理的部位要进一步进行治疗或科学研究，可以在伤口上方的绷带处开一个小洞以减轻患处的压力且方便进行进一步治疗。一到两天后撤掉绷带，这样有助于伤口的恢复。

九、非人灵长类动物的急性胃扩张

1. 病因学

在非人灵长类中，因为饮食过多、抗菌治疗中胃部菌群的改变、麻醉、运输和其他环境改变可导致急性的胃扩张或者鼓胀。虽然还未证实有绝对的关系，但胃扩张似乎与胃内部产气荚膜梭菌的增殖有关。在一次调查中，Bennett 等（1980）报道所有患胃扩张的猴有作息不规律或者最近有被麻醉或镇静的经历。24 只猴中有 21 只的胃内容物中分离出了产气荚膜梭菌，这些猴均被投喂了饼干。个别猴较易发生急性胃扩张，并且经常发病。

2. 临床症状

早期的临床特征包括不适，如经常有奇怪的举动或倦息。随着该病的继续发展，猴会在笼中呈下蹲或者躺卧的姿势。有显著的腹部膨胀，呼吸短促而吃力，最终会发生昏迷。猴经常在没有发生临床症状时就已经死亡。

急性胃扩张是一种医疗性紧急事故，需要迅速采取措施。Soave（1978）阐述了如下针对该病的治疗方法：用盐酸氯胺酮对动物进行麻醉，每公斤体重使用 10 ~ 15mg。利用胃内插管法去降低胃内压，口服氨苄西林，每公斤体重配 30 000U 的药，以控制胃内气体的形成。静脉注射乳酸盐林格溶液（20 ~ 30ml/kg）和可的松（1mg/kg）。

十、非人灵长类动物的慢性肠炎

1. 病因学

慢性肠炎是最常见的疾病之一，也是圈养的非人灵长类动物中难以诊断的疾病之一。持续一个月以上的慢性肠炎可能是由许多原因引起的，包括细菌感染、摄入过敏原或发生超敏反应、寄生虫感染、代谢失调及肿瘤因素。该病通常伴有渐进性的体重下降，如果不采取医疗干预，不断下降的体重会导致肌肉萎缩和永久性残疾。严重病例甚至需要进行安乐死。长期或反复发作会导致动物易患全身性淀粉样变性或引发肠癌。

2. 诊断和治疗

应对非人灵长类动物的居住设施进行标准化的审查，及时干预、解决慢性肠炎的发生。方法应该根据非人灵长类种类的不同和该动物群体中已知或未知的病原种类决定。诊断方法包括：频繁进行粪便检查、血液分析、内镜活检和排除食物中的过敏原。一系列的体检、记录体重和身体状况均有助于监控治疗的有效性。实验室鉴定应根据动物状况和监控时的健康状况来决定。粪便检查包括：直接涂片、粪便浮选、抗原捕获和 PCR 检测特定病原体。为了检测潜在病原体是否存在，可以将粪便组织进行细菌培养。在未来，下一代基因测序技术可以提供胃肠全部的基因组，这样就可以对共生菌中的致病菌做出诊断。随着这种方法的广泛使用，作为一种辅助治疗的手段，它可以提供和定义该病更多的发病原因。

十一、非人灵长类动物的子宫内膜异位症

1. 病因学

在旧大陆灵长类动物中，子宫内膜异位症是一种很常见的雌性动物疾病。该病为进行性疾病，以子宫腔外的子宫内膜组织的沉积和增殖为特征。子宫内膜异位症在 10 岁以上的动物中发病，平均年龄为 15 ~ 16 岁。子宫内膜异位症在恒河猴、短尾猴和狒狒中较

为常见。在非洲绿猴和猪尾猕猴中也有报道该病的发生。在大龄狒狒中的发病率为 8%~27%，在恒河猴中的发病率为 31%。在大于 20 岁的恒河猴中，发病率可增至 10%~45%。由于圈养动物生殖数量的提高，该病的发生率也会提高。据报道，该病在恒河猴中具有家族性倾向。

逆行月经在该病的发病过程中起推动作用。包含子宫内膜细胞的物质回流入腹腔。引致该病的危险因素包括：辐射、使用雌二醇植入物进行治疗、之前进行过子宫切开术和受到一定的压力。异位组织的生长和维系需要雌激素、生长因子和活性原癌基因的参与。有些说法认为异位组织免疫反应的缺陷可能对该病的发生有促进作用。根据这些说法可以得出，免疫抑制促进了该病的发展。在许多狨猴中，这种病是由实验因素产生的。在发病动物中，通常是由之前做过子宫手术而引发该病。

2. 临床症状

该病可能不伴有任何症状，在尸检过程中偶然被发现。临床症状包括：腹痛、周期性厌食症、体重下降、月经周期不规律、便秘和贫血。骨盆器官的形变和/或输卵管的闭塞可以导致不育。通过触诊、成像和腹部检查来诊断该病。超声波诊断存在褐色液体可高度印证该病已经发生。

非人灵长类被视为在自然条件下存在的与人类结构相仿的动物模型。非人灵长类子宫内膜异位症经常发病较为严重，且与癌扩散在一定程度上相仿。经常可观察到内脏和腹膜表面的损伤，通常涉及子宫的浆膜、膀胱、网膜、结肠及子宫韧带。异常的组织不易被发现，因为它们分散至整个腹腔中，包括膈和肝脏处。在总的检查中，异常的组织与浆膜表面相连，并呈现出许多红褐色到褐色的囊肿。在腹腔中可见粘连。组织学特征包括：异位的子宫内膜腺体和基质黏附于浆膜表面且有时会穿透周围的组织。腺体包含血液和组织碎片。还可观察到纤维化、含铁血黄素沉着和不同程度的炎症。由于受到荷尔蒙的周期性影响，组织产生了临床变化。在子宫肌层内异位子宫内膜腺体和子宫间质的沉积称为子宫腺肌病。术语“腺肌瘤”用于描述增生的平滑肌形成的肿瘤样物质与子宫内膜病灶的混合物。子宫内膜异位可能会改变免疫功能，若动物用于实验，那么一定要考虑子宫内膜异位引起的慢性炎症对实验研究的影响。

在猕猴中诊断出子宫内膜异位时，治疗后并不能使生育能力恢复，只能对病情有缓和作用。治疗方法包括卵巢子宫切除术、囊肿切除术、黄体酮治疗，以及醋酸亮丙瑞林（促性腺激素释放激素类似物）。同时，也应该使用非甾体抗炎药和止痛药来缓解该病引起的并发疼痛。

十二、非人灵长类动物的自残症

1. 病因学

猕猴引起外伤的原因之一是其有自我伤害行为（SIB），该病被视为一种严重的针对自身的不良行为。最轻度的形式表现为撕扯毛发；重则表现为头部撞击及自我咬伤。5%~12%单独饲养的恒河猴和猕猴有自残行为。伤口通常以皮肤和肌肉的咬伤和割伤为主。自我咬伤比实际受伤显得更为频繁。

2. 诊断和治疗

在该行为发生的过程中，可采用的几种不同的应对方法包括：群体饲养，强化训练，以及非社会干预，包括在动物刚进入封闭环境时提供额外的空间。根据严重程度的不同，SIB 可能需要迅速的药物治疗，辅以行为的管理和监控。已使用的一些药物治疗包括苯二氮䓬类、L-色氨酸、氟西汀、胍法辛和醋酸环丙孕酮。这些药物一般在急性发病时使用，其在长期治疗中的效能还没有得到评估。此外，最近的研究表明，SIB 的亚型存在药物治疗上的差异。Tiefenbacher 等（2005）提到，在使用地西泮治疗恒河猴的自残行为时，半数的猴的自残行为确有缓解，但对剩下的动物没有影响，甚至加剧了病情。行为的识别上和药物治疗效果的预测上需做额外的工作。对于不了解该病的饲养者，曾尝试提高环境的丰富度来遏制该病的发生，但未成功。也曾有通过采用社会化技术、丰富环境和药物治疗成功治疗该病的案例。切开或处理牙咬伤口可以减少伤口的困扰，但是并不能遏制自残行为。由于该病的严重性及该病不易治疗的特点，应对该病时以预防和减少该病发生为主。研究表明，在疾病早期采取的措施对于预防该病至关重要。在老年动物中，减少独居也会给动物带来益处。

参考文献

秦川. 2017. 实验动物比较组织学彩色图谱. 北京: 科学出版社.

王军, 高传玉. 2014. 心血管疾病动物模型. 郑州: 郑州大学出版社.

王廷华, 李力燕, 李利华. 2015. 神经疾病动物模型制备理论与技术. 北京: 科学出版社.

周广兴. 2007. 人类疾病动物模型复制方法学. 上海: 上海科学技术文献出版社.

Anderson LC, Otto G, Pritchett-Corning KR, et al. 2015. Laboratory Animal Medicine. 3rd ed. Burlington: Elsevier Inc.

Bennett BT, Cuasay L, Welsh TJ, et al. 1980. Acute gastric dilatation in monkeys: a microbiologic study of gastric contents, blood, and feed. Lab Anim Sci, 30: 241-244.

Doi K, Yamamoto T, Isegawa N, et al. 1987. Age related non-neoplastic lesions in the heart and kidneys of Syrian hamsters of the APA strain. Lab Anim, 21: 241-248.

Gerold S, Huisinga E, Iglauer F, et al. 1997. Influence of feeding hay on the alopecia of breeding guinea pigs. Zentralbl Veterinarmed Reihe A, 44: 341-348.

Hrapkiewicz K, Colby L, Denison P. 2013. Clinical Laboratory Animal Medicine: An Introduction. 4th ed. Copenhagen: Wiley Blackwell.

Kok DJ. 1997. Intratubular crystallization events. World J Urol, 15: 219-228.

Kurisu K, Sawamoto O, Watanabe H, et al. 1996. Sequential changes in the harderian gland of rats exposed to high intensity light. Lab Anim Sci, 46: 71-76.

Lai YL, Jacoby RO, Onas AM. 1978. Age-related and light-associated retinal changes in Fischer rats. Invest Ophthalmol Vis Sci, 17: 634-638.

National Research Council. 1991. Infectious Diseases of Mice and Rats. Washington, DC.: National Academy Press.

Semple-Rowland SL, Dawson WW. 1987. Retinal cyclic light damage threshold for albino rats. Lab Anim Sci,

37: 289-298.

Snyder PW, Kazacos EA, Scott-Moncrieff JC, et al. 1995. Pathologic features of naturally occurring juvenile polyarteritis in beagle dogs. Vet Pathol, 32: 337-345.

Soave O. 1978. Observations on acute gastric dilatation in nonhuman primates. Lab Anim Sci, 28: 331-334.

Tiefenbacher S, Fahey MA, Rowlett JK, et al. 2005. The efficacy of diazepam treatment for the management of acute wounding episodes in captive rhesus macaques. Comp Med, 55: 387-392.

Ward BC, Moore JW. 1969. Spontaneous lesions in a colony of Chinese hamsters. Lab Anim Care, 19: 516-521.

Wolfensohn S, Lloyd M. 2013. Handbook of Laboratory Animal Management and Welfare. 4th ed. Copenhagen: Wiley Blackwell.

第三篇　实验动物疾病控制

第八章　实验动物质量控制

实验动物作为生命科学研究的重要支撑条件，直接影响到各相关学科的发展，随着科学的发展和科技的进步，对实验动物的质量提出了越来越高的要求，其质量成为制约性要素，直接影响应用该动物的项目质量、科研数据的准确性及结论的可靠性，同时也会影响实验人员的健康。使用标准的实验动物并在标准的环境条件下进行实验是保证生物及医学研究质量的重要条件，所以实验动物的标准化问题更是备受关注。实验动物的标准化既是科研工作发展的需要，又是组织现代化繁殖生产的主要手段，是科学管理的组成部分。标准化水平是反映一个国家生产科技水平和管理水平的重要标尺。实验动物标准化由实验动物生产条件的标准化、实验动物质量的标准化及实验动物（应用）条件的标准化三部分组成，并对实验动物研究结果的敏感性、准确性和可重复性具有重要影响。

实验动物质量主要包括质量管理和质量控制两部分。质量管理主要是建立健全实验动物管理法律、法规，质量监测体系，质量标准及相关规章和办法的法制化、标准化及规范化管理等。质量控制则侧重于研究实验动物质量的检测试剂、检测技术及方法等，包括：遗传学质量控制、微生物学和寄生虫学质量控制、营养学质量控制、环境生态学质量控制和病理学质量控制等。

第一节　实验动物质量检测技术

利用检测技术定期对实验动物进行检测，能够在最大程度上掌握动物健康状况、疫病的流行现状、危害程度、流行规律和发展趋势等，为实验动物疫病的防控提供了重要的决策依据，有利于确定疫病防控工作的重点领域、关键环节和主要任务等。同时，利用检测技术可监测免疫后的动物群体，客观评价免疫效果，评估免疫措施。实验动物质量检测技术可以分为三大类，即病原的分离鉴定技术、针对动物体内特异性抗体的血清学检测技术及基于病原核酸的分子生物学技术。

一、实验动物病毒检测技术

（一）病毒血清学检测技术

病毒感染后会刺激机体产生特异性抗体。用已知病毒抗原检测血清中的特异性抗体，可实时监测动物群体对该病毒的感染情况。血清学检测具有操作简单便捷、对仪器要求不高、成本较低等特点，而被广泛应用于实验动物病毒检测。一般来说，血清学方法是用已知的病毒抗原检测动物体内有无相应的特异性抗体，但也可用已知的抗体来鉴定未知的病毒抗原。常用的血清学检测方法主要有血凝抑制试验、酶联免疫吸附试验、间接免疫荧光检测试验及多重免疫荧光试验等。这些检测方法各具特点，在不同的病毒抗体检测中显现出各自的优缺点。

1. 血凝抑制试验

表面具有血凝素（HA）的病毒如正粘病毒、副粘病毒、弹状病毒、呼肠孤病毒等，在一定温度下能凝集某种动物的红细胞，产生肉眼可见的血凝现象。受具有血凝素的病毒感染后，动物机体可产生针对该血凝素的抗体。当病毒悬液中加入该特异性抗体，且此种抗体的量足以抑制病毒颗粒或其血凝素时，红细胞表面的受体将不能与血凝素直接接触，凝集现象就被抑制，称为红细胞凝集抑制（hemagglutination inhibition, HI）反应，也称血凝抑制反应，利用这种特性设计的试验则称为血凝抑制试验。

血凝抑制试验因其操作简单快捷，实验结果较为直观且具有一定的代表性，而被广泛应用于疫病诊断、流行病学调查及免疫效果监测等。

2. 酶联免疫吸附试验

酶联免疫吸附试验（enzyme linked immunosorbent assay, ELISA）是利用抗原、抗体之间的专一性结合，对待检动物进行检测。其基本原理是酶分子与抗体或者抗抗体分子共价结合，此种结合不会改变抗体的免疫学特性，也不影响酶的生物学活性。这种酶标记抗体可与吸附在固相载体上的抗原或抗体发生特异性结合。在加入底物后，可出现颜色反应，并以此来判断有无相应的免疫反应。颜色的深浅与标本中相应抗原或抗体的量呈正相关。通过将酶化学反应的敏感性和抗原抗体反应的特异性结合起来，使 ELISA 方法成为一种既特异又敏感的检测方法。

根据 ELISA 的性质不同，可分为：间接 ELISA、双抗夹心 ELISA、竞争 ELISA、竞争抑制 ELISA 等。在实验动物病毒特异性抗体检测中，常用间接法，即在固相载体中包被病毒抗原后，加入待检血清，随后加入酶标抗体，并通过底物的显色反应，以判断抗原抗体反应。底物颜色深浅的变化反映了被固定的酶结合物的量，而酶结合物的量与样品中抗体水平呈正相关。

3. 间接免疫荧光检测试验

间接免疫荧光检测试验（indirect immunofluorescence assay, IFA）是实验动物病毒检测的常用的免疫标记技术，用于检测相应的抗原或抗体。其基本原理是经荧光素标记的抗体可与抗原反应形成抗原-抗体复合物，其携带的荧光素在紫外光或蓝紫光的照射下，可激发出可见的荧光。借助荧光显微镜观察荧光的有无及强弱而对待检抗原或抗体进行鉴定或定位。可分为直接免疫荧光试验和间接免疫荧光检测试验。该技术具有特异性强和敏感性高等特点。同时也存在非特异性染色、结果判断客观性不足及技术程序比较复杂等问题。此外，由于荧光测定中的本底较高等问题，荧光免疫技术用于定量检测有一定的难度。

4. 免疫酶染色试验

免疫酶染色试验（immunoenzymatic staining test, IEST）是指将含有病毒抗原的细胞固定于玻片上，遇到相应抗体后形成抗原-抗体复合物。此抗原-抗体复合物仍保持其抗原性，可与相应的酶标记的第二抗体结合，遇到酶底物可产生颜色反应。在普通显微镜下，可根据细胞染色反应判定结果。

5. 多重免疫荧光试验

多重免疫荧光试验（MFIA）是基于 Luminex 技术平台的新型检测技术，是综合有色微球、激光技术、应用流体学及高速数字信号处理技术而发展起来的一种多功能液相分析平台。通过不同荧光比例标记微球，可同时检测高达 500 种蛋白质或基因。Luminex 有两大核心技术，分别是 x-MAP 技术和 x-TAG 技术。其中，x-MAP 技术是蛋白水平的检测，将蛋白质作为探针偶联到微球上，利用荧光编码微球共价交联抗体，再通过激光扫描荧光编码微球识别单个微球和测量"检测荧光"强度来确定被检样品的浓度。Luminex 应用的荧光编码微球带有针对不同目标分子的特异性抗体，不同的微球在一定程度上可以自由组合，在一次实验中可同时完成多个目标分子的分析，可大大减少生物样品的消耗量，节省成本和测定时间。

目前用于实验动物病毒抗体检测的血清学方法常用的主要有 ELISA、HI、IFA 等。作为最常用的检测方法，ELISA 具有灵敏度高、特异性强、试剂保存时间较长、无污染、更易达到标准化要求等特点。随着商品化试剂盒的出现，该方法得到更广泛的应用。与 HI、IFA 等比较，ELISA 方法的结果判定需要借助仪器来完成，结果判定方法的客观性比较强，因此可排除人为因素所造成的误判。

EIA、IFA 是国家标准中规定的实验动物病毒抗体检测方法。这两种方法都是由检测人员通过肉眼观察判断结果，其准确性与人员的经验和仪器质量有直接关系。

HI 方法烦琐，灵敏度不及 ELISA 和 IFA，但在某些实验动物病毒抗体检测中还是具有应用价值，如兔出血热症病毒的检测，由于该病毒缺乏敏感细胞，而无法制备和提纯抗原。应用 HI 检测时对抗原纯度要求不高，可用于兔瘟病毒抗体的检测。值得注意的是，有很多因素会影响 HI 法检测结果的准确性，如温度、红细胞来源、血凝板的规格、作用时间、非特异性凝集素和抑制素的处理等。

近年来，多重免疫荧光试验检测技术发展迅速并逐步推广，Charles River 实验室国际公司针对小鼠、大鼠、禽、猴等推出了多重检测试剂盒，可实现同时检测小鼠 33 种病原，禽的 22 种病原。鉴于该检测试剂盒的价格较昂贵，且需要配套的检测仪器，该技术目前在国内的应用较少。

（二）分子生物学检测技术

分子生物学检测技术是现代分子生物学和分子遗传学取得巨大进步的结晶，是在人们对基因的结构及表达和调控等生命本质问题的认识日益加深的基础上产生的，并先后建立了限制性内切酶酶谱分析、核酸分子杂交、限制性片段长度多态性连锁分析等。随后又开发建立了 DNA 体外扩增技术聚合酶链反应（polymerase chain reaction, PCR）及 DNA 芯片（DNA chip）技术，这些分子生物学检测方法均可用于病毒核酸检测。

1. 核酸分子杂交

具有一定互补序列的核苷酸单链在液相或固相载体中按碱基互补配对原则结合

成异质双链的过程称为核酸分子杂交。应用该技术可对特定的 DNA 或 RNA 序列进行定性或定量检测。根据反应支持物的不同可分为固相杂交和液相杂交。常用的固相杂交技术有：Southern 印迹杂交、Northern 印迹杂交、点杂交、夹心杂交、原位杂交和寡核苷酸探针技术等。液相杂交的原理和固相杂交大致相同，只是将反应体系换为液相环境。

2. 聚合酶链反应

聚合酶链反应（PCR）是 20 世纪 80 年代中期发展起来的体外模拟自然 DNA 复制过程的核酸扩增技术。通过分别与双链的 DNA 序列 3′ 端互补的寡核苷酸引物，由 *Taq* DNA 聚合酶介导从 5′到 3′的一系列 DNA 聚合反应，经过 DNA 模板变性、退火、延伸三个步骤的若干次循环，可在短时间内把 DNA 扩增数百万倍，获得所需要的目的 DNA。PCR 技术因其简便、灵敏、高效、特异而得到广泛应用。PCR 是一个比较复杂的生物化学反应，反应中各反应成分之间的动态相互作用决定着产物的质量，想要获得理想的结果，需要对 PCR 反应进行优化。

3. 基因芯片技术

DNA 芯片技术是一种新型的 DNA 分析技术，通过微阵列（microarray）技术将高密度 DNA 片段阵列以一定的顺序或排列方式附着在固相载体表面，经荧光标记的 DNA 探针，借助碱基互补杂交原理可与 DNA 片段发生结合，通过对荧光信号的分析，可获得样品的遗传信息。DNA 芯片技术可用于 DNA 测序、基因表达分析、基因组研究、基因诊断、药物研究与开发等，其特点在于高度并行性、多样性、微型化和自动化。高度的并行性既可大大缩短实验进程，又可大大提高分析的精确性，避免因不同实验条件产生的误差。

4. Luminex x-TAG 技术

x-TAG 技术使用 Luminex 专有的 TAG 标签序列，通过 TAG 序列与微球上的 anti-TAG 序列的互补配对杂交，从而实现样本序列同微球的杂交而不需要单独设计探针。x-TAG 技术既能保证相同的复性温度和杂交效率，又能有效避免不同检测物标记的微球之间交叉杂交。该技术能测定若干基因组形式，如基因表达分析、微 RNA 分析、单核苷酸多态性（SNP）分析，也可用于多重病原体核酸检测。具有高通量、灵敏度高、重复性好、检测范围广、反应速度快、仅需微量样品即可进行检测等优点。

由于没有一种诊断方法具有 100%的敏感性，也没有一种方法具有 100%的特异性，如果只使用一种方法进行检测，可能会产生错误的结果（表 8-1）。因此，临床检测中，可以采用多种方法进行检测，并对检测结果进行分析综合，以确保检测结果的真实性和可靠性。

二、实验动物细菌检测技术

实验动物细菌检测技术是为了确定动物体是否受到某种病原菌的感染而应用的一系列诊断方法，主要包括病原学、血清学和分子生物学方法。

表 8-1　各种病毒检测方法出现阴阳性的各种可能性

血清样本检测		
检测方法	结果	结果分析
PCR	+	存在病毒
	-	受检动物没有感染
		没有病毒核酸存在
		PCR 引物或探针无法检测
		样品质量较差
血清中和试验	+	检测样品中存在针对目标病毒的中和抗体
	-	受检动物未曾接触过目标病毒
		受检动物抗体滴度未达到检测水平
		血清型不一致
病原分离	+	存在具有感染能力的病毒
	-	不存在具有感染能力的病毒
		细胞系对目标病毒不敏感
		病毒与血清中和抗体相结合
IFA	+	与病毒接触后，病毒抗体可以检测到
	-	毒株不一致
		接触时间过短，没有形成抗体
		受检动物未曾接触病毒
ELISA	+	与病毒接触后，抗体可检测到
		非特异性结合
	-	接触病毒后，抗体尚未产生
		血清型不一致
		未曾接触病毒
组织样本检测		
PCR/病毒分离		参考血清检测结果分析
FA（荧光抗体检测）	+	样品中存在病毒抗原
		试验所用的抗体针对病毒具有较差的特异性
	-	所检组织不存在抗原
		受检动物体内不存在该抗原
IHC（免疫组织化学试验）	+	组织中存在病毒抗原
	-	组织中不存在病毒抗原
		组织中存在该病毒抗原，但在被检切片中不存在

（一） 病原学检测方法

早期的诊断方法仅仅是病原学方法，主要通过分离培养、菌体形态特征和生化反应特征来确定动物机体是否感染细菌。这是最直接、最可靠的检测方法，但是这种形态学的方法操作烦琐、费时费力，且对操作者有较高的技术要求。此外，某些不能在体外人工培育的病原菌则无法通过该方法来检测。

（二）血清学检测方法

20 世纪 80 年代以来，血清学检测方法逐渐被应用于实验动物细菌检测领域，利用特异的抗原来检测动物血清中是否存在相应的抗体，或利用特异的抗体检测相应的抗原，进而确定受检动物是否感染某种病原菌。血清学试验按反应性质不同可分为凝集试验（直接凝集、间接凝集）、沉淀试验（免疫电泳、免疫扩散）、免疫标记技术（荧光抗体、酶标抗体、铁蛋白标记抗体、放射性核素标记抗体），以及补体反应（溶血、溶菌、补体结合、免疫黏附）等。

1. 凝集试验

细菌、红细胞等颗粒性抗原或吸附在红细胞、乳胶颗粒性载体表面的可溶性抗原，与相应的抗体结合，在有适当电解质存在的条件下，经过一定时间，形成肉眼可见的凝集块，称为凝集试验。根据抗原的性质、反应方式可分为直接凝集试验（玻片凝集试验、试管凝集试验）和间接凝集试验（间接红细胞凝集试验、间接乳胶凝集试验、协同凝集试验）。

2. 沉淀试验

胶体状态的可溶性抗原（细菌的浸出液、培养液、组织浸出液、动物血清、白蛋白等）与相应的抗体结合，在有适量电解质存在的条件下，经过一定时间，形成肉眼可见的沉淀物，称为沉淀试验。参与沉淀试验的抗原称为沉淀原，参与反应的抗体称为沉淀素。沉淀原可以是多糖，也可以是蛋白质和类脂。由于沉淀原的分子比较小，单位体积内所含沉淀原的数量较多，为了不使沉淀原过剩，应稀释沉淀原并以沉淀原的稀释度作为沉淀试验的效价。沉淀试验主要包括：环状沉淀试验、絮状沉淀试验、琼脂扩散沉淀试验、双向琼脂扩散试验、单向琼脂扩散试验、免疫电泳沉淀试验。

3. 免疫标记技术

免疫标记技术是将一些既易测定又具有高度敏感性的物质标记到特异性抗原或抗体上，通过这些标记物的增强放大效应来显示反应系统中抗原或抗体的性质与含量。抗体经过酶、荧光素、生物素、铁蛋白等标记，与相应的抗原或抗体发生特异性结合后，可直接观察抗原-抗体复合物的结合情况，从而对相应抗原或抗体的有无做出判断。主要包括：间接免疫荧光检测试验、免疫酶标技术、免疫电镜技术等。

（三）分子生物学检测方法

目前，体外核酸扩增技术和 DNA 探针技术已广泛应用于细菌的鉴定，当常规的病原学方法和血清学方法不适用时，如体外培养困难的细菌及用血清学方法不易检测的细菌，可利用分子生物学检测方法对其进行鉴定。与病原学检测、血清学检测不同的是，分子生物学检测方法检测的是特异的 DNA 或 RNA 核酸片段，其阳性结果不一定代表受检体中存在活的病原菌。然而，通过对 mRNA 的检测，可以避免死病原菌的干扰。

常用的分子生物学检测技术包括：基因探针技术、聚合酶链反应、限制性内切酶技术、细菌 GC 含量测定技术、16S rRNA 基因测序等。

1. 限制性内切酶技术

限制性内切酶是可以识别特定的核苷酸序列，并在每条链中特定部位的两个核苷酸之间的磷酸二酯键进行切割的一类酶，简称限制酶。被这些限制酶切开的病原菌片段，可用电泳分析技术分离后，并绘制成限制性核酸内切酶片段图谱，以对病原菌基因组的异同进行分析比较，从而可对病原菌做出鉴定。

2. 细菌 GC 含量测定技术

细菌的遗传物质 DNA 中 4 种碱基 G、C、A、T 的排列和比例是 DNA 特性的决定因素。各种细菌中 GC 含量是不同的，这是细菌的一个重要特征，同时，每种细菌的 GC 含量比较稳定，不受菌龄和外界因素的影响，是细菌分类和菌种鉴定的重要指标，也是新菌种鉴定的主要依据。其测定方法主要包括：纸层析法、浮力密度法、高效液相色谱法、热变性温度测定法和荧光法等。

3. 16S rRNA 基因分析

细菌中编码 rRNA 基因与细菌整个基因组的变化相比，具有高度保守性。16S rRNA 基因序列由保守区和可变区组成，两者相互交错排列。通过对细菌 16S rRNA 基因的序列进行分析，有助于理解细菌不同成员之间的种系关系。这种方法尤其适用于鉴定体外不能或不易培养的病原菌，也可用于鉴定未知的新菌种。

4. 聚合酶链反应

聚合酶链反应是模拟 DNA 的天然复制过程在体外对 DNA 的特异性序列进行扩增，从而获得大量的同一序列。在含有模板、引物、聚合酶及其他成分的反应体系中进行变性、退火、延伸三个阶段的若干次循环后，可在短时间内获得大量的目的核酸，随后对扩增产物进行琼脂糖凝胶电泳鉴定。

5. Luminex x-TAG 技术

基于 PCR 的 Luminex x-TAG 检测技术原理是带有 anti-TAG 序列的荧光编码微球能特异性地与扩增产物的 TAG 序列互补配对，并被检测仪器所识别，通过荧光信号的强弱判断结果的有无。该技术具有高通量、高敏感性、高特异性等特点，也适用于细菌核酸检测。

三、实验动物寄生虫检测技术

实验动物寄生虫学是研究寄生于各种实验动物和实验用动物的寄生虫的种类、分类、形态、生活史、生物学特征、危害等的学科，涉及寄生虫学的各个领域，包括原虫、蠕虫、节肢动物等。随着现代寄生虫学的发展，很多先进的技术也开始应用于实验动物寄生虫学的研究中。常用的寄生虫检测技术主要包括传统镜检技术及新兴的分子生物学检测技术。

（一） 传统镜检技术

1. 粪便检测法

粪便检查是确定肠道寄生虫感染的最主要方法。直接涂片法可用于检测虫卵、滋养体、包囊等。染色法适用于肠道原虫的快速检测。用较多的粪便，将其中的虫卵或包囊聚集在一个小范围内，称为浓集法。其阳性检出率较直接涂片法高，缺点是比直接涂片法复杂，耗时较长。浓集法又可分为漂浮法和沉淀法。

2. 血液和骨髓的检查法

血液检测法是诊断丝虫病、疟疾等疾病的方法；骨髓检查法是诊断黑热病较常用的方法。

3. 组织检查法

组织检查法主要包括压片法和解剖法。压片法主要用于诊断囊虫病、旋毛虫病，也可用于诊断血吸虫病和阿米巴虫病。

4. 体外培养法

通过体外培养孵育出幼虫的方法，可通过肉眼观察而无需借助显微镜确诊。

（二） 分子生物学技术

DNA 分析检测技术的出现为寄生虫的检测提供了先进的技术手段。目前，应用较多的是 PCR 检测技术和 DNA 探针技术。PCR 操作简单便捷，无需对病原进行分离纯化，同时克服抗原、抗体持续存在的干扰，直接检测 DNA，既可用于临床诊断，又可用于流行病学调查。DNA 探针技术是以 DNA 的两个互补链的变性和复性反应为基础，通过探针与样品间的分子杂交来诊断寄生虫病或鉴定虫种。

第二节 实验动物病毒学及质量标准

一、实验动物病毒学概述

病毒（virus）是目前所知的最简单的生命单元，它不同于一般的细胞生物，没有完整的细胞结构，通常由蛋白质外壳包裹着单一核酸（DNA/RNA）组成。它是一种独特的侵染因子，自身缺乏核糖体，不能进行独立的代谢活动，但其所包含的核酸能使病毒利用宿主细胞进行复制。病毒作为一类重要的生物，因其自身不具备繁殖能力，所以它的分类地位游离于细菌域（Bacteria）、古菌域（Archaea）、真核生物域（Eukarya）。

病毒学是一门独立的生物学科，是以病毒为研究对象，通过病毒学与分子生物学之间的相互渗透与融合而形成的一门新兴学科。是在充分了解病毒的一般形态和结构特征基础上，研究病毒基因组的结构与功能，基因组的复制、表达与调控机制，从而揭示病毒感染、致病的分子本质，为病毒病的诊断、预防、治疗、疫苗和药物的研发提供理论基础和科学依据。

1. 实验动物病毒学研究历史

实验动物病毒学是现代病毒学的一个重要分支，是实验动物科学的重要研究内容。实验动物病毒学的形成与发展大致经历了三个阶段，即经验病毒学阶段、实验病毒学阶段和分子病毒学阶段。

2. 实验动物病毒学研究内容

研究不同病毒对实验动物及其他易感动物的致病性、发病机制、流行病学、传播途径、对动物生物学特性的改变，以及通过中介或间接途径对人类造成的危害。研究新开发的实验动物品种（系）和各种动物模型的病毒病也是保证实验动物种质资源建设的必要措施和技术保障。

病毒检测是实验动物质量评价的技术支撑和科学依据。研究建立实验动物病毒学的检测技术，包括病原的分离鉴定、血清学检测方法、病毒形态学、病毒核酸检测等，并达到标准化要求，是实验动物病毒学研究内容之一。

采用有效手段预防和控制病毒病的发生也是实验动物病毒学的重要内容之一。为达到此目的，有必要研究病毒的生物学特性、致病机制、传播途径及疫苗制备和质量控制技术，从而为预防和控制病毒病的发生打下基础。

3. 实验动物病毒学的发展趋势

质量标准化为实验动物新品种、品系的开发提供了可能。研究国外的先进标准，开展我国实验动物病毒感染谱系的调查，为实验动物国家标准的制定提供依据，制定相关的质量标准，建立相应的检测方法，开展科学的质量检测，是今后实验动物病毒学的研究重点。

二、哺乳类实验动物病毒学质量标准

1. 概述

随着近年来国家科技基础条件平台的建设，实验动物种质资源的开发得到较快发展，而新资源推广应用的重要前提是质量的标准化。因此，制定和建立新资源的质量标准和监测体系，并依据相关标准进行监测是目前急需解决的问题。因为实验动物质量标准的科学性和适用性与我们对实验动物科学的认识和科学发展水平有着密切关系，只有通过不断完善质量标准，才能更好地为实验动物科学发展服务。

病毒学研究和病毒病的监测是及时查明动物健康状况、防止疾病暴发流行、保证动物生产和动物实验正常进行的有效措施。开展实验动物病毒学研究、建立科学的检测体系和标准化的检测技术，对保证实验动物质量具有十分重要的意义。

2. 主要内容

（1）实验动物等级

实验动物微生物学等级分类包括：普通级动物（conventional animal），即不携带所规定的人兽共患病病原和动物烈性传染病的病原；清洁级动物（clean animal），即除普通级动物应排除的病原外，不携带对动物危害大和对科学研究干扰大的病原；无特定病原体动物（specific pathogen free animal），即除清洁动物应排除的病原外，不携带主要潜在感染或条件致病和对科学实验干扰大的病原；无菌动物（germ free animal），即无可检出的一切生命体。

《实验动物微生物学等级及监测》（GB 14922.2—2011）标准规定了实验小鼠和大鼠的微生物学等级分为清洁级、无特定病原体级（SPF 级）和无菌级（表 8-2）。豚鼠、地鼠和兔分为普通级、清洁级、SPF 级和无菌级 4 个等级（表 8-3）。犬和猴分为普通级和 SPF 级两个等级（表 8-4）。实验用小型猪是生物医学研究中应用最为广泛的非啮齿类大型实验动物之一，具有其他实验动物不可替代的优越性，但目前我国尚无实验用小型猪质量国家标准，多个省市的小型猪地方质量标准将实验用小型猪微生物等级分为 3 个级别，即普通级、清洁级和 SPF 级（表 8-5）。

表 8-2 小鼠、大鼠病毒检测项目（GB 14922.2—2011）

<table>
<tr><th colspan="3" rowspan="2">动物等级</th><th rowspan="2">病毒</th><th colspan="2">动物种类</th></tr>
<tr><th>小鼠</th><th>大鼠</th></tr>
<tr><td rowspan="15">无菌动物</td><td rowspan="14">无特定病原体动物</td><td rowspan="5">清洁动物</td><td>淋巴细胞脉络丛脑膜炎病毒</td><td>○</td><td></td></tr>
<tr><td>汉坦病毒</td><td>○</td><td>●</td></tr>
<tr><td>鼠痘病毒</td><td>●</td><td></td></tr>
<tr><td>小鼠肝炎病毒</td><td>●</td><td></td></tr>
<tr><td>仙台病毒</td><td>●</td><td>●</td></tr>
<tr><td></td><td>小鼠肺炎病毒</td><td>●</td><td>●</td></tr>
<tr><td></td><td>呼肠孤病毒Ⅲ型</td><td>●</td><td>●</td></tr>
<tr><td></td><td>小鼠细小病毒</td><td>●</td><td></td></tr>
<tr><td></td><td>小鼠脑脊髓炎病毒</td><td>○</td><td></td></tr>
<tr><td></td><td>小鼠腺病毒</td><td>○</td><td></td></tr>
<tr><td></td><td>多瘤病毒</td><td>○</td><td></td></tr>
<tr><td></td><td>大鼠细小病毒 RV 株</td><td></td><td>●</td></tr>
<tr><td></td><td>大鼠细小病毒 H-1 株</td><td></td><td>●</td></tr>
<tr><td></td><td>大鼠冠状病毒/大鼠涎泪腺炎病毒</td><td></td><td>●</td></tr>
<tr><td colspan="2"></td><td>无任何检查到的病毒</td><td>●</td><td>●</td></tr>
</table>

注：●为必检项目，要求阴性；○为必要时检查项目，要求阴性

在等级划分的基础上，根据不同种类的实验动物，确定了不同等级动物应排除的病原微生物。实验动物等级的划分是质量标准的一个核心问题，根据我国实验动物工作基

础和现有水平，通过科学发展力求与国际质量标准接轨，推动我国实验动物行业的发展。

表 8-3 豚鼠、地鼠、兔病毒检测项目（GB 14922.2—2011）

动物等级	病毒	动物种类：豚鼠	动物种类：地鼠	动物种类：兔
无菌动物 / 无特定病原体动物 / 清洁动物 / 普通动物	淋巴细胞脉络丛脑膜炎病毒	●	●	
	兔出血热症病毒			▲
无菌动物 / 无特定病原体动物 / 清洁动物	仙台病毒	●	●	
	兔出血热症病毒			●
无菌动物 / 无特定病原体动物	仙台病毒			●
	小鼠肺炎病毒	●	●	
	呼肠孤病毒Ⅲ型	●	●	
	轮状病毒			●
无菌动物	无任何检查到的细菌	●	●	●

注：● 为必检项目，要求阴性；○ 为必要时检查项目，要求阴性；▲ 为必检项目，可以免疫

表 8-4 犬、猴病毒检测项目（GB 14922.2—2011）

动物等级	病毒	动物种类：犬	动物种类：猴
无特定病原体动物 / 普通动物	狂犬病病毒	▲	
	犬细小病毒	▲	
	犬瘟热病毒	▲	
	传染性犬肝炎病毒	▲	
	猕猴疱疹病毒Ⅰ型（B 病毒）		●
无特定病原体动物	猴逆转 D 型病毒（SRV）		●
	猴免疫缺陷病毒（SIV）		●
	猴 T 细胞趋向性病毒Ⅰ型（STLV-1）		●
	猴痘病毒（SPV）		●
	上述 4 种犬病毒不免疫	●	

注：●为必检项目，要求阴性；▲为必要时检测项目，可以免疫

表 8-5 各等级实验用小型猪病原微生物检测项目（DB11/T 828.1—2011）

动物等级			微生物	检测要求
无特定病原体级	清洁级	普通级	口蹄疫病毒	▲
			猪瘟病毒	▲
			猪繁殖与呼吸综合征病毒	▲
			乙型脑炎病毒	▲
			布鲁氏菌	●
			皮肤病原真菌	●
			钩端螺旋体	○
			伪狂犬病病毒	●
			猪痢疾蛇样螺旋体	●
			支气管败血波氏杆菌	●
			多杀巴斯德菌	●
			肺炎支原体	●
			猪细小病毒	●
			猪圆环病毒	●
			猪传染性胃肠炎病毒	●
			猪水泡病病毒	○
			猪胸膜肺炎放线杆菌	●
			沙门氏菌	○
			猪链球菌 2 型	○

注：▲为必检项目，普通级可以免疫，清洁级和无特定病原体级不能免疫；●为必须检测；○为必要时检测

（2）检测项目的分类

在国家标准中列出的需要排除的病毒其感染率各不相同，为了突出重点控制病毒，实现检测工作的可操作性，而将病毒控制项目分为两大类：必须检测项目和必要时检测项目。必须检测项目是指在进行实验动物质量评价时必须检测的项目；必要时检测项目则是指从国外引进实验动物、怀疑有本病流行、申请实验动物生产许可证和实验动物质量合格证时必须检测的项目。

（3）不同等级动物的质量参数

不同种类、不同等级的实验动物，应将哪些病毒列为排除对象是国家标准的主要研究内容。确定监测项目的指导思想是：抓住具有共性的内容，把感染普遍、危害性较大的病毒列入国家标准，而对其他仅在局部出现、对局部危害较严重的病毒感染的监测则通过行业标准或地方标准体现出来。此外，还需对近年来在实际工作中发现的一些新病毒感染给予充分考虑。

（4）检测规则

国家标准对检测规则做出了具体说明，明确了取样数量和方法。根据生产繁殖单元大小决定取样数量，取样的多少则随动物群体数量而定。小型啮齿类实验动物（大鼠、小鼠、豚鼠、地鼠）须送至检测实验室进行取样；猴、犬、兔等较大动物可在动物设施内进行活体取样，不必处死动物。同时，为了使所取动物能够在最大的程度上代表被检动物群体的状态，对取样方位也做了规定。

（5）免疫

国家标准规定，兔和犬可以采取疫苗接种免疫的方法来控制病毒病的发生。对实验动物而言，免疫是否会对动物的生理和免疫状态产生影响，从而影响利用此类动物开展相关研究的实验结果尚不清楚。因此，国家标准规定，普通级别动物可进行免疫，清洁级以上则不能免疫，需要通过控制环境条件来实现控制疾病。

3. 国家标准的修订与完善

通过制定和严格执行国家质量标准，加强对实验动物管理，提高实验动物质量，推动实验动物科学发展。通过不断修订和补充标准，与时俱进推动实验动物资源建设、共享，保证动物实验结果的可靠性，并始终把对实验动物质量的控制摆在一个显要位置。

三、禽类实验动物病毒学质量标准

1. 概述

近年来，随着现代科技的发展，实验动物科学不断进步，实验动物品种增多，饲养动物和野生动物的实验动物化，以及实验动物替代减少、电子模拟实验动物等实验动物新技术的发展和使用已经成为实验动物科学发展的大趋势。

禽类动物以其繁殖快、体外孵化易于控制、试验成本低等优点而成为常用的实验动物，并用于药物评价、疫苗生产和鉴定、病毒学及人类有关疾病模型研究。禽类实验动物中最常用的是鸡和鸭。SPF 鸡和鸡胚是从事高水平科研和多种人畜禽生物制品生产、鉴定所不可缺少的实验动物和原材料。

我国 SPF 鸡的研究和应用起步较晚，但发展迅速，短短 20 年，我国 SPF 鸡和鸡胚的研究和生产经历了从无到有、从小到大、从各个单位各自净化到国家统一标准的快速发展阶段。

目前，SPF 鸡的微生物净化还没有统一的国际标准。国外最高级别的 SPF 鸡（胚）监测项目有 31 种。我国自 1985 年以来，先后建立了多个 SPF 鸡生产单位，2008 年农业部提出了我国 SPF 鸡标准，颁布了《SPF 鸡 微生物学监测》，SPF 鸡除了应无体内外寄生虫侵袭外，还要消除病原微生物（表 8-6）。

表 8-6 我国 SPF 鸡病原微生物监测项目（GB/T 17999.1—2008）

序号	病原微生物	方法	要求

1	鸡白痢沙门氏菌	SPA，IA，TA	●
2	禽流感病毒	AGP，HI，ELISA，RT-PCR	●
3	传染性支气管炎病毒	AGP，SN，HI，ELISA	●
4	传染性法氏囊病病毒	AGP，SN，ELISA	●
5	传染性喉气管炎病毒	AGP，SN，ELISA	●
6	新城疫病毒	HI，ELISA	●
7	禽痘病毒	AGP，CO	●
8	马立克氏病毒	AGP	●
9	副鸡嗜血杆菌	SPA，CO，IA，ELISA	●
10	多杀巴斯德菌	AGP，CO，IA	○
11	禽腺病毒Ⅲ群（EDS）	HI，ELISA	●
12	鸡毒支原体	SPA，HI，ELISA	●
13	滑液囊支原体	SPA，HI，ELISA	●
14	禽脑脊髓炎病毒	AGP，EST，SN，ELISA	●
15	淋巴白血病病毒	ELISA	●
16	网状内皮增生症病毒	AGP，ELISA	●
17	禽呼肠孤病毒（病毒性关节炎）	AGP，ELISA	●
18	禽腺病毒Ⅰ群	AGP	●
19	鸡传染性贫血病毒	IFA，ELISA，PCR	●

注：①表中排在第一位的检测方法为首选方法，后面的方法为符合方法。

②●为必检项目，要求阴性；○为必要时检测项目，要求阴性。

③SPA-血清平板凝集试验；EST-胚敏试验；IA-病原菌分离；SN-血清中和试验；AGP-琼脂扩散试验；TA-试管凝集试验；HI-血凝抑制试验；IFA-间接免疫荧光检测试验；ELISA-酶联免疫吸附试验

2. 主要内容

（1）SPF 鸡等级概念

SPF 鸡是指不携带特定的若干病原体，不具有相关抗体，且具有稳定的遗传特性和一定的生产性能的鸡。究竟不携带多少病原体才算 SPF 鸡，国内外尚无统一的标准。目前，国内一般认为在净化环境条件下饲育，且排除表 8-6 中列出的病原体的鸡称为 SPF 鸡。由 SPF 鸡所生产出的不含上述病原体和相关抗体的鸡胚称为 SPF 鸡胚。

（2）检测项目的分类

在 GB/T 17999—2008《SPF 鸡　微生物学监测》中对“必须检测项目”和“必要时检测项目”做出了限定说明。“必须检测项目”是指在进行 SPF 鸡质量评价时必须检测的项目。“必要时检测项目”是指从国外引进 SPF 种鸡或鸡胚、怀疑有本病流行、申请 SPF 鸡生产许可证和 SPF 鸡质量合格证时必须检测的项目。

（3）不同等级动物的质量参数

不同种类（鸡、鸭、鸽子等）和不同等级（普通级别和 SPF 级）的禽类中要排除哪些病原微生物，这是国家标准的主要研究内容。但在实践中需要控制的病原种类很多，不可能全部列入国家标准中，单就 SPF 鸡一项，国际上也无统一规定。虽然各国 SPF 鸡质量标准不同，但在制定检测项目时都共同遵循以下原则：排除人兽共患病原（如鸡淋巴白血病、沙门氏菌病）；结合实际情况杜绝鸡的主要传染性病原；排除对养禽业有严重威胁的烈性传染病（禽流感、新城疫等）；排除垂直传播的传染病（如支原体病）；排除直接影响或干扰动物实验的传染病（如网状内皮增生症等）；根据研究目的需要排除特别控制的疾病（如腺病毒的 11 个亚型、IB 的不同血清型等）。

（4）检测规则

GB/T 17999—2008 对取样数量和取样方法做了明确说明。需要检测的样品数量取决于 SPF 鸡群的大小。SPF 鸡的感染率除受病原菌本身传染性影响外，还与动物易感性（品系、周龄等）、饲养密度等因素有关。同时还应注意，感染率在疫病的流行初期、高峰期、流行后期等不同时期有很大差异。

（5）检测方法

因为血清学方法简单、易行且准确性高，故 SPF 鸡微生物检测多采用血清学方法进行。常用的检测方法包括：琼脂扩散试验（AGP）、酶联免疫吸附试验（ELISA）、血清中和试验（SN）、血凝抑制试验（HI）、平板凝集试验（SPA）。每种方法的特异性都很强，但是敏感性各不相同。在进行 SPF 鸡检测时，特异性比敏感性更重要，特异性出问题可导致错误的结果，而敏感性差可通过多次检测来克服。

3. 国家标准的修订与完善

随着生命科学研究对实验动物质量提出更高的要求，现有的国家标准已不能完全适应发展需要，因而需要对国家标准进行不断修订和补充。我国是一个家禽大国，水禽种类繁多，生物学特性也不尽相同，各种传染因子也相差甚远，因此制订水禽类微生物质量监测标准非常重要。

四、实验动物病毒性疾病的预防控制

实验动物病毒性疾病直接影响实验动物的生产和使用，损害动物健康，干扰动物实验结果。对实验动物病毒性疾病加以预防和控制是实验动物科学发展的重点内容。目前，实验动物的生产及使用单位主要从动物来源、环境控制、免疫控制、治疗等几个方面对病毒性疾病加以预防控制。

1. 动物来源

实验动物的生产单位是通过繁殖的方式获取更多的子代动物，一般会建立不同等级的动物群，并通过定期监测方式排查病毒性疾病。大多数实验动物使用单位都是从动物生产商处购买实验动物。但是，这些从市场购入的实验动物质量良莠不齐，而且从动物生产商到使用单位的运输途中，可能会与病原微生物接触。为了有效防止疾病，新购入的实验动物应配备单独的接收和隔离区域，并通过检疫后再投入使用。通过实时监测，及时发现隐性感染动物和发病动物，控制传染源，避免疾病传播。

2. 环境控制

实验动物环境是指将动物饲育在人为的有限空间，并按科研要求及人为意志控制动物生长、繁殖、实验的一个人工特定场所。实验动物环境因素主要分为：气候因素（温度、湿度、气流、风速等）、理化因素（氧、二氧化碳、粉尘、噪声、光照、消毒剂等）、居住因素（房屋、笼具、垫料等）、营养因素（饲料、水）及生物因素（社会地位、势力范围、咬斗、饲养密度）等。通过对环境温湿度、光照、噪声、饲养密度等的控制，为动物提供舒适的饲养环境，避免环境应激对动物机体的免疫系统产生不良影响。通过过滤进出的气流，避免从外界引入病原；定期消毒房屋和笼具，更换垫料，可以有效地阻断疾病的传播。

3. 免疫控制

通过接种疫苗的方式，提高动物的抗感染能力，可以预防和控制某些传染病的传播。饲育人员应根据不同地区、批次、品种等情况，为动物选择适合的免疫内容及免疫程序，并严格执行。

4. 治疗

治疗方法在实验动物病毒性疾病的防控中价值不大，而且药物治疗可能会改变实验动物的正常代谢，化学治疗剂还可导致实验研究出现不良变化。虽然这种作用可能较为轻微，但不应忽略，因此，要尽量避免。

通过控制传染源、切断传播途径、保护易感动物等方式，做到以预防为主，控制实验动物病毒性疾病。此外，饲养管理人员也应该定期进行健康检查，以避免将病原带入实验动物群中。

第三节 实验动物细菌学及质量标准

一、实验动物细菌学概述

实验动物细菌学是随着医学和实验动物科学的发展而建立并逐渐发展起来的，主要研究各种与实验动物相关的细菌特性及其与实验动物相互作用的规律性，从而达到控制实验动物细菌病的目的。目前，可引起实验动物感染的细菌涉及 30 个属的 60 多种细菌，其中对实验动物危害较大的有 20 种，归纳起来可分为三大类，即人兽共患病原菌和动物致病菌、条件致病菌、正常菌群的细菌等。

人兽共患致病菌不仅可引起实验动物的严重疾病，而且是人类的重要致病菌，应予以排除，以确保饲养人员、科研人员和实验动物的健康及安全。条件致病菌是指一般不会引起动物自然发病，但是在某些诱因的作用下，当动物机体抵抗力下降时，可导致疾病发生甚至流行的细菌。目前，在我国实验动物中，条件致病菌对实验动物的影响较为严重，不仅影响实验动物的生产，甚至干扰动物实验的结果。当动物耐受感染而成为长期带菌者后，会不断向外界环境排菌，成为危险的传染源。研究表明，许多正常菌群成员在受到内、外环境变化影响而发生菌群失调时，可能会从非致病菌转变为致病菌。此外，即使是正常菌，其在动物体内的存在也会影响生理参数和实验重复性，并进一步对动物实验的结果产生干扰和影响。

鉴于细菌病种类繁多，实验动物感染细菌的情况一般较为复杂，多为混合感染，表现为精神沉郁、食欲减退、体重下降、行动迟缓等全身性症状，且多为隐性感染，难以通过临床症状和病理变化确诊。故一般采用的诊断方法就是从动物体内分离及培养出病原菌，即病原学诊断方法。虽然采用常规分离培养的方法结果比较准确，但是建立快速的检测技术仍然是实验动物细菌检测的发展方向。

二、哺乳类实验动物细菌学质量标准

1. 概述

实验动物作为生物医学、药学和整个生命科学的重要研究基础和支撑条件，其标准化程度直接关系到生命科学研究的质量、生物产品质量，以及食品、药品等的安全性及有效性评估的准确性，因而与人类健康息息相关。哺乳类实验动物细菌学质量控制标准是实验动物标准化的重要内容之一。

在实际生产中，由于种属的不同，同种致病菌对不同实验动物的易感染和致病性不尽相同，但是均会影响动物自身的稳定性和反应性，改变机体的免疫功能，干扰实验结果。有些致病菌会与其他病原混合感染，危害动物健康甚至威胁人类健康。此外，使用不健康的动物材料制成生物制品可能会导致疾病的扩散。因此，为保证工作人员的身体健康，确保实验结果的准确性，必须对哺乳动物进行细菌学质量控制，这是实验动物科学发展的必然趋势。

2. 主要内容

（1）等级确定

根据实验动物所携带的微生物情况而将其分为不同的等级。大多数国家通常将实验动物分为无菌动物、无特定病原体动物和常规动物。参照国际实验动物微生物质量控制和我国实际情况，根据 GB 14922.2—2011《实验动物　微生物学等级及监测》规定，将实验动物划分为 4 个等级，分别为：普通级动物、清洁级动物、无特定病原体动物和无菌动物。根据我国现行标准，小鼠、大鼠分为清洁级、SPF 级和无菌级（表 8-7）；豚鼠、地鼠、兔分为普通级、清洁级、SPF 级和无菌级（表 8-8）；犬、猴仅分为普通级和 SPF 级（表 8-9）。

表 8-7　小鼠、大鼠病原菌检测项目（GB 14922.2—2011）

动物等级			病原菌	动物种类	
				小鼠	大鼠
无菌动物	无特定病原体动物	清洁动物	沙门氏菌	●	●
			假结核耶尔森氏菌	○	○
			小肠结肠炎耶尔森氏菌	○	○
			皮肤病原真菌	○	○
			念珠状链杆菌	○	○
			支气管鲍特杆菌		●
			支原体	●	●
			鼠棒状杆菌	●	●
			泰泽病原体	●	●
			大肠埃希菌	○	
			嗜肺巴斯德杆菌	●	●
			肺炎克雷伯杆菌	●	●
			金黄色葡萄球菌	●	●
			肺炎链球菌	○	○
			乙型溶血性链球菌	○	○
			绿脓杆菌	●	●
			无任何检查到的细菌	●	●

注：●为必检项目，要求阴性；○为必要时检查项目，要求阴性

（2）检测项目的分类

检测项目可分为必须检测项目和必要时检测项目。必须检测项目是指在进行实验动物质量评价时必须检测的项目；必要时检测项目是指从国外引进实验动物时、怀疑有本病流行时、申请实验动物生产许可证和实验动物质量合格证时必须检测的项目。

（3）各等级动物质量参数的确定

实验动物的细菌学质量控制水平是其质量高低及标准化程度的重要标志。为保证实验动物的质量，实验动物的生产和使用单位均应严格执行国家标准，采用国际公认的技术方法，对实验动物进行定期的检测，此外，还应设立第三方质量监督机构，以确保相关部门严格执行标准，提高实验动物质量水平。

表 8-8 豚鼠、地鼠、兔病原菌检测项目（GB 14922.2—2011）

动物等级				病原菌	动物种类		
					豚鼠	地鼠	兔
无菌动物	无特定病原体动物	清洁动物	普通动物	沙门氏菌 Salmonella spp.	●	●	●
				假结核耶尔森氏菌	○	○	○
				小肠结肠炎耶尔森氏菌	○	○	○
				皮肤病原真菌	○	○	○
				念珠状链杆菌	○	○	
				多杀巴斯德杆菌	●	●	●
				泰泽病原体	●	●	●
				支气管鲍特杆菌	●	●	
				嗜肺巴斯德杆菌	●	●	●
				肺炎克雷伯杆菌	●	●	●
				金黄色葡萄球菌	●	●	●
				肺炎链球菌	○	○	○
				乙型溶血性链球菌	●	○	○
				绿脓杆菌	●	●	●
				无任何检查到的细菌	●	●	●

注：●为必检项目，要求阴性；○为必要时检查项目，要求阴性

表 8-9　犬、猴病原菌检测项目（GB14922.2—2011）

动物等级		病原菌	动物种类	
			犬	猴
无特定病原体动物	普通动物	沙门氏菌 Salmonella spp.	●	●
		皮肤病原真菌	●	●
		布鲁杆菌	●	
		钩端螺旋体	△	
		志贺氏菌		●
		结核分枝杆菌		●
		钩端螺旋体[a]	●	
		小肠结肠炎耶尔森氏菌	○	○
		空肠弯曲杆菌	○	○

注：a 为不能免疫，要求阴性；●为必检项目，要求阴性；○为必要时检查项目，要求阴性；△为必要时检测项目，可以免疫

（4）检测规则的确定

国家标准对相关实验动物的检测频率、取样要求、取样方法、检验程序及结果判定

都做出了明确阐述。

（5）标本的采集原则

标本采集部位应正确。采集部位取决于所检验病原菌在宿主体内外的特异性定植位点或者病变部位，且标本应妥善保存，不得混有抗菌药物、消毒剂和防腐药品。被检动物采用前 72h 不得使用任何抗菌药物。采集标本时应遵循从外到里、从上到下、无菌操作原则。

（6）检测方法的调整

传统的细菌检测方法包括：分离培养、形态学检查、生化试验、血清学试验、动物实验等，这些经典的检测方法一直沿用至今。新兴的实验室检测技术如荧光技术、免疫技术、分子生物学技术等逐渐应用于细菌检测，为我国实验动物细菌学质量控制提供了有力的技术支撑。

三、禽类实验动物细菌学质量标准

1. 概述

随着实验动物科学的发展，禽类实验动物的使用数量急剧增加，对其质量要求也越来越高。如何控制禽类实验动物细菌病，使其能成为实验动物模型并为生物医学研究提供基础是当前急需解决的问题。

2. 主要内容

禽类实验动物中应用较多的是 SPF 鸡及 SPF 种蛋。SPF 鸡是指生长在屏障系统或隔离器中，无国际、国内（尤其是国内）流行的主要鸡传染病病原的鸡群。其所产的蛋即为 SPF 种蛋。SPF 鸡胚对各种病原微生物具有敏锐的感受性，且重复性好，是研制人和禽等多种生物制品的高标准原材料。SPF 鸡的微生物控制，主要是由各国，甚至是某些生产单位根据国际、国内实际，结合生产或科研目的而制定的。目前，虽无统一的国际标准，但我国根据实际情况制定了 SPF 鸡的微生物控制标准。禽类实验动物细菌学控制的病原相对较少，主要包括：沙门氏菌、多杀巴斯德菌、副鸡嗜血杆菌和支原体等。

3. 国家标准的修订和完善

我国 SPF 鸡的质量标准是参照美国、欧盟等发达国家和地区的 SPF 禽类微生物学检测标准，并结合我国的实际情况编制而成的。标准的制定使我国 SPF 禽类微生物学质量检测与国际接轨，排除了影响健康、干扰实验结果的主要病原微生物。

随着医学、实验动物科学的发展，对 SPF 级禽类实验动物的需求大幅增加，SPF 鸡已不能完全满足科研实验的要求，对其他禽类高等级实验动物如鸽子、鸭等的需求也日益增加。这些禽类的实验动物化工作是一项复杂的工程，需要尽快制定相关的质量标准。同时，修订和完善 SPF 鸡国家标准，不断提高对 SPF 鸡的微生物监测能力和效率也是急需解决的问题。禽类大肠杆菌病作为禽类多发的细菌病在目前的国家标准中还未有明确要求，在今后的标准修订中应逐步加以补充。

四、实验动物细菌性疾病的预防控制

细菌性疾病的防控重点也是预防为主，防治结合。良好的环境设施是养好动物、预防疾病的前提。在规划和使用设施时，要严格区分饲养区、管理区和动物实验区。制定并严格执行科学的饲养管理制度、规范的操作规程及合理的人员物品进出程序。定期对生产区和实验区的环境、笼架具、用具及饲料、垫料、饮水等设施和物品进行消毒灭菌处理。

合理控制饲养密度，建立健康的动物群，严格执行实验动物病原微生物的环境监测标准，密切关注动物健康状况，及时发现疫情，并加以控制。

第四节　实验动物寄生虫学及质量标准

一、实验动物寄生虫学概述

寄生虫学是动物学的一个分支，可分为人体寄生虫学、兽医寄生虫学、水生生物寄生虫学、植物寄生虫学等。兽医寄生虫学是研究寄生于家畜、家禽、伴侣动物（猫、犬）的各种寄生虫及其所引起疾病的科学。该学科的内容包括两个方面，一是针对寄生虫方面，即研究寄生在动物机体的各种寄生虫的解剖形态学、分类学、生理学、生物学和生态学等；二是针对寄生虫感染所引起的动物疾病，即研究寄生虫的致病作用，动物寄生虫病的流行病学、临床症状、病理变化、免疫反应、诊断方法，以及在正确诊断的基础上施行的防治措施等。

实验动物寄生虫学是研究寄生于各种实验动物和实验用动物的寄生虫的种类、分类、形态、生活史、生物学特征、危害及其检测和防治措施的学科，涉及的寄生虫种类繁多，包括原虫、蠕虫、节肢动物等。随着现代寄生虫学的发展，很多先进的技术也开始应用到实验动物寄生虫学的研究中。

普通实验动物可携带多种寄生虫，且有各自不同的易感寄生虫。寄生虫感染不仅危害实验动物的健康，也可影响实验结果，甚至引起人兽共患性疾病的传播。因此，实验动物的寄生虫学等级是实验动物质量标准化的重要内容。为了提高实验动物、动物实验的质量，有关实验动物寄生虫学的研究工作发展也较快，但是鉴于从事该学科的人员不多、专业人员偏少、基础研究少、研究工作不系统等，目前仍有大量工作做，以便进一步推动我国实验动物寄生虫学科的发展。

二、哺乳类实验动物寄生虫学质量标准

（一）实验动物寄生虫学质量标准的发展

2001 年颁布的《实验动物　微生物学和寄生虫学检测等级（啮齿类和兔类）》（GB 14922—

2001）为强制性标准，《实验动物　微生物和寄生虫检测方法》（GB/T 14926.1～31—2001）为推荐性标准。该标准的颁布实施，使得实验动物质量检测工作有法可依，为提高实验动物质量、保证动物实验科学水平起到了很大的促进作用。

随着人们对实验动物科学认识的深入，研究应用领域对实验动物质量的要求愈来愈高。实验动物科技工作者也不断总结经验，提出应对质量标准进行修订，以适应科技发展需要。

（二）实验动物寄生虫学质量国家标准的主要内容

1. 等级标准

《实验动物　寄生虫学等级及监测》国家标准是强制性标准。该标准将不同种类的实验动物分别划分了不同等级，在等级划分的基础上，确定了不同等级动物应该排除的寄生虫。实验动物等级划分是质量标准的一个核心问题，实验动物寄生虫学质量标准和实验动物微生物学等级标准应保持一致，针对目前我国实验动物质量状况和科学发展趋势，取消了小鼠、大鼠的普通级别（表 8-10）。豚鼠、地鼠、兔、犬和猴寄生虫学检测指标见表 8-11 和表 8-12。

表 8-10　小鼠和大鼠寄生虫学检测指标（GB14922.1—2001）

<table>
<tr><th colspan="3" rowspan="2">动物等级</th><th rowspan="2">应排除寄生虫项目</th><th colspan="2">动物种类</th></tr>
<tr><th>小鼠</th><th>大鼠</th></tr>
<tr><td rowspan="8">无菌动物</td><td rowspan="7">无特定病原体动物</td><td rowspan="5">清洁动物</td><td>体外寄生虫（节肢动物）</td><td>●</td><td>●</td></tr>
<tr><td>弓形虫</td><td>●</td><td>●</td></tr>
<tr><td>兔脑原虫</td><td>○</td><td>○</td></tr>
<tr><td>卡氏肺孢子虫</td><td>○</td><td>○</td></tr>
<tr><td>全部蠕虫</td><td>●</td><td>●</td></tr>
<tr><td></td><td>鞭毛虫</td><td>●</td><td>●</td></tr>
<tr><td></td><td>纤毛虫</td><td>●</td><td>●</td></tr>
<tr><td></td><td></td><td>无任何可检测的寄生虫</td><td>●</td><td>●</td></tr>
</table>

注：●为必须检测项目，要求阴性；○为必要时检查项目，要求阴性

2. 检测项目

实验动物寄生虫学监测分类原则是：首先要排除常见的人兽共患寄生虫，以确保实验动物饲育人员和动物实验人员的健康和安全；其次要排除对动物危害大和对科学研究干扰大的寄生虫，以确保实验动物生产和动物实验的正常进行；还要排除主要潜在感染和对科学实验潜在干扰的寄生虫，以确保动物使用结果的可靠性和科学性。

表 8-11　豚鼠、地鼠和兔寄生虫学检测指标（GB14922.1—2001）

动物等级				应排除寄生虫项目	动物种类		
					豚鼠	地鼠	兔
无菌动物	无特定病原体动物	清洁动物	普通动物	体外寄生虫（节肢动物）	●	●	●
				弓形虫	●	●	●
				兔脑原虫	○		○
				艾美尔球虫		○	○
				卡氏肺孢子虫			●
				全部蠕虫	●	●	●
				鞭毛虫	●	●	●
				纤毛虫	●		
				无任何可检查到的寄生虫	●	●	●

注：●为必须检测项目，要求阴性；○为必要时检查项目，要求阴性

表 8-12　犬和猴寄生虫学检测指标（GB14922.1—2001）

动物等级		应排除寄生虫项目	动物种类	
			犬	猴
无特定病原体动物	普通动物	体外寄生虫（节肢动物）	●	●
		弓形虫	●	●
		全部蠕虫	●	●
		溶组织内阿米巴	○	●
		疟原虫		●
		鞭毛虫	●	●

注：●为必须检测项目，要求阴性；○为必要时检查项目，要求阴性

实验动物寄生虫学质量检测抽样数量应根据寄生虫感染率高低做出规定。合格动物应排除的寄生虫感染率应为“0”，抽样率须达 60%～90%或更高，而啮齿类实验动物寄

生虫学质量检测通常需要牺牲被检动物，且检测通常与微生物学质量检测同时进行，因此，标准中采用与实验动物微生物学检测等级标准统一的检测频率、取样数量和取样方法。

在国家标准中，将不是必须排除的寄生虫列为“必要时检测项目”，只要求在下列三种情况下对实验动物进行检测，即从国外引进实验动物时、考虑到本病在实验动物群中流行时、科研人员对所使用动物要求排除相应项目时。

国家标准采用“体外寄生虫”“全部蠕虫”等大范围的名称，既减少了具体的项目，节省了检测时定种所需要的时间，又能保证实验动物的寄生虫学质量。同时，与其他国家相应的实验动物质量标准相一致。

3. 检测方法

实验动物寄生虫检测使用常规的、成熟的、易于推广的通用方法。鉴于寄生虫感染存在宿主生物学部位的特异性，对取样部位的选择、样品的处理及显微镜下观察判断等都依赖于操作人员的实际经验。对虫卵和虫体的辨别也需要丰富的经验，特别是感染率较低的情况下，实验动物的荷虫量不是很大，需要认真检查辨别。对弓形虫的检测则采用间接血凝法或间接免疫荧光法。

4. 检测结果的判定

只要发现寄生虫虫体、包囊或者虫卵，即可判定为阳性结果。在诊断时，不必确切定义到种，可避免因标准中没有列出虫种而难以判定结果。

三、禽类实验动物寄生虫学质量标准

近年来，随着现代科技的发展，实验动物科学不断进步，实验动物品种不断增加，禽类动物以其繁殖快、体外孵化易于控制、试验成本低等优点，而成为常用的实验动物，常用于药物评价、疫苗生产与鉴定、病毒学及人类有关疾病模型研究。为了避免使用污染的动物，在开发使用禽类实验动物时，必须控制其微生物学和寄生虫学的质量。

寄生在禽类体内、外的寄生虫种类繁多，蠕虫类多数寄生在宿主的消化道，有些可寄生在呼吸道和泌尿系统等处，一般以虫卵或幼虫方式随宿主粪便或分泌物散播到环境中。研究指出可感染禽类的体内外寄生虫多达数百种，且散布广泛。即使在用药预防的条件下，寄生虫感染仍可导致鸡群的高发病率。

SPF 鸡和 SPF 种蛋是从事高水平科研和多种人畜生物制品生产、鉴定所不可或缺的实验动物和原材料。2008 年颁布的《SPF 鸡　微生物学监测》明确规定，SPF 鸡应无一切体内、外寄生虫感染侵袭。

目前，国内有能力对 SPF 鸡群进行检测的机构只有少数几家，经过认证的只有农业部实验动物质量监督与检验测试中心（中国农业科学院哈尔滨兽医研究所）一个单位，无法对国内所有 SPF 鸡场开展有效质量监测。大部分 SPF 鸡场都是自行检测，检测方法、试剂、检测频率不一致，检测不规范的现象时有发生，使检测结果不能真实反映产品的质量状况，制约着我国 SPF 鸡和 SPF 种蛋的生产与应用。

第五节 实验动物的健康监测与预防控制

实验动物科学是生命科学的重要组成部分，在生命科学领域的发展中发挥着基础性的促进作用。在人工饲养的开放环境中，实验动物被集中饲养，由于活动空间相对狭小，实验动物繁殖快、数量多，同时受到外界各种病原微生物及寄生虫的干扰，极易导致疾病的暴发与流行。鉴于多种动物疾病均具有传染性，一些人兽共患病的流行不仅危害动物健康，更影响人类公共卫生安全，为确保科研数据的可重复性和可信度，确保科研人员的安全，需要对实验动物的健康进行全面监控。为保障实验动物行业的健康发展，我国相继出台了多项实验动物质量检测标准，以国家标准的形式严格控制实验动物的生产和使用，为实验动物质量的提高起到积极促进作用，有效地提高了国家科研水平的进步和发展。

一、饲养环境的定期微生物与寄生虫监测

实验动物是为了满足人民的科研需要，按人类意愿培育的特殊动物，其所携带的微生物要受到严格的控制。实验动物一般都较长时间甚至终生被限制在一个极其有限的环境范围内生活，这种环境是实验动物赖以生存的条件，为了使实验动物能够正常生长、发育、繁殖和进行良好的实验处理，环境因素对其的影响显得尤为重要。

病原性的细菌、真菌、病毒等都会给动物的健康带来很大的影响。各级别的动物室内都存在着大量的通过人、动物和进入动物室内的各种用品带进来的细菌、病毒甚至寄生虫等。应定期对各级实验动物群进行微生物学、寄生虫学监测，以确定各级实验动物是否符合原定级别，即是否有原级别不应有的病原体的入侵，以便及早采取措施，以免疫情扩大而蒙受更大的损失。为保证各项科学实验结果的准确性、可靠性和可重复性，必须对实验动物及其饲养环境、屏障内的人员、物品及空气等都进行严格的病原微生物控制。

环境设施监测点的布设要具有代表性和可比性。由于实验动物的性质不同及实验动物设施各区域的用途不同，布设要根据级别和工作位置的不同而合理设置。其原则是在关键的位置和关键活动范围内增加采样点。如落下菌检测的布点在满足最少采样点数的同时还要满足最少培养皿数。实验动物设施防止交叉污染的措施之一是梯度压差，梯度压差的检测要在所有通道关闭情况下根据设施布局按人流、物流、动物流、气流移动路线依次布点进行。环境空气洁净度检测的采样点数目和布点在遵循 GB 14925—2010 的基础上要注意采样点应尽量避开排风口处。采样次数、频率和程序要根据实际情况不断优化，以保证参数测量具有准确性、代表性、可比性。检测标准方法操作的规范性、仪器性能和使用方法掌握程度等都直接影响测量值和真值的一致性。

实验动物环境监测是保证实验动物标准化的基本手段之一，是综合评价实验动物设施环境条件的质量状况和稳定性能，掌握设施的在用状况和持续稳定周期，为实验动物管理提供评价依据和基础材料。对实验动物设施环境条件的优良状况等级评价要根据设

施的不同级别和检测结果综合评定，直接影响实验动物质量和动物实验可重复性的关键性环境指标在评价中应起到决定性作用。

二、实验动物的定期微生物监测

实验动物的微生物和寄生虫控制水平，是其质量高低及标准化程度的重要标志。为保证实验动物的微生物控制质量，必须对动物进行一定程序的、定期的监测。除了应由实验动物单位自行监控之外，还应由具有第三方公证地位的质量监督机构，以国家有关部门颁布的标准为准绳，采用国际公认的技术、方法，予以定期的监测和确认。

取样原则：应根据受检动物群体数量的大小，按照国家标准规定的要求，确定取样数量。检查抗体的取样应侧重老龄动物，病原体分离应选择幼龄动物，尽量提高阳性检出率，为确保检测结果的可靠性，屏障系统动物取样应多于开放系统的动物。不同级别的动物，取样频率稍有不同。普通级别、清洁级别和无特定病原体的动物，每三个月至少取样检测一次。无菌动物则至少每年检测一次动物，每 2～4 周检测一次动物的生活环境标本和粪便标本。当动物个体出现异常，怀疑有感染存在时，应尽快检测，以查明原因。

取样方法可采取随机抽样法或哨兵动物法。随机抽样法采样时，宜在动物群中不同方位随机采取成年动物，选择至少 4 个不同的位置采集样品（如四角和中央）；哨兵动物法则是将经过检测符合质量要求的同种系实验动物（哨兵动物）放入群内，不时调换位置，饲养一定时间后解剖检查抗体或抗原。采样样品从采样点到检测实验室运输途中应保证动物的安全和避免污染。

对目标微生物的检测，不能只采用某个单一方法，应选用微生物的分离培养、鉴定技术、免疫血清学技术等公认方法中，敏感性和准确度高的方法，从病理、微生物、免疫血清学等方面综合评判。同时应对检测结果进行详细记录，并根据检测结果中微生物的数量和种类及时采取控制措施，确保实验动物的微生物质量符合国家标准。

通过对实验动物的微生物定期监测，可实时掌握实验动物群的微生物感染情况，及时采取应对措施，确保实验动物质量符合国家标准。

三、实验动物的遗传监测

实验动物遗传质量控制主要包括两方面：一是有目的地改造和繁育新的具有特定遗传背景的动物，即实验动物的育种；二是运用各种科学手段去监测、维持动物的遗传性状，即实验动物的保种及遗传监测。

实验动物的遗传背景与反应特性，是影响实验结果的重要因素。不同遗传背景与反应特性的实验动物，对同一刺激有时可引起不同质和量的反应。为了保证实验动物品种、品系特性，使实验动物使用者在动物实验中能够得到正确的、可重复的科学数据，保证生物医学研究的良好效果，实验动物生产者在严格遵守品系繁育技术路线的同时，还应致力于做好实验动物遗传质量的严格监测，以防止实验动物遗传上的污染和变异。

实验动物遗传监测是评定和保证实验动物质量必不可少的措施，其监测方法主要是以近交系小鼠和大鼠为基础建立起来的，其他品种的遗传监测技术目前还有待进一步建立和完善。对近交系是通过测定其基因的纯合性及表型证实该品系是否保持原来的遗传特性，是否发生基因突变或环境污染。对远交系则是测定其基因的杂合度及基因频率以证实该品系是否在既定的范围内波动。

实验动物遗传监测是定期的遗传监测，即对已知遗传概貌的近交系小鼠、大鼠遗传质量的监测，常用遗传标记和免疫学方法进行遗传质量监测。

遗传标记指可追踪染色体、染色体某一节段或某个基因座等因其品系、长时间或地域差异及基因突变等造成的遗传特性改变。常用的遗传标记方法包括微卫星 DNA 遗传标记、随机扩增多态性 DNA（RAPD）遗传标记、SNP 遗传标记、EST 遗传标记、细胞遗传标记等。

常用于遗传监测的免疫学方法主要有：标记物法（酶免疫法、放射免疫法及荧光免疫法）、流式细胞仪法、四唑盐（MTT）比色法、巨噬细胞吞噬功能等，可采用多种免疫学方法联合使用，进一步提高灵敏度和特异性。

四、实验动物的病理监测

病理学是联系基础医学和临床医学的桥梁学科，在医学中起着不可替代的作用。病理学诊断在医学诊断中是具有权威性的一级诊断，其直接通过观察器官、组织和细胞的病理特征而做出疾病诊断，较临床上的其他诊断更具有直观性、客观性和准确性。在实验动物的健康状况调查中所采用的微生物学、寄生虫学和遗传学监测，难以检测出由于动物生存环境中的化学物质、空气中的有害物质，甚至噪声、光照等而引发的动物健康问题，因而无法全面准确地反映实验动物的健康状况。加强病理学监测，可以提高处于亚健康状态动物的检出率，完善实验动物质量评价体系，为实验动物的标准化提供可靠准确的评价依据，对实验动物行业发展和生命科学及生物医药卫生事业的发展至关重要。

实验动物病理监测的内容主要包括：外观检查、临床病理、大体解剖、组织病理等。外观检查在病理检测中非常重要，某些疾病发病前先出现临床症状，可作为疾病诊断的前期信号。大动物的监测一般不进行解剖，外观检查就显得尤为重要和必要。外观检查具有直接的特点，其缺点是检查者需要有丰富的经验，且在实验动物设施和管理日益完善的同时，许多疾病不会造成明显或特殊的症状，这是外观检查的死角。临床病理学检查即用实验室的方法对动物的血液、尿液、粪便、腹水等进行化验和分析研究，以帮助诊断及了解疾病进程的病理学研究方法。大体解剖是病理学最传统最基本的研究方法之一，对动物进行解剖和检查是运用病理学的知识和技术，检查动物体的病理变化，及时发现某些传染病或其他疾病，为采取防治措施提供依据。组织病理检测，是指将病变部位的组织制成切片，或将脱落的细胞制成涂片，经过染色后，在显微镜下观察和综合分析病变特点，做出疾病的病理诊断。

啮齿类实验动物的病理检测项目，应包括外观检查及大体解剖检查，当解剖发现异常时，应做进一步的组织病理学检查。犬、猴及小型猪等非啮齿类实验动物的病理检测项目应包括外观检查及临床病理学检查，当检查结果发现异常时，应进一步进行解剖和组织病理学检查，并可将心电图、B 超等检查作为日常健康监测的辅助手段。

目前，病理学检测的主要内容是病理形态学检查，通常是在动物死亡后或肿瘤发生后才实施检测，而不是作为常规检测项目，其在动物质量监测中的作用并没有得到真正的发挥和体现。只有将专业复杂的病理问题客观细化、量化并标准化，才能充分发挥病理监测在实验动物质量监测中的作用。

参 考 文 献

方喜业，邢瑞昌，贺争鸣，等. 2008. 实验动物质量控制. 北京：中国标准出版社.

胡芹宝. 2014. 遗传标记和免疫学方法在实验动物质量控制中的应用. 微生物学免疫学进展, 41(1): 82-87.

刘艳，王珑. 2011. 浅述实验动物质量控制. 中国公共卫生管理, 27(1): 25-27.

宋志琦，李超，董浩迪，等. 2016. 病理学监测在实验动物质量评价中的地位. 实验动物科学, 33(1): 49-58.

苏卫. 1996. 实验动物寄生虫质量控制. 中国实验动物学杂志, 6(1): 60-64.

田永刚，程杰，席晓霞，等. 2013. SPF 级实验动物生产过程中质量控制的探索. 实验室研究与探索, 32(12): 251-254.

王迪，宋志琦，赵德明. 2017. 啮齿类实验动物的健康监测. 实验动物科学, 34(3): 71-75.

赵化阳，陈立超，李伟，等. 2012. 流式荧光微球技术在实验动物质量控制中的应用. 实验动物科学, 29(1): 57-60.

第九章　实验动物疾病防控

实验动物为科学而生，几乎被应用于生命科学研究的所有领域，位居生命科学研究四要素（动物、设备、信息、试剂）之首。作为“活的精密仪器”和“生命试剂”，实验动物是我们为探索生命起源、揭开遗传奥秘、攻克医学难题、寻找新的药物、开发新的医疗器械等而进行科学实验的基础条件和重要支撑。实验结果的准确性取决于实验动物的质量，实验动物的质量直接决定科学研究的可靠性。实验动物疾病严重危害实验动物健康和福利，影响实验动物质量。做好实验动物疾病的防控，确保实验动物健康，是保证实验动物质量的先决条件，也是保证动物实验结果准确可靠的必要前提，必须加以重视。

第一节　实验动物疾病防控的基本概念

动物疾病是动物在自身因素或外在致病因素作用下，因其自稳调节紊乱而发生的异常的生命活动过程，表现为一系列的症状、体征或行为异常。依据这一定义，实验动物疾病的病因也大致可分为两种，即自身病因和外在病因。自身病因主要是遗传因素及年龄，如 GK 大鼠会患糖尿病，老龄大鼠会患慢性进行性肾病。外在病因则涉及实验动物饲养和使用过程中的方方面面，包括微生物和寄生虫、饲养环境（如温度、湿度、气流及风速、空气洁净度、光照、噪声和振动、笼具、垫料、饲养密度等）、营养（如蛋白质、碳水化合物、脂类、矿物质、维生素和水等）、运输、实验处置、人员的健康状况和卫生习惯及自然灾害等。依据这些病因是否具有传染性又可将实验动物疾病划分为传染性疾病（如鼠疫、口蹄疫、疥螨病等）和非传染性疾病（如盐中毒、舔舐性肉芽肿、麻痹性肠梗阻等）。

实验动物疾病防控或称实验动物疾病的预防和控制的实质就是通过科学合理的管控手段，对诸如微生物和寄生虫、饲养环境、营养、运输、实验处置、人员健康状况和卫生习惯及自然灾害等潜在致病因素加以有效控制，同时辅以必要的治疗、免疫接种或扑杀销毁等措施，以达到预防和控制实验动物疾病发生及其在实验动物设施内流行的目的。

实验动物疾病的防控始于动物到达使用设施之前，终于动物实验结束之后，贯穿于动物实验始终。实验动物医师是实验动物疾病防控的践行者和指导者，在实验动物疾病的预防和控制工作中发挥着重要作用。实验动物疾病的预防和控制工作具有专业性和复杂性的特点，在实验动物疾病防控过程中，应充分发挥实验动物医师的作用，确保实验动物医师的权威性。优秀而专业的实验动物医师是实验动物疾病防控的基石和保障。

一、实验动物疾病防控的意义

做好实验动物疾病的预防和控制工作是确保科学研究得出正确结论的前提条件。如前所述,作为人类的“替难者”,实验动物在生命科学研究的诸多领域中发挥着重要作用,是“活的精密仪器”和“生命试剂”。“仪器”和“试剂”的健康与否直接决定科学研究结果的准确性和可靠性。

做好实验动物疾病的预防和控制工作是确保实验动物从业人员健康和生命安全的保障。实验动物从业人员在工作中难免与实验动物接触。感染了传染性病原体，特别是人兽共患病的实验动物会严重威胁实验动物从业人员健康，甚至会威胁到实验动物从业人员的生命。

做好实验动物疾病的预防和控制工作既是实验动物福利的要求，又是实验动物福利的体现。Brambell 在动物福利核心内容，即“五大自由”中提出“动物享有不受痛苦、伤害和疾病的自由”,而该项自由的实现以患病动物能够享受到充分的疾病预防措施和及时的诊断及治疗为前提条件。

做好实验动物疾病的预防和控制工作是实现“3R 原则”的重要保障。我们知道，使用因病原体感染或其他原因而患病的实验动物进行实验是无法获得可靠实验结果的。而选用健康的实验动物不但可以获得可靠的实验数据，还可提高实验的成功率，从而避免不必要的重复性试验，进而大幅减少实验动物的使用数量。同时对实验动物疾病进行预防和控制，还是“3R 原则”（替代、减少和优化）中“优化技术”含义的基本体现。

做好实验动物疾病的预防和控制工作是实验动物医师的基本职责，更是兽医精神的体现。实验动物医师的基本职责就是为实验动物的健康和福利提供专业护理，为实验动物的管理和使用保驾护航。有效的实验动物疾病防控措施促进了实验动物和动物实验事业的健康发展，实验动物医师的价值在实验动物疾病的预防和控制过程中得以体现。《国际兽医宣言》中更如是说：“我庄严宣誓，我要用我所学的科学技术服务于社会、保护动物健康、解除动物的痛苦、保护家畜资源、维护公共卫生及推动医学科学的发展。”

二、实验动物的传染性疾病的防控

实验动物的传染性疾病是由于病原体（微生物或寄生虫）经一定的途径侵入实验动物体内，在其机体内生长和繁殖，破坏实验动物自身正常的生理功能进而引起的一类疾病，同时患病的动物可以把病原体传给其他同类健康动物，引起同样的疾病。依据病原体不同，可将动物传染性疾病分为传染病（由病毒、细菌和真菌感染而引起的）和寄生虫病（由寄生虫感染而引起的），与人有共同病原体且能在人与动物间传播的又称人兽共患病。

实验动物的传染性疾病危害的表现是多方面的。实验动物的传染性疾病的传播和流行不但会严重危害实验动物健康，还会影响实验结果，有时甚至可能对人类健康造成严重危害。例如，仙台病毒、小鼠肝炎病毒、鼠支原体等传染性病原体的致病力虽然不强，感染后不会造成实验动物大批死亡，但由于这些病原体可以改变实验动物的免疫功能，进而干扰实验结果，影响科研数据的准确性和可靠性，甚至造成结论错误。而鼠痘、兔瘟、犬瘟热病毒等实验动物传染性疾病的暴发和流行会造成实验动物质量急剧下降甚至大批死亡，导致实验动物生产停滞，科研工作不能正常开展，可造成严重的经济损失。有些时候，某些传染性病原体虽然对作为自然宿主的实验动物的危害性较小，但对其他实验动物的健康危害却特别严重，甚至可造成致死性危害，如松鼠猴疱疹病毒引起狨猴的感染。那些对实验动物健康造成严重危害的可在实验动物中传播的传染性病原体往往是烈性传染性病原体。需要特别指出的是，某些病原体引起的疾病（如猴疱疹病毒病、肾综合征出血热、布鲁菌病、狂犬病等）在实验动物中的流行还可能危害实验动物从业人员（包括饲养员、技术员、研究生、实验动物医师等）的健康。

实验动物的传染性疾病具有隐性感染和条件致病性感染的特点。所谓隐性感染是感染发生后，实验动物群体中仅有少数个体表现出临床症状，多数个体无任何临床症状而呈隐蔽经过，重症和致死性病例极其罕见。条件致病性感染是在免疫力正常的实验动物体内，有些微生物和寄生虫的侵袭力及致病性受到宿主免疫功能抑制，表现为非致病性，或表现为致病性较弱。但当被感染的实验动物因外源应激因素（如饲养环境恶劣、营养不良等）影响而造成机体免疫功能受损或免疫抑制时，感染的病原微生物和寄生虫的致病性相对增强，被感染的实验动物易因遭受这些病原的反复感染或其他病原的混合感染而发病。条件致病性感染多发生于动物实验过程中。实验动物在遭受实验处置后，如果得不到充分的看护和照料，往往会发生免疫力降低。此时，条件性致病菌往往会造成“免疫力相对低下”的受试动物发病甚至死亡，导致实验失败。

基于实验动物的传染性疾病的危害和特点，实验动物的传染性疾病防控的目的就是采取各种措施保证新引入的或正在设施内饲养的实验动物的健康，确保其微生物、寄生虫携带等情况持续符合国家或地方的相关要求。实验动物的传染性疾病防控可划分为两个方面，即实验动物传染性疾病的预防和实验动物传染性疾病的控制。所谓“预防”是指采取一切可能手段将某种传染性疾病排除在一个未受感染的实验动物群体之外。为达到这一目的，实际工作中我们应做好以下工作：严抓动物来源和隔离检疫；加强环境控制和饲养管理；定期进行病原微生物监测；适时实施预防接种；实行科学的媒介生物综合治理措施和卫生消毒制度；实施安全的废弃物无害化处理措施。

实验动物的传染性疾病的控制是指通过各种有效方法尽最大可能降低已存在于某实验动物群体中的某种实验动物传染性疾病的发病率和死亡率，将该种传染病限制在局部范围内并最终加以扑灭。其主要措施包括：及时隔离或消灭传染源；环境设施的紧急消毒处理；应急接种和对症治疗；胚胎净化等。与此同时，应采集病料进行综合性的全面检查和科学的风险评估，并及时上报相关主管部门或防疫部门。

（一）实验动物的传染性疾病防控的基本原则

在实验动物的传染性疾病的防控过程中，需要遵循控制传染源、切断传播途径和保护易感动物的原则。及时有效地消灭或隔离被感染的实验动物是控制传染源的主要方法，同时隔离还可以起到保护易感动物的作用；加强饲养环境控制、消灭媒介生物、严格检疫、定期消毒和规范化废弃物处理等是切断传播途径的主要手段；免疫接种、预防性给药、病原微生物监测等是保护易感动物的主要措施。做好控制传染源、切断传播途径和保护易感动物三者中的任何一方面工作，均能有效预防或控制实验动物传染性疾病的发生。

在实验动物的传染性疾病的防控过程中，需要坚持科学管理的原则。只有在严格、科学的实验动物饲养、管理条件下，才能培育和生产出高质量、标准化的实验动物，确保动物实验结果的准确和可靠。科学的管理以实验动物传染性疾病防控体系的建立为前提，涉及诸如兽医监护、隔离检疫、疾病监测和控制、饲养和环境管理、动物生物安全等实验动物生产和使用过程中方方面面的内容。

在实验动物的传染性疾病的防控过程中，需要坚持最大限度减少动物应激的原则。应激会导致动物焦虑、恐惧、愤怒和抑郁，强烈或过于持久的应激会对动物产生有害影响，危害动物的健康与安全，可能引起动物发生疾病甚至导致动物死亡。研究表明，受到应激因子作用后，动物体内糖皮质激素的分泌会大量增加，免疫细胞的生成、分化和活化因此受阻。这会造成动物机体免疫力下降、免疫应答不完全、抗病力减弱，动物对微生物和寄生虫等病原体的易感性增加。

在实验动物的传染性疾病的防控过程中，需要坚持“预防为主”的原则。这是因为：首先，我国实施实验动物的微生物和寄生虫等级控制制度，实验动物国家标准（GB 14922.2—2011 和 GB 14922.1—2001）对于普通级动物、清洁级动物、无特定病原体级动物和无菌级动物的微生物和寄生虫携带情况做了详细限定，相应等级实验动物不得携带国家标准规定应予以排除的微生物和寄生虫；其次，能够感染实验动物的微生物和寄生虫种类繁多，其中包括很多烈性传染病和人兽共患病，一旦流行，不但可能造成实验动物生产停滞、影响实验结果、污染实验材料，还可能威胁人类健康；最后，人工条件下饲养的实验动物，饲养密度大、数量多，传染性疾病一旦发生或流行，往往较难控制，将造成巨大经济损失，特别是传播能力强的传染性病原体，可迅速蔓延，难于控制。

在实验动物的传染性疾病的防控过程中，还需要坚持“防治结合”的原则。近年来，随着基因工程技术在实验动物中的应用越来越广泛，基因工程鼠的使用呈“爆炸”性增长。对于这些表型独特且具极高价值的珍稀品种，我们已不能仅仅通过传统的扑杀方式来实现控制实验动物传染性疾病的目的，相比较来说，胚胎净化往往是更好的选择。此外，实际工作中，免疫接种或对症治疗也往往是控制猪、羊、犬、兔等大型实验动物的非烈性传染病和非人兽共患病的既经济又有效的手段。

（二）实验动物传染性疾病的病原分类及其防控要点

如前所述，依据实验动物传染性疾病的危害表现，可将实验动物传染性疾病分为危害实验动物从业人员健康的实验动物传染性疾病（人兽共患病）、对实验动物危害大的实验动物传染性疾病和对科学实验干扰大的实验动物传染性疾病。顾名思义，人兽共患病的病原体可以在实验动物与人之间相互传播，如猴疱疹病毒、布鲁氏菌可以由实验动物传染给人，而结核杆菌可以由人传染给实验动物。对实验动物危害大的实验动物传染性疾病的病原体则往往是具有高度传染性的动物烈性传染病病原体。这类病原一般不会传染给人，但能在实验动物群体中呈暴发性传播，具有高度的致病力和极强的传染性。对科学实验干扰大的实验动物传染性疾病的病原体一般致病性较弱，往往在实验动物饲养条件恶化、气温骤变或并发其他病原感染时才会急性暴发流行。这类病原体在实验动物中常呈隐性感染和潜伏感染，如小鼠肝炎病毒、铜绿假单胞菌、金黄色葡萄球菌等。

从根本上来讲，实验动物的传染性疾病的预防和控制就是根据这些不同病原体的生物学特点和流行病学规律，采取相对合理的措施，加以有效控制或消灭，以避免或减少其对实验动物从业人员健康、对实验动物健康、对科学研究结果造成不利影响的过程。

1. 人兽共患病的预防和控制

人兽共患病不但影响实验动物健康，还可能危害实验动物从业人员的健康。如果是烈性传播的人兽共患病，一旦发生，极有可能引发公共卫生安全事件。因此，在实验动物设施内应尽量防止人兽共患病的发生。对此，防止相关病原体和带菌动物的流入是关键。严格的隔离和检疫措施是达到这一目的的有效手段。新引入的实验动物，特别是由非可靠供销商处购入的动物和野生动物，必须在隔离检疫、确认健康后，方可混群饲养或用于实验。

基于人兽共患病的特点，人也可能成为某些人兽共患病的传染源。例如，人是猕猴痢疾（志贺氏菌感染）、猴结核（结核杆菌感染）、猴麻疹（麻疹病毒感染）的主要传染源，人还是小鼠感染铜绿假单胞菌的主要来源，为此实验动物从业人员上岗前必须进行健康体检并时刻注意个人卫生。有时，人还可能成为传播途径，人可以将弓形虫由猫传染给小鼠,因此与实验动物密切接触的人员不能饲养宠物并应尽量避免接触宠物。此外，日常工作中，还应防止野鼠、苍蝇、蟑螂等进入实验动物设施，加强环境消毒和卫生管理。野鼠是鼠疫、淋巴细胞性脉络丛脑膜炎、肾综合征出血热、汉坦病毒肺综合征等人兽共患病的重要潜在来源。野鼠可通过直接接触的方式将这些疾病的病原体传染给实验动物和人，也可以通过污染饲料、饮水、笼具、垫料等方式造成这些疾病的间接传播。

此外，在人兽共患病的防控过程中还应注重健康监测、加强人员防护和加强教育培训。健康监测包括对动物的监测和对人的监测。对动物的监测能够实现对人兽共患病的早发现和对患病动物的早隔离、早淘汰，对人的监测有利于早发现和早治疗。加强人员防护除应注意避免直接接触动物及其排泄物外，还应防止被动物咬伤，并适时进行疫苗接种。

2. 对实验动物危害大的实验动物传染性疾病的预防和控制

对实验动物危害大的实验动物传染性疾病往往具有传播迅速、流行广泛、危害严重、高发病率和高死亡率等特征。与大多数人兽共患病类似，实验动物危害大的实验动物传染性疾病是严格要求排除的疾病。因此，在对实验动物危害大的实验动物传染性疾病的防控过程中，同样也应注意防止相关病原体和带菌动物的流入。隔离检疫或日常工作中，一旦发现疑似病例，应立即将可疑动物隔离，停止动物的流动和无关人员来往，对可能的污染区域做恰当的消毒处理，同时采集病料，尽快做出诊断，并及时上报实验动物主管部门或动物防疫部门。

确诊为该类疾病时，对啮齿类实验动物可采取全群淘汰、饲养区域和饲养用具彻底消毒、重新引种的方式来实现有效的控制；对于特别珍稀的或非常有保留价值的品种，也可在淘汰阳性动物和外观不健康动物的基础上，采用剖腹产或胚胎移植的方式来实现对该类传染性疾病的控制；对于大型实验动物，则往往采用对假定健康和可能受疫情威胁的动物进行紧急预防接种高免血清的方式来加以控制，待疫情稳定后，再用疫苗免疫。

对实验动物危害大的实验动物传染性疾病的控制过程中还应注意坚持适时实施预防接种、加强环境控制和饲养管理、定期进行病原微生物监测、实行科学的媒介生物综合治理措施和卫生消毒制度。其中，疫苗接种是预防对实验动物危害大的实验动物传染性疾病并对其实施有效控制的最有效方法。

3. 对科学实验干扰大的实验动物传染性疾病的预防和控制

对科学实验干扰大的实验动物传染性疾病的传染性疾病多数情况下呈亚临床经过，不表现明显症状。因而，在日常工作中或进行隔离检疫时，较之肉眼观察，血清学检测往往更为可靠。一旦发现感染（往往是隐性感染或潜伏感染）该类病原体，对血清学阴性动物进行保护性的隔离饲养，可以实现对大多数该类感染性疾病的有效控制。对于啮齿类动物，也可以采取剖腹产或胚胎移植的方法实现对该类疾病的有效净化。

为实现对科学实验干扰大的实验动物传染性疾病的有效预防和控制，定期的血清学监测必不可少。此外，由于某些该类病原体（如铜绿假单胞菌、金黄色葡萄球菌、支原体等）在环境中的分布较广，一旦感染，大多难以完全清除，因此更应注意入室前的隔离检疫和入室后的环境微生物控制、卫生消毒，并确保消毒质量。如已确认感染这些病原体，则需要通过剖腹产或胚胎移植来净化种群。受到污染的笼具和房间在引进新动物前要经过彻底的灭菌和消毒。

三、实验动物的非传染性疾病的防治

实验动物非传染性疾病的发生受遗传、年龄、性别、环境和营养等因素影响，有时也与运输、饲养管理、实验操作等有关。与遗传、年龄和性别相关的实验动物非传染性疾病包括肿瘤、高血压、糖尿病、肾小球肾炎、骨质疏松等。这类实验动物非传染性疾病无法得到有效治疗，但可以作为慢性病的动物模型而加以利用。环境因素、营养因素、运输、饲养管理、实验操作等导致的疾病可以影响实验动物的健康和福利，是实验动物的非传染性疾病的防治工作中需要关注和加以干涉的重点。

（一）与环境因素相关的实验动物非传染性疾病的防治

通常情况下，实验动物较长时间甚至终生都生活在人工控制的环境下。这个环境中可能会对实验动物健康造成影响的因素很多，如气候因素（温度、湿度、气流和风速等）、理化因素（噪声、光照、粉尘、空气、消毒剂和有害气体等）、居住因素（笼具、食具、饮水器和垫料等）、生物因素（社会地位、饲养密度、实验操作、饲养管理等）等。当上述环境因素的变化超出实验动物可耐受的范围时，则可能导致其发病或死亡。例如，高温、高湿环境下大鼠会发生中暑；温度过高或过低还会降低大鼠受孕率。再如，湿度过低大鼠易发生环尾症，严重时导致尾巴脱落；低湿还会诱使小鼠在哺乳期发生拒哺和食仔现象，仔鼠常发育不良。而拥挤、捕捉、检疫和预防注射等是诱发猴应激综合征的常见原因。

预防这类实验动物非传染性疾病的首要措施是做好环境控制，即让实验动物饲养室和动物实验室内的温度、相对湿度、气流速度、空气中颗粒物、有害气体、压差、噪声和光照等环境因素指标符合《实验动物环境及设施》国家标准（GB 14925—2010）。同时，对由饲养密度和社会地位等因素引发的非传染性疾病可以通过环境丰荣的方式加以缓解或解决，对由饲养管理和实验操作等原因引发的非传染性疾病可以通过改进管理和加强培训的方式加以解决。患病动物可以进行对症治疗，不能治疗的要及时施以安乐死，以免动物遭受不必要的痛苦。

（二）与营养因素相关的实验动物非传染性疾病的防治

与人类一样，蛋白质、脂肪、碳水化合物、无机盐、维生素和水也是实验动物赖以生存的六大营养因素。营养素缺乏或过剩都会导致实验动物发生相应疾病。例如，蛋白质缺乏可导致动物消化功能紊乱，蛋白质过剩时可导致动物肾功能损伤；豚鼠和猕猴对维生素 C 缺乏敏感，如果得不到有效补充易发生坏血病；羊在粗纤维摄入不足时容易发生前胃弛缓。此外，动物食用霉变或受化学污染的饲料时还会发生中毒性疾病。

预防营养因素相关的实验动物非传染性疾病的主要措施是依据不同种属的实验动物及其所处的不同生理状态（如生长、妊娠、泌乳等）和不同环境条件（如气候条件、实验刺激、罹患疾病等）来确定其基本营养需求，并加以满足。此外，为预防中毒性疾病的发生还要加强饲料管理，其具体措施包括储存管理和质量检测。

（三）与运输相关的实验动物非传染性疾病的防治

由于运输而导致的实验动物非传染性疾病包括外伤、晕车、应激综合征、怀孕动物流产等。外伤可能是笼具引起的擦伤、刮伤，也可能是由其他动物的撕咬所致。避免外伤的有效措施就是使用符合运输要求的笼具和分笼运输、避免打斗。对于犬、猫、猪等在运输过程中可能发生晕车的问题可以通过禁食的方式加以解决，但如运输时间超过 24h，则必须给予适量食物。为避免猪在运输过程中发生热应激，必须对运输车辆内部的温度和湿度实施监测，并在运输过程中适时调节。此外，为避免动物在运输过程中发生流产，应在推荐的妊娠时间范围内对怀孕动物进行运输，并控制装运密度。

（四）与环境丰荣相关的实验动物非传染性疾病的防治

环境丰荣（environmental enrichment）是通过向动物提供相对复杂的生活空间满足其玩耍、探索、躲避的天性，以及保持自然姿势、建立适当群体关系需求，从而消除或缓解标准化饲养中实验动物的不良情绪，促进其保持正常稳定的精神状态和生理状态。

在对实验动物运用环境丰荣技术时必须注意，环境丰荣是向“标准化”环境中引入新的刺激因子，其潜在的危害是可能干扰实验动物原本已较为稳定和均一的状态。例如，在群养动物中放入共享玩具可能诱发个体间的竞争行为，增加个体间的攻击性，破坏群体等级秩序进而可能引发更为严重的问题。因此，对环境丰荣技术的开发和利用必须严格遵循“安全、有效”的原则，不能在缺乏科学依据的前提下随意为之。不是所有被放入动物饲养环境中的物品都一定对动物福利的提高有利。相反，不当的环境丰荣措施可能会给实验动物的福利带来负面影响，甚至诱发疾病。例如，大理石可诱发小鼠焦虑的事实提示某些被放入饲养笼具内的物品可能会对动物福利产生负面影响。又如，在对灵长类动物使用环境丰荣措施时，新玩具的引入可能增加疾病传播的概率，饲喂器的使用会造成动物体重超标，使用刨花可能引起某些动物发生过敏和皮疹，有些物品还可能成为异物性肠道损伤的直接“元凶”。上述事实都是在实验动物的环境丰荣实践中值得关注的问题。

第二节 实验动物传染性疾病防控的主要措施

依据实验动物疾病的病因是否具有传染性可将其划分为传染性疾病和非传染性疾病。鉴于非传染性疾病在实验动物疾病中的所占比重较小，且其主要预防措施已在本章第一节中进行了描述，因此本节内容主要针对实验动物传染性疾病的主要防控措施加以详细阐述。

一、实验动物医师防控计划

实验动物传染性疾病防控是一项复杂的系统性工程，实验动物医师与实验动物饲养、使用人员及设施管理人员共同努力才能有效防止传染性病原进入设施，并实现对在设施内传播的相关疾病的控制。对于实验动物传染性疾病的预防和控制来说，良好实验动物医师防控计划的制订和高效实施可以起到事半功倍的作用。

实验动物医师（这里指主治兽医）在制订实验动物医师防控计划前，应依据现在的和以往的资料，进行充分的实验动物传染性疾病风险分析，明确有效预防、控制和处置所属动物设施内实验动物传染性疾病流行的关键环节。为此，实验动物医师需首先回答以下问题：①其所在动物设施中可能发生的实验动物传染性疾病有哪些？②其所在实验动物或动物实验设施中传染性疾病发生的可能性大吗，概率如何？③如果其所在动物设施发生实验动物传染性疾病，可能会造成哪些后果和损失？④采取哪些基本措施或手段就可以有效降低传染病发生的可能性和减少因其所带来的损失和后果？

明确回答以上问题后，实验动物医师可以依据所在实验动物设施内实验动物传染性疾病的流行病学特点，并参照国家标准或地方标准及相应法律法规文件制订出符合所在设施特点的实验动物医师防控计划，并确保实施。同时，实验动物医师防控计划应不断更新，以应对设施内可能存在的新的风险因素，防止新的实验动物传染性疾病发生。

良好的实验动物医师防控计划内容应包含但不局限于以下内容：动物供应商评估、实验动物运输管理、隔离检疫、免疫计划和预防性治疗、动物健康监测、实验动物饲养环境控制、实验动物饲料和饮水控制、动物尸体及废弃物处理、环境丰荣计划和人员培训等。

二、实验动物从业人员健康及卫生要求

实验动物从业人员应具有良好的卫生习惯和心理卫生素质，符合实验动物从业人员体检健康标准。实验动物从业人员需进行职前健康检查和年度健康检查以评估其工作适应性。对于从事潜在危害性工作的人员亦应进行定期健康检查，如对接触灵长类动物的工作人员，应经常性地做有关疾病的筛查，以确定无肺结核等疾病的感染；另外，还应适时预防接种相应疫苗，如狂犬病疫苗等，以防人兽共患病对工作人员的危害；至于针对某些可能感染到的特定传染性疾病，亦需事先接种相应疫苗。健康检查不合格的，不宜继续承担所做工作,应当及时进行工作调换。从事实验动物工作的人员不能饲养宠物。

三、实验动物控制

（一）供应商评估

良好的实验动物医师防控计划起始于对供应商的评估和批准，以及起运前基于检测结果或疾病监测报告而做出的动物健康状况评价。对供应商评估的内容包括但不限于以下内容：生产许可资质、遗传检测报告、微生物检测报告、疾病监测计划、免疫记录和驱虫记录等。实验动物医师在审阅供应商提供的相关报告（应是第三方参考实验室出具的检测报告）时，应参照本机构的相关动物健康准入要求和购买这些动物的研究目的，同时还应考虑到健康监测报告的延时性。

通常情况下，应该从信誉好的供应商处购买实验动物。某些时候，必须从没有定期健康监测或不能提供健康监测报告的机构获取实验动物（特别是转基因动物）时，应认为这些动物的健康状况高度可疑，在将这些动物引入到无疾病的动物种群前需进行隔离检疫。一般来说，不应该从宠物商店或宠物经销商处获得用于科学研究的动物，因为这些来源的动物背景很难获悉和控制，并且存在引入对饲养管理人员和其他在养动物健康威胁的潜在风险。

（二）实验动物的运输

运输中的应激会降低动物免疫力，增加被转运动物感染传染性疾病的风险。实验动物运输前，应通过分析运输中动物可能遭遇的所有潜在影响因素，将运输过程中动物的应激或恐惧降至最低。运输时还应使用特制的动物运输容器，并保证其可以防止被运送动物遭受病原体污染。不同品种、品系或不同等级的实验动物应分开运输。

（三）隔离检疫和环境适应

隔离就是将新购入动物或患病动物与易感动物分开饲养，以防止病原体向周围环境扩散，避免更多的动物受到感染。检疫则是应用各种方法对动物及其产品进行疫情和微生物检查，以防止疫病的传播和发生。实施隔离检疫是预防传染性疾病在实验动物设施内流行的基本措施之一，可有效防止实验动物传染性疾病的传播，保障实验动物福利和

健康。

对新购入的或患病的实验动物进行隔离检疫的目的有三个：①通过一段时间的隔离观察和必要的病原学检测可以明确实验动物的健康和病原携带状况，以判断这些动物是否可以用于科学实验，抑或需要必要的治疗甚至必须被扑杀；②实施隔离检疫可以将传染性疾病控制在小范围内，并及时扑灭；③隔离检疫为动物提供了足够的休整时间，使动物从运输应激中恢复过来，并逐步适应新的饲养环境。运输会对动物产生应激，并且可能诱发本处于亚临床感染状态的动物感染发作。有效的检疫计划能最大限度地降低将外来病原引入既定群体的风险。

检疫的程序及时间视动物的种类而定。检疫合格的动物方可进入健康动物群。检疫发现患有传染病的动物应根据国家相关的规定处理，必要时进行安乐死处理。

1. 啮齿类动物和兔的隔离检疫和环境适应

从可靠供应商处购买啮齿类动物或兔时，如果供应商提供的检测报告是最新且完整的，同时在运输过程中不存在动物遭受感染的风险，则可不进行检疫，而仅需进行短暂的环境适应。由非可靠供销商处购买啮齿类动物或兔时，特别是进口动物或转基因动物，必须实施隔离检疫。

一般情况下，检疫步骤应包括以下内容：在将啮齿类动物或兔引入设施时，应在检疫室观察 10 ~ 14 天，观察时间长短视动物情况与动物来源而定，对于从国外进口的，检疫期不少于 30 天；新引进的动物如发生死亡或呈濒死状态，应进行病理剖检，初步判断动物死亡原因，必要时做病毒抗体测定及细菌分离等病原体检测；动物引进后 48h 内应由实验动物医师进行检查，检查内容包括体表被毛和皮肤、有无体外寄生虫和真菌感染、粪便的细菌培养和寄生虫检查等；引入的动物数量较多时，可随机挑选 3 ~ 5 只，按相应微生物控制级别进行病理剖检和微生物检测，确认符合相应微生物等级标准后可转入饲养室饲养。

2. 实验用猪的隔离检疫和环境适应

实验用猪购入前，需要将隔离舍清洗消毒，并至少空置 1 周；隔离猪舍与其他猪舍间应有实体墙隔开；隔离舍内有专用工具、专职饲养人员；有相应措施防止隔离期间物资和人员的交叉。

实验用猪到达目的设施后，应立即对卸猪台、车辆、猪体及周围地面进行消毒，有损伤、脱肛等情况的实验用猪应立即隔开单笼饲养，并及时进行治疗处理。对于经历长途运输的小型猪应先提供清洁饮水或含有电解质多维的饮水，休息 6 ~ 12h 后方可供给少量饲料，第 2 天开始可逐渐增加饲喂量，5 天后可恢复正常饲喂。根据猪群所属微生物质量等级相关指标进行检疫。检疫合格、符合微生物学质量等级的小型猪可以开展相关工作。

3. 羊的隔离检验和环境适应

隔离检疫期一般为 30 天，视动物数量和检疫完成情况可适当延迟。在动物进入隔离检疫场前两周，对整个场区实施消毒，每次消毒间隔时间 2 天，连续三次。所有装载动物的器具、铺垫材料、废弃物均需经消毒或无害化处理后方可进出隔离检疫场。进入隔离场的饲草、饲料应来自非疫区，使用前需做熏蒸处理。

临床检查不合格的动物不能入场检疫。动物入场后，应立即着手给每头动物打上耳号，并分开饲养。由检疫人员逐头核查动物的圈号、耳号、品种、年龄、性别等，并记入原始记录，临时隔离检疫场需有专职人员，在隔离检疫期间应遵守动物隔离场的各项规定。动物的粪便、垫料及污物、污水需经无害化处理后方可排出隔离场。发现疑似患病或死亡动物，应迅速报告当地动物检疫和卫生防疫部门，及时查明原因，妥善处理。

4. 犬隔离检疫和环境适应

国内购买的犬隔离检疫期为 1 周，国外购买的犬隔离检疫期为 1 个月。动物到达后应首先检查运输笼有无破损，检查核对犬只编号是否与档案资料相符，对动物外观检疫观察内容应包括被毛、口腔、眼、耳、四肢、肛门、精神状态和食欲、营养状况、体温及脉搏等。

必要时在到达后第 2 天对犬只进行洗浴护理，并用毛巾擦干或用电吹风吹干被毛。检疫期内，每天观察犬粪便、食欲、精神状态等，对粪便不正常、食欲不佳、精神状态异常的做进一步检查和判断。隔离期间发生烈性传染病或人兽共患病时，报告当地实验动物主管部门和动物防疫部门，协助防疫部门做好善后处理。检疫期满，有关部门放行后，若有不确定异常时可适当延长隔离检疫期，无异常时，转到饲养区饲养。

5. 猫的隔离检疫和环境适应

猫的检疫期最少 10 天，最好 28 天。检疫期间，猫应单笼饲养。接收待检猫前，检疫房间应彻底消毒。检疫期间应对所有的猫实施体内、外寄生虫检查，详细筛查受检猫有无皮肤真菌感染。

6. 非人灵长类的隔离检疫和环境适应

为确保动物和工作人员安全，对新引入的非人灵长类动物应集中隔离饲养和检疫，检疫期一般为 30 ~ 45 天。主要检疫内容包括：建立健康档案、外观观察、细菌学检查、体内外寄生虫检查、病毒血清抗体检测、血液学和血生化检查。细菌血检查包括结合菌素试验：在上眼睑内注射结合菌素液，24h、48h、72h 后观察有无发红和肿胀，隔离期间检查 2 ~ 3 次，一般每次检查时间间隔不少于 14 天；志贺氏菌、沙门氏菌、结肠炎耶尔森氏菌检测，检查次数不少于 2 次，对阳性个体进行隔离治疗。体内外寄生虫检查采用挤压或刀片刮取皮层物取样或拔毛、梳毛检查体外寄生虫。取血检查弓形虫，粪便留样检查虫卵（包括全部蠕虫、鞭毛虫、溶组织内阿米巴、疟原虫），阳性个体进行驱虫，全体进行药浴。依据国家实验动物质量标准，病毒血清抗体检测内容包括 BV、STLV、SRV、SIV、SVV 等，检疫期内检查次数不低于 2 次，阳性动物及时隔离分区饲养。检疫期间动物需单笼饲养，应由实验动物医师每天巡视健康状况，巡视内容包括精神状态、行为、采食情况、粪便形态、有无外伤、有无皮肤病等。发现疫情应及时隔离、治疗或采取其他恰当的处理措施，结合菌素皮试反应阳性的动物应及时施以安乐死并将尸体进行无害化处理，使用过的笼具也应立即彻底消毒。检疫记录必须准确详细，包括进出动物数量、检疫期间每批动物的发病情况、治疗程序、临床症状、诊断测试、检验报告等。

（四）免疫计划和免疫效果评价

对于大型实验动物，应依据本地区疫病发生种类和特点、当地动物卫生监督机构的防疫规划和所在实验设施具体情况，在充分利用现有疫苗资源的基础上合理规划免疫程序，确定免疫接种内容、接种方法和接种时间。

疫苗免疫接种后应通过血清学检查结果对免疫效果进行评价，以确定免疫达到预期效果。

（五）预防性给药

有些时候，特别是某些传染性疾病疑似流行时，对易感动物实施预防性给药，以实现预防传染病发生的目的。

四、动物健康监测

（一）日常健康检查及报告

实际工作中，为确保实验动物的健康和福利，每天对所有动物应进行至少一次的健康检查，并进行记录。检查内容至少应包括行为、外观、体况、采食和饮水、排粪和排尿及其他日常“活动”的改变等，或依据实际情况增加其他检查项目。实验动物的日常健康检查通常由实验动物助理医师（实验动物医师技术员或受过培训、熟悉疾病症候且得到授权的实验动物技术人员）完成。日常检查中，当发现动物意外死亡和/或发病、外伤、正遭受痛苦或表现出其他偏离正常状态的症候时，应及时向主管实验动物医师汇报，以便能适时采取必要措施保护动物健康，减少动物痛苦，避免疾病的播散和防止对实验研究造成影响。

（二）医师巡查

主管实验动物医师至少每周巡查一次。巡查内容除涉及动物健康状况和日常记录检查外，还包括动物饲养评价、饲养管理评价、环境控制评价、动物福利水平评价、患病动物治疗效果评价等。实验动物技术人员是实验动物医师的眼睛，主管实验动物医师巡查过程中应注意多与实验动物技术人员交流和沟通。长年累月地在动物设施内工作的实验动物技术人员经验丰富，对动物日常行为的微小变化皆可能了然于胸，这些微小变化往往是疾病发生的前奏，了解它们有助于尽早发现疾病，及早进行预防和治疗。

（三）病原监测

病原监测包括实验动物设施内微生物等级监测和动物体内微生物和寄生虫的监测。依据国家标准应至少每 3 个月检测一次。

（四）患病动物的诊断、治疗和安乐死

实验动物传染性疾病防控过程中，应采用实验动物医师和实验动物实践中现实可行的办法对患病动物进行诊断和治疗。对于可能给动物群体带来严重危害或已失去治疗价值的实验动物应及时实施安乐死并进行无害化处理。

五、实验动物饲养环境控制

使实验动物饲养室和动物实验室内的温度、相对湿度、气流速度、空气中颗粒物和微生物、有害气体、压差、噪声和光照等环境因素指标符合国家标准《实验动物环境及设施》（GB 14925—2010）也是预防实验动物传染性疾病的重要措施。

六、实验动物饲料和饮水控制

饲料管理人员对进入的饲料要进行严格检查，把好质量验收关，防止霉烂变质、虫蛀或污染。饲料要保存于低温干燥的环境中，避免阳光直射。储存室（仓库）要防止野鼠及昆虫侵入。有条件的单位，对饲料可采用放射性同位素照射。直接用作饲料的蔬菜、水果必须消毒、洗净、保鲜。饲料在保存期间，营养成分会有一定的损失，在制订饲料配方、计算各种营养成分时应充分考虑这一点。

对于饮水，国家标准《实验动物 环境及设施》（GB 14925—2010）规定普通级实验动物饮水应符合《生活饮用水卫生标准》（GB 5749—2006）的要求，屏障和隔离环境内饲养的动物饮水必须经灭菌处理。同时我们还需注意，虽然我国城市饮用水大多都对水中的污染物进行了基本处理，自来水中的微生物、有毒有害的污染物含量得到基本控制，但是有些潜在的、可能危害实验动物健康的因子无论是在研究论证上，还是在标准制定上都没有得到体现和保障。国外有研究结果表明，饮用水中的有机物可以影响动物的繁殖。最近科学家还发现，水中残留的农药、活性剂等化学物质可能干扰内分泌系统，从而影响动物神经系统发育，降低免疫力并诱发肿瘤。这些都是我们在实验动物饮水控制中应多加关注的问题。

七、动物尸体及废弃物处理

（一）实验动物尸体处理原则和方法

动物设施中必须配备冷藏设备以暂时存放动物尸体。无害性动物尸体（指未进行毒性、感染性或放射性实验的动物尸体），可以直接掩埋或焚烧处理，或由专业的医疗垃圾处理公司统一集中处理。进行过消毒的感染性或放射性实验的动物尸体按国家相关处理程序操作。对于确诊为传染性疾病如结核病的实验动物立即扑杀，对病死或扑杀的结核病动物要按照《畜禽病害肉尸及其产品无害化处理规程》（GB 16548—1996）进行无害化处理，同时要对饲养环境及用具进行彻底消毒，以防感染其他动物和人。

（二）实验动物垫料的无害化处理

使用过的垫料是实验动物设施废弃物中数量最多的。废物主要包括脏垫料、动物排泄物、纸张及其他物品。设置负压废物倾倒站，避免垫料在清理过程中随空气飘散。工作人员穿戴防护装备，如防护服、口罩、面套、手套和防水鞋等。不同污染程度的废弃垫料，应以不同的方式处理，一般性无害的废弃垫料，可直接进行最终处理，常用方法包括堆肥、焚烧或按一般废弃物处理。具有毒性、传染性和放射性污染的垫料按国家相关标准进行处理。废弃物应定期清理，不做长期存放；应远离动物饲养区、人员休息区；避免泄漏、滋生蚊蝇及野鼠。处理废弃物的工作区、车辆应及时清洁消毒。

（三）动物实验相关感染性废弃物的处理

进行感染实验所产生的废弃物，必须按照国家有关法令进行无害化处理。感染性材料都应该在防渗漏的容器里高压灭菌，在处理以前，感染性材料装入可进行高压处理的黄色塑料袋。高压处理后，可将这些材料放到运输容器里以备运输至焚烧炉。可重复使用的运输容器应防渗漏，并且有密闭的盖子，这些运输容器在送回实验室重新使用前要消毒并清洗干净。焚烧是处理污染物（包括宰杀后的实验动物）的终末步骤，污染物的焚烧必须取得公共卫生机构和环卫部门的批准，也要得到实验室生物安全员的批准。

参 考 文 献

贺争鸣, 李根平, 李冠民, 等. 2015. 实验动物福利与动物实验科学. 北京: 科学出版社: 482-519.

孔琪, 夏霞宇, 高虹, 等. 2017. 实验动物源人兽共患病防控战略研究. 中国动物检疫, 34(2): 38-41.

Anderson LC, Otto G, Pritchett-Corning KR, et al. 2015. Laboratory Animal Medicine. 3rd ed. Burlington: Elsevier Inc.

第十章　实验动物疾病诊断

本章主要从实验动物疾病的诊断出发，简单阐述诊断时应注意的原则及要点。对当实验动物出现异常情况时，如何检查及诊断其健康状况，检验并识别实验动物疾病进行叙述。介绍了临床检查的一般方法与程序，从最基本的视诊、触诊、叩诊、听诊、嗅诊及测温开始，到各种实验室的常规检验（包括血液检验、粪便检验、尿液检验及血液生化检验），以及病理学检查（包括尸体剖检、组织学检查、免疫组化、原位核酸分子杂交技术及原位 PCR 技术）等方法，并简单介绍了现今常用的一些实验室技术。

第一节　实验动物医师对实验动物疾病诊断的方法与原则

一、诊断方法

（一）推理诊断法

可依据动物相关信息，与其症状相结合进行归纳整理，分清主次，查明原因，进行详细分析，从而正确诊断。

（二）鉴别诊断法

当疾病早期缺乏示病症状时，可在获取动物相关信息后，应用鉴别及论证的方法，相互结合并交替应用，可依据单一或少量主要症状提出相似疾病。

（三）论证诊断法

对于简单、易于判断的疾病，可从病情、临床症状、检查结果及治疗效果中，找出完全符合某一种疾病的依据，进行直接确诊。

二、诊断步骤

（一）初步诊断

综合动物的所有资料（包括动物症状、饲养信息及实验信息），加以分析，并进行推理判断。应综合考虑临床症状、疾病阶段、病程长短及个体差异，辩证地进行思考，从而正确诊断。

（二）区别症状

分清症状的主次，从动物机体的组织结构所发生的量变、质变来判断疾病的存在，而这些变化即症状。随着疾病的发展，症状呈规律性出现，要求实验动物医师应仔细观察，归类相关线索。

疾病的症状有多种，诊断时可做如下分类。

1. 示病症状

即疾病的特有表现，且在其他疾病中从不出现的症状。

2. 局部症状

即存在于动物机体某器官或组织，表现明显的局部反应。

3. 一般症状或全身症状

动物机体是在中枢神经系统调节下的统一体，且与外界环境保持相对的平衡。一旦发生疾病，通常会导致整个机体产生反应。很多疾病都可出现全身倦怠、精神萎靡、食欲减少、体温升高等症状。这些症状虽不能作为诊断依据，但其有无、轻重可对病程、病势及愈后的判断和推测提供参考价值。

4. 症候群

症候群即不同症状同时出现或相继显现，也称综合征。疾病的各种症状中，示病症状、局部症状和症候群三者对于疾病的诊断具有决定意义，全身症状则通常作为判断疾病轻重及愈后的参考。

（三）寻找症状的相关性

动物机体为一个统一的整体，其各器官组织相互密切关联。因此，当动物出现疾病时，通常可出现多种症状，因此分清类型、分析其关联性对于疾病的确诊有着十分重要的意义。

三、诊断原则

1）资料完整：实验动物医师应了解异常动物的饲养信息及实验信息。从而初步了解该动物的状态，并排除实验操作所带来的误导信息。

2）实事求是：不提前预测导致实验动物异常可能存在的诱因，根据临床情况，并结合检验结果，客观地对动物状态进行描述及诊断。

3）简化思维：充分了解动物的异常状态后，按照其病理表现及特征进行逐一对应，尽可能缩小范围，选择其最大可能性的疾病进行诊断性治疗，可在临床应用中事半功倍。

四、诊断要点

1）饲养信息及实验信息完善。

2）观察及检验应仔细且全面。

3）严禁先入为主，对其进行主观臆测。

4）如不能确诊，进行治疗性诊断时应针对单一疾病进行治疗，切忌多种方法同时进行。

第二节　实验动物疾病的临床检查

一、临床检查程序

1）与饲养管理员及实验负责人进行沟通，了解动物实验状态及发病情况。

2）对动物进行全面检查，可根据情况进行有针对性的检查，但不可忽略症状较轻部位。

3）根据所得材料选择适当的实验室检查及特殊检查，并结合症状及相关信息做出初步诊断。

4）与实验负责人沟通后进行治疗或处理。用药也是对初步诊断的进一步验证。

5）小动物如治疗后仍无好转可处死后进行剖检，大动物如治疗后仍无好转，可进行会诊。

二、临床检查方法

（一）视诊

视诊指眼观或借助简单设备（如手电）观察动物全身或局部状态，是动物医学临床检查中最为常见也最简单易行的方法。可分为全身状态检查、体表局部检查、天然孔检查、生理机能检查及运动检查几个方面。

（二）触诊

触诊是用手指或借助器械对动物机体某部位或天然孔道进行检查的方法。可对其温度、硬度、形状、疼痛、声响、活动、弹性及脉搏进行判定。触诊对于消化系统疾病的诊断具有重大作用。

（三）叩诊

叩诊是用手指叩击动物体表使之振动，根据所产生的声响和振动特点诊断该部位脏器有无异常的一种方法。临床上可将叩诊音分为 5 种：清音、浊音、半清音或半浊音、鼓音及过清音。

（四）听诊

听诊即聆听动物机体所发出的任何声音，包括鸣叫、咳嗽、呻吟、心音、呼吸音、肠鸣音等。可分为直接听诊和间接听诊两种方法。

（五）嗅诊

嗅诊是根据动物所产生的异常气味诊断动物疾病的一种方法。临床上特殊气味常可作为示病症状，但仍需结合其他检查方可作为重要的诊断依据进行进一步确诊。

（六）测温

测温即测量动物的体温，可分为体表温度和直肠温度两种。大多数疾病可引起全身或局部温度升高；当局部温度降低时，可见缺血性病变，而全身体温降低，则表示愈后不良或动物处于濒死期。

第三节 实验室常规检查

一、血液常规检查

（一）血液样本采集一般要求

1）相关实验人员应做好准备，明确信息。
2）明确并符合标本采集至检测室之间的任何要求（包括运送、冷冻、保温、立即送检等）。

（二）血液样本采集的注意事项

1）根据所需血量选用合适的收集管。
2）严格执行无菌操作。
3）严禁在针头或试管内抽取血液标本。
4）抽血时切忌推回针栓，以免气泡进入血管形成空气栓塞。
5）抽血时不应过于用力，以免出现泡沫而产生溶血。

（三）血液的检查

血液的检查通常包括红细胞计数、血红蛋白测定、血细胞比容测定、红细胞平均指数的计算、异常红细胞形态检查、白细胞计数、网织红细胞计数、红细胞沉降率测定及白细胞分类计数。

（四）血小板的检查

血小板的检查通常包括血小板计数及血小板形态检查。

二、血液生化检查

（一）糖代谢功能检查

糖代谢功能的检查包括血糖测定、血酮体测定及糖化血红蛋白测定。

（二）血脂及脂蛋白检查

血脂及脂蛋白的检查包括甘油三酯测定、总胆固醇测定、高密度脂蛋白胆固醇测定及低密度脂蛋白胆固醇测定。

（三）蛋白质代谢功能检查

蛋白质代谢功能的检查包括血清总蛋白、白蛋白、白蛋白及清蛋白/球蛋白比值测定，以及血清蛋白电泳测定、血清前清蛋白测定、血氨测定。

（四）肝脏酶学检查

肝脏酶学的检查包括血清丙氨酸氨基转移酶测定、血清天冬氨酸氨基转移酶测定、血清碱性磷酸酶测定、血清 γ-谷氨酰转肽酶测定、血清精氨酸酶测定、血清胆碱酯酶测定、血清单胺氧化酶测定、血清 5′-核苷酸酶测定、血清亮氨酸氨基肽酶测定、血清谷氨酸脱氢酶测定，以及染料摄取及排泄功能检验。

（五）心肌酶学检查

心肌酶学的检查包括血清肌酸激酶测定、血清肌酸激酶 MB 同工酶测定、乳酸脱氢酶测定及乳酸脱氢酶同工酶测定。

（六）心血管内分泌激素检查

心血管内分泌激素的检查包括心钠素测定、内皮素测定及血液肌钙蛋白 T 测定。

三、尿液检查

（一）尿液标本采集的注意事项

1）一般检查尽可能采取新鲜样本。
2）容器应洁净，干燥。
3）采集过程中避免异物的混入。
4）标本采集后及时送检，以避免细菌的繁殖及细胞的溶解。
5）运输及暂存过程中，避免强光和阳光照射，以免某些化学物质氧化分解而减弱。

（二）尿液物理学检查

1. 尿量

1）尿量增多：可见于糖尿病、尿崩症、高钙血症、子宫积脓、肝脏衰竭等。

2）尿量减少：多见于脱水、休克、急性肾病、尿道阻塞、慢性肾炎末期等。

2. 尿液颜色

正常动物尿色为淡黄色，根据尿液中所含尿色素和尿氮色素，尿液的颜色亦会发生轻微变化。

生理性及病理性的尿液颜色可包含以下几种：无色或黄色、暗黄色或褐黄色、红色、葡萄酒色或褐色、绿色及乳白色。

3. 尿液透明度

透明度也可用浑浊度表示，通常正常动物的新鲜尿液都是清亮的，而放置时间稍长后就会产生结晶沉淀而出现浑浊。

动物尿液的透明度可分为清晰、雾状、去雾状混浊、明显浑浊几个等级。

4. 尿液相对密度

尿液相对密度即 4℃时同体积的尿液与纯水的重量之比。

1）病理性尿液相对密度的降低与病理性尿量增多相类似，但患慢性弥漫性肾脏疾病时，尿液相对密度可稳定在等渗尿状态，而患糖尿病时，则可出现尿量与尿液相对密度同时增高的现象。

2）病理性尿相对密度增加常与病理性尿量减少相一致，但在急性弥漫性肾炎时，尿量与尿液相对密度同时降低。

5. 尿渗量

临床可通过尿渗量判断肾的浓缩功能。低渗尿出现时，表明肾浓缩功能障碍，多见于多囊肾、慢性肾盂肾炎、慢性肾衰竭累及肾小管和间质等。

6. 尿液气味

不同动物新鲜尿液常含有不同的挥发性有机盐，因而具有各自的特殊气味。当尿液长时间放置时，由于细菌脲酶的作用而使尿素分解产生氨气，从而具有刺鼻的气味。病理情况下，由于机体分泌的不同物质于尿液中排出，而使尿液中存在不同气味。有些特殊气味可作为诊断的辅助依据，如腥臭味、烂苹果味等。

（三）尿液化学检查

尿液的化学检查与血液生化不同，其很少进行精确测定。这是由于其主要获取的信息是肾的排出量，其浓度还需与尿量结合进行诊断。尿液化学检查主要包括酮体、酸碱度、葡萄糖、胆红素、尿蛋白质、血红蛋白、亚硝酸盐、白细胞脂酶、尿胆原和尿胆素、维生素 C 及其他化学成分。

（四）尿液有形成分的显微镜检查

1. 检查方法

尿液中有形成分的显微镜检查主要包括玻片镜检法、染色鉴别法、有形成分定量分析法、倒置显微镜检查法、流式分析仪分析法等。不论使用哪种方法进行检查，均应遵守以下几项原则：按照标准化进行准确分析，强调分析的高度重复性及标准化，以便获取更具有临床价值的数据。

2. 尿液细胞

在尿液的检查中，其有形成分存在少量的红细胞、几个上皮细胞和偶见的透明管型，均可视为正常尿液。

3. 尿液管型

病理状态下，蛋白质在肾小管内凝聚或者其与某些细胞相结合而形成的圆柱形物体，常被称为尿圆柱或者管型。在碱性尿液中，管型可被溶解。临床上根据管型的构造不同，将其分为透明管型、颗粒管型、细胞管型、脂肪管型及蜡样管型 5 种。

4. 尿液结晶

尿液中结晶物的形成与尿液 pH、结晶物的溶解度和浓度相关。通常情况下，尿中出现的结晶物很少具有临床意义，但少数特定结晶物则具有一定的示病意义，例如，磷酸铵镁颗粒的存在常提示有膀胱炎、肾盂肾炎或化脓性肾炎。正常的酸性尿中可能含有尿酸、无定形尿酸盐、草酸钙和马尿酸；而正常的碱性尿中可能含有磷酸铵镁、无定形磷酸盐、碳酸钙及尿素胺。

5. 其他有形成分

尿液检查中，除去上述几种外还可看到其他有形成分，如微生物、寄生虫及精子等。当尿液中检查到细菌及寄生虫时，应做进一步检查，以排除相应疾病；当尿液中检查到真菌及精子时，提示采尿过程不标准。

四、粪便检验

（一）标本采集的注意事项

1）粪便采集应新鲜，不能混有尿液、消毒剂等异物。如果当天不能及时处理，应放于阴凉处或冰箱内，切不可加入防腐剂。

2）采集容器应确保洁净、干燥。

3）检查便潜血时，应停服铁剂及维生素 C 至少 3 天。

（二）粪便理学检查

1. 粪便颜色

病理状态下，可见的粪便颜色有黑褐色、粪便有血丝或血块、粪便灰白三种。

2. 粪便硬度

病理状态下，当肠管受到各种刺激后，可出现蠕动增加现象，致使粪便稀软，甚至水样粪便；或运动机能减退，肠壁吸收水分过多而变硬。

3. 粪便气味

通常情况下，健康动物粪便并无特别难闻的气味，但消化不良、肠炎及特殊病理症状时可出现酸臭、腐败臭等难闻气味。不可单独作为诊断依据。

4. 粪便内混杂物

动物粪便中，除去正常未被消化完全的饲料外，有时还会出现其他的混杂物，如黏液、伪膜、脓块、血块等。这些混杂物可有助于判断动物的状态，也可作为示病症状有助于疾病的诊断，但不可单独作为诊断依据。

（三）粪便的化学检查

粪便的化学检查包括粪便的酸碱度测定、氨测定、便潜血测定、有机酸测定、粪胆碱测定、粪便脂肪定性测定。其结果可作为了解动物肠道病理情况的依据之一，应结合其他症状进行诊断。

（四）粪便显微镜检查

粪便显微镜检查是临床一般检查的重要项目之一，可借此项检查了解消化系统的病理情况。通常采集少量新鲜粪便放置于玻片之上，用生理盐水混合并涂成薄膜，加盖玻片放于显微镜下，进行检查。可通过观察到的饲料残渣、寄生虫、细菌及细胞进行分析鉴定，从而对动物的病理状态进行初步诊断。

第四节 病理学检查

一、尸体剖检

动物尸体的剖检简称尸检，这是一种运用解剖学及其相关知识，通过检查动物尸体的病理变化，从而诊断动物疾病的方法。由于其具有方便、快速、客观、直接及准确的特点，在实验动物（特别是大鼠、小鼠）的病理诊断中，十分重要且常用。

（一）尸检的特点

1. 优点

检查系统且全面，可随意取材，时间要求不严格。因而诊断相对全面、准确，对死因分析客观、可信。

2. 缺点

由于组织细胞死后会产生变化，可以不同程度地影响抗原、酶类、超微结构及组织细胞的形态的检查。

（二）尸检的注意事项

1. 尸检的时间

尸体剖检应在动物死亡后尽快进行，以避免动物死亡后因组织自溶而影响病变组织的观察及检查结果的准确性。同时，由于尸体的腐败分解导致大量细菌的繁殖，可致使病原学检查无法进行。

尸体剖检最好选择在白天进行，以便于使用自然光线对病变组织进行观察。

2. 尸检的地点

尸体剖检应在专业的病理解剖室进行。可避免病原菌的传播，亦可方便后续的取材检验。

（三）尸检报告的填写

尸检报告的内容应包括概述、剖检所见、病理诊断及结论四部分。

1. 尸检报告填写的原则

1）记录要客观：填写尸检报告时，应客观地对观察到的病变进行如实描述。尽可能如实地反映其病理变化，不可夸张或虚构，不可忽略不明显病变。

2）记录既应详尽且全面，又要突出重点：填写尸检报告时，应详尽、全面地描述剖检时所见到的全部病变，并逐一记录。但也应突出重点，以便于发现其主要病变，进行快速诊断。

3）用词应明确、清楚：描述病变时，应使用通俗易懂的文字表达，不可直接应用病理学名词代替病变的描述。对未见眼观变化的器官可用“未见异常”或“无肉眼变化”表达，不可直接使用“正常”或“无变化”的结论。

2. 概述

概述部分应详细记录死亡动物的种类、品系、年龄、死亡时间、剖检时间、相关实验信息、临床症状要点及初步诊断。可用来了解死亡动物的基本信息。

3. 剖检所见

以病理剖检为依据，按照动物体所呈现的病理变化以主次顺序进行详细客观的记录。包括肉眼检查、组织学检查及实验室检查。其记录要求完整、详细、客观，是分析、研究疾病的原始资料之一。

4. 病理诊断

根据剖检所见，进行综合的分析，判断病变的主次，并采用病理学词汇加以概括，确定病变性质。病理诊断必须结合临床所见及其他检查综合考虑。

5. 结论

根据动物信息及病理诊断，找出病变的内在关系，做出最后的结论性判断。并阐明动物发病及死亡原因，提出处理意见及建议。

二、组织学检查

（一）组织学检查的方法

1. 病理组织学取材的选择

1）选取有病变的组织或器官，选择病变明显部位或可疑病灶。

2）由于疾病的不同，病变的部位亦不相同。因此若不明病因时，应尽量多地取材，以避免遗漏。

3）进行病理取材时，切忌挤压或损伤组织。

4）组织在固定前不可用水冲洗，如必须冲洗时，可用生理盐水。

5）为防止组织在固定时弯曲、扭转，可用稍硬的厚纸片或细铜丝网处理后，再行固定。

6）为了便于固定，所选取的组织材料，其厚度为 2～4mm。

7）相似组织应分装于不同容器或切成不同形状，以避免混淆。

2. 石蜡组织切片

石蜡组织切片是常规病理诊断中最常用的制作组织切片的方法。其优点为质量好、观察全面、准确诊断率高。

3. 冰冻组织切片

冰冻组织切片是在低温恒冷的条件下，迅速冷冻组织使之达到一定的硬度以制成组织切片。其与石蜡组织切片原理相似，但由于其不需要脱水、浸蜡及脱蜡等繁杂的步骤，而可作为快速病理诊断的方法之一。

（二）活体组织学检查

活体组织学检查通常简称活检，即采用穿刺、钳取、搔刮、局部切取、细针吸取及手术摘取等方法，由活体患病动物获取病变组织而进行的病理检查。此方法的优点为材料新鲜、保持其活组织的状态、可在疾病的任一阶段取材。但其具有无法任意取材、不能做全面检查等缺点。

（三）细胞学检查

细胞学检查又称脱落细胞学检查或者涂抹细胞学检查，即对从患病动物的体内所获取的细胞进行的检查。其具有方法简单、动物痛苦小的优点。但由于取材受限、脱落细胞多有变性、细胞相对分散且没有组织结构等因素而受到限制。

三、免疫组化技术

免疫组化技术是将免疫学技术与组织病理学技术相结合，对组织细胞内的化学成分、微生物结构等做定性、定位与定量的检查。

（一）免疫荧光组织化学技术

免疫荧光法包括荧光抗体及荧光抗原技术，其具有抗原反应特异性、染色技术快速性、细胞或组织定位准确性及荧光反应灵敏性等优点。但由于其必须借助荧光显微镜进行观察，且不易长期保持等缺点的限制，现多为免疫酶法所取代。

（二）免疫酶组织化学技术

免疫酶法是利用抗原与抗体的特异性及酶的高效催化作用相结合的免疫标记方法，也是目前最为常用的免疫组化技术。

（三）亲和免疫组织化学技术

亲和免疫组化技术利用两种物质间的高度亲和力与免疫反应相结合，可进一步提高其敏感性，使微量抗原或抗体在细胞或亚细胞水平上得以定位。

四、原位核酸分子杂交技术与原位 PCR 技术

（一）原位核酸分子杂交技术

原位核酸分子杂交技术是利用带有标记物并已知碱基序列的核酸作为探针，与细胞或组织切片中待测的核酸按照碱基配对原则进行杂交，并进行检测的方法。适用于石蜡组织切片、冰冻组织切片及细胞涂片等。其具有灵敏度高、特异性强及定位准确的优点。

（二）原位 PCR 技术

原位 PCR 是将组织切片或细胞涂片中的核酸片段在原位扩增，并移入示踪剂或进行原位杂交，观察基因的表达。该技术现已广泛应用于检测细胞或组织中的微生物病原，其敏感性相较于原位杂交具有明显的提高。

第五节　寄生虫检查

一、血液寄生虫检查

检查血液中是否存在寄生虫的方法有：鲜血涂片法、环卵沉淀法、间接血清凝集试验、酶联免疫吸附试验、乳胶凝集试验、补体结合反应、聚合酶链反应等。

二、皮肤寄生虫检查

检查皮肤中是否存在寄生虫的方法有：直接检查法、温水检查法、皮屑溶解法、漂浮法等。

三、消化道寄生虫检查

检查消化道中是否存在寄生虫的方法有：水洗沉淀法、饱和盐水漂浮法、病理剖检法等。

第六节　实验室常用技术

一、酶联免疫吸附试验

酶联免疫吸附试验（ELISA）由于其具有简便、快速、敏感、易判断、易标准化的

优点，现已被广泛应用于血清流行病调查、临床疾病的诊断、抗体水平评价及微生物抗原检测等方面。

（一）基本原理

酶分子与抗体或者抗抗体分子的共价结合是 ELISA 方法的基本原理。这种结合并不会改变抗体的免疫学性质，亦不会影响酶的生物学活性。

（二）用于标记的酶

标记抗体或者抗抗体所应用的酶必须拥有以下特性：高度活性及敏感性、室温下稳定、反应产物易于显现、可商业化生产。

（三）抗体的酶标记方法

良好的酶结合物需要拥有高效价的抗体与高活性的酶两个条件。其特异性免疫反应随抗体活性及纯度的增加而加强。其酶和抗体的交联，通常应用戊二醛法或过碘酸盐氧化法进行。

（四）ELISA 方法的基本类型及用途

实验室常用的 ELISA 根据其操作的原理不同可分为间接 ELISA、竞争 ELISA 及双抗体夹心 ELISA。

1）间接 ELISA：其主要应用于抗体的检测。

2）竞争 ELISA：其主要应用于测定小分子的抗原或半抗原。

3）双抗体夹心 ELISA：其主要应用于检测大分子的抗原。

二、胶体金技术

胶体金技术是一种以条状纤维层析材料为固相载体，利用毛细作用的原理，借助胶体金来进行显色的免疫学反应。其具有操作简单、检测快速、准确灵敏、成本低廉、无需专业人员操作、不需要任何仪器或设备的优点。

（一）胶体金的性质

胶体金也称金溶胶，是金盐被还原成原子后所形成的金颗粒悬液。金颗粒表面包围了一层阳性电荷，其既可稳定胶体金的稳定形态，亦可使其对蛋白质具有极强的吸附能力。

（二）胶体金溶液的制备

胶体金溶液可使用不同种类、不同剂量的还原剂，来控制所产生粒子大小。其制备方法有如下几种：柠檬酸钠还原法、鞣酸还原法、白磷还原法、抗坏血酸还原法、硼氢化钠还原法等。

（三）免疫胶体金

胶体金可以与蛋白质等生物大分子物质相结合。在免疫组化中，将胶体金结合蛋白质所形成的复合物称为金探针，而用于免疫测定时可简称免疫胶体金。

（四）层析材料

层析材料在胶体金免疫层析技术中十分重要，试验中应考虑其敏感性、特异性、检测模式、检测系统、检测时间、结果显示等方面来选择合适的层析材料，包括层析膜、样品垫、金标垫、吸收垫及背衬。

三、放射免疫测定技术

放射免疫测定是以放射性同位素作为示踪剂的标记免疫分析法。其具有特异性强、灵敏性高、重复性好、样品与试剂应用量少、测定方法易于规范及自动化的优点，适用于多肽、激素等的超微量分析。

（一）基本原理

放射免疫分析是采用标记抗原及非标记抗原竞争性结合有限的特异性抗体的反应。通过反复测定及分析，绘制标准曲线，得到待测抗原的含量。

（二）抗原的标记

1）放射性同位素选择的原则：方法简单、经济、易于推广；容易防护；结合好，不易脱落；对标记物无辐射损伤；不使蛋白质变性；具有较高计数效率。

2）标记方法：常用碘标记法，包括氯化碘法、过氯酸法等。其中氯胺 T 碘化标记法最为简便，且效果好、易于采用。

3）标记的最佳条件：放射性碘活性高；反应体积小；pH 以 7.5 为宜；氯胺 T 用量需提前测定；蛋白质浓度决定碘化效率。

（三）测定方法

放射免疫测定的具体方法包括以下三个主要步骤：抗原抗体反应、分离结合与游离标记物、放射性测量及数据处理。

四、微量分析技术

由于抗体与抗原结合后不易洗脱，可利用某些物质在超量时能够通过相应的理化性质检测出对应抗体，若将这些理化性质标记在抗原或抗体分子上，即可利用其特异性结合特征，检查抗原或抗体的所在部位，即标记抗体技术。其不仅可用于抗原的定位，亦可应用于抗原或抗体的超微量检测。

（一）免疫荧光技术

免疫荧光技术又称免疫荧光抗体技术。由于其为将免疫学的特殊性、敏感性与显微技术的精准性相结合而衍生出的生物学技术，其在现代生物学、医学及兽医学中具有广泛的应用。

1. 荧光色素

用于标记抗体的荧光色素必须拥有化学活性基因，易与蛋白质稳定结合而发出可见的、视觉对其敏感的荧光颜色。且其荧光效应强，性质相对稳定，不影响抗体活性，不影响抗原与抗体的特异性结合。

2. 抗血清

制备荧光抗体需要高价血清。其抗体的效价需使用稀释抗原法测定达 1：4000。

3. 染色方法

1）直接染色法：将荧光色素标记在抗体上，直接与相应抗原相反应。其具有方便、非特异荧光染色因素少的优点。缺点是反应不够敏感，且一种标记的抗体只能够测定一种抗原。

2）间接染色法：此方法拥有两对抗原-抗体系统，第一对为待测抗原与其相应的未标记抗体；第二对为抗体球蛋白与其相应的标记抗球蛋白抗体。其可结合多个标记抗原，且相对敏感。但由于其因素较多，因此条件相对严格。

4. 特异性实验

确定特异性荧光前，必须排除其非特异荧光的可能。因此应先进行如下对照：抗体特异性对照；标记程度适应性对照；特异抗原吸收试验；阻断试验。

5. 免疫荧光技术的特点

免疫荧光技术最明显的三大优点为：高度特异性，高度敏感性，较高快速性。

（二）免疫印迹法

免疫印记法，又称蛋白质印迹法。是以免疫覆盖液为探针，对抗原及抗体进行分析的技术，具有方便、精准的优点。

1. 优点

1）潮湿的固定化基质膜十分柔韧，易于操作。

2）固定化的生物大分子可均匀地与各种免疫探针相接近，而不会受到阻隔。

3）试剂需要量少。

4）孵育、洗涤时间短。

5）可同时制作多个拷贝，用于多种分析及鉴定。

6）结果为图谱形式，可长期保存。

7）其免疫探针可通过降低 pH 的方法抹去，以进行第二次探针检测。

8）不仅可以鉴定抗原样品的免疫原性，亦可检测出其分子量。

2. 方法

免疫印迹法操作有如下步骤：SDS-PAGE 电泳、电转、染色、封闭、一抗与靶蛋白结合、二抗与硝酸纤维素滤膜的温育及显色。

（三）核酸探针技术

核酸探针技术又称核酸分子杂交技术或基因探针技术。其具有敏感性高及特异性强的优点。其基本程序如下：大量培养和提纯病毒，提取病毒核酸；克隆病毒核酸的特异性片段；提取、纯化受体菌内扩增的重组质粒；通过重组质粒的酶切及电泳获得病毒核酸的特异性片段；应用放射性同位素标记核苷酸，从而使探针具有可识别的放射性。

（四）聚合酶链反应

聚合酶链反应（PCR）是一种产量高、耗时短、操作简便、易自动化的检测技术，其在一般实验室中即可开展。

1. 基本原理

PCR 技术的基本原理是在体外对特定的 DNA 双链片段进行扩增，因此又称为基因体外扩增法。

2. PCR 在病原体检测方面的应用

PCR 技术由于具有较高的敏感性和特异性，可用于检测传统技术中相对难以鉴定的病原体。此外，其在自身免疫性疾病的基因谱研究及淋巴因子的定量研究中亦取得了一定的成就。

五、血清学检查

抗原与抗体的特异性结合不仅可在动物机体内发生，机体外亦可同样进行，而这种在机体外进行的抗原抗体反应被称为血清学反应。这种体外的抗原与抗体反应是目前应用范围最广的一种免疫学技术，其为疾病的诊断、抗原抗体的鉴定及定量提供了良好的方法。

（一）凝集反应

颗粒性抗原（细菌、螺旋体、立克次氏体、红细胞或细胞悬液等）、表面覆盖的抗原或抗体的颗粒状物质与相应的抗原或抗体结合后，当有电解质存在时，相互凝集成肉眼可见的小块，即为凝集反应。参加该反应的抗原称为凝集原，抗体则称为凝集体。按照试验中所使用的方法、材料及目的可分为直接凝集试验、间接凝集试验、抗球蛋白试验及血细胞凝集试验。

（二）沉淀试验

可溶性抗原（病毒、血清、内毒素、外毒素、菌体裂解液、组织渗出液等）与相应的抗体相结合，当适宜的电解质存在时，形成肉眼可见的白色沉淀物，称为沉淀试验。参与沉淀试验的抗原可称为沉淀原，抗体则称为沉淀素。在定量试验时，通常会稀释抗原，并以其稀释度作为沉淀试验的效价，反之抗体亦是如此。按照试验中所使用的介质及检测的方法可分为液相沉淀试验和固相沉淀试验两种。

（三）补体结合反应

可溶性抗原（多糖、病毒、类脂质、蛋白质等）与相应的抗体结合而生成抗原-抗体复合物后，能与定量补体相结合，则不再引起指示系统的红细胞溶血，此结果被定义为阳性；而当抗原-抗体不相结合时，补体反而使指示系统的红细胞溶血，此结果被定义为阴性。可见的补体反应通常包括检验系统（溶菌系统）与指示系统（溶血系统）两大系统。共有 Ag、补体、溶血素、被检血清及绵羊红细胞 5 个因素参加。尽管补体结合反应的操作相对繁杂，但由于其高度特异性与敏感性的优点，其仍是诊断传染病及寄生虫病常用的传统血清学方法之一。

（四）中和试验

当病毒的抗原与相应的抗体相结合，可使其失去依附细胞的能力，或失去感染力，从而可达到保护易感动物目的的试验，称为中和试验。中和试验可应用于病毒种类的鉴定、病毒抗原的分析、中和抗体效价的测定等。依据试验的材料、对象、观察的指标不同，毒价单位亦不相同。

六、细菌分离培养技术

（一）培养基的制备

细菌培养必须拥有适合其生长繁殖的培养基。不同细菌对培养基的要求具有显著差别。因此培养基制作时，应严谨地考虑其功能与用途。

1. 制作培养基的原则与要求

1）培养基中必须含有细菌生长时所必需的营养物质。

2）务必严格灭菌，不含任何存活的细菌。

3）培养基的材料及容器不得含有任何可抑制细菌生长的物质。

4）培养基的酸碱度必须符合所要培养细菌的生长要求。

5）液体培养基务必要求透明。

2. 培养基制作的过程

1）根据不同的菌种及用途，选择适合的培养基。

2）制作培养基的试剂必须纯净，各种成分务必精准。

3）将各种成分按照规定加热、溶解、调整 pH。

4）过滤、分装、包装、灭菌。

5）无菌检查。

（二）细菌的分离培养

1. 细菌培养的注意事项

1）严格的无菌操作：为了准确分离所需要的细菌，应保证在取材和接种时，严格执行无菌操作，防止其他微生物的污染。

2）创造适合细菌生长的条件：应选择适宜的培养基，并在其培养过程中保持适宜的气体条件、培养温度及培养时间。

2. 细菌的分离方法

细菌分离培养时，常用平板划线法进行接种，包括分区划线法及连续划线法两种。

（三）细菌的生化试验

细菌在生长繁殖的过程中，不同细菌对营养物质的分解能力有所不同，其产生的代谢产物亦各不相同。因此，我们可以利用其特定的生化反应来检测其代谢产物的存在与否，来鉴定细菌的种类。常用的生化试验包括：糖分解试验、三糖铁试验、甲基红试验、氧化酶试验、硫化氢试验等。

七、流式细胞仪技术

流式细胞仪技术是一种利用流式细胞仪对生物粒子（如细胞）的理化及生物学特性进行快速、客观、定量的多参数检测分析的技术。其可从同一个细胞中同时测得多种参数。

八、激光扫描共聚焦显微镜检查技术

激光扫描共聚焦显微镜又称黏附式细胞仪，可对细胞内部非侵入式光学断层扫描成像。

参 考 文 献

高得以，韩博. 2012. 小动物疾病临床检查和诊断. 北京：中国农业大学出版社.

郭定宗. 2013. 兽医实验室诊断指南. 北京：中国农业出版社.

马占民. 2012. 兽医临床诊断的基本方法及诊断步骤. 现代农业科技, 15: 281-282.

田克恭，贺争鸣，刘群，等. 2014. 实验动物疫病学. 北京：中国农业出版社.

Kahn CM, Line S. 2015. 默克兽医手册. 10 版. 张伯秋，丁柏良，译. 北京：中国农业出版社.

附　　表

附表 1　配合饲料常规营养成分指标（每千克饲料含量）（GB 14924.3—2010）

指标	小鼠、大鼠		豚鼠		地鼠		兔		犬		猴	
	维持饲料	生长、繁殖饲料	维持饲料	生长、繁殖饲料	维持饲料	生长、繁殖饲料	维持饲料	生长、繁殖饲料	维持饲料	生长、繁殖饲料	维持饲料	生长、繁殖饲料
水分和其他挥发性物质/g ≤	100	100	110	110	100	100	110	110	100	100	100	100
粗蛋白/g ≥	180	200	170	200	200	220	140	170	200	260	160	210
粗脂肪/g ≥	40	40	30	30	30	30	30	30	45	75	40	50
粗纤维/g	≤50	≤50	100~150	100~150	≤60	≤60	100~150	100~150	≤40	≤30	≤40	≤40
粗灰分/g ≤	80	80	90	90	80	80	90	90	90	90	70	70
钙/g	10~18	10~18	10~15	10~15	10~18	10~18	10~15	10~15	7~10	10~15	8~12	10~14
总磷/g	6~12	6~12	5~8	5~8	6~12	6~12	5~8	5~8	5~8	8~12	6~8	7~10
钙：总磷	1.2：1 ~ 1.7：1	1.2：1 ~ 1.7：1	1.3：1 ~ 2.0：1	1.3：1 ~ 2.0：1	1.2：1 ~ 1.7：1	1.2：1 ~ 1.7：1	1.3：1 ~ 2.0：1	1.3：1 ~ 2.0：1	1.2：1 ~ 1.4：1	1.2：1 ~ 1.4：1	1.2：1 ~ 1.5：1	1.2：1 ~ 1.5：1

附表 2　配合饲料氨基酸指标（每千克饲料含量）（GB 14924.3—2010）

指标	小鼠、大鼠		豚鼠		地鼠		兔		犬		猴	
	维持饲料	生长、繁殖饲料	维持饲料	生长、繁殖饲料	维持饲料	生长、繁殖饲料	维持饲料	生长、繁殖饲料	维持饲料	生长、繁殖饲料	维持饲料	生长、繁殖饲料
赖氨酸/g ≥	8.2	13.2	7.5	8.5	11.8	13.2	7.0	8.0	7.1	11.1	8.5	12.0
蛋氨酸+胱氨酸/g ≥	5.3	7.8	5.4	6.8	7.0	7.8	5.0	6.0	5.4	7.2	6.0	7.9
精氨酸/g ≥	9.9	11.0	8.0	10.0	11.3	13.8	7.0	8.0	6.9	13.5	9.9	12.9
组氨酸/g ≥	4.0	5.5	3.4	4.0	4.5	5.5	3.0	3.5	2.5	4.8	4.4	4.8
色氨酸/g ≥	1.9	2.5	2.4	2.8	2.5	2.9	2.2	2.7	2.1	2.3	2.3	2.7
苯丙氨酸+酪氨酸/g ≥	11.0	13.0	12.0	15.0	12.7	17.3	11.0	13.0	10.0	15.6	13.1	15.4
苏氨酸/g ≥	6.5	8.8	6.5	7.5	8.0	8.8	5.6	6.5	6.5	7.8	6.3	7.9
亮氨酸/g ≥	14.4	17.6	12.5	13.5	15.0	17.6	11.5	13.0	8.1	16.0	13.5	15.9
异亮氨酸/g ≥	7.0	10.3	7.2	8.0	10.3	11.8	6.0	7.2	5.0	7.9	7.2	8.2
缬氨酸/g ≥	8.4	11.7	8.0	9.3	10.5	11.2	7.5	8.3	5.4	10.4	9.0	10.9

续表

指标	小鼠、大鼠		豚鼠		地鼠		兔		犬		猴	
	维持饲料	生长、繁殖饲料	维持饲料	生长、繁殖饲料	维持饲料	生长、繁殖饲料	维持饲料	生长、繁殖饲料	维持饲料	生长、繁殖饲料	维持饲料	生长、繁殖饲料
维生素 B_{12}/mg ≥	0.020	0.022	0.020	0.030	0.020	0.022	0.020	0.030	0.030	0.068	0.030	0.050
胆碱/mg ≥	1 250	1 250	1 000	1 200	1 250	1 250	1 000	1 200	1 400	2 000	1 300	1 500
维生素 C/mg ≥	—	—	1 500	1 800	—	—	—	—	—	—	1 700	2 000

注：配合饲料维生素含量最高上限为下限值的 2 倍

附表 3　配合饲料维生素指标（每千克饲料含量）（GB 14924.3—2010）

指标	小鼠、大鼠		豚鼠		地鼠		兔		犬		猴	
	维持饲料	生长、繁殖饲料	维持饲料	生长、繁殖饲料	维持饲料	生长、繁殖饲料	维持饲料	生长、繁殖饲料	维持饲料	生长、繁殖饲料	维持饲料	生长、繁殖饲料
维生素 A/IU ≥	7 000	14 000	7 500	12 500	10 000	14 000	6 000	12 500	8 000	10 000	10 000	15 000
维生素 D/IU ≥	800	1 500	700	1 250	2 000	2 400	700	1 250	2 000	2 000	2 200	2 200
维生素 E/IU ≥	60	120	50	70	100	120	50	70	40	50	55	65
维生素 K/mg ≥	3.0	5.0	0.3	0.4	3.0	5.0	0.3	0.4	0.1	0.9	1.0	1.0
维生素 B_1/ mg ≥	8	13	7	10	8	13	7	10	6	13	4	16
维生素 B_2/ mg ≥	10	12	8	15	10	12	8	15	4	5	5	16
维生素 B_6/ mg ≥	6	12	6	9	6	12	6	9	5	6	5	13
烟酸/mg ≥	45	60	40	55	45	60	40	55	50	50	50	60
泛酸/mg ≥	17	21	12	19	17	24	12	19	9	27	13	42
叶酸/mg ≥	4.00	6.00	1.00	3.00	4.00	6.00	1.00	3.00	0.16	1.00	0.20	2.00
生物素/mg ≥	0.10	0.20	0.20	0.45	0.10	0.20	0.20	0.45	0.20	0.20	0.10	0.40

附表 4 配合饲料常量矿物质和微量矿物质指标（每千克饲料含量）（GB 14924.3—2010）

指标	小鼠、大鼠		豚鼠		地鼠		兔		犬		猴	
	维持饲料	生长、繁殖饲料	维持饲料	生长、繁殖饲料	维持饲料	生长、繁殖饲料	维持饲料	生长、繁殖饲料	维持饲料	生长、繁殖饲料	维持饲料	生长、繁殖饲料
镁/g≥	2.0	2.0	2.0	3.0	2.0	2.0	2.0	3.0	1.5	2.0	1.0	1.5
钾/g≥	5	5	6	10	5	5	6	10	5	7	7	8
钠/g≥	2.0	2.0	2.0	3.0	2.0	2.0	2.0	3.0	3.9	4.4	3.0	4.0
铁/mg≥	100	120	100	150	100	120	100	150	150	250	120	180
锰/mg≥	75	75	40	60	75	75	40	60	40	60	40	60
铜/mg≥	10	10	9	14	10	10	9	14	12	14	13	16
锌/mg≥	30	30	50	60	30	30	50	60	50	60	110	140
碘/mg≥	0.5	0.5	0.4	1.1	0.5	0.5	0.4	1.1	1.4	1.7	0.5	0.8
硒/mg≥	0.1~0.2	0.1~0.2	0.1~0.2	0.1~0.2	0.1~0.2	0.1~0.2	0.1~0.2	0.1~0.2	0.1~0.2	0.1~0.2	0.1~0.2	0.1~0.2

注：配合饲料矿物质含量最高上限为下限值的 2 倍

附　　录

实验动物　从业人员要求（T/CALAS 1—2016）

实验动物　健康监测总则（T/CALAS 3—2017）

实验动物　动物实验生物安全通用要求（T/CALAS 7—2017）

实验动物　安乐死指南（T/CALAS 31—2017）

实验动物
从业人员要求

实验动物
健康监测总则

实验动物
动物实验生物
安全通用要求

实验动物
安乐死指南

实验动物科学丛书

I 实验动物管理系列

常见实验动物感染性疾病诊断学图谱（6）

实验动物科学史（11）

实验动物质量控制与健康监测（22）

II 实验动物资源系列

实验动物新资源（7）

悉生动物学（10）

III 实验动物基础科学系列

实验动物遗传育种学（9）

实验动物解剖学（14）

实验动物病理学（15）

实验动物营养学（16）

IV 比较医学系列

实验动物比较组织学彩色图谱（2，978-7-03-048450-5）

比较影像学（8）

比较解剖学（12）

比较病理学（13）

比较生理学（19）

V 实验动物医学系列

实验动物疾病（5，978-7-03-058253-9）

实验动物医学（21）

VI 实验动物福利系列

实验动物福利（17）

VII 实验动物技术系列

动物实验技术（20）

VIII 实验动物科普系列

实验室生物安全事故防范和管理（1，978-7-03-047319-6）

实验动物十万个为什么（18）

IX 实验动物工具书系列

中国实验动物学会团体标准汇编及实施指南（第一卷）（3，978-7-03-053996-0）

中国实验动物学会团体标准汇编及实施指南（第二卷）（4，978-7-03-057592-0）

中国实验动物学会团体标准汇编及实施指南（第三卷）（23）